变电设备带电检测及典型缺陷分析

BIANDIAN SHEBEI DAIDIAN JIANCE
JI DIANXING QUEXIAN FENXI

国网四川省电力公司　组编

中国电力出版社
CHINA ELECTRIC POWER PRESS

内 容 提 要

本书根据变电设备带电检测国家标准、行业标准和国家电网有限公司企业标准，充分吸收最新研究成果，系统论述了主要变电设备的带电检测方法（对于红外测温、铁芯接地电流检测、SF_6气体成分分析、绝缘油中溶解气体分析等相对成熟且其他书籍有过较多讲解的方法，本书未再系统论述），并汇编了2017～2021年国网四川省电力公司变电设备带电检测典型案例。

本书内容包括GIS基础知识、主要缺陷类型和带电检测方法，变压器、电抗器、互感器基础知识和带电检测方法，开关柜基础知识、主要缺陷类型和带电检测方法，避雷器、电力电缆、绝缘子基础知识和带电检测方法，变电设备局部放电、温度异常、振动异常等缺陷带电检测案例。

本书可用于各生产企业变电设备运维专业技术人员、专业管理人员和研究人员参考。

图书在版编目（CIP）数据

变电设备带电检测及典型缺陷分析 / 国网四川省电力公司组编. —北京：中国电力出版社，2023.4 （2023.11重印）
ISBN 978-7-5198-7210-6

Ⅰ. ①变… Ⅱ. ①国… Ⅲ. ①变电所–电气设备–带电测量–案例α变电所–电气设备–要素分析 Ⅳ. ①TM93

中国国家版本馆CIP数据核字（2023）第024446号

出版发行：中国电力出版社
地　　址：北京市东城区北京站西街19号（邮政编码100005）
网　　址：http://www.cepp.sgcc.com.cn
责任编辑：罗　艳（yan-luo@sgcc.com.cn）　霍　妍
责任校对：黄　蓓　郝军燕
装帧设计：张俊霞
责任印制：石　雷

印　　刷：廊坊市文峰档案印务有限公司
版　　次：2023年4月第一版
印　　次：2023年11月北京第二次印刷
开　　本：710毫米×1000毫米　16开本
印　　张：23
字　　数：400千字
印　　数：2001—2500册
定　　价：158.00元

编 写 组

主　　编　周电波

副 主 编　姚　晓　涂彦明　张宗喜　王文君

参编人员　何宇航　张　劲　薛志航　刘凤莲
　　　　　王嘉易　马啟潇　龙震泽　何雨峰
　　　　　王紫鉴　李宗武　汪　鑫　蔡　川
　　　　　徐昌前　刘　鑫　郭　超　伍飞飞
　　　　　周奎宇　高　杰　吴　雄　熊　攀
　　　　　杨海龙　程　实　杜　潇　罗明川
　　　　　赵　波　罗沐洋　施　逸　熊亚非
　　　　　唐琳凯　李　林　苏明虹　林　波
　　　　　丁登伟　何　良

前言

带电检测作为当前变电设备运维的重要技术手段，已在电力系统中被全面、深入应用了较长时间，发现了大量设备缺陷，为保障电力系统安全做出了贡献。虽然带电检测技术的研究和应用取得了长足进步，各类标准规范也日趋完善，但面对复杂的设备结构、多变的现场环境和多样的缺陷类型，现有的部分带电检测手段在应用中仍存在瓶颈和盲区。针对存在的问题，一方面各大高校、科研院所和企业持续开展相关技术研究，完善现有检测手段、开发新的检测方法；另一方面，检测技术人员通过经验积累和案例总结，不断优化检测方法和检测流程，以建设“数据库”“案例库”的方式，推动带电检测技术的现场应用不断迈向成熟。

2017～2021 年，国网四川省电力公司通过广泛、扎实的带电检测工作，发现了大量变电设备绝缘缺陷、载流缺陷和机械缺陷，积累了大量带电检测案例。编者对这些案例进行总结提炼，进一步完善现有方法，并在此基础上根据相关标准规范整合最新研究成果，编写了本书，希望能为各生产企业变电设备运维专业技术人员的工作提供参考。

根据大量检测经验，本书对现有检测技术现场应用的有效性、检出率和盲区进行了总结，对不同设备不同缺陷的运维检修提出了建议，借此抛砖引玉，希望能促进检测方法的完善和进步。本书收录的 GIS、变压器、电抗器、开关柜、电力电缆、避雷器、绝缘子的带电检测案例，涵盖了局部放电、温度异常和振动异常等最常见缺陷，且均提供了检测过程、检测数据和结果分析，绝大部分案例已经停电检查验证，具有相当程度的代表性，也具有一定的区域环境和发展阶段特点，希望能对带电检测技术人员有所启发。

国网四川省电力公司电力科学研究院周电波作为本书主编，国网四川省电力公司电力科学研究院姚晓、涂彦明、张宗喜和国网内江供电公司王文君作为本书副主编，承担了主要的编写工作。国网四川省电力公司电力科学研究院何宇航、张劲、薛志航、刘凤莲、王嘉易、马啟潇、龙震泽，国网四川超高压公司何雨峰、王紫鉴、李宗武，国网四川省电力公司特高压直流中心汪鑫，国网成都供电公司蔡川、徐昌前、刘鑫、郭超，国网天府新区供电公司伍飞飞、周奎宇，国网眉山供电公司高杰、吴雄，国网泸州供电公司熊攀，国网广元供电公司杨海龙，国网南充供电公司程实、杜潇，国网攀枝花供电公司罗明川，国网四川阿坝州电力有限责任公司赵波，国网凉山供电公司罗沐洋，国网宜宾供电公司施逸，国网遂宁供电公司熊亚非，国网绵阳供电公司唐琳凯，国网德阳供电公司李林，四川蜀能电力有限公司高新分公司苏明虹、林波，清华四川能源互联网研究院丁登伟、何良等协助为本书提供了案例材料，参与了本书编写，在此谨向他们表示诚挚的谢意。

希望通过书中有关方法和案例的介绍，能帮助相关人员更好地开展生产和研究工作。但限于作者水平和视野，书中可能存在不妥之处，望各位专家和同仁批评指正。

编　者

2023 年 1 月

目 录

1 GIS带电检测及典型缺陷分析

1.1 GIS带电检测及异常分析方法

1.1.1 GIS设备结构

气体绝缘金属封闭开关设备（gas insulated switchgear，GIS）是采用一定压力的气体（典型如 SF_6 气体，绝缘能力超过空气 2 倍，灭弧能力超过空气 100 倍）作为绝缘介质和灭弧介质，将设备或部件全部封闭在金属接地外壳内的电力设备，也称为气体绝缘封闭组合电器。GIS 具有占地面积小、安全可靠性高、运维工作量少等优点，在电力系统中得到了大量应用。

GIS 内部可包含断路器、隔离开关、电流互感器、电压互感器、避雷器、母线、连接件等设备或部件，在电力系统中起到控制和保护作用，与电力系统安全可靠运行息息相关。完整的 GIS 是由多个不同间隔组成，间隔是指具有完整的供电、送电和其他功能（控制、计量、保护等）的一组原件，常见的有线路间隔、主变压器间隔和母线间隔（含母线 TV）。间隔又由多个不同隔室组成，隔室是指一个或多个元器件所在的一个独立封闭部分，如断路器隔室、隔离开关隔室，不同的隔室由隔离盆式绝缘子分隔。

根据结构型式不同，GIS 可分为三相共箱型和三相分箱型，其中 110kV 及以下设备大多采用三相共箱型（如图 1－1 所示），220kV 及以上设备大多采用三相分箱型（如图 1－2 所示），还有部分设备为主母线三相共箱、分支母线三相分箱型（如图 1－3 所示）。此外，还有母线外置的半封闭气体绝缘金属封闭开关设备（hybrid gas insulated switchgear，HGIS）（如图 1－4 所示）和将断路器、隔离开关/接地开关、电流互感器等功能单元封闭于金属壳体内的罐式气体绝缘金属封闭开关设备（如图 1－5 所示）。

图 1－1　GIS 三相共箱型

图 1－2　GIS 三相分箱型

图 1－3　主母线三相共箱、分支母线三相分箱型

图 1-4 母线外置的半封闭气体绝缘金属封闭开关设备

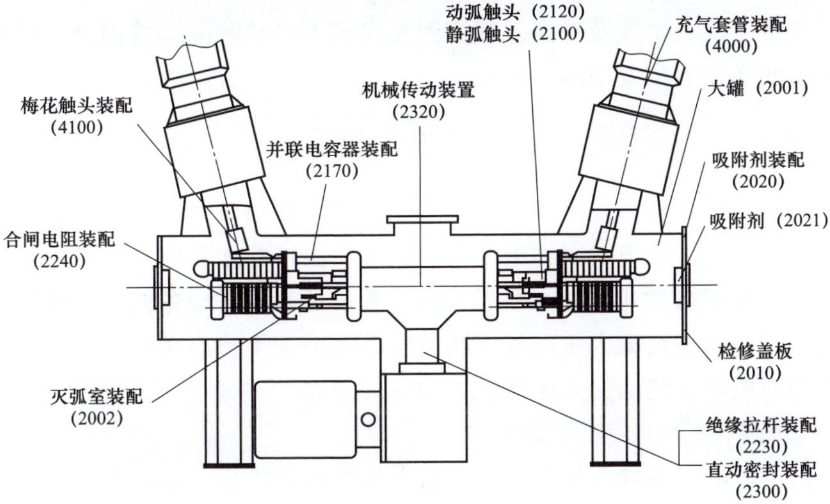

图 1-5 罐式气体绝缘金属封闭开关设备结构

1.1.2 GIS 主要缺陷类型

尽管运行可靠性高、检修周期长，但从多年的设备运维经验看，由于电场或力学设计存在不足、制造安装期间材质或工艺不符合要求、断路器/隔离开关分合闸产生杂质、长时间运行部件松动、长时间运行绝缘裕度或机械强度下降等原因，GIS 各类缺陷不断出现，并且随着电力系统规模日益扩大、设备数量日益增加，GIS 缺陷乃至故障持续多发，为设备运维工作带来挑战。

根据大量 GIS 缺陷和故障情况统计，绝缘类缺陷和由此引发的故障所占比例超过 50%，其中，GIS 电压等级越高，绝缘缺陷对设备安全运行的危害就越大。GIS 绝缘缺陷的出现及其发展，往往会引起局部放电，局部放电会产生相应的电、光、化学等现象，通过腐蚀绝缘介质，造成绝缘的进一步劣化，严重的会导致设备击穿闪络。局部放电可导致设备内部绝缘水平不断下降，同时也是设备绝缘劣化的征兆，因此，对 GIS 局部放电的带电检测和缺陷定位，有助于及时发现并消除设备内部缺陷，保障设备乃至电力系统安全可靠运行。

此外，GIS 内部载流回路接触不良导致异常振动、异常过热和局部放电也是常见的设备缺陷。运行设备的载流回路接触不良缺陷，以及发展趋势会受设备、负荷、环境等因素综合影响，在设备本身机械强度下降、负荷较高、环境温度较高的情况下，缺陷导致的过热、放电情况会显著加剧，严重威胁设备安全运行。由于 GIS 停电检修周期长，通过停电试验难以及时发现此类缺陷，因此，通过带电检测手段及时发现载流回路接触不良缺陷并检修消缺，可最大程度避免因此导致的突发故障。

1.1.3 GIS 局部放电缺陷带电检测及分析方法

按照引发原因和激发信号的不同，GIS 局部放电可分为尖端放电、悬浮电位放电、自由颗粒放电、固体绝缘内部放电和固体绝缘表面放电几种类型。不同类型的 GIS 局部放电缺陷，引发原因、发展趋势、对设备的危害和运维策略均有所不同，本书根据大量现场检测经验，介绍基于特高频局部放电检测法和超声波局部放电检测法的 GIS 局部放电缺陷带电检测及分析方法。

1. GIS 局部放电带电检测法

局部放电即在绝缘介质的局部区域发生放电或击穿，GIS 内部局部放电在很小范围内发生时，击穿过程非常快，产生上升时间小于 1ns 的脉冲电流，可激发频率高达 GHz 的特高频电磁波向四周传播。GIS 特高频局部放电带电检测原理图如图 1－6 所示，特高频局部放电检测法利用特高频传感器检测设备局部放电激发的 300MHz～3GHz 频率范围内的特高频电磁波，通过信号特征分析和缺陷精确定位，可实现 GIS 局部放电缺陷检测和类型识别。在现场检测中，特高频传感器须在非金属屏蔽位置检测 GIS 内部传出的特高频电磁波，若 GIS 盆式绝缘子外表面未被金属包裹，则是最理想的检测位置；若盆式绝缘子外表面被金属包裹，则只能在盆式绝缘子浇筑孔、隔离开关/接地开关观察孔等非金属屏蔽位置开展检测。但根据实验室研究和现场检测经验，开口较小的盆式绝缘子浇筑孔、隔离开关/接地开关观察孔会对特高频电磁波低频部分造成严重衰减，结合特高频电磁波在 GIS 内部传输其高频部分会随着传输距离、特殊结构有不同程度衰减的情况，某些情况下 GIS 局部放电激发的特高频电磁波信号无法被传感器检测到。

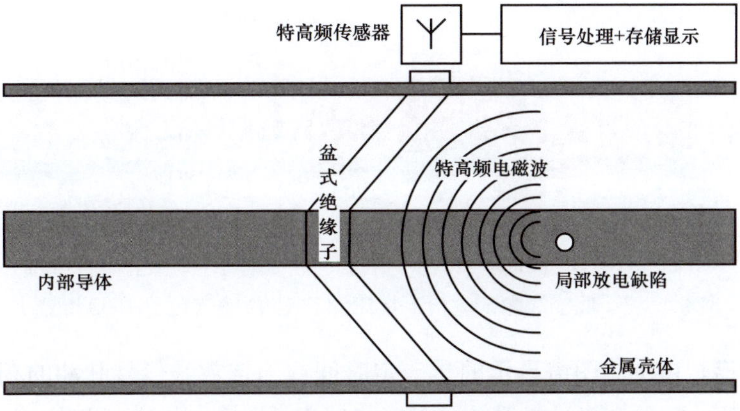

图 1-6　GIS 特高频局部放电带电检测原理图

GIS 内部发生局部放电，放电所在区域的气体介质瞬间受热膨胀，引起气体分子间碰撞形成声波并以球面波方式向四周传播。GIS 超声波局部放电带电检测原理图如图 1-7 所示。超声波局部放电检测法利用超声波传感器检测设备局部放电产生的 20～100kHz 频率范围内的超声波，通过信号特征分析和缺陷精确定位，可实现 GIS 局部放电缺陷检测和类型识别。在现场检测中，超声波传感器检测面紧贴 GIS 金属壳体外表面检测传输到金属壳体的超声波，检测点选取灵活，但超声波经过不同媒质的界面衰减非常明显，影响了该方法对某些类型局部放电缺陷的检测灵敏度。

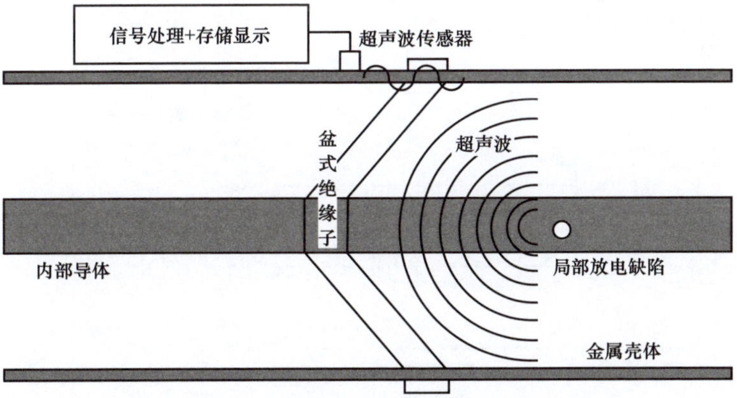

图 1-7　GIS 超声波局部放电带电检测原理图

局部放电带电检测常用的 PRPS 图谱和 PRPD 图谱如图 1-8 所示。PRPS（phase resolved pulse sequence）图谱和 PRPD（phase resolved partial discharge）图谱是特高频局部放电检测和超声波局部放电检测常用的显示信号

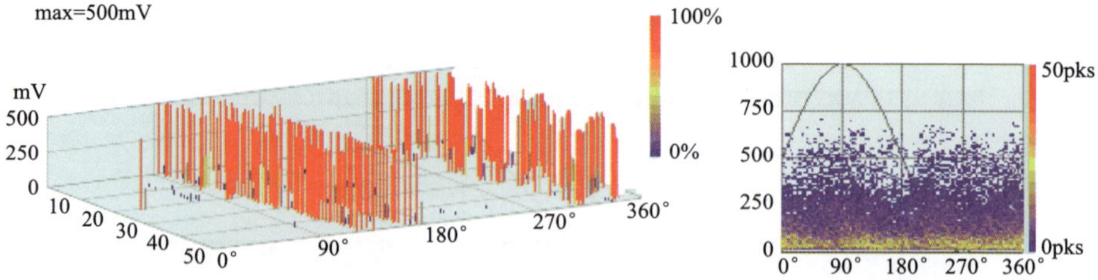

(a) PRPS图谱　　(b) PRPD图谱

图 1-8　局部放电带电检测常用的 PRPS 图谱和 PRPD 图谱

特征的图谱，PRPS 图谱显示的是一定时间内一定数量信号脉冲的相位分布，将相位、脉冲幅值和脉冲数量以 3D 形式展现，通常 x 轴表示相位、y 轴表示周期数量、z 轴表示脉冲幅值；PRPD 图谱则体现的是一定数量脉冲的相位分布，是一种平面点分布图，也可称为相位模式图谱，通常 x 轴表示相位、y 轴表示脉冲幅值。超声波局部放电检测常用图谱如图 1-9 所示。超声波局部放电检测常用的显示信号特征的图谱还包括连续模式图谱、时域模式图谱和飞行模式图谱。连续模式图谱根据统计结果可最直接显示“有效值”“周期峰值”“频率成分 1”（50Hz 频率相关性）和“频率成分 2”（100Hz 频率相关性）等直接反映信号特征的信息；时域模式图谱可显示 1 个或多个周期的信号原始波形，通常 x 轴表示时间，y 轴表示信号幅值；飞行模式图谱则用于反映自由颗粒的运动情况，通常 x 轴表示时间，y 轴表示信号幅值，时间越长，幅值越大，意味着自由颗粒的跳跃高度和尺寸越大。

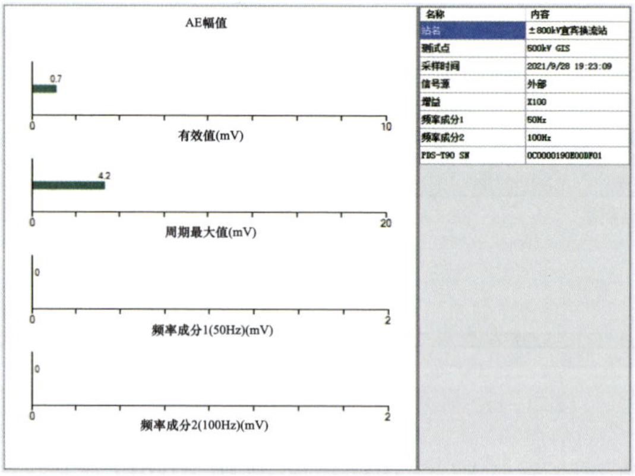

(a) 连续模式图谱

图 1-9　超声波局部放电检测常用图谱（一）

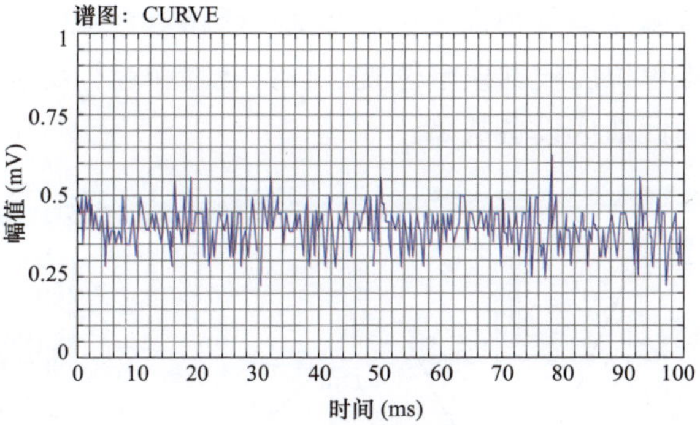

(b) 时域模式图谱

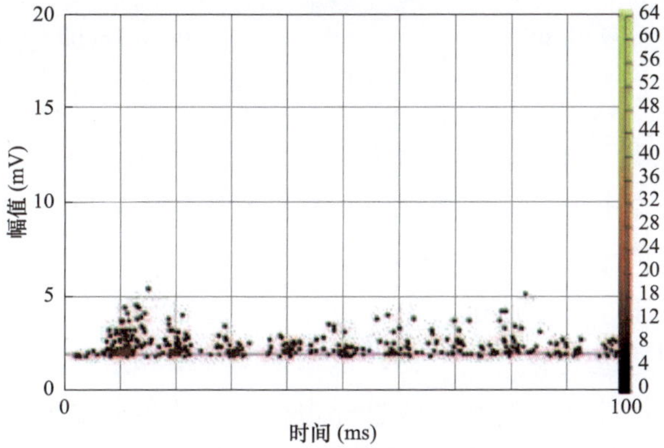

(c) 飞行模式图谱

图 1-9 超声波局部放电检测常用图谱（二）

2. GIS 内部尖端放电缺陷带电检测及分析方法

GIS 内部尖端放电主要原因是内部导体外表面异常凸起或金属壳体内表面异常凸起引发电场畸变，在气体介质中产生电晕放电。GIS 内导体外表面或金属壳体内表面存在未打磨的毛刺或者凸起的异物是导致尖端放电的主要原因。根据大量现场检测结果，随着设备制造水平和安装管理水平的不断提升，交接试验要求越来越严格，运行期间产生的凸起异物已成为目前 GIS 内部尖端放电的主要原因。特高频局部放电检测法和超声波局部放电检测法对 GIS 内部尖端放电缺陷都有较好的检出率，两种方法测得的信号特征也基本一致，典型 GIS 尖端放电图谱如图 1-10 所示。GIS 尖端放电信号特征具有显著的 50Hz 频率相关性和极性效应，导体尖端激发的放电信号脉冲位于工频周期负半周，金属壳体尖端激发的放电信号脉冲位于工频周期正半周，但无论哪个位置的尖端放电，随着放电发展，另一半周放电次数、信号幅值和相位宽度都会不同程度增加。引发电晕放电的尖端的出现，如果明显降低了高压导体与金属壳体间的绝缘距离，会对 GIS 安全运行带来隐患，特别在断路器合闸期间会大大增加击穿闪络的概率，运维单位应根据缺陷位置、设备状态和运行特点针对性制定缺陷处置策略，避免由此造成设备故障。

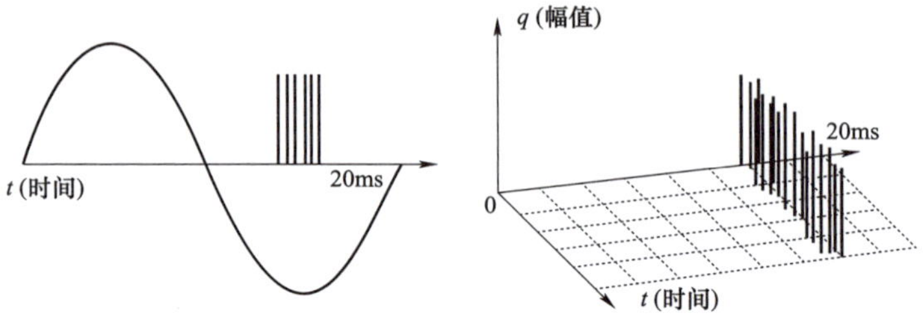

(a) 时域图谱　　(b) PRPS图谱

图 1－10　典型 GIS 尖端放电图谱

3. GIS 内部悬浮电位放电缺陷带电检测及分析方法

GIS 内部悬浮电位放电主要原因是位于高压导体部位的屏蔽罩、螺栓或等电位连接件等部件出现了松动、移位或接触不良等情况，处于高压和低压之间，按其阻抗形成分压，与周边部件形成电位差，在气体介质中产生局部放电。部件选型不当、制造或安装工艺不良、运输期间冲撞和运行期间振动等情况引起 GIS 内部高压导体部件松动是导致悬浮电位放电的主要原因。根据大量现场检测结果，GIS 内部悬浮电位放电缺陷的产生，既有选材、工艺存在问题导致的设备家族性缺陷，也有制造、安装过程管控不到位导致的设备偶发性问题，总体而言，此类缺陷呈多发态势。特高频局部放电检测法和超声波局部放电检测法对 GIS 内部悬浮电位放电缺陷都有较好的检出率，两种方法测得的信号特征也基本一致，典型 GIS 悬浮电位放电图谱如图 1－11 所示。GIS 悬浮电位放电信号特征具有显著的 100Hz 频率相关性，正负半周的放电脉冲幅值、时间间隔和相位分布分散性小，但悬浮金属体很细小时，放电也可能有一定极性特征，

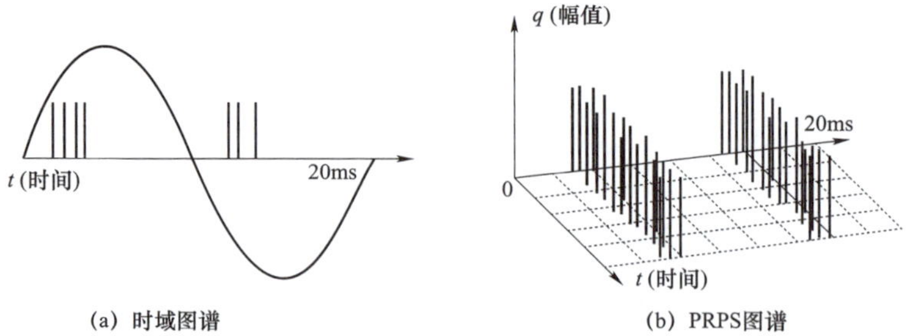

(a) 时域图谱　　(b) PRPS图谱

图 1－11　典型 GIS 悬浮电位放电图谱

只在某个半周出现。悬浮电位放电往往能量很大，可以造成金属导体烧蚀、绝缘气体分解，产生大量粉末散落在隔室内，会对 GIS 安全运行带来严重隐患。因此，一旦确认 GIS 内部存在悬浮电位放电缺陷，应尽快安排停电检修消除缺陷，在消缺之前，应对缺陷进行持续的特高频/超声波局部放电带电检测和 SF_6 气体分解产物检测，及时掌握设备状态，采取针对性运维措施，避免设备故障。

4. GIS 内部自由颗粒放电缺陷带电检测及分析方法

GIS 内部自由颗粒放电主要原因是隔室内存在跳动的自由颗粒，作为带电体运动到高压导体和金属接地外壳之间，在气体介质中产生局部放电。生产和安装期间机械磨损、运输期间冲撞、运行期间机械振动和断路器/隔离开关动作等情况在隔室内遗落颗粒是导致自由颗粒放电的主要原因。根据大量现场检测结果，GIS 内部自由颗粒放电缺陷的产生，如果与设计、材质、结构和安装等问题有关，往往是批次性缺陷甚至家族性缺陷，检测期间应特别注意。特高频局部放电检测法对 GIS 内部自由颗粒放电缺陷检测灵敏度较低，超声波局部放电检测法对 GIS 内部自由颗粒放电缺陷有较好的检出率，特别是利用飞行图谱可以直接观察颗粒运动剧烈程度，但检测点须尽可能靠近缺陷所在位置，否则可能出现漏测情况。小幅跳跃的 GIS 自由颗粒放电图谱如图 1－12 所示。小幅跳跃的自由颗粒，在重力和电场力的长时间作用下，绝大部分时间附着于金属壳体底部，呈现一定程度的尖端放电特征（50Hz 频率相关性较大），但颗粒的运动，使得信号时域波形的周期和幅值存在一定分散性。大幅跳跃的 GIS 自由颗粒放电图谱如图 1－13 所示，随着时间推移，自由颗粒运动状态可能逐步由小幅跳跃发展为大幅跳跃，尖端放电特征减弱甚至消失，50Hz 和 100Hz 频率相关性较弱，时域振荡脉冲信号呈现一定随机性，波形类似三角驼峰形状，飞行模式下信号幅值进一步增加。与其他类型缺陷引起的局部放电不同，自由颗粒除了引起放电，自身还会运动，其发展是一个非常复杂的过程，也具有一定的随机性和突发性，存在的多种可能性如下：① 自由颗粒运动至低场强区（例如吸附罩内），缺陷消除；② 自由颗粒由于局部放电被烧毁，缺陷消除；③ 自由颗粒持续存在，对设备安全运行带来隐患，尤其在断路器合闸期间会大大增加击穿闪络的概率；④ 自由颗粒运动到固体绝缘表面，显著降低固体绝缘性能，可能导致设备运行期间突然击穿闪络。从设备运维角度出发，对于明显降低高压导体与金属壳体间绝缘距离、缺陷靠近固体绝缘、位于经常动作的断路器隔室的自由颗粒放电缺陷，运维单位应该特别引起重视，尽快安排停电检修消除缺陷，避免设备突发故障。

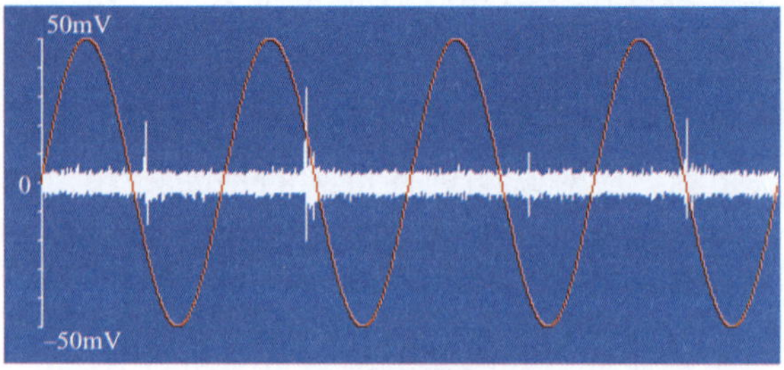

(a) 时域图谱

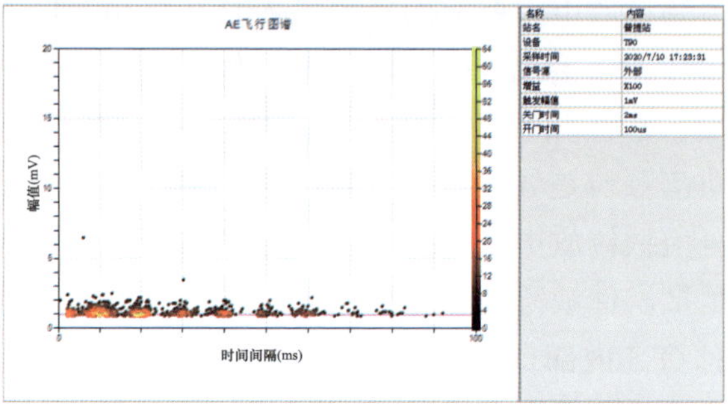

(b) 飞行图谱

图 1-12　小幅跳跃的 GIS 自由颗粒放电图谱

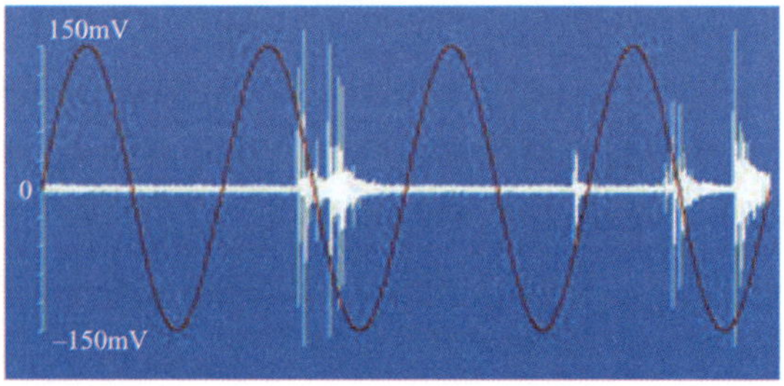

(a) 时域图谱

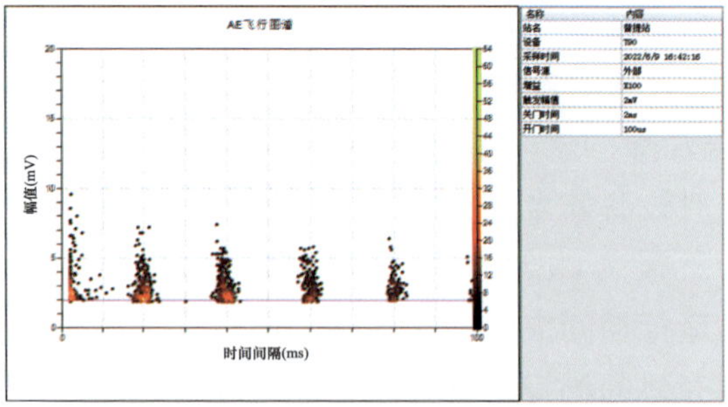

(b) 飞行图谱

图 1-13　大幅跳跃的 GIS 自由颗粒放电图谱

5. GIS 固体绝缘表面放电缺陷带电检测及分析方法

GIS 固体绝缘表面放电主要原因是盆式绝缘子等固体绝缘因高压导体与绝缘结合部浇筑不良或表面存在异物，会引起电场畸变，产生局部放电。生产期间材质或工艺存在问题、运输期间划伤、安装期间清洁不到位、运行期间异物掉落等情况是导致固体绝缘表面放电的主要原因。根据大量现场经验，GIS 固体绝缘表面放电缺陷由于断路器/隔离开关动作掉落异物到盆式绝缘子表面产生，此类缺陷在同型号、同批次、同环境设备中往往不止一处发生，检测期间应特别注意。对于高压导体与绝缘结合部浇筑不良引发电场畸变导致 GIS 固体绝缘表面放电的情况，特高频局部放电检测法对此有较好的检出率，超声波局部放电检测法因为介质衰减等原因对该缺陷检测灵敏度较低。对于盆式绝缘子表面存在微小异物的情况，根据实验室研究结果和大量现场检测经验，其激发出的局部放电信号可能十分微弱且在极短时间才会出现，以现有灵敏度的局部放电带电检测仪器和带电检测机制，此类缺陷检出率很低，随着缺陷导致的表面电荷不断积累，可激发出能够被检测到的稳定局部放电信号，但该情况的出现也预示着流注即将转化为先导诱发绝缘击穿闪络，此时可能正处于两次带电检测之间的检测盲区。GIS 固体绝缘表面放电信号特征并不固定，既可能具有 50Hz 频率相关性，也可能具有 100Hz 频率相关性，通常情况下放电脉冲幅值分散性较大。运维单位在盆式绝缘子位置偶尔检测到来自设备内部的异常放电信号，即使该信号不稳定、不持续，若该盆式绝缘子上方有断路器或隔离开关且同站同型设备出现过运行期间盆式绝缘子击穿闪络的情况，应高度重视，加强监测，及时发现固体绝缘表面放电缺陷并尽快检修消缺。

6. GIS 固体绝缘内部放电缺陷带电检测及分析方法

GIS 固体绝缘内部放电主要原因是盆式绝缘子、支柱绝缘子和绝缘拉杆等固体绝缘内部存在气隙、裂纹等，会引起电场畸变，产生局部放电。生产期间材质或工艺存在问题、运输期间碰撞、安装或运行期间所受应力过大引起固体绝缘内部气隙或裂纹，是导致放电的主要原因。根据大量现场检测结果，GIS 固体绝缘内部放电缺陷的产生，如果与材质或工艺等问题有关，往往是批次性缺陷甚至家族性缺陷，检测期间应特别注意。特高频局部放电检测法对 GIS 固体绝缘内部放电缺陷有较好的检出率，超声波局部放电检测法因为多重介质衰减等原因对该缺陷检测灵敏度较低，但现场检测也有超声波局部放电检测法检出 GIS 固体绝缘内部放电缺陷的案例。典型 GIS 固体绝缘内部放电图谱如图 1－14 所示，GIS 固体绝缘内部放电信号特征具有明显的 100Hz 频率相关性，正负半周的放电脉冲幅值、放电脉冲数量和时间间隔分散性较大，相位分布较为稳定。从已有经验看，固体绝缘内部气隙放电缺陷发展较慢、对设备绝缘危害较小，但如果固体绝缘内部存在贯穿性树枝状放电，则会对 GIS 安全运行带来严重隐患。因此，对于信号 PRPS 图谱脉冲幅值大、脉冲数量多、相位分布广的固体绝缘内部放电缺陷，运维单位应引起足够重视，通过缺陷精确定位结合 X 射线数字成像技术掌握固体绝缘内部情况，针对性做好设备运维工作。

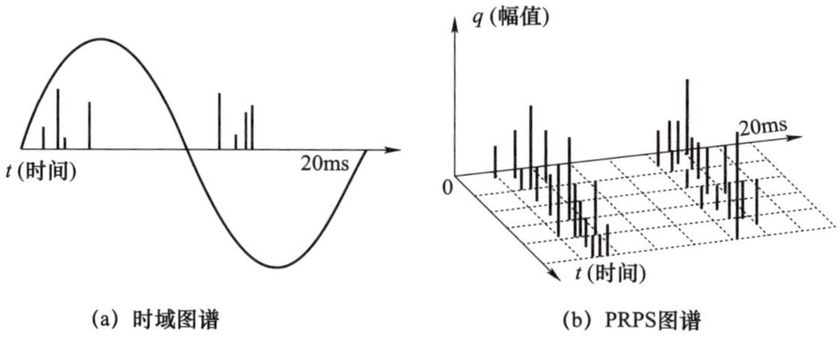

图 1－14　典型 GIS 固体绝缘内部放电图谱

7. GIS 局部放电缺陷定位方法

在信号检测和特征分析的基础上，确定局部放电缺陷位置，结合设备结构、运行情况和历时缺陷情况，更有利于准确判定缺陷类型及危害性，指导设备运维工作。因此，基于特高频局部放电检测法和超声波局部放电检测法实现 GIS 局部放电缺陷精确定位，是 GIS 局部放电带电检测的重要内容。最简单的缺陷定位方法为幅值比较定位法，局部放电信号在 GIS 内传输距离越远、衰减越大，由此认为所测信号幅值越大则越接近放电源，由于超声波传感器测点选择灵活，该定位法往往用于超声波局部放电检测。但在现场应用中，幅值比较定位法也可能面临问题，部分类型的放电激发的信号在较小的范围内难以准确分辨幅值变化情况，此外，当外部存在干扰源时，也会在 GIS 某些位置产生异常信号，干扰局部放电信号幅值比较结果，影响定位准确性。多通道信号时延定位法相比幅值比较定位法，受设备结构影响小、定位结果更为准确。定位期间，将多个传感器布置在需要定位的间隔或隔室相应测点进行信号检测，传感器连接到高速采集装置（如示波器）各检测通道，高速采集装置触发并采集各通道信号后，读取各通道信号时延，根据公式（1－1），可以计算得到局部放电缺陷的三维坐标位置。

$$c\Delta t_{ij}=\sqrt{(x_s-x_i)^2+(y_s-y_i)^2+(z_s-z_i)^2}-\sqrt{(x_s-x_j)^2+(y_s-y_j)^2+(z_s-z_j)^2} \tag{1-1}$$

其中，c 表示信号传输速度，特高频电磁波在 GIS 内部介质中等值速度约为 3×10^8m/s，超声波信号在 GIS 内部介质中等值速度约为 140m/s；Δt_{ij} 表示信号到达传感器 i 和传感器 j 的时延，（x_s, y_s, z_s）表示局部放电缺陷的三维位置坐标，（x_i, y_i, z_i）和（x_j, y_j, z_j）分别表示传感器 i 和传感器 j 的三维位置坐标。$i, j=1$、2、3、4。由于 GIS 具有独特的管道结构，使用时延定位法时可将其视为线形结构，在二维空间内利用简化方法进行定位计算。理想情况下，仅需 2 个不同测点的传感器同时接收放电信号，读取两通道信号时延后利用式（1－2）进行计算，即可得到局部放电缺陷位置。

$$\left.\begin{aligned}\Delta t=t_2-t_1=(L-x)/c-x/c\\ x=\frac{1}{2}(L-c\Delta t)\end{aligned}\right\} \tag{1-2}$$

其中，c 为信号传输速度；t_1 为信号到达传感器 1 的时间；t_2 为信号到达传感器 2 的时间；L 为两传感器的距离；x 为局部放电缺陷到其中一个传感器的距离。在同时检测到缺陷激发的特高频电磁波和超声波信号的基础上，声电联合定位法可以提供更好的信号到达时间读取精度，获得更准确的定位结果。定位期间，通过特高频传感器和超声波传感器同时采集特高频信号和超声波信号，相比速度较慢的超声波信号，特高频信号可认为是瞬间从局部放电缺陷到达检测点，而从高速采集装置读取的电信号和声信号之间的时延就可认为是超声波信号从局部放电缺陷到达检测点的时间，通过计算局部放电缺陷与检测点间的距离，从而找到局部放电缺陷所在位置。

1.1.4 GIS 载流回路接触不良缺陷带电检测及分析方法

由于螺栓紧固不到位、运行期间部件变形、断路器/隔离开关触头偏离或插入深度不足等原因，GIS 载流回路接触电阻会增大，出现接触不良缺陷。作为传输电能的设备，在通过一定电流的情况下，GIS 载流回路中接触电阻过大的部位会出现不同程度过热情况，过热会引起缺陷部位的氧化和烧蚀，进一步加剧接触不良缺陷，形成恶性循环，长期运行将导致 GIS 故障。对于 GIS 载流回路接触不良缺陷，设备运行期间并没有针对性检测手段，但从现场检测经验看，接触不良可能引起设备异常振动，超声波检测法有一定概率能检出存在的异常振动情况，而载流回路过热的热量会通过热辐射等方式传递到金属壳体上，一旦金属壳体与邻近部位温差达到一定水平，通过红外精确测温可以发现内部缺陷。

GIS 载流回路接触不良、内部部件松动、基础或伸缩节紧固不良均可能导致设备异常振动，激发出异常超声波信号。典型 GIS 异常振动超声波信号图谱如图 1－15 所示。异常振动激发的超声波信号具有显著的 100Hz 频率相关性，正负半周均会出现振荡脉冲且脉冲幅值较为稳定，从连续模式图谱上看，与悬浮电位放电特征相似；但从时域模式图谱上看，与悬浮电位放电存在明显差异。首先是振荡脉冲持续时间明显更长，前一脉冲还未衰减完毕，下一脉冲已经开始，并且与局部放电振荡衰减或三角驼峰特征不同，该信号每个脉冲幅值通常是振荡上升然后振荡减小，其包络线近似为正弦波形。根据超声波信号特征，可以判断存在的 GIS 异常振动缺陷，根据缺陷所在位置，结合设备结构、运行情况、红外精确测温结果和 X 射线成像检测结果，综合分析是否存在载流回路接触不良缺陷。

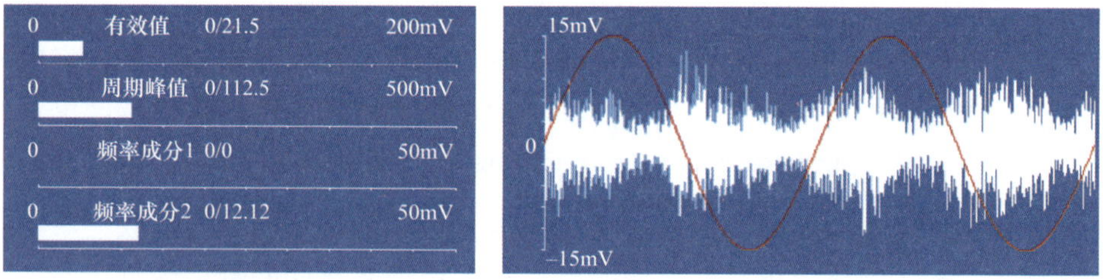

(a) 连续图谱 (b) 时域图谱

图 1－15 典型 GIS 异常振动超声波信号图谱

对 GIS 金属壳体进行红外精确测温，通过壳体局部温升推断载流回路过热，有助于及时发现载流回路接触不良缺陷。需要注意的是，涡流损耗也会导致 GIS 金属壳体局部温度升高，仅从红外图像特征难以区分导致壳体局部过热的原因是载流回路过热还是涡流损耗。因此，在现场检测中，面对金属壳体温度局部升高的情况，应首先确认温升位置对应的 GIS 内部是否有接头、触头等可能接触不良引起过热的结构，再综合考虑壳体材质、负荷电流和历史缺陷等因素，准确分析缺陷原因，一旦发现载流回路接触不良导致过热缺陷，应立即调整运行方式，及时检修消缺。

1.2 GIS 内部悬浮电位放电典型缺陷分析

1.2.1 基于声电联合检测的 220kV GIS 断路器隔室悬浮电位放电缺陷检测及解体分析

1. 异常概况描述

2020 年 12 月 8 日，运维单位对某 220kV 变电站开展全站带电检测，在 268 开关间隔多个盆式绝缘子处测得异常特高频信号，在 268 断路器 C 相隔室测得异常超声波信号。经精确定位，缺陷位于Ⅰ母侧 TA 正下方断路器内，在压气缸、铸铝导体和支持绝缘筒及其临近部位。从 2020 年 12 月 10 日至 2021 年 8 月 9 日对 268 断路器 C 相隔室开展 11 次 SF_6 气体分解产物检测，未发现异常。

2021 年 8 月 24 日，运维单位对该变电站 268 开关间隔 268 断路器三相隔室进行解体检查，C 相隔室和 B 相隔室内部发现黑色粉末，C 相隔室还发现一块破损的圆环状金属物体，但未发现放电点。经材质分析，268 断路器 C 相隔室和 B 相隔室内部黑色粉末为局部放电导致金属分解后与气体结合生成的金属氟化物、硫化物等。

将 268 开关间隔 268 断路器三相隔室返厂解体检查，C 相隔室断路器动静触头之间、压气缸内、铸铝导体内以及上述部件对应的罐体底部均存在大量黑色粉末，支持绝缘筒和铸铝导体部分连接螺栓根部存在放电烧蚀痕迹，碟簧被不同程度烧毁。与装配图对照，268 断路器 C 相隔室和 B 相隔室支持绝缘筒和铸铝导体部分连接螺栓规格选择错误，连接螺栓根部碟簧未被压紧导致悬浮电位放电，威胁设备安全运行。

2. 检测对象及项目

检测对象：某 220kV 变电站 268 开关间隔。

检测项目：特高频局部放电带电检测、超声波局部放电带电检测、SF_6 气体分解产物检测。

3. 检测仪器及装置

特高频局部放电带电检测：HR1300W 型局部放电检测仪。

超声波局部放电带电检测：HR1300W 型局部放电检测仪。

缺陷定位：HR1330 型局部放电定位系统、DSOX3104T 型数字示波器。

SF_6 气体分解产物检测：JH5000B－2 型 SF_6 电气设备气体综合检测仪。

4. 检测数据

（1）特高频局部放电带电检测。2020 年 12 月 8 日，运维单位在某 220kV 变电站 268 开关间隔多个盆式绝缘子处测得异常特高频信号。268 开关间隔特高频测点如图 1－16 所示，在 268 开关间隔各相出线侧 TA 与出线侧隔离开关之间的盆式绝缘子、母线侧 TA 与 I 母侧隔离开关之间的盆式绝缘子等多个测点开展特高频局部放电带电检测。268 开关间隔特高频信号图谱表如表 1－1 所示，在 268 开关间隔各测点均测得具有 100Hz 频率相关性的异常特高频信号，从信号特征看，每个周期正负半周均有放电脉冲，放电脉冲幅值、时间间隔较为稳定，各半周放电脉冲数量、相位分布较为对称，具有悬浮电位放电或固体绝缘放电特征。从放电信号幅值看，268 开关间隔 C 相异常特高频信号幅值显著大于 B 相和 A 相，考虑特高频信号衰减等因素，初步判断异常信号源更接近 268 开关间隔 C 相某设备。

图 1－16　268 开关间隔特高频测点

表 1－1　　268 开关间隔特高频信号图谱表

测点 1（出线侧 TA 与出线侧隔离开关之间盆式绝缘子 C 相）	
PRPD 图谱	PRPS 图谱
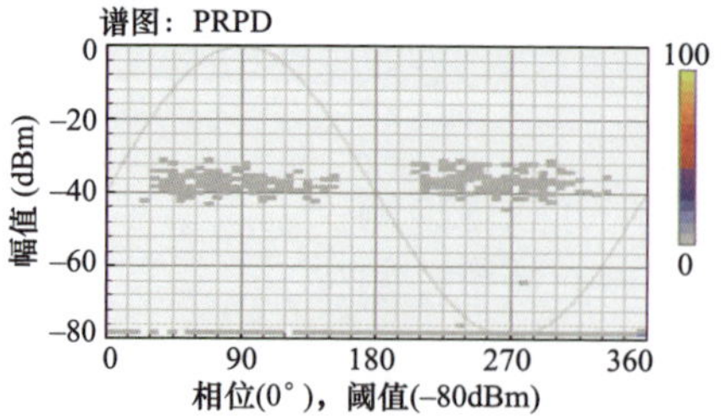	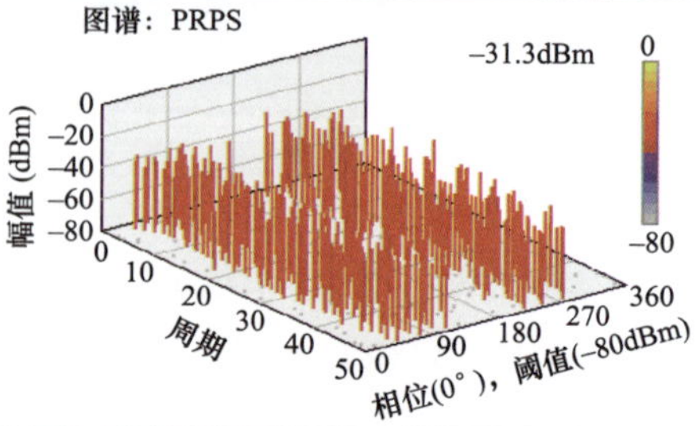

续表

测点 2（出线侧 TA 与出线侧隔离开关之间盆式绝缘子 B 相）	
PRPD 图谱	PRPS 图谱
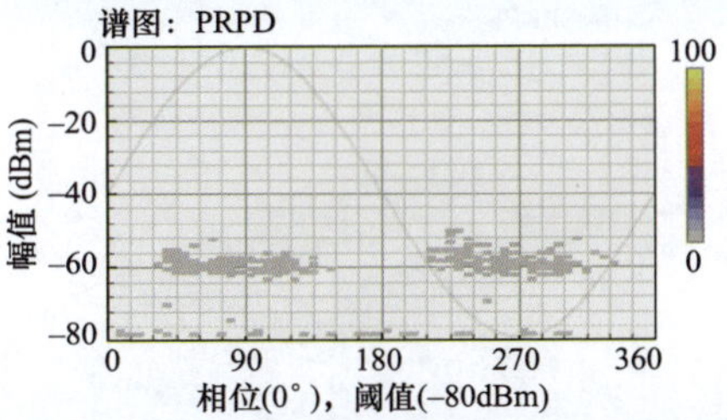	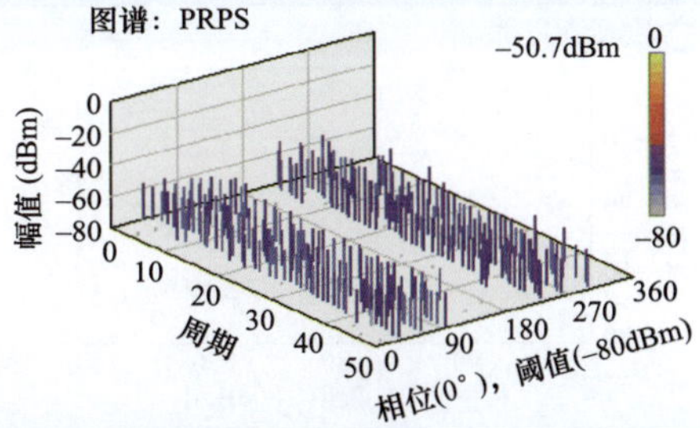
测点 3（出线侧 TA 与出线侧隔离开关之间盆式绝缘子 A 相）	
PRPD 图谱	PRPS 图谱
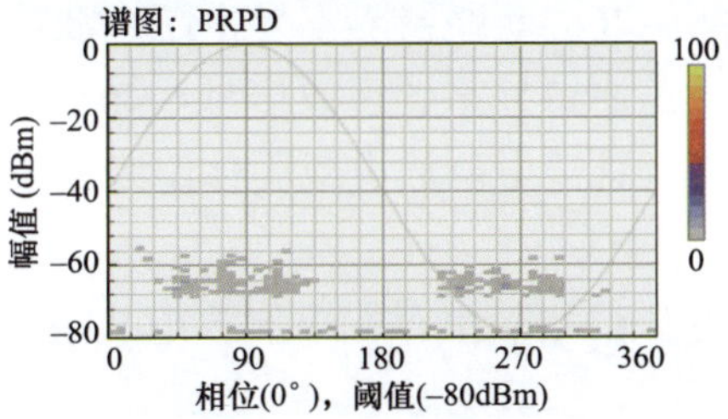	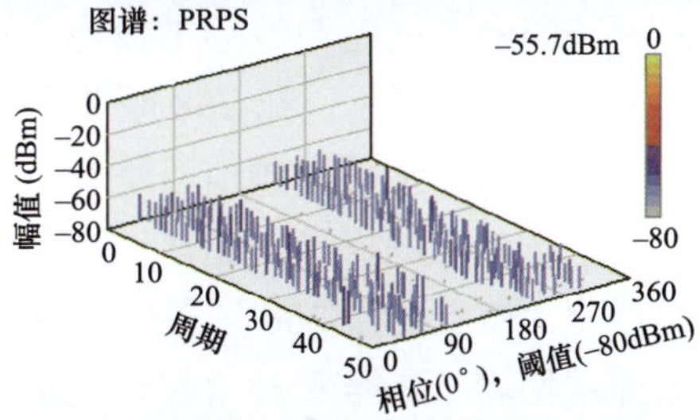
测点 4（母线侧 TA 与 I 母侧隔离开关之间盆式绝缘子 C 相）	
PRPD 图谱	PRPS 图谱
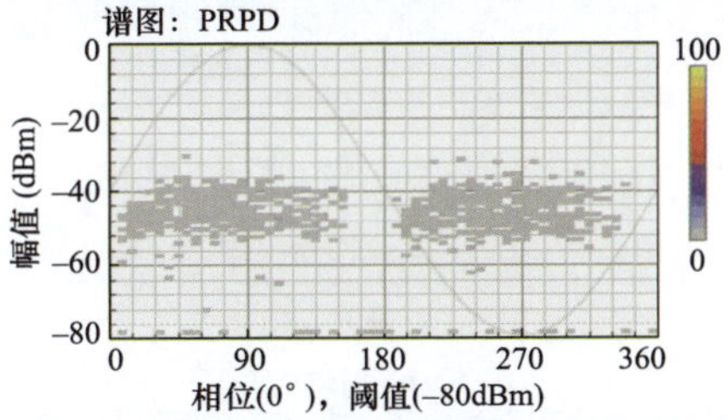	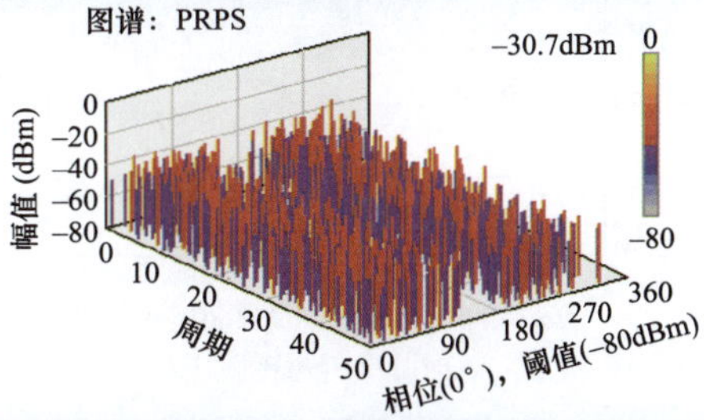
测点 5（母线侧 TA 与 I 母侧隔离开关之间盆式绝缘子 B 相）	
PRPD 图谱	PRPS 图谱
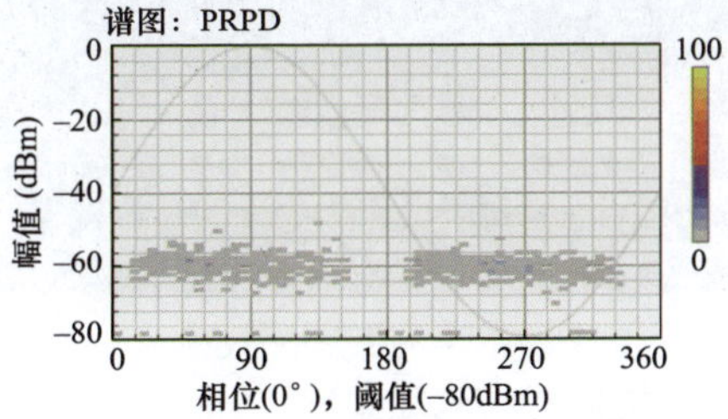	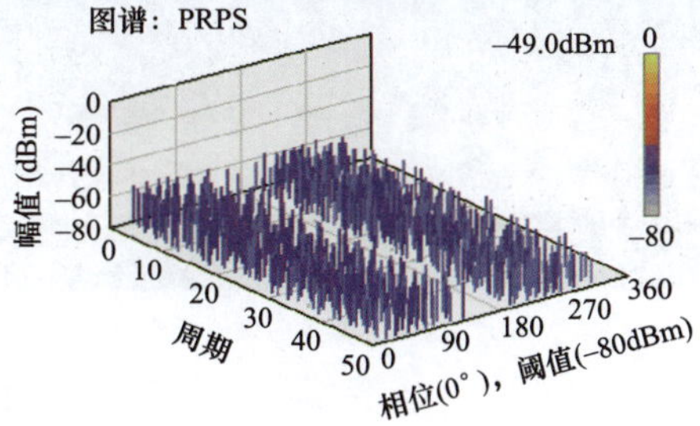

续表

测点 6（母线侧 TA 与 I 母侧隔离开关之间盆式绝缘子 A 相）	
PRPD 图谱	PRPS 图谱
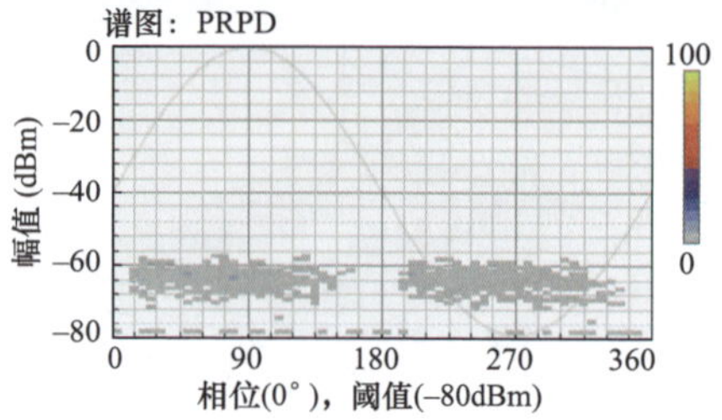	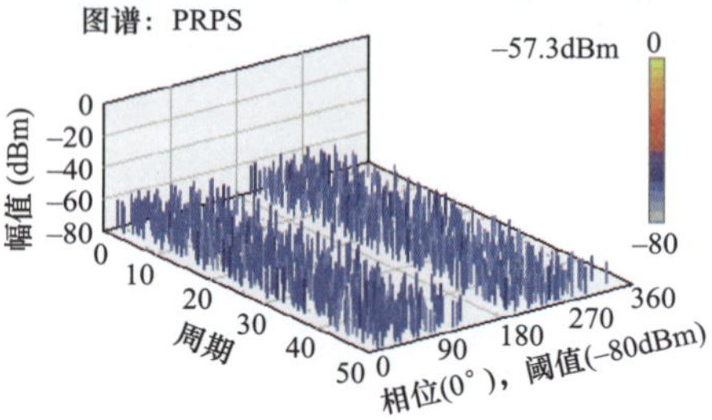

（2）超声波局部放电带电检测。2020 年 12 月 8 日，运维单位对该变电站 268 开关间隔开展超声波局部放电带电检测。268 断路器隔室异常超声波信号图谱如图 1－17 所示，在 268 断路器 C 相隔室测得异常超声波信号，异常超声波信号特征与异常特高频信号特征一致，具有悬浮电位放电或固体绝缘放电特征。其余设备未测得异常超声波信号。

据此，初步判断 268 开关间隔 268 断路器 C 相隔室存在局部放电缺陷，激发出异常特高频信号和异常超声波信号。

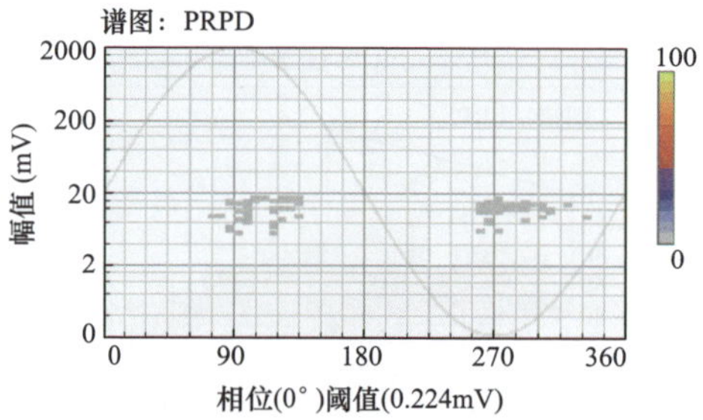

(a) 相位模式

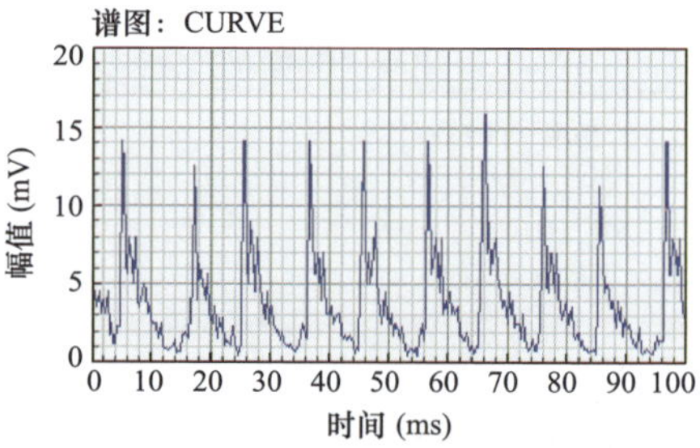

(b) 时域模式

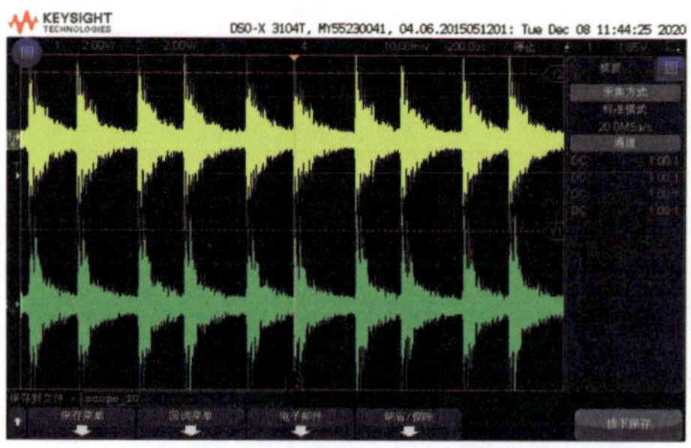

(c) 示波器采集的时域波形1

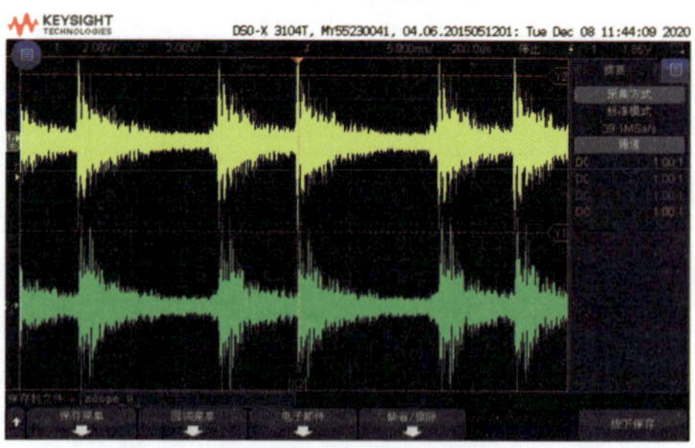

(d) 示波器采集的时域波形2

图 1－17　268 断路器隔室异常超声波信号图谱

（3）SF_6气体分解产物检测。检出 268 开关间隔 268 断路器 C 相隔室存在异常特高频信号和异常超声波信号后，由于无法立即开展停电检修，运维单位每月对 268 断路器隔室进行了 SF_6 气体分解产物检测，于春节期间进一步增加了检测频次。268 断路器隔室 SF_6 气体分解产物检测结果如表 1－2 所示，从 2020 年 12 月 10 日至 2021 年 8 月 9 日 11 次检测结果看，未发现异常。

表 1－2　　268 断路器隔室 SF_6 气体分解产物检测结果

检测时间	被测设备双重名称	检测仪器	检测项目					
			SO_2（μL/L）		H_2S（μL/L）		CO（μL/L）	
			规程要求值	实测值	规程要求值	实测值	规程要求值	实测值
2020－12－10	268 开关间隔 A 相断路器隔室	JH5000B－2 型 SF_6 电气设备气体综合检测仪	≤1	0.00	≤1	0.00	无具体标准	36.1
	268 开关间隔 B 相断路器隔室			0.00		0.00		35.5
	268 开关间隔 C 相断路器隔室			0.00		0.00		28.9
2021－01－05	268 开关间隔 A 相断路器隔室	JH5000B－2 型 SF_6 电气设备气体综合检测仪	≤1	0.00	≤1	0.00	无具体标准	33.3
	268 开关间隔 B 相断路器隔室			0.00		0.00		32.4
	268 开关间隔 C 相断路器隔室			0.00		0.00		26.6
2021－01－22	268 开关间隔 A 相断路器隔室	JH5000B－2 型 SF_6 电气设备气体综合检测仪	≤1	0.00	≤1	0.00	无具体标准	34.0
	268 开关间隔 B 相断路器隔室			0.00		0.00		33.0
	268 开关间隔 C 相断路器隔室			0.00		0.00		27.0
2021－02－08	268 开关间隔 A 相断路器隔室	JH5000B－2 型 SF_6 电气设备气体综合检测仪	≤1	0.00	≤1	0.00	无具体标准	33.1
	268 开关间隔 B 相断路器隔室			0.00		0.00		32.0
	268 开关间隔 C 相断路器隔室			0.00		0.00		28.0
2021－03－20	268 开关间隔 A 相断路器隔室	JH5000B－2 型 SF_6 电气设备气体综合检测仪	≤1	0.00	≤1	0.00	无具体标准	35.2
	268 开关间隔 B 相断路器隔室			0.00		0.00		33.3
	268 开关间隔 C 相断路器隔室			0.00		0.00		28.5

续表

检测时间	被测设备双重名称	检测仪器	检测项目					
			SO_2（μL/L）		H_2S（μL/L）		CO（μL/L）	
			规程要求值	实测值	规程要求值	实测值	规程要求值	实测值
2021－04－20	268 开关间隔 A 相断路器隔室	JH5000B－2 型 SF_6 电气设备气体综合检测仪	≤1	0.00	≤1	0.00	无具体标准	35.2
	268 开关间隔 B 相断路器隔室			0.00		0.00		31.3
	268 开关间隔 C 相断路器隔室			0.07		0.00		25.0
2021－05－12	268 开关间隔 A 相断路器隔室	JH5000B－2 型 SF_6 电气设备气体综合检测仪	≤1	0.00	≤1	0.00	无具体标准	33.7
	268 开关间隔 B 相断路器隔室			0.00		0.00		32.1
	268 开关间隔 C 相断路器隔室			0.00		0.00		27.7
2021－06－02	268 开关间隔 A 相断路器隔室	JH5000B－2 型 SF_6 电气设备气体综合检测仪	≤1	0.00	≤1	0.00	无具体标准	35.8
	268 开关间隔 B 相断路器隔室			0.00		0.00		30.1
	268 开关间隔 C 相断路器隔室			0.00		0.00		26.0
2021－06－22	268 开关间隔 A 相断路器隔室	JH5000B－2 型 SF_6 电气设备气体综合检测仪	≤1	0.00	≤1	0.00	无具体标准	35.3
	268 开关间隔 B 相断路器隔室			0.00		0.00		33.4
	268 开关间隔 C 相断路器隔室			0.00		0.00		25.1
2021－07－15	268 开关间隔 A 相断路器隔室	JH5000B－2 型 SF_6 电气设备气体综合检测仪	≤1	0.00	≤1	0.00	无具体标准	36.0
	268 开关间隔 B 相断路器隔室			0.00		0.00		34.7
	268 开关间隔 C 相断路器隔室			0.00		0.00		25.2
2021－08－09	268 开关间隔 A 相断路器隔室	JH5000B－2 型 SF_6 电气设备气体综合检测仪	≤1	0.00	≤1	0.00	无具体标准	33.8
	268 开关间隔 B 相断路器隔室			0.00		0.00		30.2
	268 开关间隔 C 相断路器隔室			0.00		0.00		25.6

（4）缺陷精确定位。通过双通道特高频信号时延定位法对该变电站 268 开关间隔 C 相局部放电缺陷进行精确定位，268 开关间隔设备布置和隔室分布如图 1－18 所示。

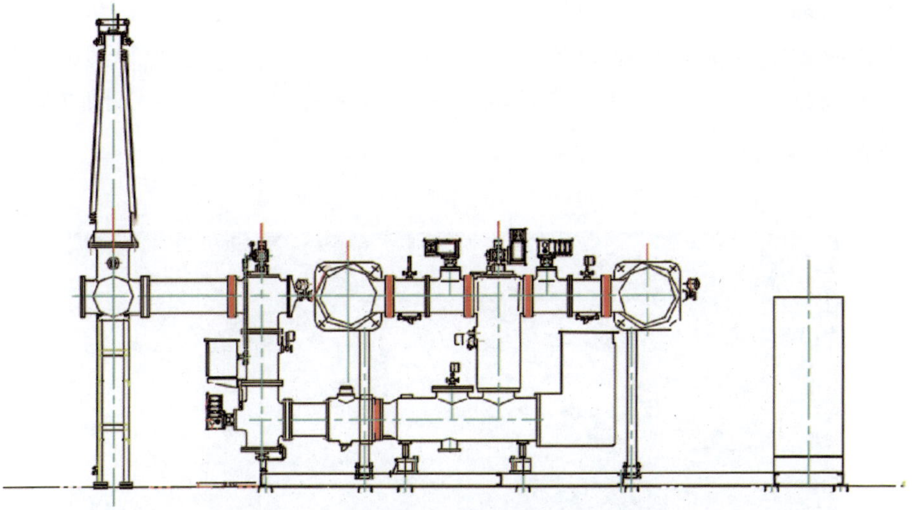

图 1－18 268 开关间隔设备布置和隔室分布

268 开关间隔精确定位期间特高频传感器布置 1 如图 1－19 所示，将示波器通道 1 对应的特高频传感器布置于 C 相母线侧 TA 和 I 母侧隔离开关之间的

图 1－19 268 开关间隔精确定位期间特高频传感器布置 1

隔离盆式绝缘子，将示波器通道 2 对应的特高频传感器布置于 C 相 Ⅰ 母临近 268 开关间隔的盆式绝缘子。268 开关间隔双通道特高频时域波形 1 如图 1－20 所示，通道 1 采集的特高频信号领先通道 2 采集的特高频信号约 8ns，以电磁波传播速度 3×10^8m/s 计算，信号源与通道 2 传感器的距离和信号源与通道 1 传感器的距离之差约为 2.4m，这大约是通道 1 传感器与通道 2 传感器的距离，根据设备结构，初步分析缺陷位于 C 相母线侧 TA 和 Ⅰ 母侧隔离开关之间的隔离盆式绝缘子或该盆式绝缘子沿 Ⅰ 母侧 TA 之外的设备中。

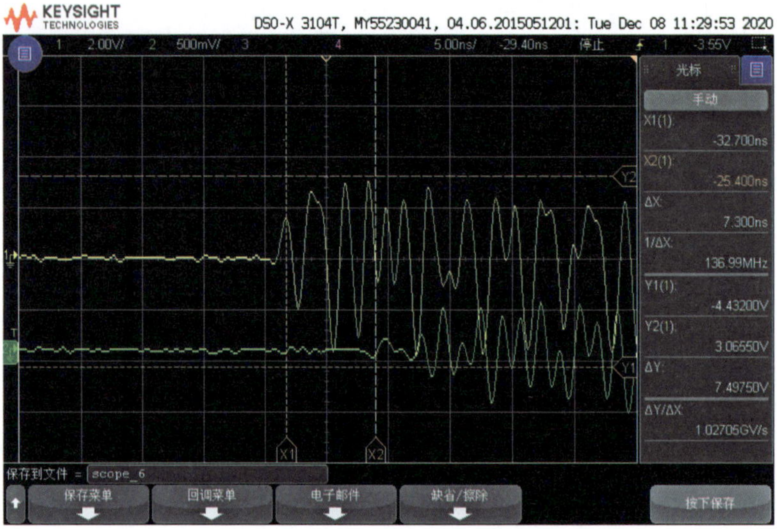

图 1－20　268 开关间隔双通道特高频时域波形 1

268 开关间隔精确定位期间特高频传感器布置 2 如图 1－21 所示，将示波器通道 1 对应的特高频传感器布置于 C 相线路侧隔离开关隔室和出线套管隔室之间的隔离盆式绝缘子，将示波器通道 2 对应的特高频传感器布置于 C 相线路侧 TA 和线路侧隔离开关之间的盆式绝缘子。268 开关间隔双通道特高频时域波形 2 如图 1－22 所示，通道 2 采集的特高频信号领先通道 1 采集的特高频信号约 7ns，以电磁波传播速度 3×108m/s 计算，信号源与通道 1 传感器的距离和信号源与通道 2 传感器的距离之差约为 2.1m，这大约是通道 2 传感器与通道 1 传感器的距离，根据设备结构，初步分析缺陷位于 C 相线路侧 TA 和线路侧隔离开关之间的盆式绝缘子或该盆式绝缘子沿线路侧 TA 之外的设备中。

图 1－21 268 开关间隔精确定位期间特高频传感器布置 2

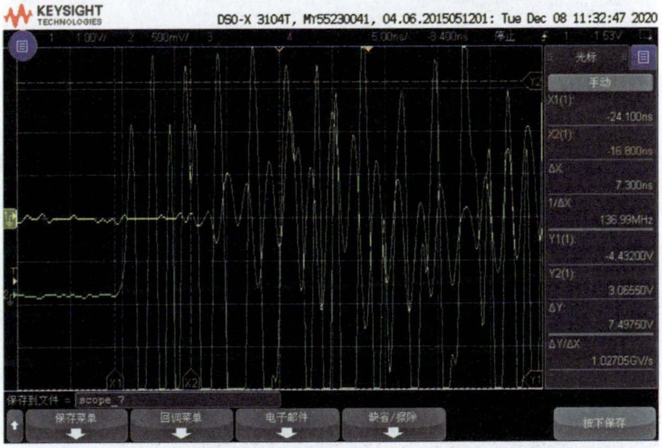

图 1－22 268 开关间隔双通道特高频时域波形 2

根据 268 开关间隔两侧定位结果，初步判断缺陷位于 C 相线路侧 TA、268 断路器、Ⅰ母侧 TA 及其附属的盆式绝缘子等设备内。268 开关间隔精确定位期间特高频传感器布置 3 如图 1－23 所示，进一步开展双通道特高频信号时延定位，确定缺陷具体位置，将示波器通道 1 对应的特高频传感器布置于 C 相母线侧 TA 和Ⅰ母侧隔离开关之间的隔离盆式绝缘子，将示波器通道 2 对应的特高频传感器布置于 C 相线路侧 TA 和线路侧隔离开关之间的盆式绝缘子。268 开关间隔双通道特高频时域波形 3 如图 1－24 所示，通道 1 采集的特高频信号领先通道 2 采集的特高频信号约 3ns，以电磁波传播速度 3×10^8m/s 计算，信号源与通道 2 传感器的距离和信号源与通道 1 传感器的距离之差约为 0.9m，通道 1 传感器与通道 2 传感器的距离约为 4.1m，经计算，缺陷位于如图 1－23 所示红圈内（Ⅰ母侧 TA 正下方断路器内）。

图 1－23　268 开关间隔精确定位期间特高频传感器布置 3

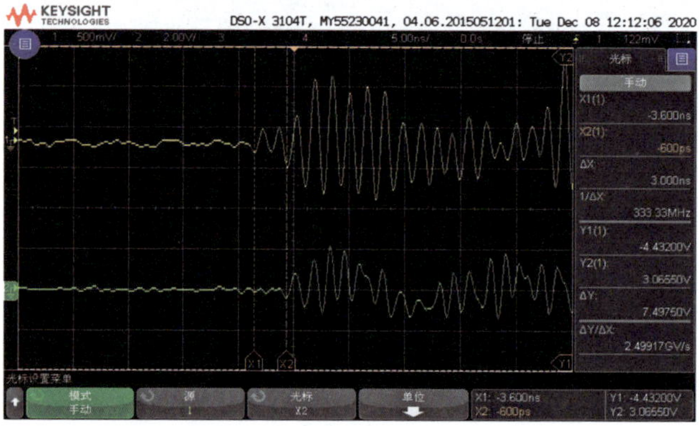

图 1－24　268 开关间隔双通道特高频时域波形 3

（5）局部放电重症监护。检出该变电站 268 开关间隔 268 断路器 C 相隔室存在异常特高频信号和异常超声波信号后，由于无法立即开展停电检修，运维单位在该间隔安装了局部放电重症监护系统（三相均布置特高频测点，268 断路器 C 相隔室布置超声波测点），实时监测异常特高频信号和异常超声波信号变化情况。268 开关间隔局部放电重症监护数据如图 1－25 所示，监测期间发现，自 2021 年 1 月 5 日后，异常特高频信号和异常超声波信号幅值和频率均有所增长，但总体而言较为平稳，未见缺陷显著恶化。

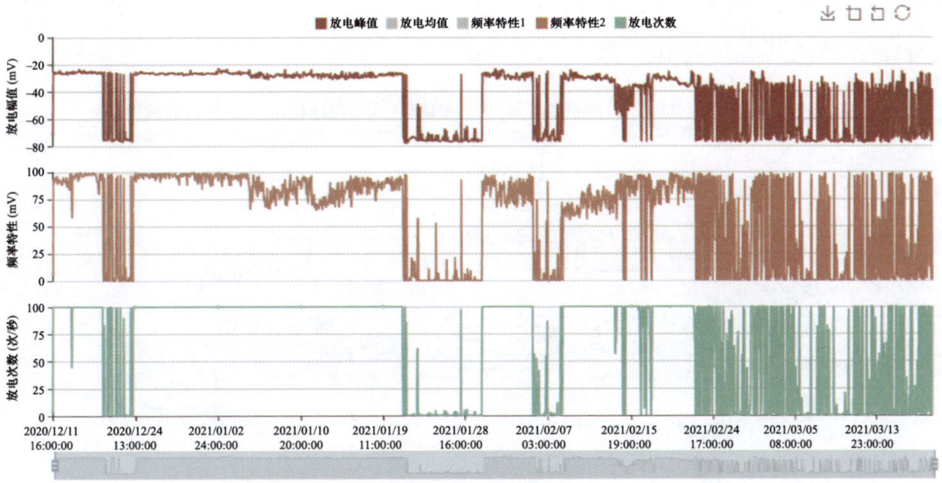

(a) C相特高频监测数据界面

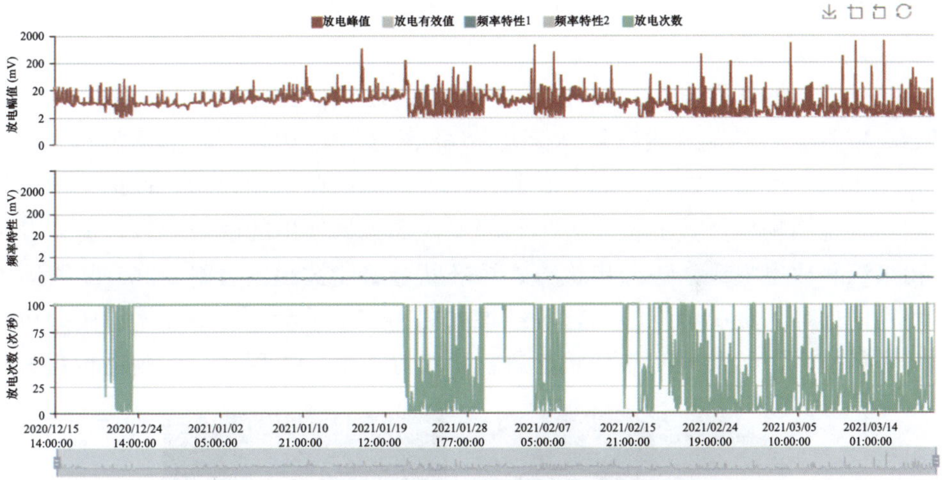

(b) C相超声波监测数据界面

图 1–25 268 开关间隔局部放电重症监护数据

5. 综合分析

某 220kV 变电站 268 开关间隔多处盆式绝缘子均测得异常特高频信号，其中 C 相信号幅值最大。268 断路器 C 相隔室测得异常超声波信号。异常特高频信号与异常超声波信号特征相似，呈现 100Hz 频率相关性，每个周期正负半周均有放电脉冲，放电脉冲幅值、时间间隔较为稳定，各半周放电脉冲数量、相位分布较为对称，具有悬浮电位放电或固体绝缘放电特征。经双通道特高频信号时延精确定位，判断缺陷位于Ⅰ母侧 TA 正下方断路器内。根据如图 1–26

所示的 268 开关间隔 268 断路器内部结构，分析缺陷位于压气缸、铸铝导体和支持绝缘筒及其临近部位。

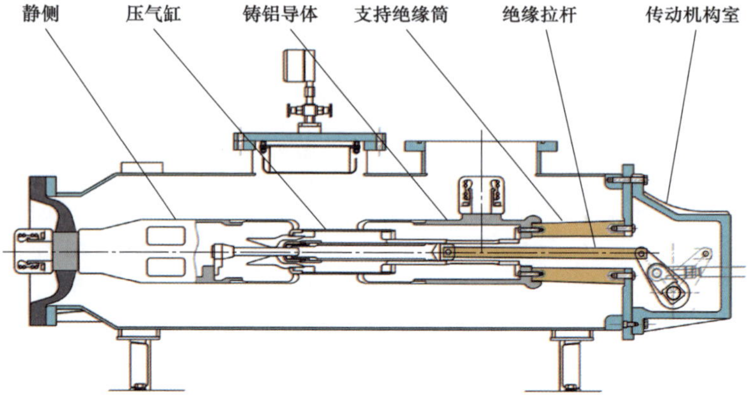

图 1－26　268 开关间隔 268 断路器内部结构

6. 验证情况

（1）现场解体检查。2021 年 8 月 23 日，运维单位对该变电站 268 开关间隔 268 断路器 C 相隔室进行解体检查，268 断路器 C 相隔室内部黑色粉末和异物如图 1－27 所示，发现该隔室底部存在大量黑色粉末和异物，包括一块破损的圆环状金属物体，其形状和大小与隔室内部大量使用的碟簧一致，但未发现异物来源和放电痕迹。进一步检查，该环状金属能被磁铁吸附，268 断路器 C 相隔室内部环状金属异物材质检测结果如图 1－28 所示，使用金属材质分析仪对其进行检测，结果表明该环状金属材质接近 12L－14 型（易切削结构钢）。

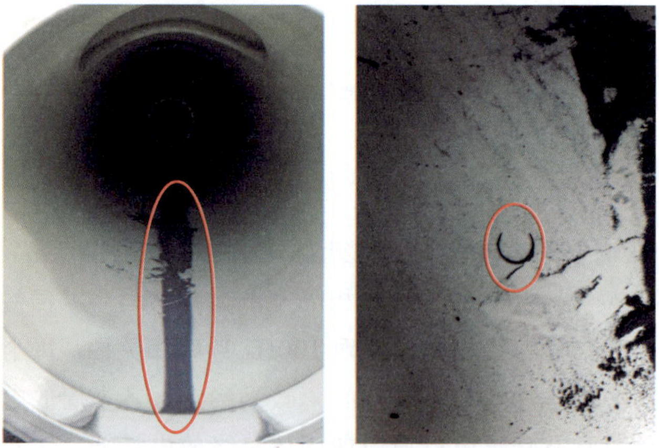

(a) 隔室内黑色粉末　　(b) 掉落的环状异物

图 1－27　268 断路器 C 相隔室内部黑色粉末和异物

2021 年 8 月 24 日，运维单位对该变电站 268 开关间隔 268 断路器 B 相隔室进行解体检查，268 断路器 B 相隔室内部黑色粉末和异物如图 1－29 所示，在隔室底部同样发现类似的黑色粉末，也未发现异物来源和放电痕迹。

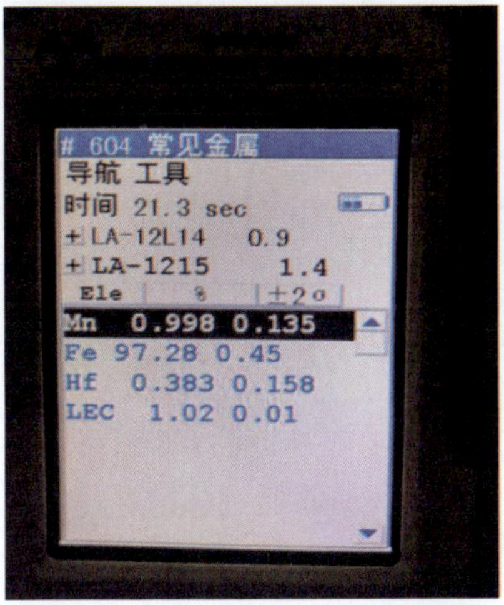

图 1－28　268 断路器 C 相隔室内部环状金属异物材质检测结果

图 1－29　268 断路器 B 相隔室内部黑色粉末和异物

（2）异物材质分析。运维单位将现场解体检查提取的异物进行材质分析。268 断路器 B 相隔室内部异物材质分析结果、268 断路器 C 相隔室内部异物材质分析结果分别见表 1－3 和表 1－4。

根据表 1－3 和表 1－4 材质分析结果进行判断，268 断路器 B 相隔室和 C 相隔室内部黑色粉末为局部放电导致金属分解后与气体结合生成的金属氟化物、硫化物等。

表 1－3　　268 断路器 B 相隔室内部异物材质分析结果

元素	重量百分比（%）	光谱分析结果（Wt%Sigma）	原子百分比（%）
F	44.95	1.52	61.02
Fe	37.83	1.63	17.47
Al	8.73	0.62	8.35
O	7.84	0.89	12.64
S	0.65	0.30	0.52
总量	100		100

表 1-4　　268 断路器 C 相隔室内部异物材质分析结果

元素	重量百分比（%）	光谱分析结果（Wt%Sigma）	原子百分比（%）
F	43.36	1.62	62.34
Fe	42.79	1.78	20.93
Al	8.70	0.68	8.80
O	4.13	0.86	7.06
S	1.02	0.32	0.87
总量	100	—	100

（3）返厂解体检查。因现场解体检查无法确认异物来源、无法找到放电痕迹，且该变电站 268 开关间隔 268 断路器由于存在重大故障隐患，已无法恢复运行，运维单位将 268 断路器送回制造厂解体检查。

如图 1-26 和图 1-30 所示分别是该变电站 268 开关间隔 268 断路器内部结构和灭弧室结构，其中灭弧室及其附近位置即是双通道特高频信号时延定位方法计算得出的 C 相缺陷所在位置。

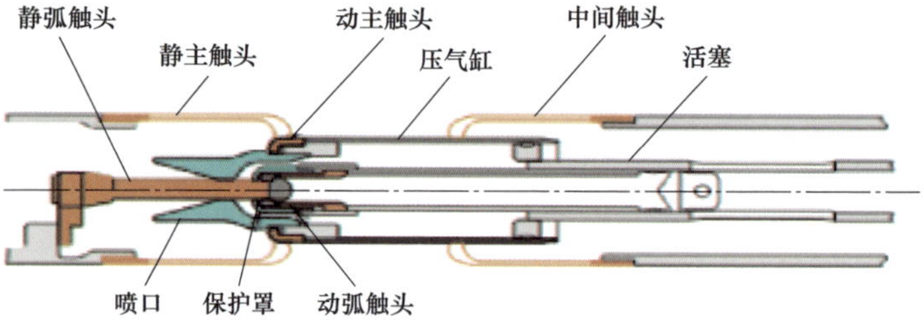

图 1-30　268 断路器内部灭弧室结构

对 268 断路器 C 相隔室进行解体检查，返厂后发现的 268 断路器 C 相隔室内部两块破损的圆环状金属物体如图 1-31 所示。检查铸铝导体与支持绝缘筒之间的 6 颗连接螺栓，拆下后发现其中 4 颗螺栓根部有明显烧蚀痕迹，其中 3 颗螺栓的碟簧已不在原有位置，分析为隔室内发现的三块破损的圆环状金属物体。268 断路器 C 相铸铝导体与支持绝缘筒之间的连接螺栓及其烧蚀情况如图 1-32 所示，取下连接螺栓的支持绝缘筒端面有熏黑发黄的痕迹，铸铝导体内腔可见粉尘，编号为①②③④的 4 颗有烧蚀痕迹的螺栓规格为 M12×70，其余两颗编号为⑤⑥的螺栓规格为 M12×60。支持绝缘筒与铸铝导体装配图如图 1-33 所示，对照新东北电气集团（沈阳）高压开关有限公司提供的支持绝缘筒与铸铝导体装配图，支持绝缘筒与铸铝导体之间应使用 6 颗规格为

M12×60 的连接螺栓，但 268 开关间隔 268 断路器 C 相隔室支持绝缘筒与铸铝导体之间使用了两颗规格为 M12×60 的连接螺栓和 4 颗规格为 M12×70 的连接螺栓，与装配要求不符，而根部存在烧蚀痕迹的正是 4 颗规格为 M12×70 的连接螺栓。

图 1-31 返厂后发现的 268 断路器 C 相隔室内部两块破损的圆环状金属物体

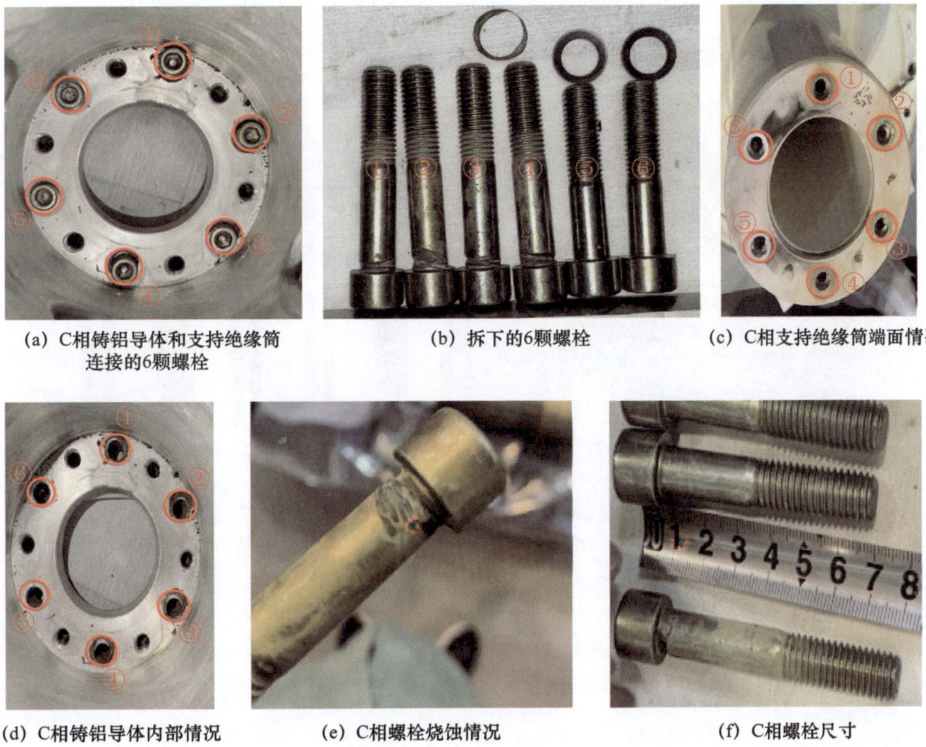

图 1-32 268 断路器 C 相铸铝导体与支持绝缘筒之间的连接螺栓及其烧蚀情况

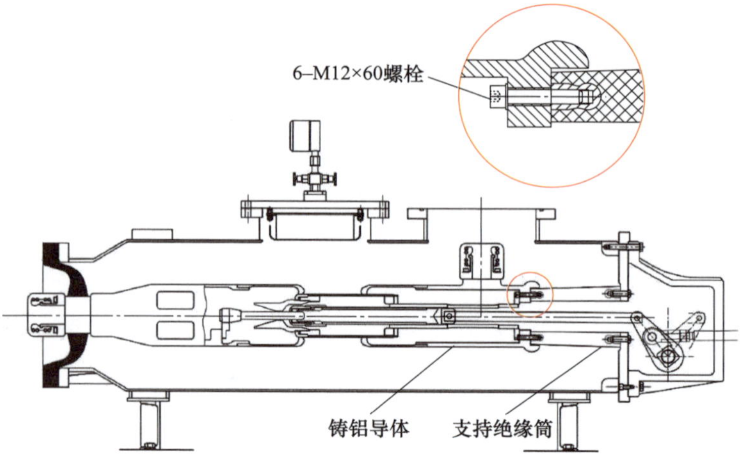

图 1－33　支持绝缘筒与铸铝导体装配图

对 268 断路器 B 相隔室进行解体检查，总体情况与 C 相隔室类似，黑色粉末相对较少。268 断路器 B 相铸铝导体与支持绝缘筒之间的连接螺栓及其烧蚀情况如图 1－34 所示，268 开关间隔 268 断路器 B 相隔室支持绝缘筒与铸铝导体之间同样使用了 2 颗规格为 M12×60 的连接螺栓（编号为①②）和 4 颗规格为 M12×70 的连接螺栓（编号为③④⑤⑥），与装配要求不符，其中编号⑥的螺栓根部和碟簧有明显烧蚀痕迹。

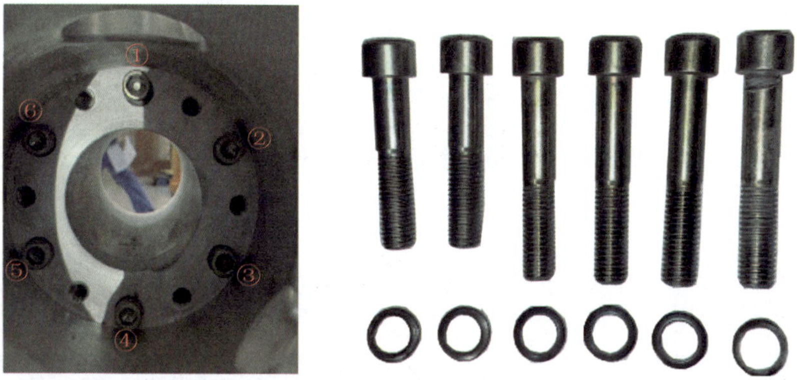

(a) B相铸铝导体和支持绝缘筒连接的螺栓　(b) 拆下的6颗螺栓

图 1－34　268 断路器 B 相铸铝导体与支持绝缘筒之间的连接螺栓及其烧蚀情况

对 268 断路器 A 相隔室进行解体检查，未发现异常情况。268 断路器 A 相支持绝缘筒与连接螺栓如图 1－35 所示，268 断路器 A 相隔室支持绝缘筒与铸铝导体之间使用了 6 颗规格为 M12×60 的连接螺栓，符合装配要求。

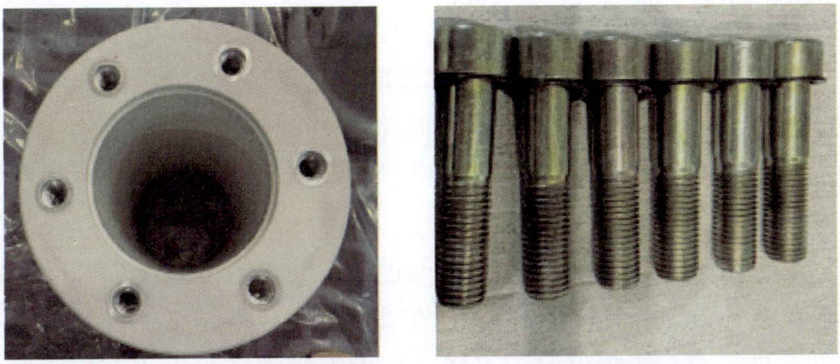

(a) A相铸铝导体和支持绝缘筒连接的螺栓　　(b) 拆下的6颗螺栓

图 1-35 268 断路器 A 相支持绝缘筒与连接螺栓

（4）缺陷原因分析。268 断路器 C 相隔室内部局部放电位置（红圈内）和粉末分布（红线）如图 1-36 所示。从 268 开关间隔 268 断路器三相隔室解体检查结果看，C 相隔室的断路器动静触头之间、压气缸内、铸铝导体内以及上述部件对应的罐体底部均存在大量黑色粉末，而断路器静触头和盆式绝缘子一侧未见异常。

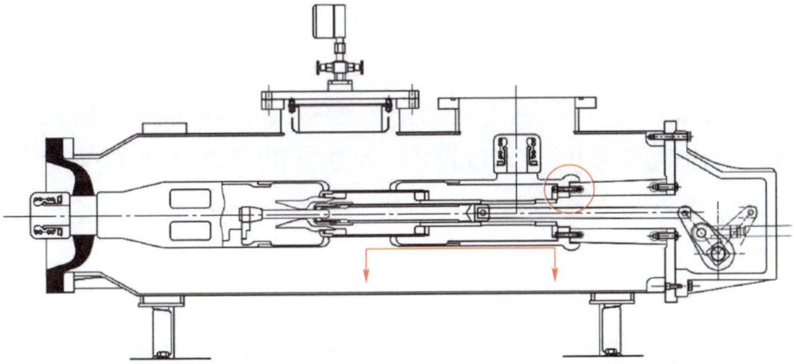

图 1-36 268 断路器 C 相隔室内部局部放电位置（红圈内）和粉末分布（红线）

黑色粉末分布结合支持绝缘筒与铸铝导体之间连接螺栓及其碟簧烧蚀情况，可判断 268 开关间隔 268 断路器 C 相隔室和 B 相隔室局部放电原因。在设备制造、安装期间，装配人员未按照装配要求使用规格为 M12×60 的连接螺栓，而是误将规格为 M12×70 的连接螺栓用于支持绝缘筒与铸铝导体之间。M12×60 螺栓与 M12×70 螺栓的丝口长度相同，与螺孔紧固可以达到规定的力矩要求，但丝口与螺孔咬合完毕后，M12×70 螺栓与铸铝导体之间仍存在约 10mm 缝隙。由于连接螺栓位于铸铝导体内，肉眼无法观察到螺栓的实际位置，因此装配期间未能发现连接螺栓根部的碟簧并未被完全压紧这一情况。断路器在运行期间，由于连接螺栓碟簧未被压紧在铸铝导体表面，因此长期处于悬浮电位，导致悬浮电位放电，与 SF_6 气体反应产生黑色粉末并随着断路器分合闸散落在断路器动静触头之间、压气缸内、铸铝导体内以及上述部件对应的罐体底部。

7. 结论与建议

（1）结论。通过带电检测发现某 220kV 变电站 268 开关间隔 268 断路器 C 相隔室存在具有悬浮电位放电特征或固体绝缘放电特征的异常特高频信号和异常超声波信号。经精确定位，缺陷位于Ⅰ母侧 TA 正下方断路器内，在压气缸、铸铝导体和支持绝缘筒及其临近部位。从 2020 年 12 月 10 日～2021 年 8 月 9 日对 268 断路器 C 相隔室开展 11 次 SF_6 气体分解产物检测，未发现异常。

对 268 断路器 C 相隔室进行现场解体检查和返厂解体检查，发现断路器动静触头之间、压气缸内、铸铝导体内以及上述部件对应的罐体底部存在大量黑色粉末，支持绝缘筒与铸铝导体之间部分连接螺栓未按照安装要求选用正确规格（有 4 颗连接螺栓应选用规格为 M12×60，错误选用了 M12×70 规格），因螺栓过长，碟簧无法压紧导致悬浮电位放电，上述规格选用错误的连接螺栓可见放电烧蚀痕迹。对 268 断路器 B 相隔室进行现场解体检查和返厂解体检查，也可见因支持绝缘筒与铸铝导体之间部分连接螺栓规格选择错误引发悬浮电位放电导致的放电痕迹和少量黑色粉末。对 268 断路器 A 相隔室进行现场解体检查和返厂解体检查，支持绝缘筒与铸铝导体之间连接螺栓规格选择和安装工艺正确，未见异常。

（2）建议。

1）特高频局部放电检测法和超声波局部放电检测法对设备悬浮电位放电具有较好的检测能力，更有助于通过多通道信号时延定位法精确定位缺陷位置，应利用好带电检测手段及时发现设备缺陷。

2）对于因制造工艺、安装工艺和部件材质等因素导致的设备内部缺陷，除及时处理已经发现的缺陷外，还应利用带电检测等手段对同制造厂同型号、同时期其他设备开展专项排查，及时发现存在的家族性缺陷。

3）因制造工艺和安装工艺不符合要求导致的设备缺陷层出不穷，建议加强设备制造期间的厂内监造和抽检，避免设备带病投运，以及影响电网安全运行和供电可靠性。

1.2.2 基于声电联合检测的 110kV GIS 隔离开关隔室悬浮电位放电缺陷检测及解体分析

1. 异常概况描述

2017 年 6 月 2 日，运维单位对某 110kV 变电站 110kV GIS 进行带电检测过程中，发现 1516 隔离开关隔室、151 断路器隔室靠 1516 隔离开关隔室位置（TA 位置）有异常特高频和超声波信号。通过综合定位分析，最终判定信号来自 1516 隔离开关隔室，放电类型为悬浮电位放电。

2. 检测对象及项目

检测对象：某 110kV 变电站 110kV GIS。

生产日期：2013 年 7 月。

检测项目：超声波、特高频局部放电带电检测。

3. 检测仪器及装置

超声波、特高频局部放电带电检测：PDS－T90 型局部放电检测仪。

局部放电精确定位：PDS－G1500 型局部放电定位系统。

4. 检测数据分析

（1）超声波普测数据分析。用 PDS－T90 型局部放电检测仪对 151 断路器隔室（含 TA）及 1516 隔离开关隔室进行超声波局部放电检测，在 GIS 支撑构架上选取背景检测点。通过检测发现 110kV 雪上云二线 151 断路器靠 1516 隔离开关隔室侧（TA 位置）及 1516 隔离开关隔室有异常信号，超声波检测位置如图 1－37 所示。背景检测点图谱如图 1－38 所示。TA 位置（黄色测点）超声波连续图谱如图 1－39 所示。隔离开关隔室下部（红色测点）超声波图谱如图 1－40 所示。隔离开关隔室上部（蓝色测点）超声波图谱如图 1－41 所示。隔离开关隔室末端（紫色测点）超

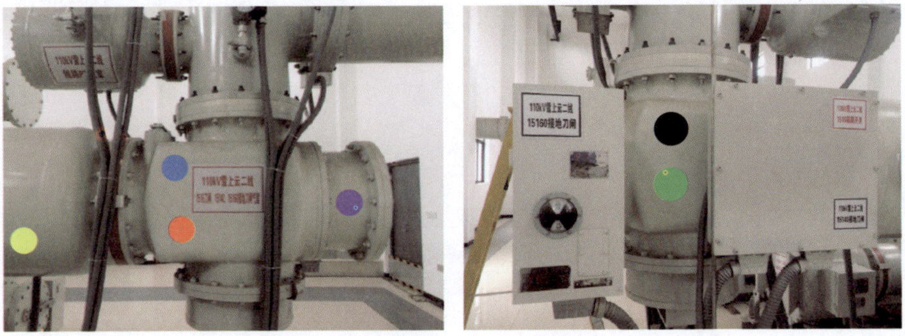

图 1－37　超声波检测位置

声波图谱如图 1－42 所示。隔离开关隔室机构侧上部（黑色测点）超声波图谱如图 1－43 所示。隔离开关隔室机构下部（绿色测点）超声波图谱如图 1－44 所示。

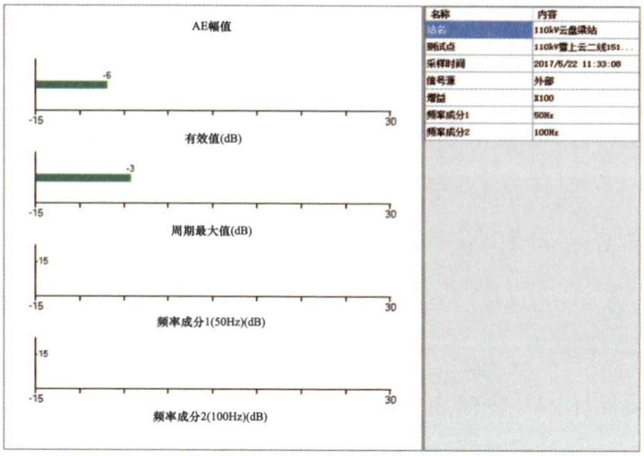

图 1－38　背景检测点图谱

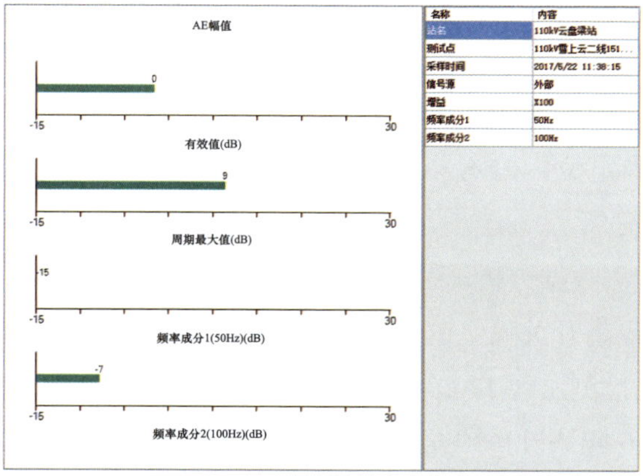

图 1－39　TA 位置（黄色测点）超声波连续图谱

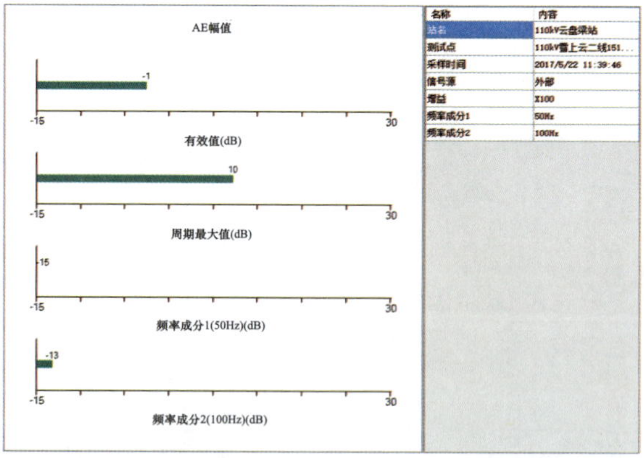

（a）连续图谱

图 1－40　隔离开关隔室下部（红色测点）超声波图谱（一）

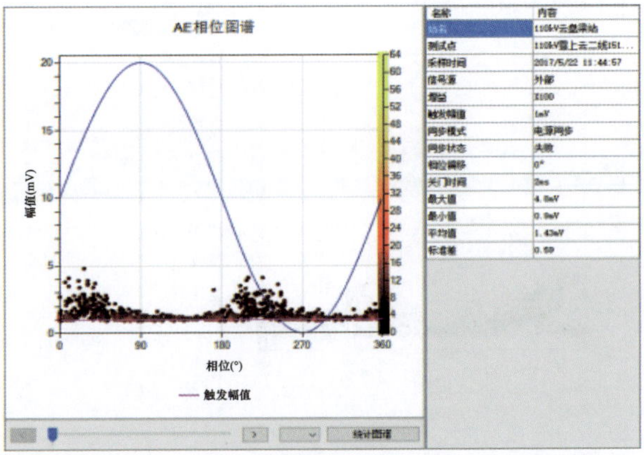

(b) 相位图谱

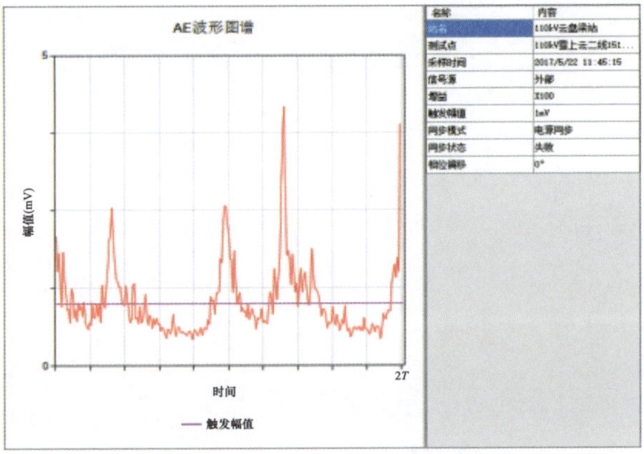

(c) 波形图谱

图 1-40　隔离开关隔室下部（红色测点）超声波图谱（二）

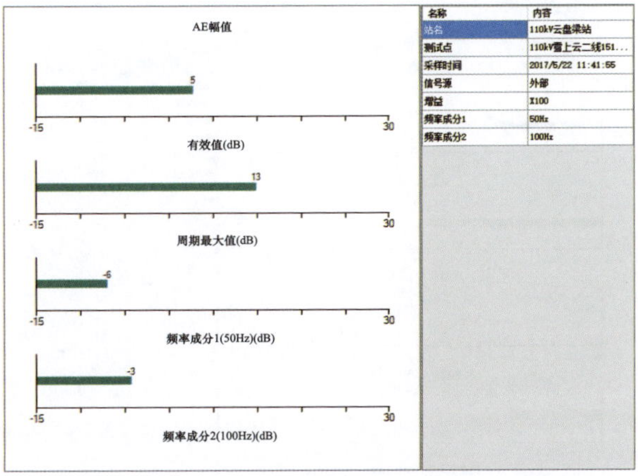

(a) 连续图谱

图 1-41　隔离开关隔室上部（蓝色测点）超声波图谱（一）

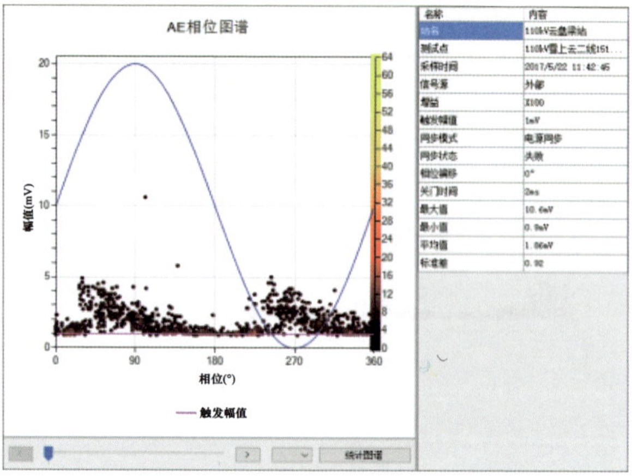

(b) 相位图谱

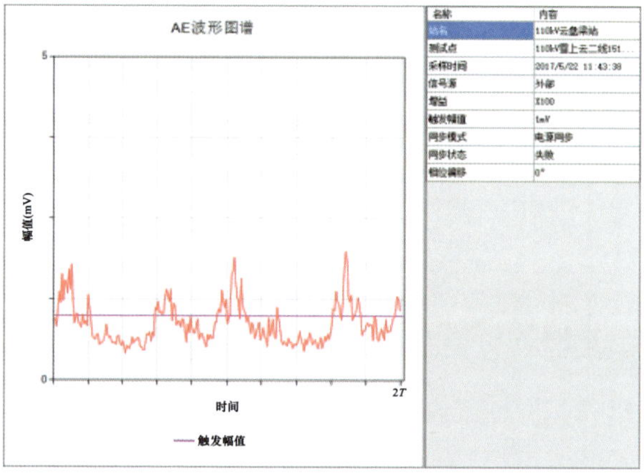

(c) 波形图谱

图 1-41 隔离开关隔室上部（蓝色测点）超声波图谱（二）

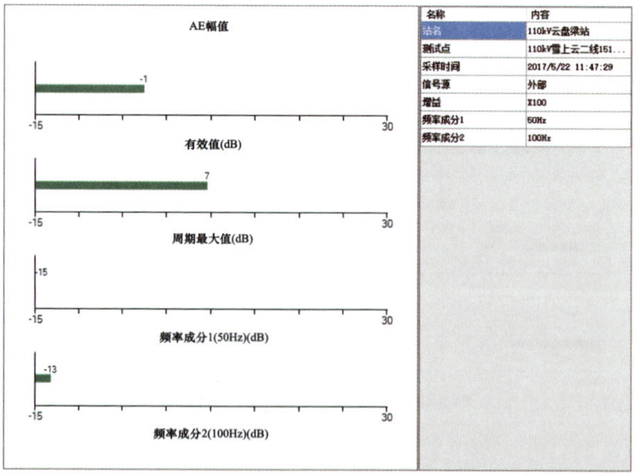

图 1-42 隔离开关隔室末端（紫色测点）超声波连续图谱

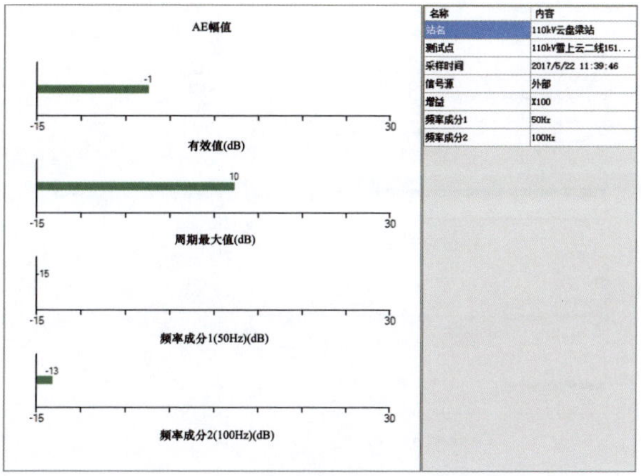

(a) 连续图谱

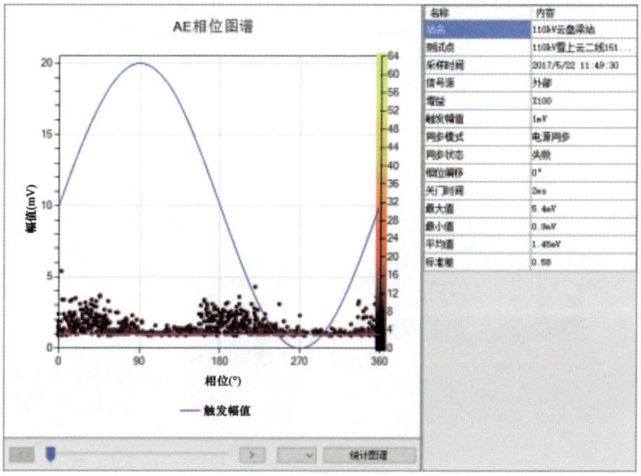

(b) 相位图谱

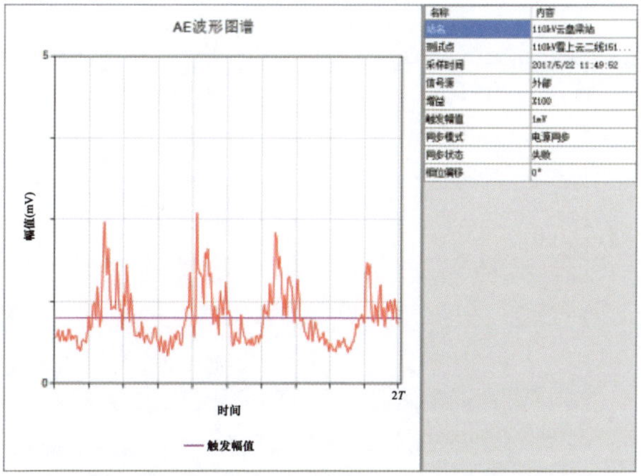

(c) 波形图谱

图 1-43 隔离开关隔室机构侧上部（黑色测点）超声波图谱

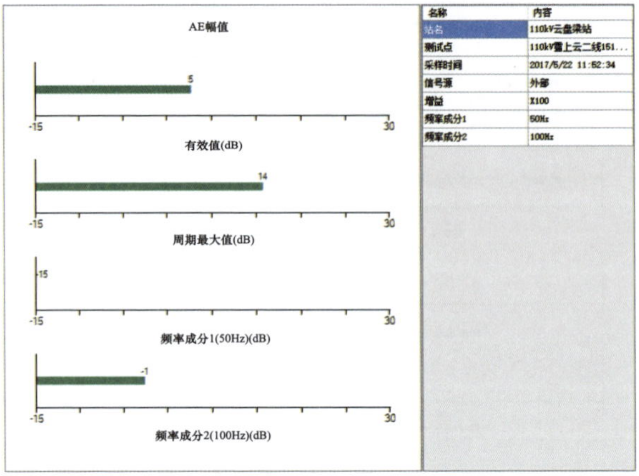

(a) 连续图谱

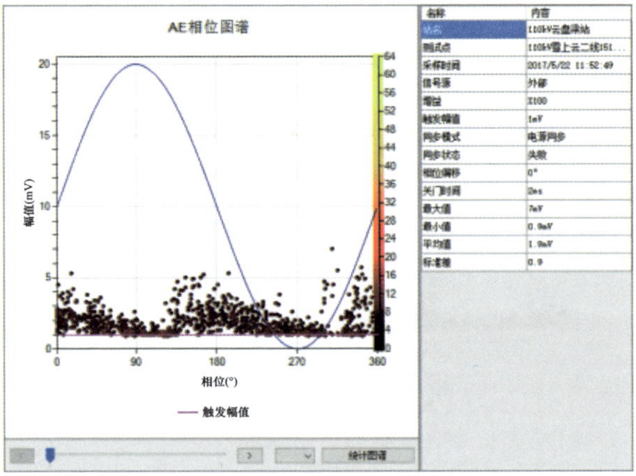

(b) 相位图谱

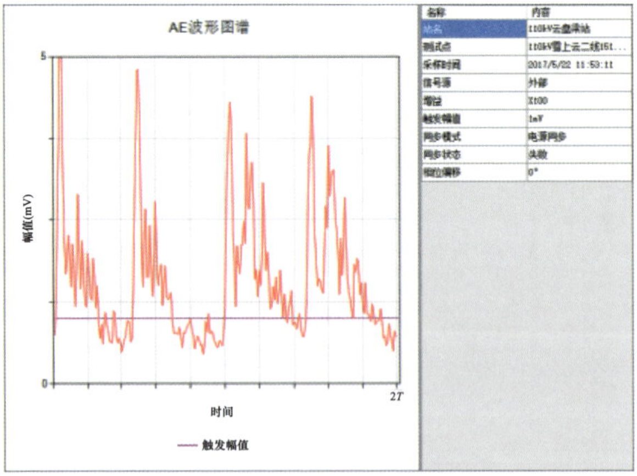

(c) 波形图谱

图 1-44　隔离开关隔室机构侧下部（绿色测点）超声波图谱

由图 1－38 可知，背景噪声很小，最大值为－3dB。图 1－39～图 1－44 中各测点幅值明显大于背景测点幅值，隔离开关隔室上部测点（蓝色测点）和隔离开关隔室机构侧下部测点（绿色测点）为信号最大点，其超声波有效值、幅值较大，存在明显频率成分 1 和频率成分 2，频率成分 2 大于频率成分 1，超声波相位图谱呈现双波峰状，一个工频周期出现两簇波形，放电类型具有悬浮电位特征。

（2）特高频普测数据分析。用 PDS－T90 型局部放电检测仪，在 151 断路器隔室与 1516 隔离开关隔室间盆式绝缘子及 1516 隔离开关与出线间盆式绝缘子位置检测到异常特高频信号。特高频检测点如图 1－45 所示。隔离开关与 TA 间盆式绝缘子（黄色测点）特高频 PRPS、PRPD 图谱，隔离开关与出线间盆式绝缘子（红色测点）特高频 PRPS、PRPD 图谱分别如图 1－46 和图 1－47 所示。

图 1－45　特高频检测点

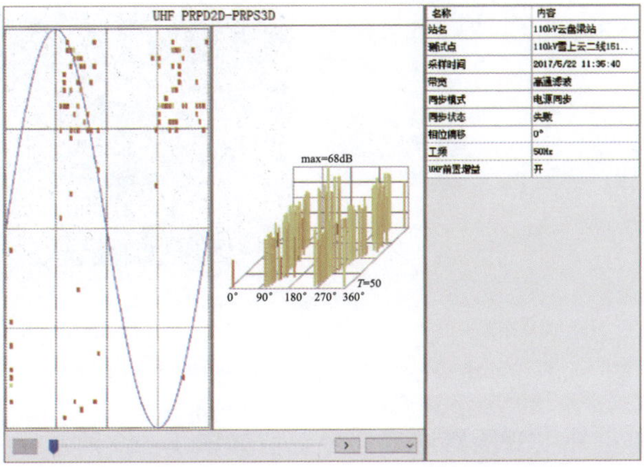

图 1－46　隔离开关与 TA 间盆式绝缘子（黄色测点）特高频 PRPS、PRPD 图谱

由图 1－46 和图 1－47 所示的各测点特高频图谱可知，放电信号在工频相位的正、负半周均会出现，且具有一定的对称性，幅值较大，PRPS 图谱具有“内八”“外八”特征，放电类型具有悬浮电位特征。

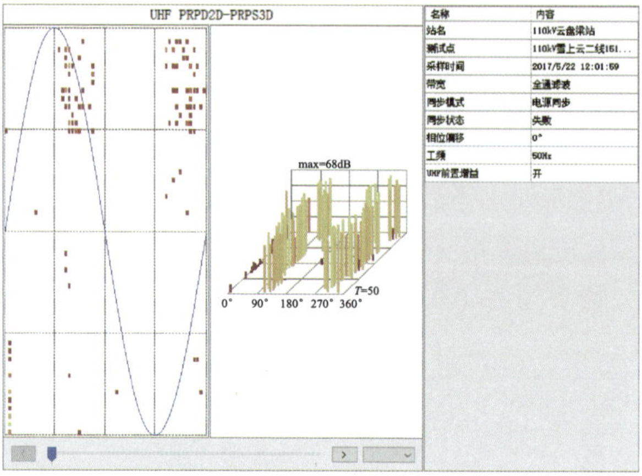

图 1－47　隔离开关与出线间盆式绝缘子（红色测点）特高频 PRPS、PRPD 图谱

（3）定位分析。使用 PDS－G1500 型局部放电定位系统，对现场局部放电信号进行定位。由于现场整个 GIS 室都具有较强的特高频信号，因此首先对 GIS 室四周进行特高频信号定位，确定信号来自 GIS 室外部还是内部。

1）特高频定位。室内 GIS 和室外出线信号定位如图 1－48 所示。黄色传感器信号超前于红色传感器，初步分析信号来自室内而非室外出线侧。

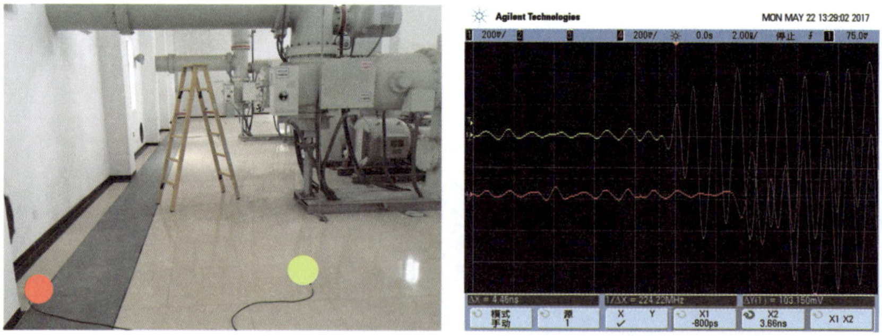

（a）测点布置　　（b）示波器图谱

图 1－48　室内 GIS 和室外出线信号定位

室内 GIS 和室外主变压器进线信号定位如图 1－49 所示，红色传感器信号超前于黄色传感器，初步分析信号来自室内而非室外主变压器进线侧。

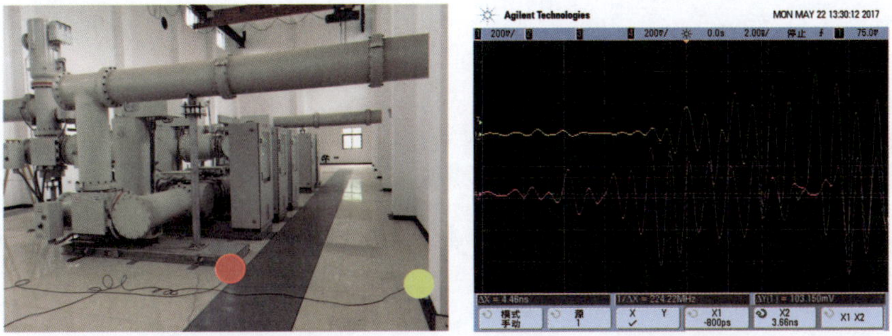

(a) 测点布置　　(b) 示波器图谱

图 1-49　室内 GIS 和室外主变压器进线信号定位

室内 GIS 和室外信号定位 1 如图 1-50 所示，黄色传感器信号超前于红色传感器信号，初步分析信号来自室内而非室外侧。

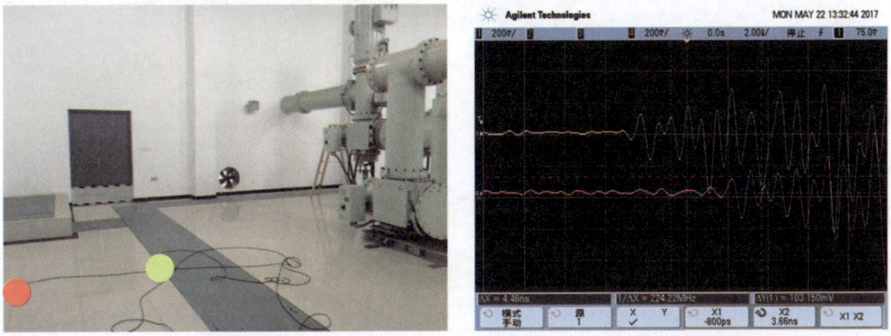

(a) 测点布置　　(b) 示波器图谱

图 1-50　室内 GIS 和室外信号定位 1

室内 GIS 和室外信号定位 2 如图 1-51 所示，红色传感器信号超前于黄色传感器信号，初步判断信号来自室内而非室外侧。

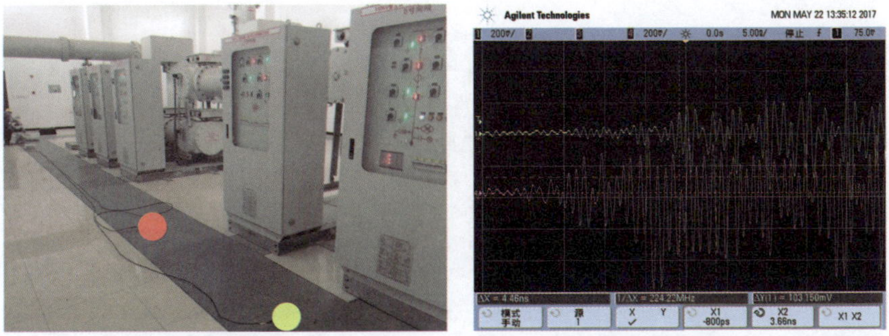

(a) 测点布置　　(b) 示波器图谱

图 1-51　室内 GIS 和室外信号定位 2

因此，由图 1－48～图 1－51 可知，特高频信号来自 GIS 室内而非室外。

GIS 内外特高频信号定位如图 1－52 所示，将黄色传感器置于 151 断路器隔室与 1516 隔离开关隔室间盆式绝缘子上，红色传感器置于地面。由图谱可知黄色传感器信号超前于红色传感器信号，判断信号来自 GIS 内部。

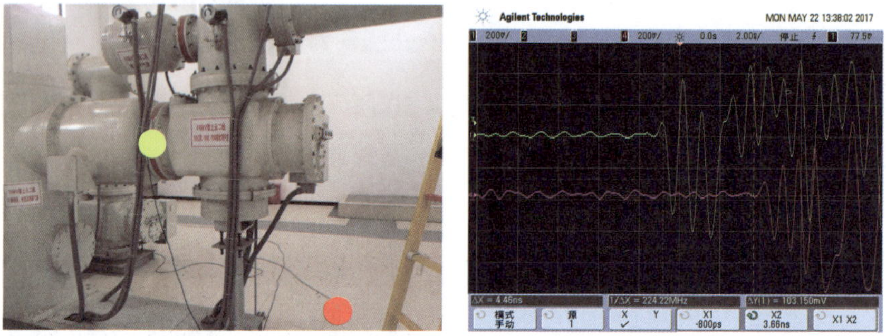

(a) 测点布置　　　　(b) 示波器图谱

图 1－52　GIS 内外特高频信号定位

确定信号来自 GIS，接下来用特高频定位法确定信号的大致位置。双通道特高频信号平分面定位 1 如图 1－53 所示，红、黄传感器信号波形起始沿基本一致，由此确定信号来自两个传感器中心垂直平面位置。双通道特高频信号平分面定位 2 如图 1－54 所示，红、黄传感器信号波形起始沿基本一致，由此确定信号来自两个传感器中心垂直平面位置。双通道特高频信号平分面定位 3 如图 1－55 所示。

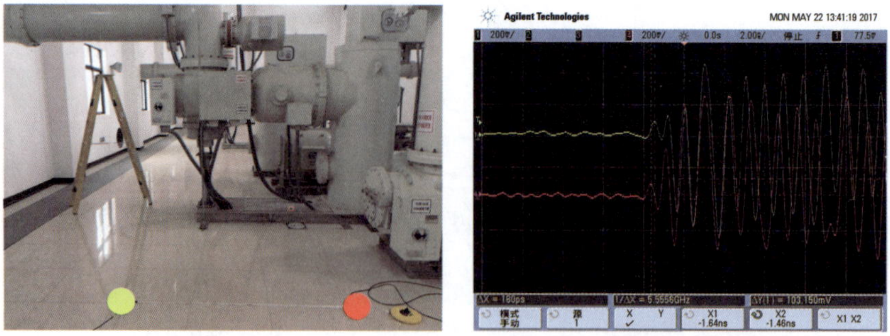

(a) 测点布置　　　　(b) 示波器图谱

图 1－53　双通道特高频信号平分面定位 1

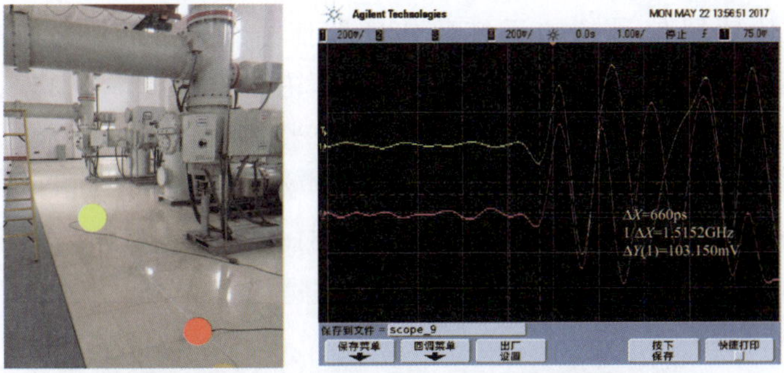

(a) 测点布置　　(b) 示波器图谱

图 1-54　双通道特高频信号平分面定位 2

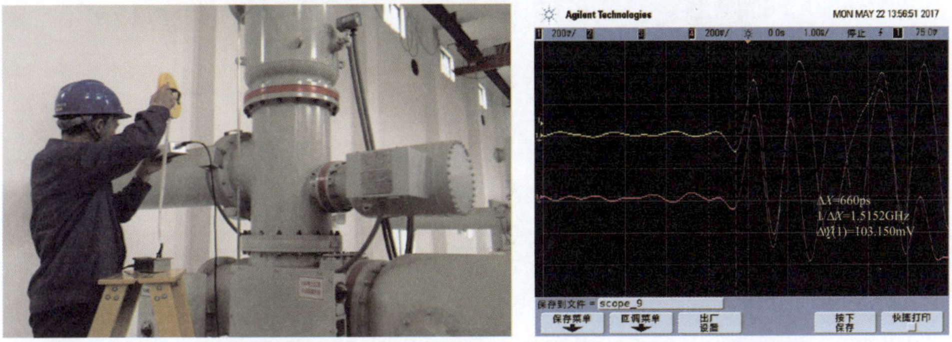

(a) 测点布置　　(b) 示波器图谱

图 1-55　双通道特高频信号平分面定位 3

如图 1-53～图 1-55 所示，通过 GIS 外部空间横向、侧向、纵向定位，可初步判断特高频信号来自 1516 隔离开关隔室。

接下来将黄色传感器置于 151 断路器隔室与 1516 隔离开关间盆式绝缘子上，红色传感器置于接地隔离开关盆子上。传感器放置位置及波形如图 1-56

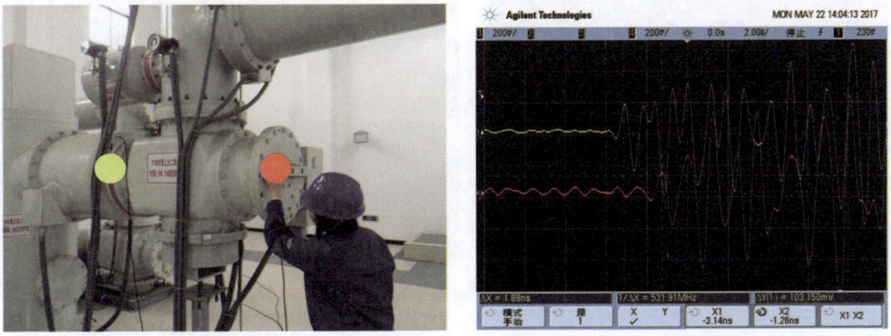

(a) 测点布置　　(b) 示波器图谱

图 1-56　传感器放置位置及波形

所示。黄色传感器信号超前于红色传感器信号约 1.88ns，两传感器距离约 112cm，计算得到信号源位置在隔离开关隔室内距黄色传感器 27.8cm 处。

2）声电联合定位。利用超声波传感器和特高频传感器联合进行放电源精确定位。声电联合定位的特高频传感器和超声波传感器位置如图 1－57 所示，将特高频传感器放置于 151 断路器隔室和 1516 隔离开关隔室之间的盆式绝缘子表面，超声波传感器放置于 1516 隔离开关隔室壳体。

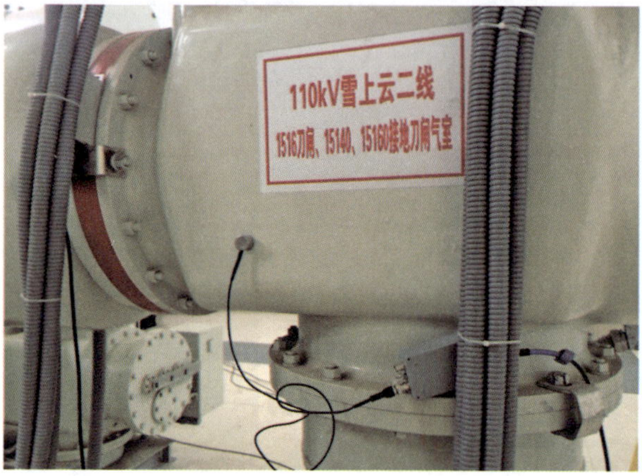

图 1－57　声电联合定位的特高频传感器和超声波传感器位置

声电联合定位波形如图 1－58 所示，超声波信号和特高频信号有一一对应触发的关系，可知信号来自同一放电源，特高频信号具有显著的 100Hz 频率相关性，幅值较大且相对稳定，再次确定具有悬浮电位放电特征。图 1－58 中特

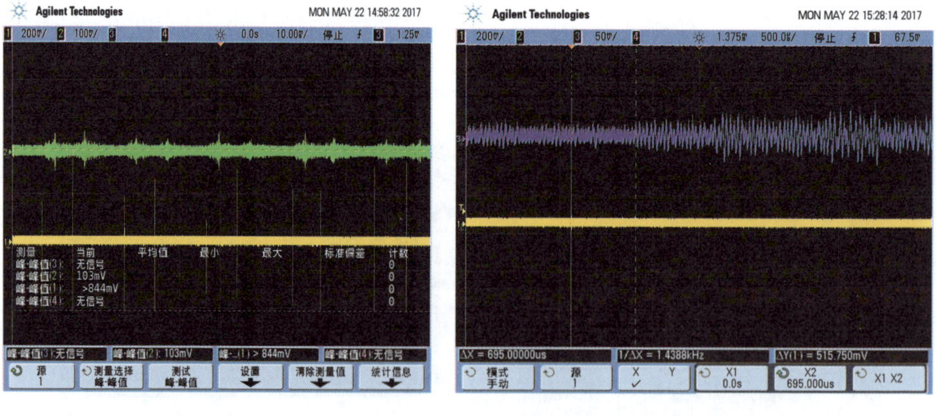

(a) 多个脉冲　　(b) 单个脉冲

图 1－58　声电联合定位波形

高频信号超前超声波信号的时差可计算出，放电点位于距离超声传感器 10cm 附近的位置，结合多通道特高频信号时延定位结论，综合判定放电点在如图 1－59（声电联合定位结果）所示的红色区域。

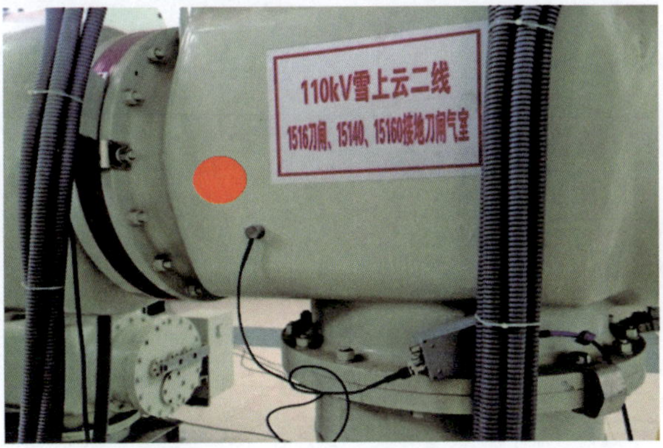

图 1－59 声电联合定位结果

5. 综合分析

通过对某 110kV 变电站 110kV GIS 开展的特高频、超声波局部放电带电检测及缺陷诊断、定位分析，判断 1516 隔离开关隔室存在悬浮电位放电缺陷，超声波信号最大值与背景值相差 17dB，特高频最大值为 68mV。建议尽快停电处理，消除缺陷。

6. 停电解体验证

（1）缺陷复核。2017 年 6 月 9 日，运维单位对该变电站 1516 隔离开关隔室悬浮电位放电缺陷进行复测，仍存在异常特高频信号和超声波信号，信号幅值与 6 月 2 日检测结果一致。

2017 年 8 月，运维单位对该变电站 1516 隔离开关隔室悬浮电位放电缺陷进行跟踪，此次检测未测得异常信号，分析原因是此次检测时间处于放电“间歇期”，缺陷未激发出局部放电信号。

（2）解体情况。2017 年 7 月，运维单位对该变电站 1516 隔离开关隔室进行解体检修，1516 隔离开关隔室解体情况如图 1－60 所示。由此发现 1516 隔离开关 B 相动触头及其传动齿轮、齿条等部位均存在损伤痕迹，现场可见白色放电分解产物粉末。

（3）原因分析。根据解体情况分析，该变电站 1516 隔离开关动触头由于装配时在轴向和径向上均存在对中不良现象，导致动触头的传动齿轮与齿条间的咬合力度不够、接触不良，运行中出现传动部分打齿，齿轮与中间滑动导体的齿条间发生悬浮电位放电缺陷。

(a) 动触头擦伤痕迹　(b) 齿轮擦伤痕迹1

(c) 齿轮擦伤痕迹2　(d) 存在擦伤痕迹的部件

图 1-60　1516 隔离开关隔室解体情况

7. 结论与建议

（1）解体发现 GIS 内部悬浮电位放电缺陷，充分验证了带电检测结论的正确性、带电检测方式的有效性和定位的精准性。

（2）该 110kV GIS 内部 110kV 隔离开关存在严重的设计、装配缺陷，直接导致该缺陷的产生。

（3）通过充分运用带电检测手段，及时将缺陷消灭在萌芽阶段，避免了缺陷扩大进而引发设备故障、影响安全可靠供电。因此，在日常运检工作中，应按照相关规定，加强带电检测工作管理，提升设备状态检修水平。同时，某些局部放电缺陷产生信号具有“间歇性”，要特别重视对局部放电缺陷的跟踪监测。

1.2.3 基于超声波法的 110kV GIS 隔离开关隔室悬浮电位放电检测及解体分析

1. 异常概况描述

2018 年 5 月 24 日 11 时，运维单位在对某 220kV 变电站 110kV GIS 进行带电检测时，发现 110kV Ⅰ 母 TV 间隔 1181 隔离开关隔室存在超声波异常信号，而构架背景信号正常、其他测点信号正常。异常点超声波信号特征为一周期出现两簇信号，呈“纺锤形”，间歇性出现异常脉冲，具有异常振动信号与悬浮电位放电的特征。经幅值定位，异常信号主要存在于 110kV Ⅰ 母 TV 间隔 1181 隔离开关侧下部位置。

2018 年 5 月 30 日，对该变电站 110kV Ⅰ 母 TV 间隔 1181 隔离开关隔室进行了复测，发现异常超声波信号稳定存在，呈现异常振动信号与悬浮电位放电的特征，建议采用多种带电检测方法进一步确认缺陷类型及严重程度，必要情况下尽快停电检修消缺。之后，运维单位经振动测试，问题隔室存在 500～1000Hz 的高次谐波，经气体分解产物测试，SO_2（SOF_2）气体含量超标，说明内部发生过局部放电。

2. 检测对象及项目

检测对象：某 220kV 变电站 110kV Ⅰ 母 TV 间隔，其可见光照片如图 1－61 所示。

额定电压：126kV。

额定电流：3150A。

检测项目：GIS 超声波局部放电检测、GIS 特高频局部放电检测。

图 1－61 110kV Ⅰ 母 TV 间隔可见光照片

3. 检测仪器及装置

检测仪器及装置见表 1－5。

表 1－5　　　　检 测 仪 器 及 装 置

序号	设备名称	型号
1	超声波局部放电检测仪	PD－208
2	局部放电检测仪	PDS－T95
3	局部放电检测与定位系统	G1500

4. 检测数据

（1）超声波检测。2018 年 5 月 24 日 11 时，该变电站温度为 25℃、湿度为 60%、天气晴，2018 年 5 月 25 日 14 时，该变电站温度为 27℃、湿度为 65%、天气晴。检测仪器型号为 PD－208，测试频段为 10～200kHz，放大倍数为 60dB。

超声波信号初测见图 1－62。从图 1－62 初测数据发现，110kV Ⅰ 母 TV 间隔 1181 隔离开关隔室超声波信号异常，而构架背景信号正常，初步判断异常信号来自隔离开关隔室内部。

(a) 测点布置

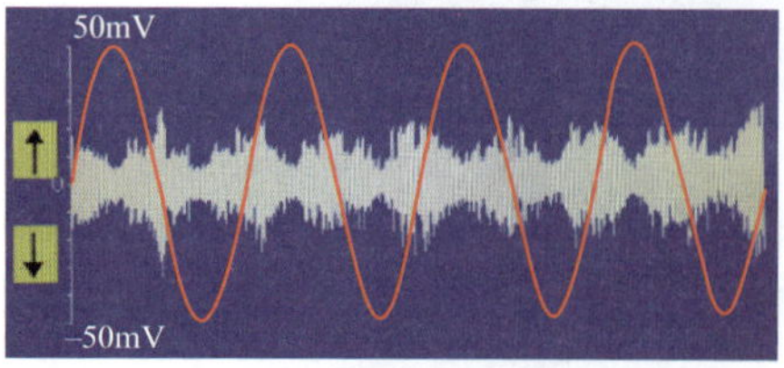

(b) 超声波测点时域波形

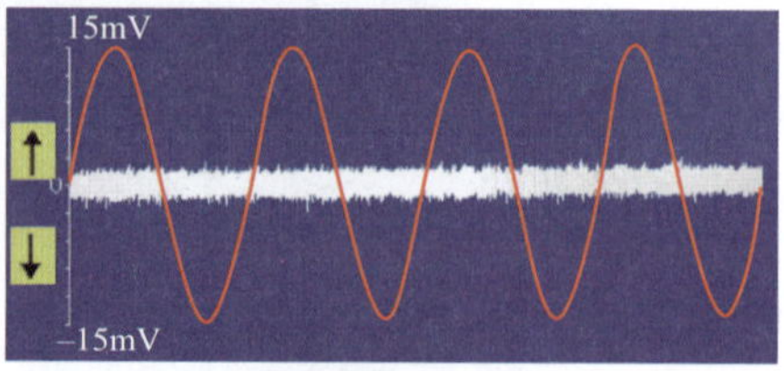

(c) 构架背景时域波形

图 1－62　超声波信号初测

超声波信号特征为一周期出现两簇信号，呈现 100Hz 周期相关性，波形特征呈“纺锤形”，为振动缺陷的波形特征。但“纺锤形”波形中夹杂不规律出现的脉冲尖峰，说明超声波信号可能为振动和悬浮电位放电的混合。

同时在该隔离开关隔室附近，人耳能听见内部有间歇性类似抽水机转动的异常声响。

超声波信号复测如图 1－63 所示，超声波异常信号仍然存在，100Hz 频率相关性较强，脉冲相位宽度较宽，时域波形先增加后减小，夹杂不规则脉冲尖峰，呈现异常振动与悬浮电位放电信号特征。

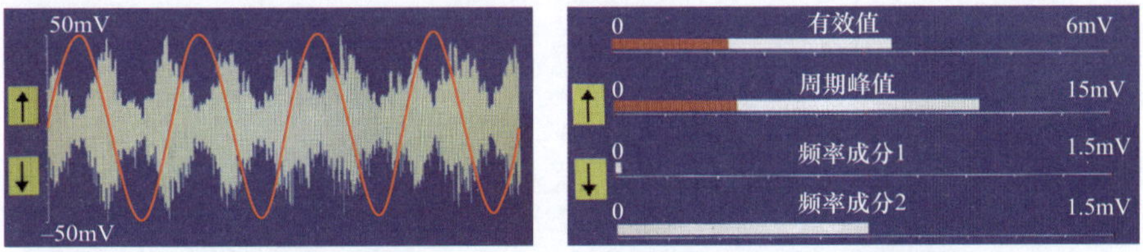

(a) 时域波形　　(b) 连续波形

图 1－63　超声波信号复测

运用 PDS－T95 型局部放电检测仪对异常超声测点处进行检测，检测数据如表 1－6 所示，异常超声波信号依然存在，信号特征为信号一周期呈两簇分布、呈现 100Hz 频率相关性，验证了 PD－208 型超声波局部放电检测仪初测和复测结论。

表 1－6　检 测 数 据

波形类型	超声异常点图谱	构架背景图谱
连续图谱	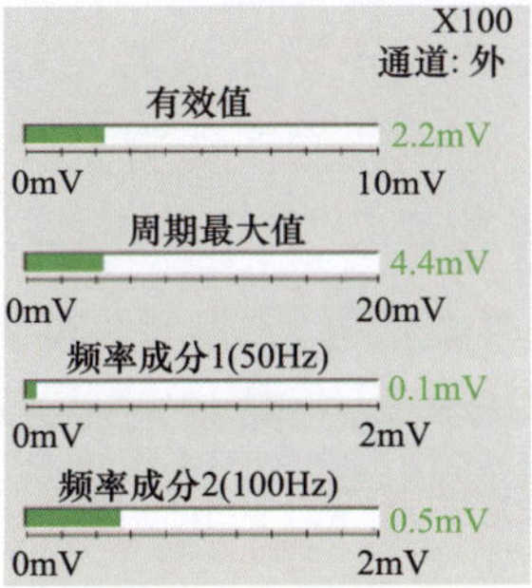	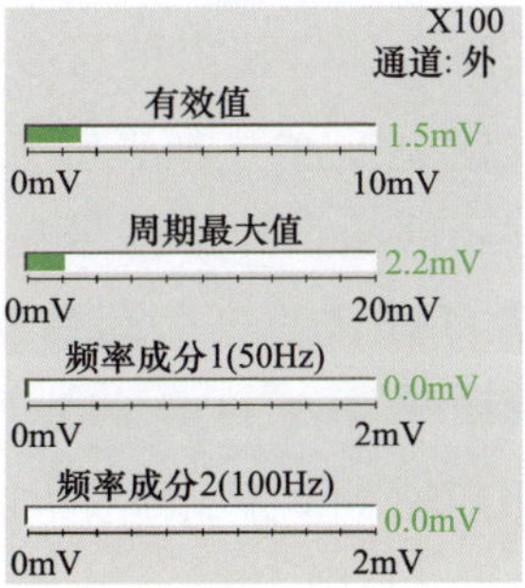

续表

<table>
<tr><th>波形类型</th><th>超声异常点图谱</th><th>构架背景图谱</th></tr>
<tr><td>时域波形</td><td>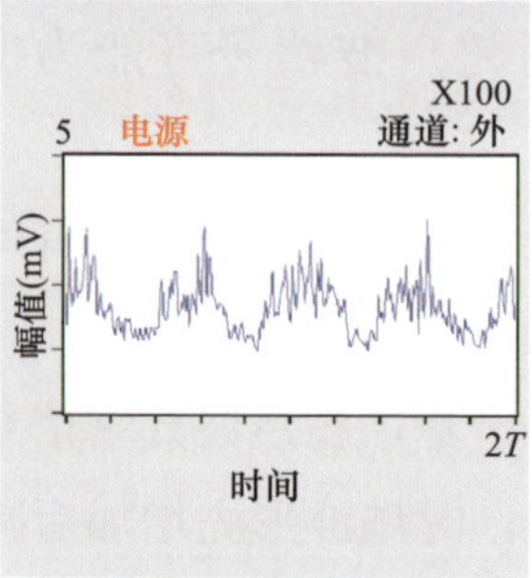
</td><td>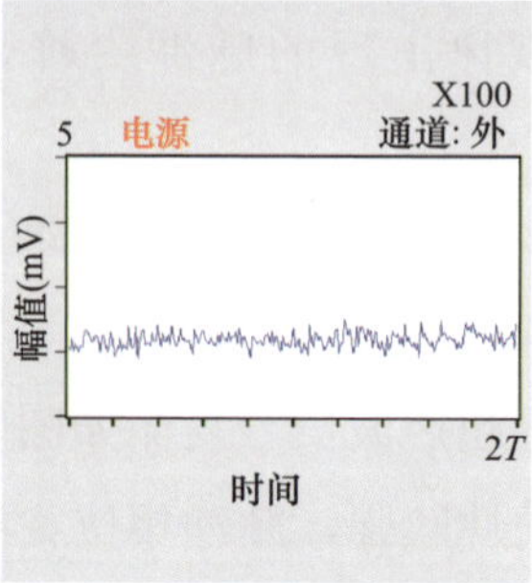
</td></tr>
<tr><td>相位模式</td><td>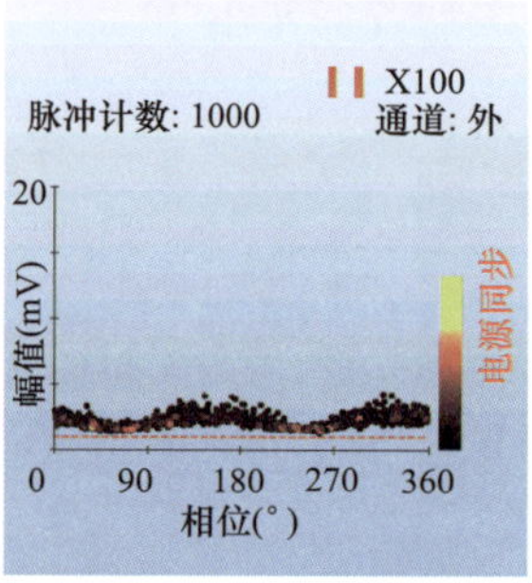
</td><td>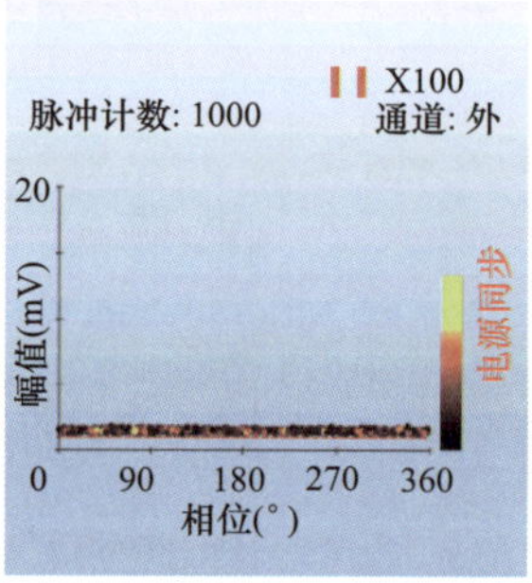
</td></tr>
<tr><td>飞行图谱</td><td>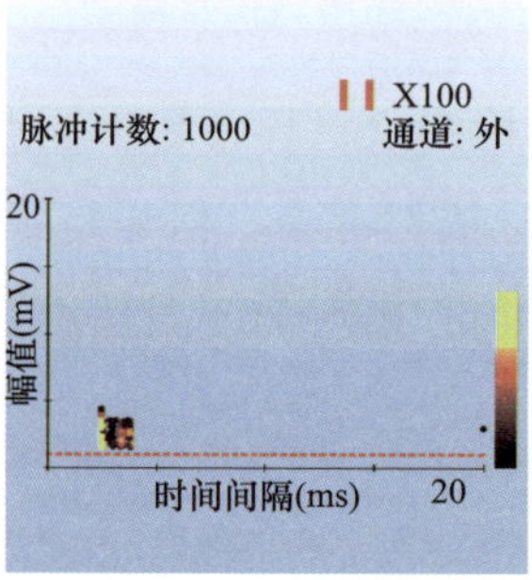
</td><td>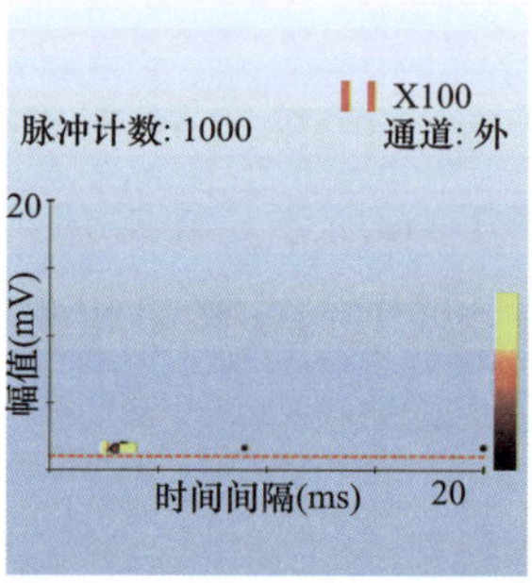
</td></tr>
</table>

运用示波器连接超声波传感器，对异常超声测点处进行检测，1181 隔离开关隔室异常超声信号复测如图 1－64 所示，异常超声波信号依然存在。超声波探头 1 置于异常超声测点，超声波探头 2 置于构架背景，1181 隔离开关隔室底部超声异常信号与构架背景信号对比如图 1－65 所示，110kV Ⅰ 母 TV 间隔 1181 隔离开关隔室底部超声波信号异常，而构架背景信号正常，验证了异常信号来自 1181 隔离开关隔室内部。同时示波器波形中能更清晰地看出纺锤形波动与异常脉冲尖峰，说明设备内部可能同时存在振动与悬浮电位放电。

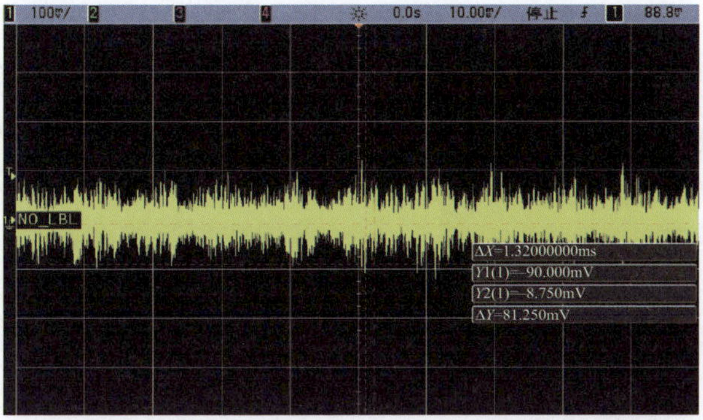

图 1-64　1181 隔离开关隔室异常超声信号复测

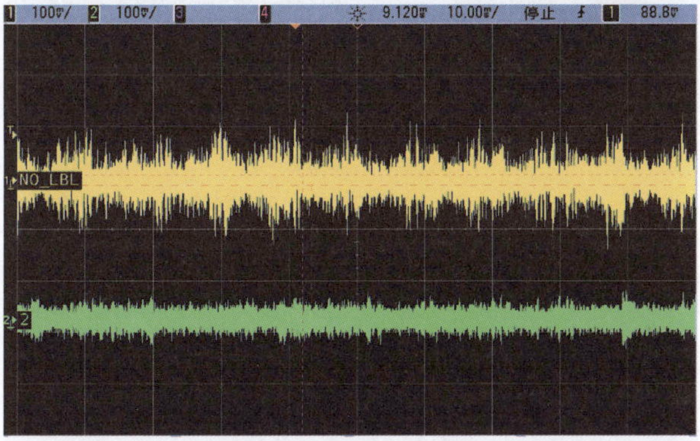

图 1-65　1181 隔离开关隔室底部超声异常信号与构架背景信号对比

（2）特高频检测。对该间隔超声波异常点附近盆式绝缘子进行特高频检测，特高频检测波形如图 1-66 所示，未见异常信号。

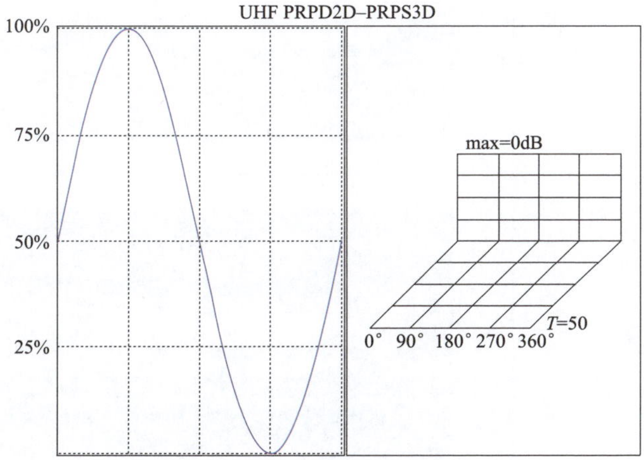

图 1-66　特高频检测波形

图 1-67　轴向幅值定位测点布置

5. 综合分析

首先进行幅值定位，对隔离开关隔室轴向进行幅值定位，寻找隔离开关隔室罐体信号最大点（异常信号类似振动，无法用示波器找到脉冲起始沿，时差法失效），然后对隔离开关隔室纵向进行幅值定位，寻找罐体信号最大点，最后利用变频定位法判断异常信号源位于壳体还是导体。

（1）幅值定位。轴向幅值定位测点布置如图 1-67 所示，以 110kV Ⅰ 母 TV 间隔 1181 隔离开关隔室靠近 110kV Ⅰ 母母线盆式绝缘子处为坐标原点，沿罐体轴向顺序布置测点。轴向幅值定位数据如表 1-7 所示，异常信号主要存在于 $X=0$ 到 $X=100$cm 之间（X 为 1181 隔离开关隔室横向坐标），且在 1181 隔离开关隔室底部中间区域较大。

表 1-7　　轴向幅值定位数据

位置（cm）	幅值（mV）	波形
$X=0$	6	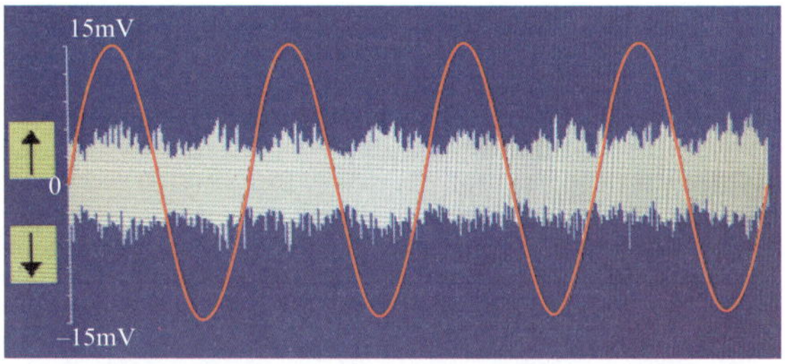
$X=10$	25	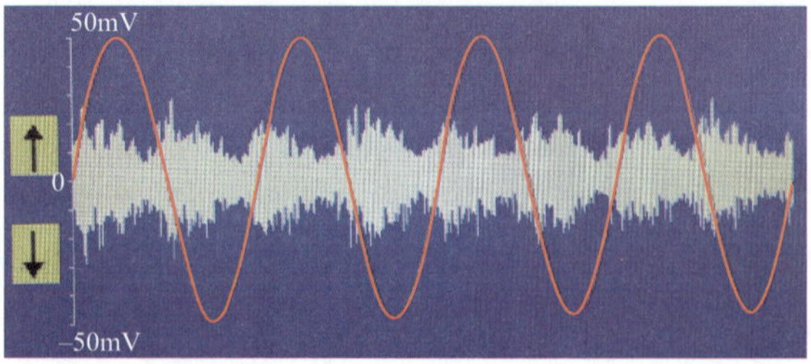

续表

位置（cm）	幅值（mV）	波形
$X=20$	35	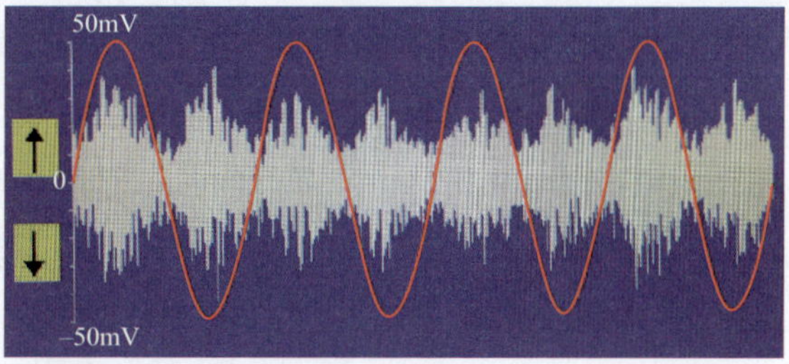
$X=30$	35	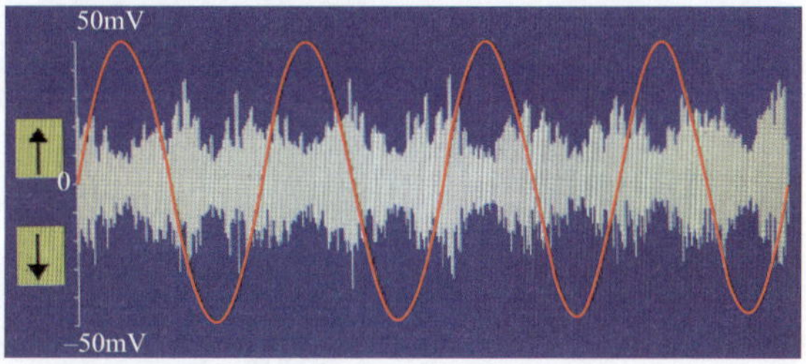
$X=40$	35	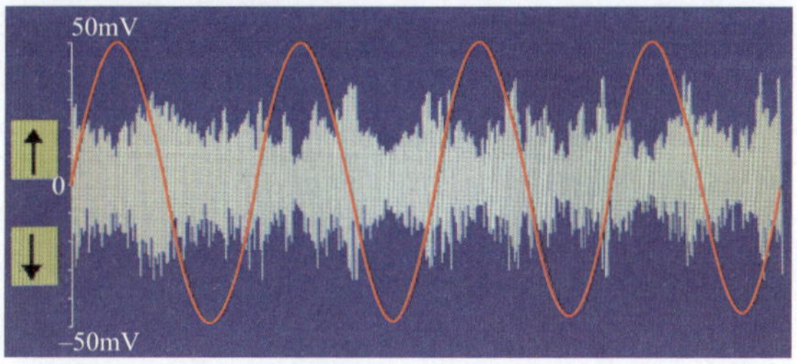
$X=50$	15	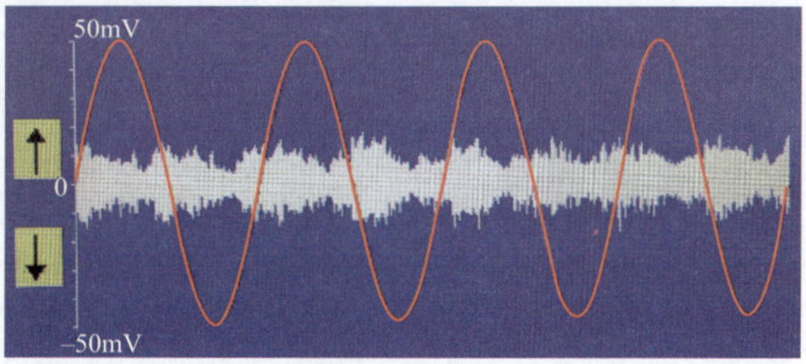

续表

位置（cm）	幅值（mV）	波形
$X=60$	16	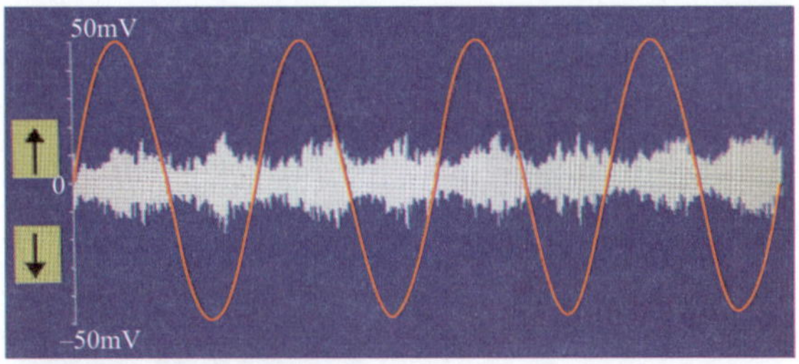
$X=70$	15	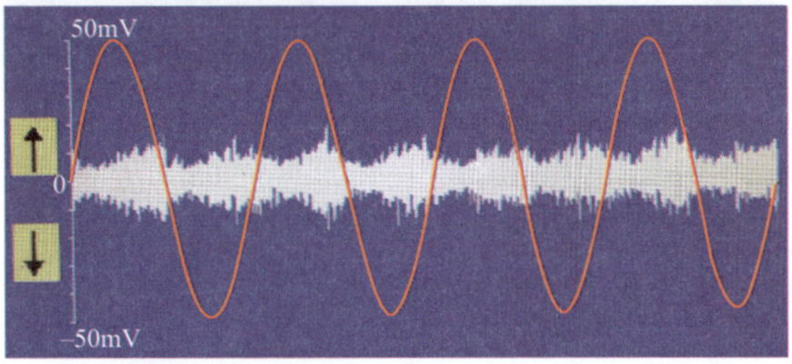
$X=80$	30	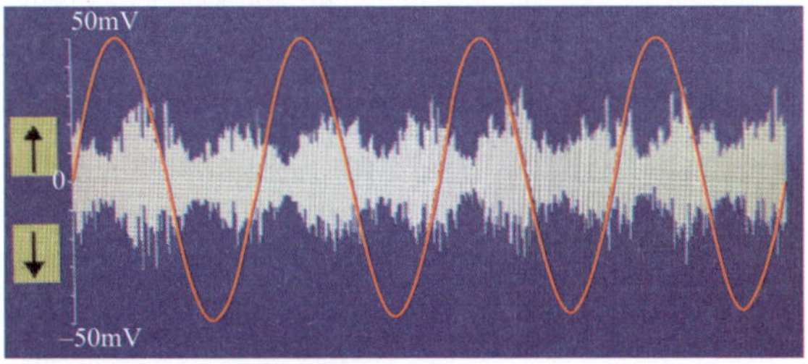
$X=90$	13	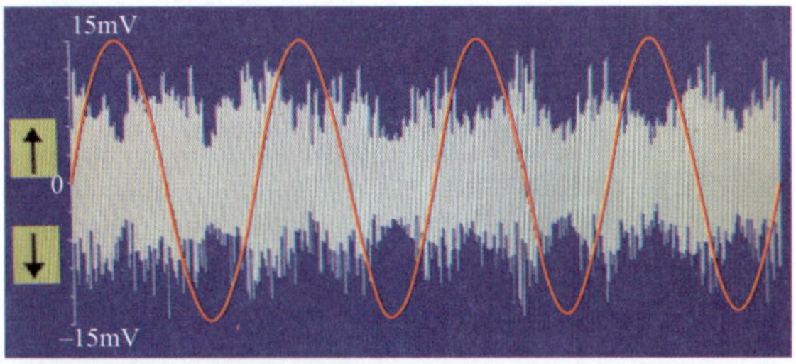
$X=100$	15	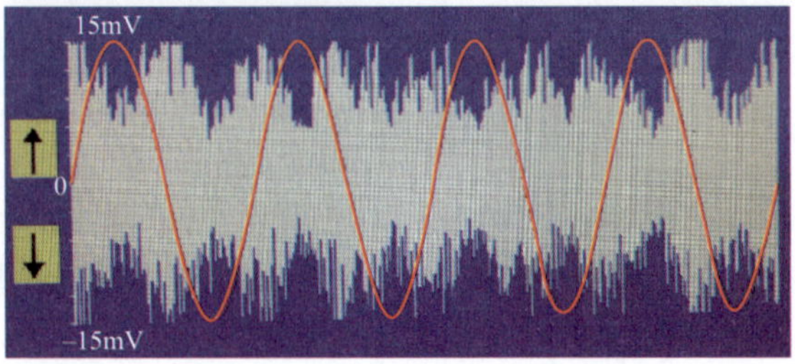

在 X=40cm 的圆周方向，对罐体纵向进行幅值定位，纵向幅值定位测点布置如图 1－68 所示，纵向幅值定位数据如表 1－8 所示，故可知在 X=40cm 的圆周方向上，测点 3 号幅值最大，即 1181 隔离开关隔室侧下方与竖直方向夹角 60° 处测得的异常信号幅值最大。

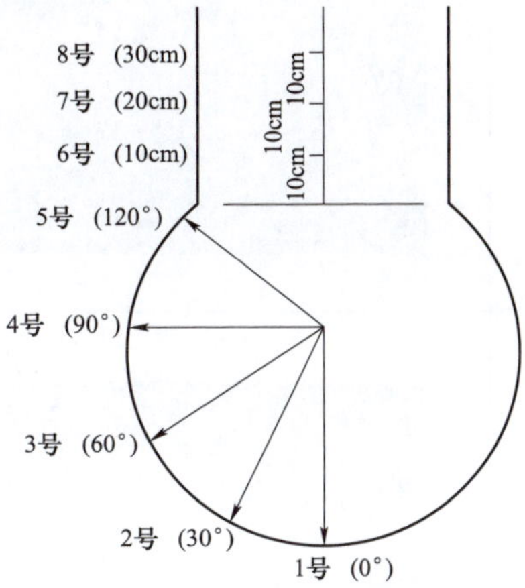

图 1－68 纵向幅值定位测点布置

表 1－8 纵向幅值定位数据

位置	幅值（mV）	波形
1 号	20	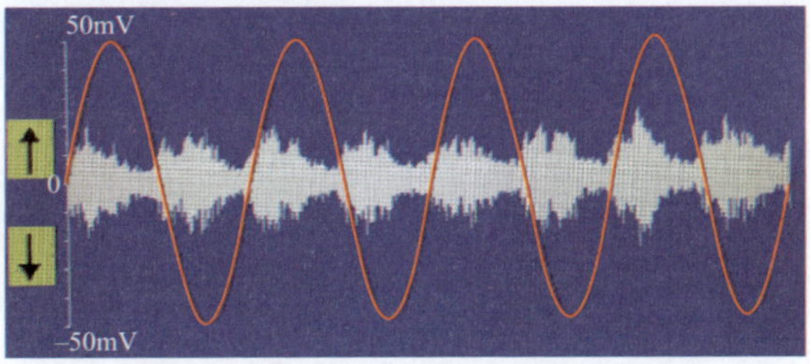
2 号	25	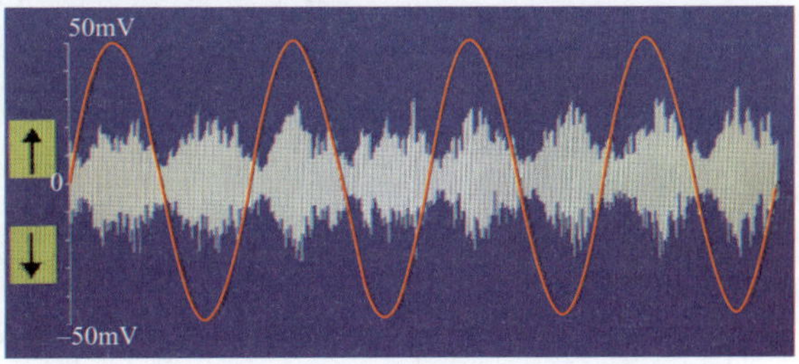

续表

位置	幅值（mV）	波形
3 号	30	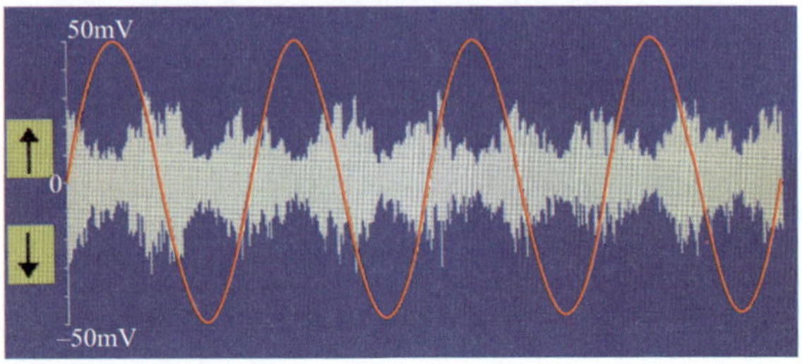
4 号	12	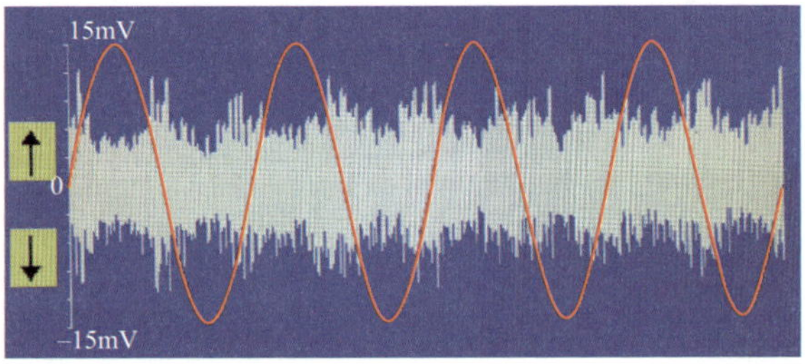
5 号	14	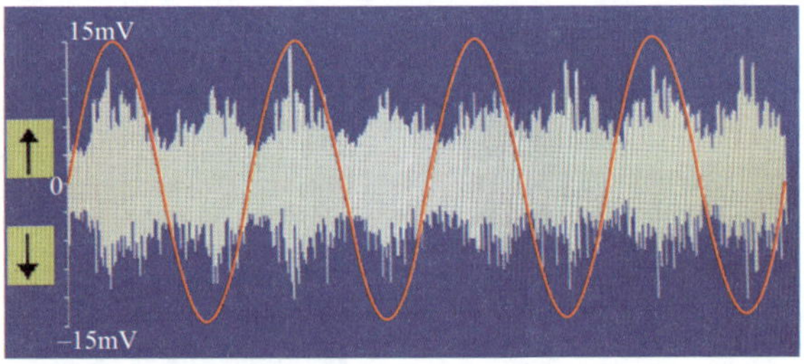
6 号	10	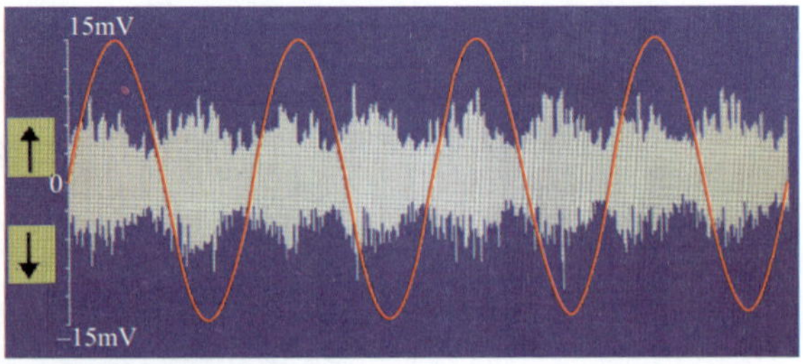

续表

位置	幅值（mV）	波形
7 号	9	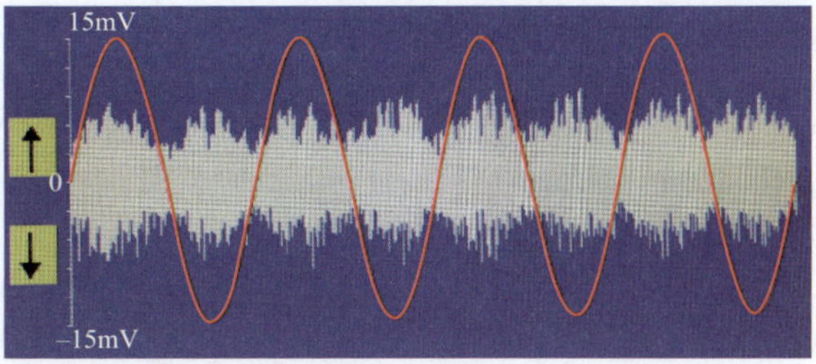
8 号	8	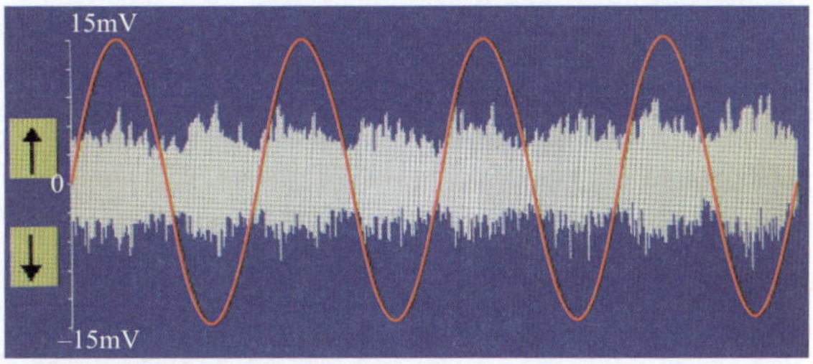

（2）变频定位。改变测试仪器测试频段，对比波形幅值。频域定位测试数据如表 1－9 所示，异常信号在 10～200kHz、10～100kHz、10～50kHz 三个频段中幅值基本无变化，而在 50～100kHz 频段中幅值很小，说明该信号主要位于 10～50kHz 的频率范围内，由于高频分量在 SF_6 气体中衰减较大，因此可以判断该异常信号来自 GIS 内导体。

表 1－9　　频域定位测试数据

频段（kHz）	幅值（mV）	波形
10～200	35	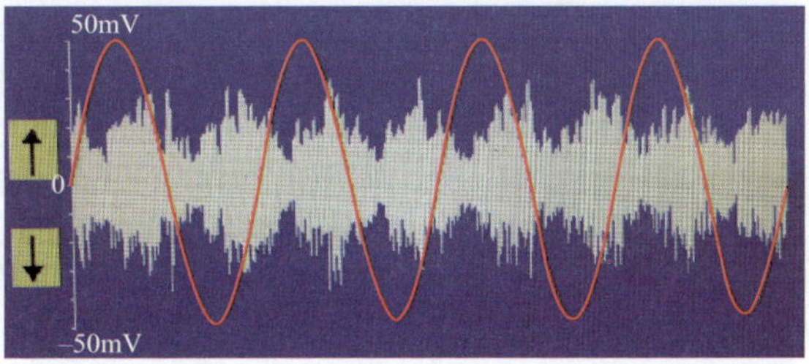

续表

频段（kHz）	幅值（mV）	波形
10～100	35	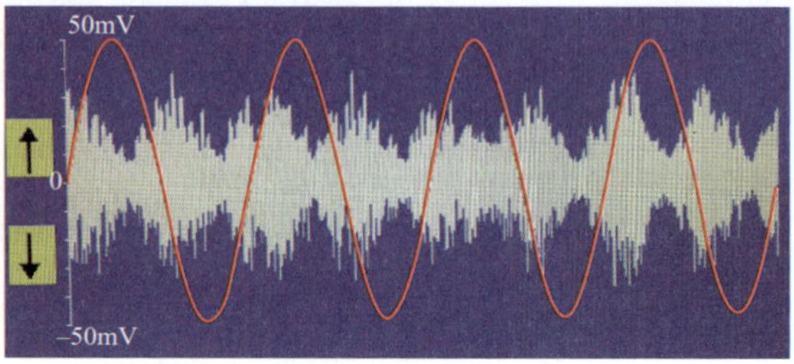
10～50	30	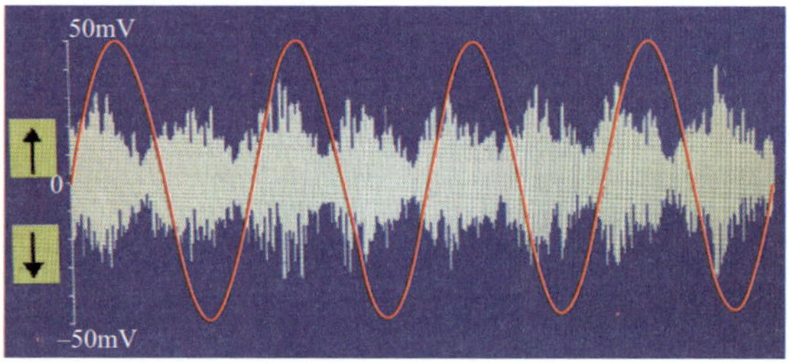
50～100	6	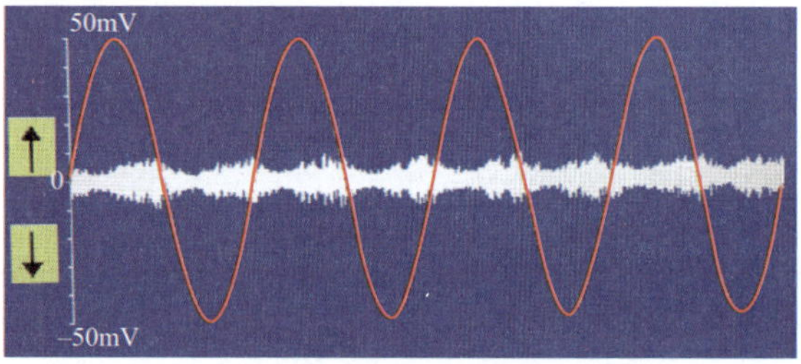

（3）振动测试。使用振动分析仪，对比 110kVⅠ母 TV 间隔 1181 隔离开关与 110kVⅡ母 TV 间隔 1282 隔离开关振动信号功率谱，振动信号功率谱对比分析如表 1-10 所示，对比发现超声信号正常的 1282 隔离开关的信号频率集中在 100Hz 处，而 1181 隔离开关则存在 500～1000Hz 的高次谐波，说明该隔离开关可能存在内部导体接触不良引起的振动。

表 1－10　　振动信号功率谱对比分析

110kV Ⅰ母 TV 1181 隔离开关	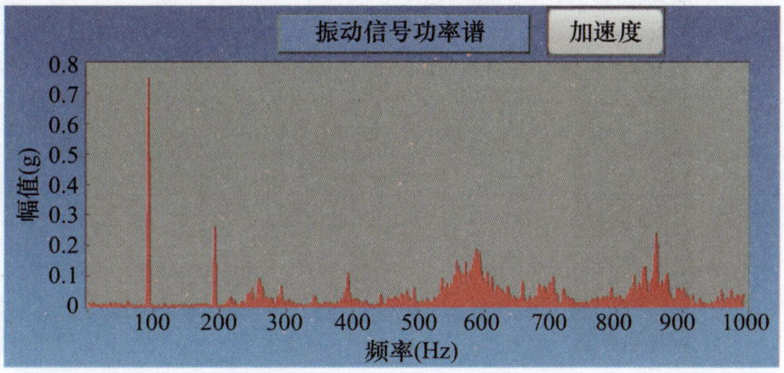
110kV Ⅱ母 TV 1282 隔离开关	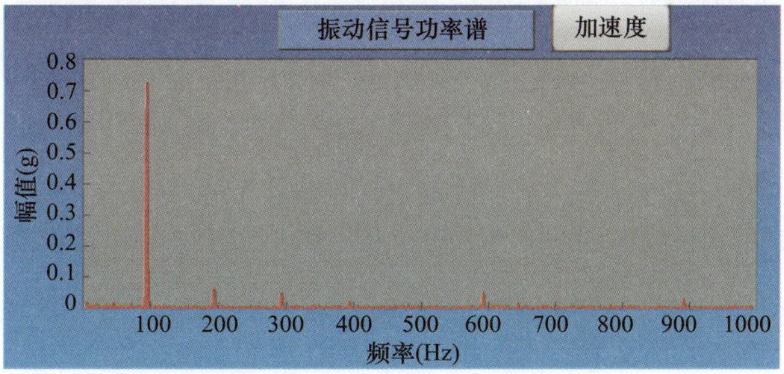

（4）气体分解产物检测。2018 年 5 月 25 日，对 110kV Ⅰ母 TV 间隔 1181 隔离开关隔室进行气体分解产物带电测试，问题隔室气体分解产物测试如表 1－11 所示，SO_2（SOF_2）气体含量超标（7.8、8.1μL/L＞1μL/L），说明内部发生过局部放电。H_2S 未检出，有可能是被吸附。

表 1－11　　问题隔室气体分解产物测试

检测项目	JH3000－2 型仪器检测结果（μL/L）	JH5000A－4 型仪器检测结果（μL/L）
SO_2（SOF_2）含量	7.8	8.1
H_2S 含量	0.0	0.0
CO 含量	9.8	14.1

（5）X 射线成像检测。使用依科斯朗 300 型射线机与康众 1500P 型成像板对问题隔室内部进行 X 光透视分析，问题隔室 X 光透视图如图 1－69 所示，由于重影较多，无法判断是否接触不良或松动等问题。

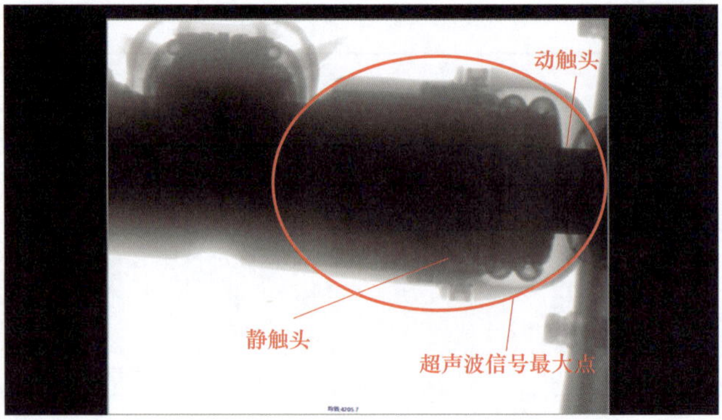

图 1-69 问题隔室 X 光透视图

（6）原因分析。从超声波的时域波形和定位结果来看，该异常信号可能为位于高压导体处振动与悬浮电位放电的混合信号，超声信号最大值位于动静触头结合部；从气体分解产物检测结果来看，出现 SO_2 气体含量超标，说明内部发生过放电。

结合异常隔室内部结构图（如图 1-70 所示），可以推断振动与放电的两个可能原因：

1）动触头插入深度不够导致接触不良，在电动力作用下持续振动，触头振动到某个位置导致局部场强过大而发生间歇性放电。

2）绝缘拨叉上的舌簧接触不良，导致产生悬浮电位，引起局部放电。

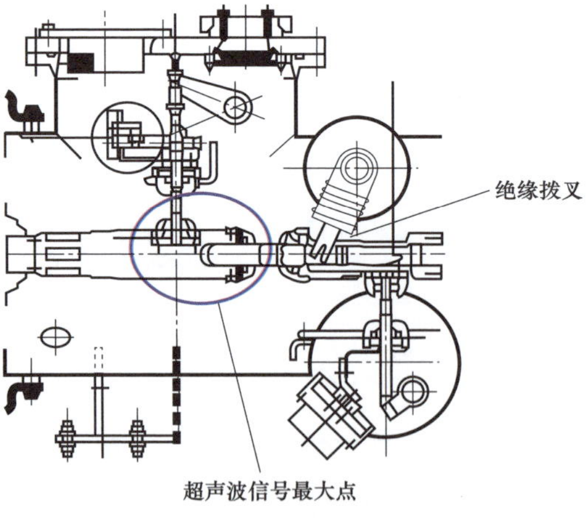

图 1-70 异常隔室内部结构图

6. 验证情况

2018 年 9 月 16 日，运维单位对该变电站 110kV Ⅰ母 TV 1181 隔离开关隔室进行停电处理，打开隔室顶部盖板后发现内部存在较多放电残留物，证实内部确实发生过放电。9 月 17～26 日，对该隔离开关隔室进行整体更换，9 月 27 日检修后的 110kV GIS 耐压验收合格并投运。9 月 30 日，在工区检修大厅对更换下来的隔离开关进行深度解体，进一步寻找放电原因。

（1）现场初步解体。9 月 16 日，在现场对 110kV Ⅰ母 TV 1181 隔离开关进行初步解体，仅打开隔离开关顶部盖板进行观察。打开盖板后，能闻到隔离开关内部刺鼻的味道。观察内部情况发现，罐体内部金属杆和拨叉处绝缘子表面附着较多白色颗粒状物质，颗粒状物质尺寸较小、分布均匀（现场初步解体结果如图 1－71 所示）。推测其出现原因为，隔离开关内部发生悬浮电位放电，金属与 SF_6 在放电电弧作用下发生反应，反应产物密度较轻的部分以蒸汽形式上升，遇到温度较低的金属杆与拨叉处绝缘子冷凝，形成均匀分布的白色颗粒物。

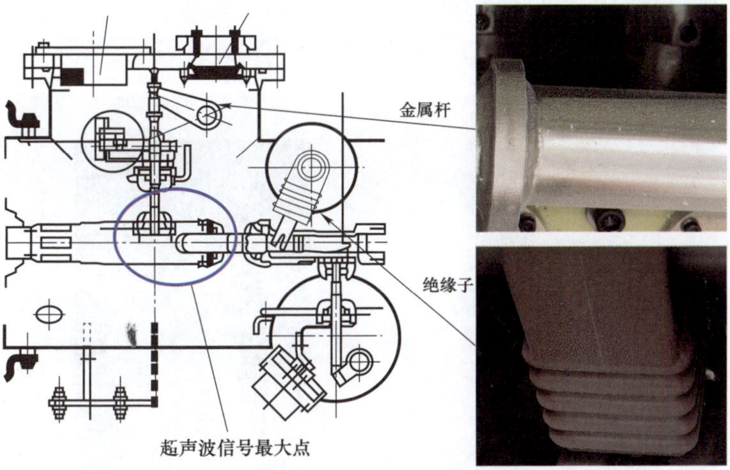

图 1－71　现场初步解体结果

该隔离开关现场初步解体的现象验证了带电检测关于内部悬浮电位放电的结论。同时拨叉绝缘子表面附着的白色颗粒物较多，其绝缘性能降低，如未及时发现，很可能由表面放电导致绝缘闪络与击穿，最终导致 110kV Ⅰ母及其出线停电的严重事故。

（2）隔离开关深度解体。2018 年 10 月 30 日，运维单位在工区检修大厅对该隔离开关进行深度解体。

1）隔离开关拨叉相对正常状态，其底部存在半圆形缺口，为放电烧蚀产生。

2）拨叉舌簧长度相对正常状态均有不同程度的缩短，同样为放电烧蚀导致，其中C相最为严重，约缩短50%；B相与A相分别约缩短40%和30%。从外观上来看，正常舌簧表面呈钢丝的金属光泽，而解体舌簧表面呈粗糙与黑色状［深度解体结果（拨叉与舌簧）如图1－72所示］。

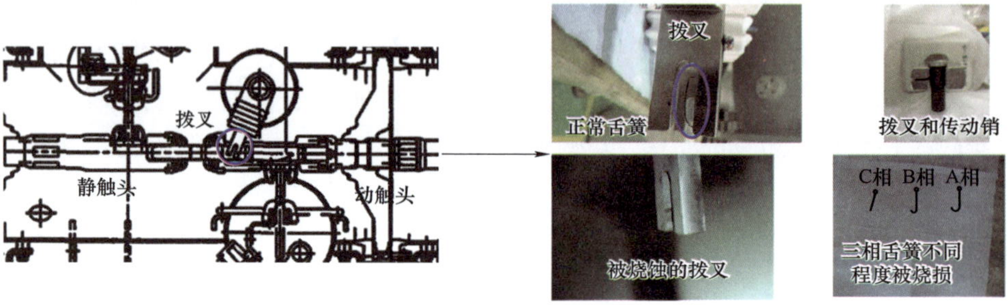

图1－72　深度解体结果（拨叉与舌簧）

3）正常状态的动触头传动销表面均匀光滑，而解体后传动销中间存在金属凸起物，疑似为舌簧放电烧蚀而附着在传动销上的产物［深度解体结果（传动销）如图1－73所示］。

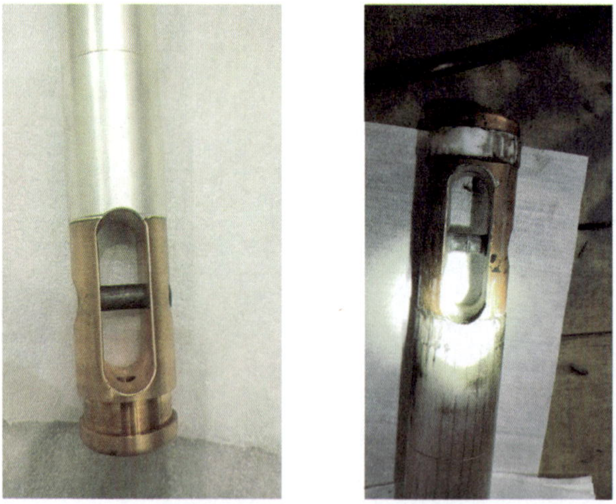

(a) 正常传动销　　(b) 因放电缺陷烧蚀的传动销

图1－73　深度解体结果（传动销）

4）隔离开关隔室底部、动触头传动销孔隙处、动触头底部和端部绝缘子上存在大量灰色放电粉末。其中动触头传动销缝隙处粉末数量最多，三相对比

C 相粉末最多。动触头底部粉末为动触头拆开后掉落到底部形成。动触头端部绝缘子上粉末是解体时从动触头传动销处掉落到绝缘子上形成的［深度解体结果（放电粉末）如图 1－74 所示］。

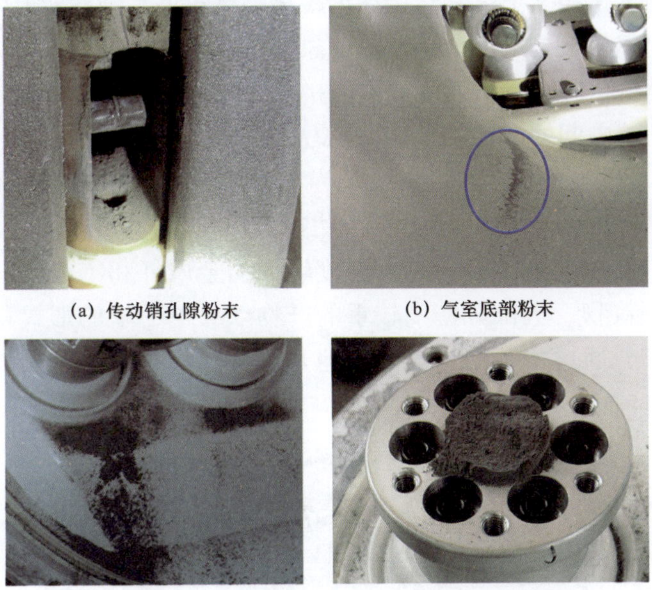

(a) 传动销孔隙粉末　(b) 气室底部粉末　(c) 端部绝缘子处粉末　(d) 动触头底部粉末

图 1－74　深度解体结果（放电粉末）

（3）放电原因分析。放电原因分析如图 1－75 所示。根据初步解体与深度解体发现现象，推测放电源为动触头传动销与拨叉、舌簧发生放电，放电类型为悬浮电位放电。放电原因与过程推断如下：

1）舌簧材质为钢丝，因质量原因或 TV 隔离开关分合次数少导致舌簧长期不运动；钢丝弹力失效、压紧力不足，导致舌簧与传动销接触不良。

2）TV 运行状态下动触头处于高电位，若舌簧与传动销良好接触，则舌簧、拨叉与动触头处于等电位状态，不会发生放电现象。若舌簧与传动销接触不良，舌簧、拨叉将在高电位与地之间因电容分压原理而产生悬浮电位，舌簧、拨叉与传动销之间将产生上千伏的电压差，同时两者之间缝隙很小，距离最近的缝隙处电场畸变严重、电场强度极强，导致 SF_6 气体被击穿而发生悬浮电位放电。

3）由于悬浮电位放电为金属性放电，放电能量较强，电弧温度较高，参与放电的传动销、拨叉、舌簧均可能出现局部熔化烧蚀现象。对于拨叉，其与传动销距离最近处发生放电，拨叉在电弧作用下烧蚀熔化，形成半圆形缺口；

对于舌簧，其与传动销距离最近处为舌簧中间，该处发生放电导致舌簧中间烧蚀，舌簧上部掉落传动销缝隙处，由于缝隙处堆积较多不导电的放电粉末，舌簧掉落部分仍然处于悬浮电位而继续放电、烧蚀，最终逐渐缩短并消失。舌簧下部仍然被固定在拨叉上，其与传动销距离仍然较近，仍然能发生放电、烧蚀现象，因此出现从上到下逐渐缩短的现象，出现三相烧蚀程度 C>B>A 的现象；对于传动销，其与舌簧发生放电时，部分被融化的舌簧附着冷凝在传动销上，形成传动销中间的凸起物。

4）舌簧、拨叉和传动销的材质均为钢，放电时在高温等离子体作用下，这三种金属材料与 SF_6 气体发生反应，生成金属硫化物（$Fe_xS_yF_z$），少部分密度较轻的产物以蒸汽形式上升，遇到温度较低的金属杆和绝缘子，冷凝并附着在其上形成颗粒物。大部分密度较重的产物以放电粉末的形式积存在传动销处缝隙里，部分通过传动销下部的接地开关静触头孔掉落到隔离开关底部壳体上。

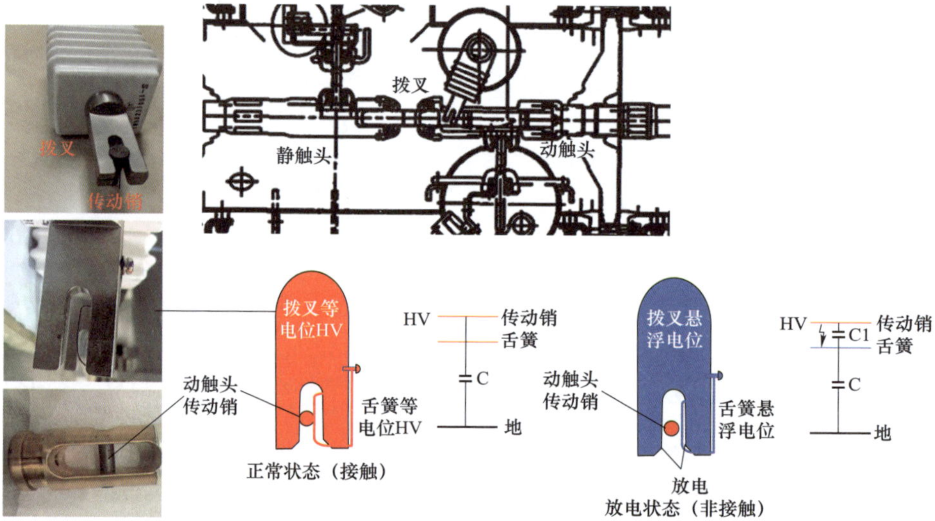

图 1–75　放电原因分析

7. 结论与建议

（1）结论。

1）通过超声波法、气体分解产物检测法与振动测试法等带电检测手段发现某 220kV 变电站 110kV Ⅰ 母 TV 1181 隔离开关内部存在悬浮电位放电，停电解体后在金属杆与绝缘子上发现白色颗粒物附着物，拨叉、舌簧与传动销存在烧蚀痕迹，内部存在大量灰色放电粉末。推断放电原因为舌簧压紧力不足，导致舌簧、拨叉与传动销接触不良，产生悬浮电位放电。解体结果验证了带电检测结论的准确性。

2）本次带电检测及时发现某 220kV 站 110kV Ⅰ母 TV 1181 隔离开关内部悬浮电位放电，避免了隔离开关内部放电发展为闪络导致母线停电的严重事故，证实了带电检测排查设备内部放电隐患的有效性，形成了完整的“带电检测—停电检修—验收送电”闭环检修体系。

（2）建议。

1）隔离开关舌簧处悬浮电位放电现象需引起重视，运维单位另一座 220kV 变电站也曾出现过类似放电情况。建议对同类产品加强带电检测，督促制造厂改进生产工艺，避免类似放电现象再次发生。

2）GIS 内部放电缺陷的排查，需要采用多参数综合判断与多专业协同作业，获取内部缺陷更全面的信息，方能对缺陷位置、类型与严重程度做出准确的判断，为精准检修策略的制定提供依据。

1.2.4 基于声电联合检测的 220kV GIS 断路器隔室悬浮电位放电缺陷检测及解体分析

1. 异常概况描述

2021 年 9 月 2 日，运维单位对某 220kV 变电站开展带电检测期间，发现 110kV GIS 的 174 开关间隔 1746 隔离开关隔室存在异响。带电检测结果显示，1746 隔离开关隔室 SO_2 气体含量显著超过注意值，可测得来自设备内部的具有 100Hz 频率相关性的异常超声波信号和异常特高频信号，分析内部存在悬浮电位放电缺陷。

2021 年 9 月 8 日，运维单位对 1746 隔离开关隔室解体检修，发现 1746 隔离开关动触头及其传动销表面存在大量白色粉末，三相舌簧均有不同程度烧蚀，表明隔离开关动触头与拨叉之间等电位连接失效发生了能量较大的悬浮电位放电。

2. 检测对象及项目

检测对象：某 220kV 变电站 174 开关间隔。

生产日期：2017 年 6 月。

检测项目：SF_6 气体分解产物检测、超声波局部放电带电检测、特高频局部放电带电检测。

3. 检测仪器及装置

SF_6 气体分解产物检测：JH5000D－4 型 SF_6 电气设备气体综合检测仪。

超声波局部放电带电检测：HR1300A 型局部放电检测仪。

特高频局部放电带电检测：HR1300A 型局部放电检测仪。

4. 检测数据

（1）SF_6气体分解产物检测。因存在五级电网风险，2021 年 9 月 2 日，运维单位对某 220kV 变电站开展带电检测，期间发现 110kV GIS 的 174 开关间隔 1746 隔离开关隔室存在异响。

随即对 174 开关间隔进行 SF_6气体分解产物检测，174 开关间隔 SF_6气体分解产物检测结果如表 1-12 所示，1746 隔离开关隔室 SO_2 气体含量为 14.31μL/L，明显超过注意值 1μL/L，分析原因为内部存在局部放电缺陷。

表 1-12　174 开关间隔 SF_6气体分解产物检测结果

序号	检测隔室	湿度（μL/L，20℃）	SO_2（μL/L）	H_2S（μL/L）	CO（μL/L）	结论
1	174 断路器隔室	30.1	0	0	4.4	合格
2	1746 隔离开关隔室	43.8	14.3	0	6.8	异常
3	线路电缆终端隔室	22.5	0	0	15.7	合格

（2）超声波局部放电带电检测。对 220kV 变电站 174 开关间隔开展超声波局部放电带电检测。174 开关间隔超声波局部放电检测结果如表 1-13 所示。在 1746 隔离开关隔室测得异常超声波信号，连续图谱显示异常信号具有显著的 100Hz 频率相关性，幅值最大位置在靠近电缆一侧，隔离开关动触头及操动机构也在该侧。而在 174 断路器隔室和线路电缆终端隔室，未测得异常超声波信号。

表 1-13　174 开关间隔超声波局部放电检测结果

测点	超声波检测图谱（连续模式）	测点实景图
1746 隔离开关隔室（靠近电缆侧侧面）	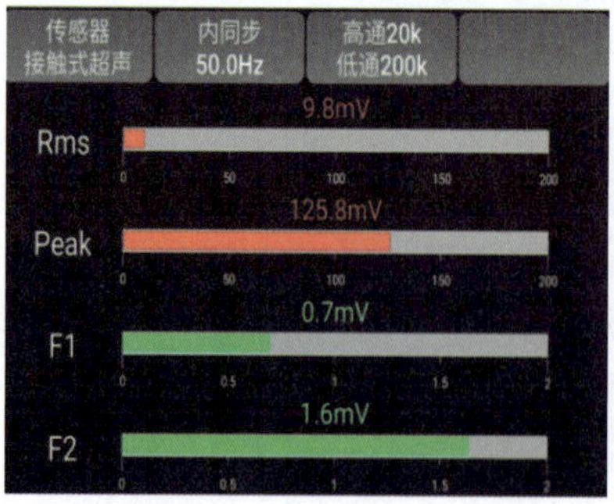	

续表

测点	超声波检测图谱（连续模式）	测点实景图
1746 隔离开关隔室（靠近电缆侧底部）	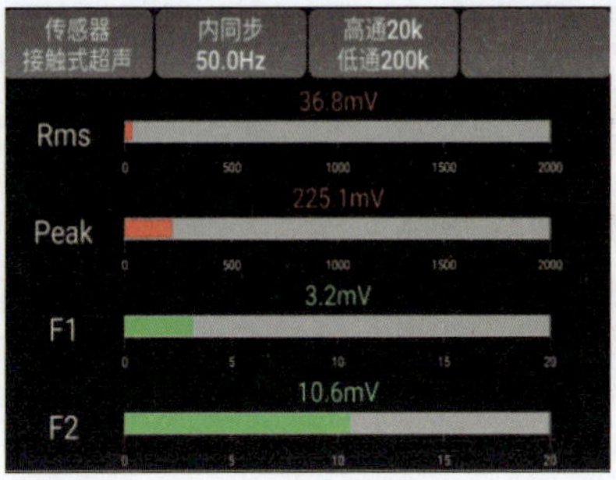	
1746 隔离开关隔室（靠近断路器侧）	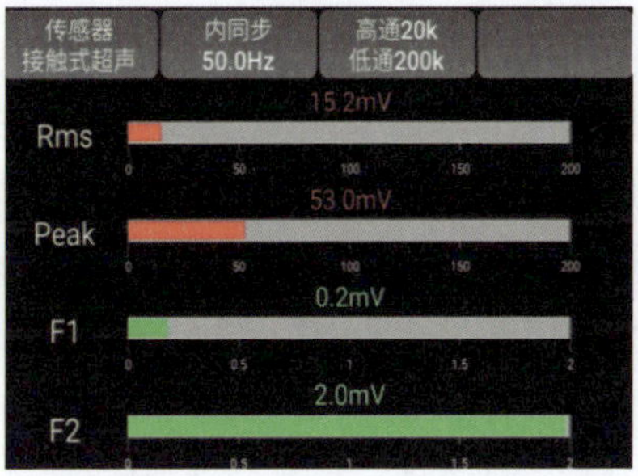	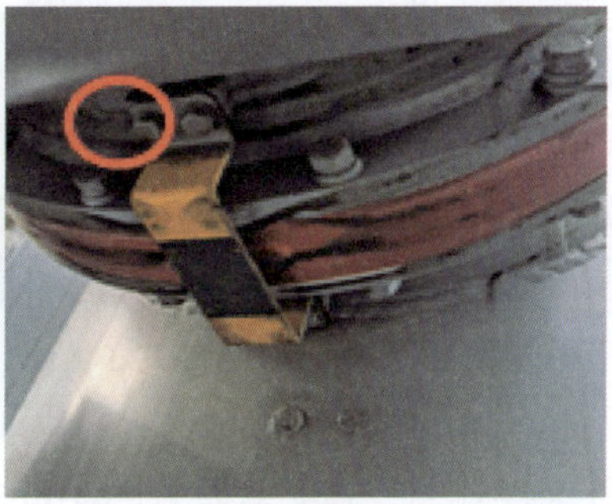
线路电缆终端隔室	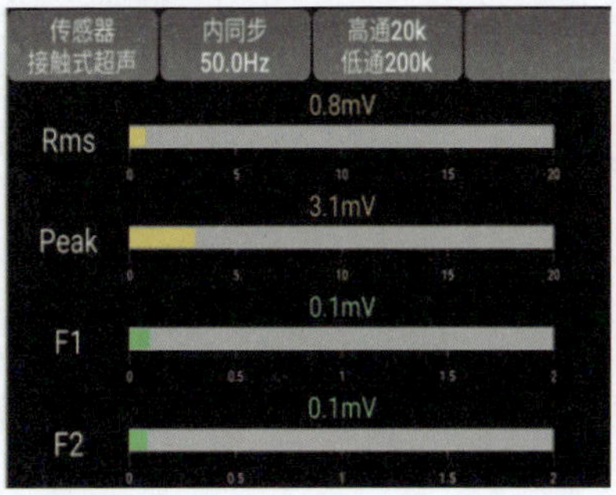	

续表

测点	超声波检测图谱（连续模式）	测点实景图
174 断路器隔室（靠近线路侧）	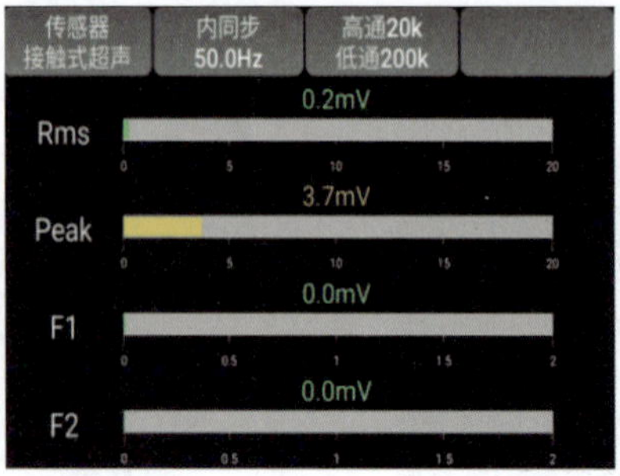	

（3）特高频局部放电带电检测。220kV 变电站 110kV GIS 盆式绝缘子浇筑孔如图 1－76 所示，220kV 变电站 110kV GIS 盆式绝缘子浇筑孔未被金属屏蔽，但浇筑孔位置被金属导流排阻挡，无法将特高频传感器贴合在盆式绝缘子浇筑孔位置进行检测。然而此次检测发现，设备内部的异常特高频信号可以穿过盆式绝缘子浇筑孔传输到外部空间中，传感器越靠近盆式绝缘子浇筑孔，测得的异常特高频信号幅值越大，远离盆式绝缘子浇筑孔，测得的异常特高频信号幅值相对越小，表明异常特高频信号来自设备内部。174 开关间隔特高频局部放电检测结果如表 1－14 所示，在 1746 隔离开关隔室与 174 断路器隔室之间盆式绝缘子和 1746 隔离开关隔室与线路电缆终端隔室之间盆式绝缘子均测得异常特高频信号，信号呈显著的 100Hz 频率相关性，有多簇不同幅值水平的脉冲群，

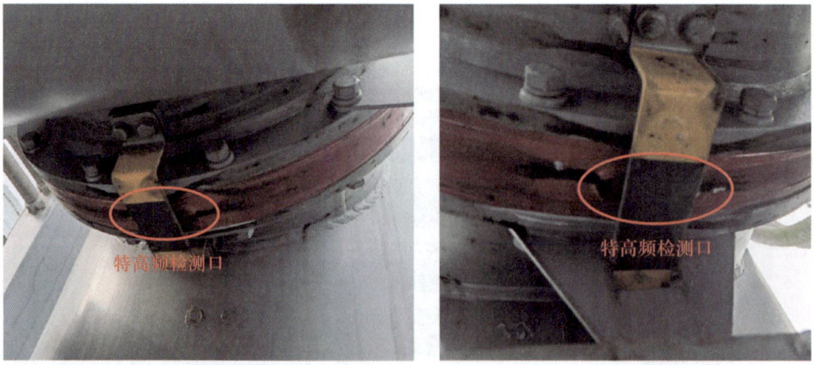

(a) 视角1　　(b) 视角2

图 1－76　220kV 变电站 110kV GIS 盆式绝缘子浇筑孔

表明内部可能存在多处局部放电源，单个放电源激发的信号每个周期正负半周均有放电脉冲，放电脉冲幅值、时间间隔较为稳定，各半周放电脉冲数量、相位分布较为对称，具有典型的悬浮电位放电特征。从信号幅值看，在1746隔离开关隔室与线路电缆终端隔室之间盆式绝缘子测得的异常特高频信号幅值大于在1746隔离开关隔室与174断路器隔室之间盆式绝缘子测得的异常特高频信号幅值。

表1－14　174开关间隔特高频局部放电检测结果

检测位置	特高频PRPS图谱	特高频PRPD图谱
1746隔离开关隔室与174断路器隔室之间盆式绝缘子	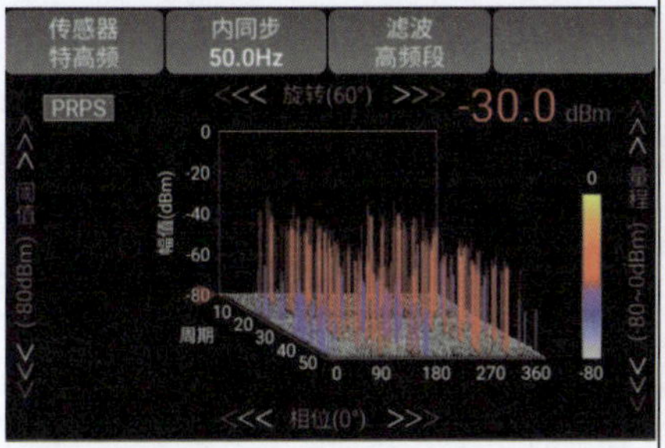	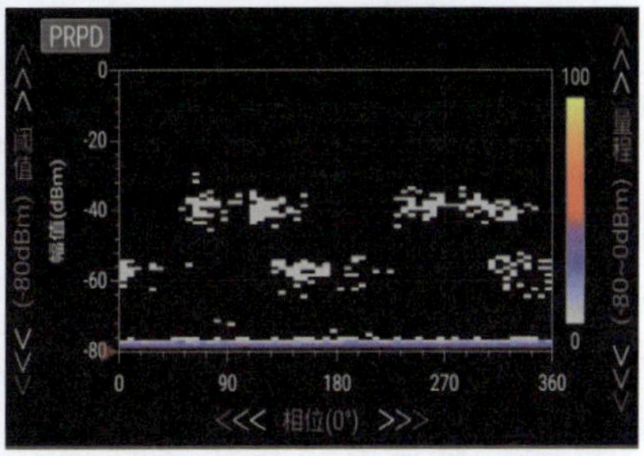
1746隔离开关隔室与线路电缆终端隔室之间盆式绝缘子	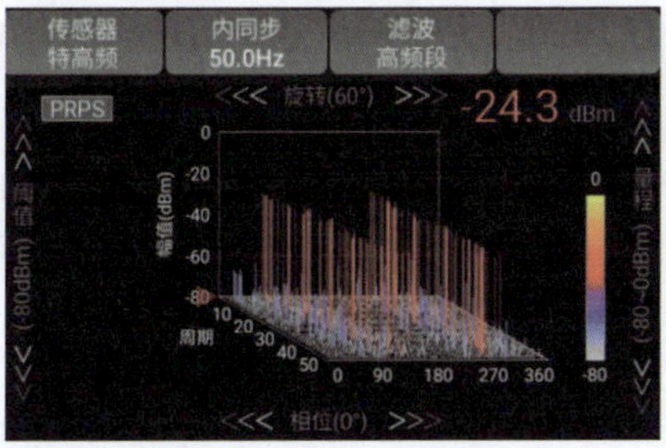	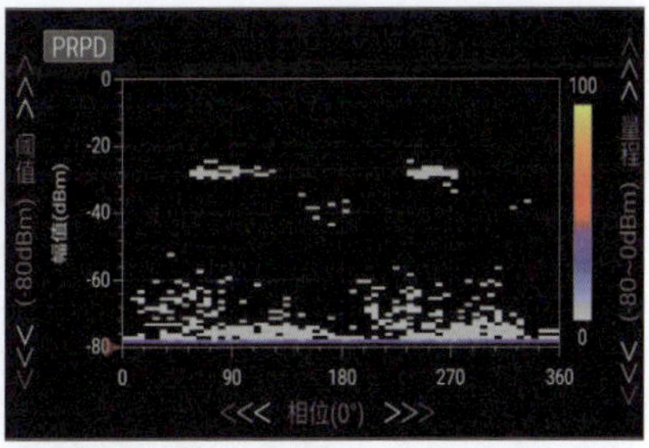

5. 综合分析

某220kV变电站的174开关间隔1746隔离开关隔室存在异响，SF_6气体分解产物检测显示1746隔离开关隔室内SO_2气体含量显著超过注意值，同时测得具有显著100Hz频率相关性的异常超声波信号和异常特高频信号，判断设备内部存在多个悬浮电位放电缺陷。经幅值定位，判断缺陷位于1746隔离开关隔室靠近电缆一侧的壳体底部（隔离开关动触头附近壳体底部）。

2021年5月，该变电站110kV Ⅰ母TV 1181隔离开关隔室测得具有100Hz频率相关性的异常超声波信号，SF_6气体分解产物检测到隔室内SO_2气体含量显著超过注意值，为保障设备安全运行，对缺陷隔室进行了整体停电更换。2018 年 9 月，解体检查发现更换下的 1181 隔离开关隔室内部金属杆和拨叉处绝缘子表面附着较多的白色颗粒物质，可闻到刺鼻的味道，最终确认 1181 隔离开关动触头传动销与拨叉、舌簧之间发生悬浮电位放电，导致传动销、拨叉、舌簧局部熔化烧蚀，产生大量颗粒异物，若非及时发现并将设备停电更换，可能引发设备故障。此次 174 开关间隔 1746 隔离开关隔室检测情况，与 2018 年 110kV Ⅰ 母 TV 1181 隔离开关隔室检测情况相似，内部存在能量较大的悬浮电位放电，很可能已经产生颗粒异物，应尽快检修消缺，避免设备故障。

6. 验证情况

2021 年 9 月 8 日，运维单位对该 220kV 变电站的 174 开关间隔 1746 隔离开关隔室进行解体检查。1746 隔离开关动触头及其传动销表面存在颗粒异物如图 1－77 所示，1746 隔离开关隔室内可见大量白色粉末，主要集中在隔离开关动触头及其传动销表面，盆式绝缘子、支柱绝缘子和其余高压导体未见异常。从 1746 隔离开关传动方式看，操动机构控制传动销运动，传动销通过拨叉与隔离开关动触头连接并控制隔离开关动触头运动，而拨叉与隔离开关动触头之间采用舌簧进行等电位连接，1746 隔离开关取下的舌簧与全新舌簧的对比如图 1－78 所示。1746 隔离开关三相舌簧均已不同程度烧蚀，从 B 相舌簧和 C 相舌簧与完好舌簧的对比看，1746 隔离开关舌簧已经无法有效将拨叉与隔离开关动触头等电位连接，导致 1746 隔离开关各相动触头与拨叉之间悬浮电位放电缺陷不断发展，生成大量白色颗粒，对设备安全运行带来隐患。

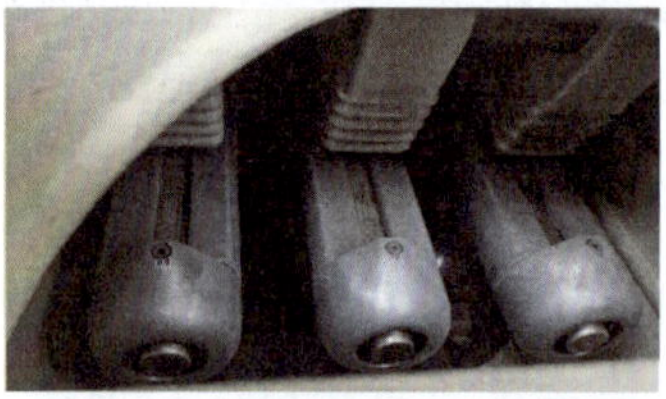

图 1－77　1746 隔离开关动触头及其传动销表面存在颗粒异物

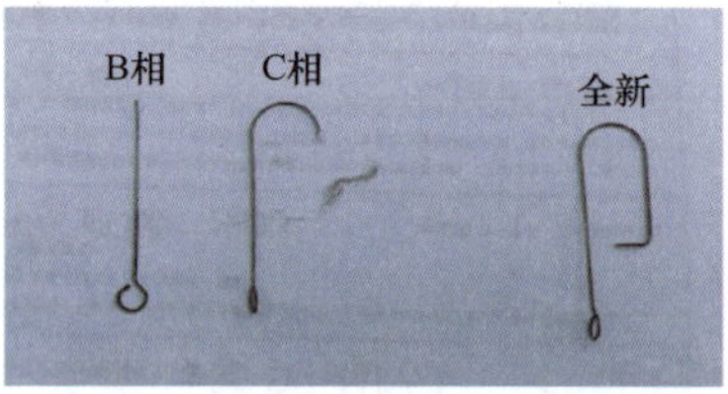

图 1－78　1746 隔离开关取下的舌簧与全新舌簧的对比

完成检查后，运维单位对 1746 隔离开关三相的舌簧进行了更换。经多次分合闸试验，确认新更换的舌簧接触良好后，174 开关间隔重新投运，带电检测未测得异常信号。

7. 结论与建议

（1）结论。某 220kV 变电站的 174 开关间隔 1746 隔离开关隔室存在异响，经检测，1746 隔离开关隔室 SO_2 气体含量显著超过注意值，并存在具有悬浮电位放电特征的异常超声波信号和异常特高频信号，幅值定位显示信号幅值最大位置位于 1746 隔离开关隔室靠近电缆一侧的壳体底部（隔离开关动触头附近壳体底部）。解体检查发现，1746 隔离开关动触头及其传动销表面存在大量白色粉末，三相舌簧均有不同程度烧蚀，表明隔离开关各相动触头与拨叉之间等电位连接失效发生了能量较大的悬浮电位放电。

（2）建议。

1）自 2018 年以来，该变电站 110kV GIS 隔离开关因舌簧未能在隔离开关动触头和拨叉之间形成有效等电位连接导致悬浮电位放电缺陷已发现两次，表明该制造厂该型号该批次设备的隔离开关动触头与传动销/拨叉等电位连接可能存在失效的家族性缺陷，应加强对该制造厂该型号该批次设备的带电检测工作，及时发现存在的局部放电缺陷。

2）应与设备制造商进行沟通，利用停电检修机会改进隔离开关动触头和拨叉之间等电位连接方式，确保连接可靠稳定，保障设备安全运行。

1.3 GIS 内部自由颗粒放电典型缺陷分析

1.3.1 基于超声波法的 500kV GIS 断路器隔室自由颗粒放电缺陷检测及解体分析

1. 异常概况描述

2021 年 9 月 28 日，运维单位对某±800kV 换流站 500kV GIS 开展局部放电带电检测，测得 5223 断路器 B 相隔室存在异常超声波信号，从信号飞行模式看具有自由颗粒放电特征。9 月 29 日和 9 月 30 日，均在 5223 断路器 B 相隔室测得特征相同的异常超声波信号。检测发现，5223 断路器 B 相隔室同一时间较大距离测点的信号幅值相近，但在较短时间内同一测点的信号幅值都有明显变化，因此，常规的幅值定位方法无法准确找到缺陷位置。

2021 年 10 月 13 日，对该换流站 5223 断路器 B 相隔室进行了复核诊断，经多通道超声波信号时延定位，判断自由颗粒缺陷位于临近Ⅱ母的断口/合闸电阻附近壳体底部，该缺陷激发的超声波信号幅值不稳定且随时间变化明显。

2021 年 11 月 6 日，运维单位对该换流站 5223 断路器 B 相隔室进行了解体检查，发现 5223 断路器 B 相隔室临近Ⅰ母的主断口附近底部壳体、临近Ⅰ母的主断口屏蔽罩内、临近Ⅱ母的合闸电阻屏蔽罩内和临近Ⅱ母的合闸电阻附近底部壳体均存在颗粒异物，验证了带电检测结果。

2. 检测对象及项目

检测对象：某±800kV 换流站 5223 断路器 B 相隔室。

检测项目：超声波局部放电带电检测、特高频局部放电带电检测。

3. 检测仪器及装置

超声波局部放电带电检测：PDS－T90 型局部放电检测仪、PD－208 型超声波局部放电检测仪。

特高频局部放电带电检测：PDS－T90 型局部放电检测仪、PDDS－102 型电力设备局部放电检测与智能诊断系统。

缺陷定位：DSOX3104T 型数字示波器。

4. 检测数据

（1）超声波局部放电带电检测。2021 年 9 月 28 日，运维单位对某±800kV 换流站 500kV GIS 开展局部放电带电检测，测得 5223 断路器 B 相隔室存在异常超声波信号，信号存在于临近Ⅱ母的断口/合闸电阻附近壳体侧面和壳体底部，附近构架、机构等位置未测得异常超声波信号。5223 断路器 B 相隔室异常超声波信号图谱如图 1－79 所示，从连续模式、时域模式和相位模式看，5223 断路器 B 相隔室测得的异常超声波信号未见频率相关性，每个工频周期的脉冲幅值、

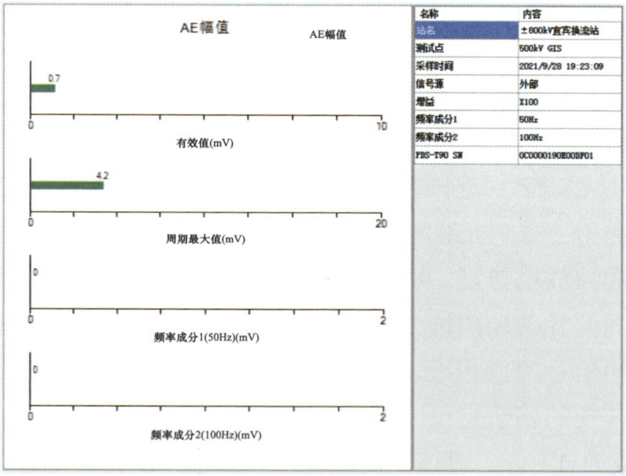

(a) 连续模式

图 1－79　5223 断路器 B 相隔室异常超声波信号图谱（一）

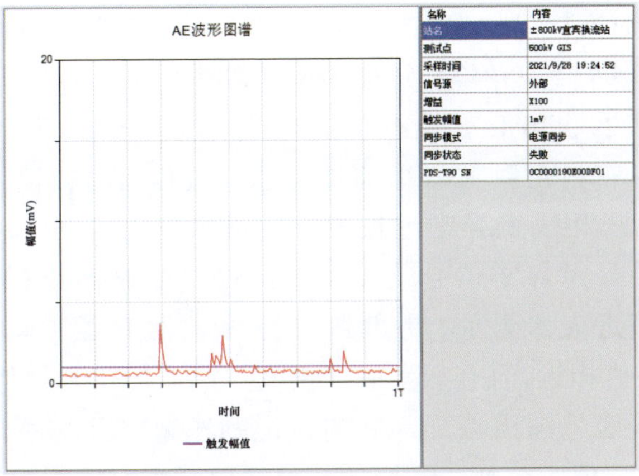

(b) 时域模式

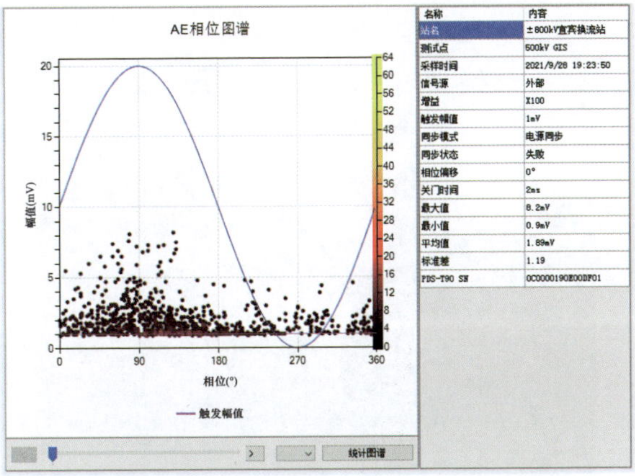

(c) 相位模式

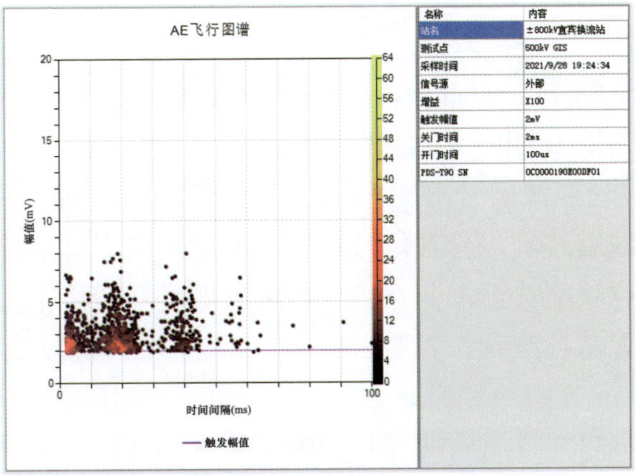

(d) 飞行模式

图 1-79 5223 断路器 B 相隔室异常超声波信号图谱（二）

脉冲次数和脉冲时间间隔均未见显著规律；从飞行模式看，脉冲幅值和时间间隔形成的图谱呈多个“三角峰”特征，具有典型的自由颗粒信号特征。

2021 年 9 月 29、30 日，运维单位对该换流站 5223 断路器 B 相隔室复测期间均测得具有自由颗粒特征的异常超声波信号，幅值定位法初步判断的 5223 断路器 B 相隔室异常超声波幅值最大位置如图 1－80 所示。初步的幅值定位结果显示异常信号最大值位于 5223 断路器 B 相隔室临近Ⅱ母的断口/合闸电阻附近壳体侧面，考虑到 5223 断路器 B 相隔室同一时间较大距离测点的信号幅值相近，且在较短时间内同一测点的信号幅值都有明显变化，再加上根据异常信号图谱特征判断的自由颗粒缺陷几乎不可能位于隔室侧面，因此，此次幅值定位初步判断的信号幅值最大位置很可能不是缺陷所在位置。

图 1－80　幅值定位法初步判断的 5223 断路器 B 相隔室异常超声波幅值最大位置

2021 年 10 月 13 日，对该换流站 5223 断路器 B 相隔室进行复核诊断。10 月 13 日 5223 断路器 B 相隔室异常超声波信号图谱如图 1－81 所示，5223 断路器 B 相隔室异常超声波信号出现在临近Ⅱ母的断口/合闸电阻附近壳体侧面和壳体底部，从时域模式看，异常信号幅值、相位、出现频次和时间间隔均无规律，具有自由颗粒缺陷特征，并且信号幅值随着时间变化很大，某些时段异常超声波信号甚至无法检测到，表明自由颗粒运动时而减弱、时而增强，未见显著规律。

（2）特高频局部放电带电检测。2021 年 9 月 28、29、30 日和 2021 年 10 月 13 日，历次检测该换流站 5223 断路器 B 相隔室均未测得异常特高频信号。

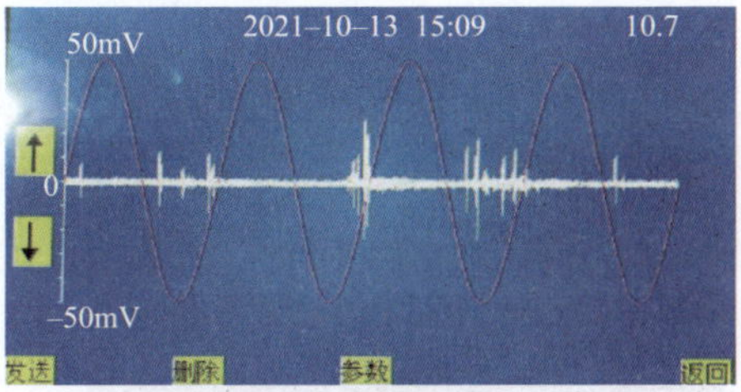

(a) 异常超声波时域模式信号1

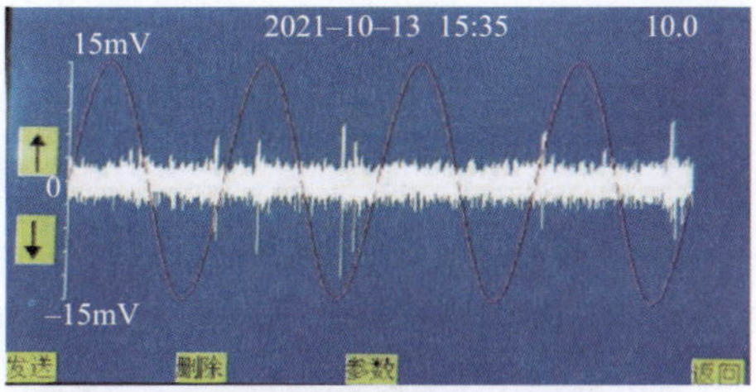

(b) 异常超声波时域模式信号2

图 1-81　10 月 13 日 5223 断路器 B 相隔室异常超声波信号图谱

（3）缺陷精确定位。由于异常超声波信号幅值无规律且随时间变化较大，常规的幅值定位难以准确找到信号源位置，2021 年 10 月 13 日，在 5223 断路器 B 相隔室临近Ⅱ母的断口/合闸电阻附近壳体开展双通道超声波信号时延定位。双通道超声波信号时延定位 1 如图 1-82 所示，将通道 1 对应的超声波传感器布置于靠近 A 相的壳体侧面，将通道 2 对应的超声波传感器布置于壳体底部，可见信号到达壳体底部的时间领先于到达靠近 A 相的壳体侧面的时间，表明缺陷相比而言更靠近壳体底部。双通道超声波信号时延定位 2 如图 1-83 所示，将通道 1 对应的超声波传感器布置于壳体底部，将通道 2 对应的超声波传感器布置于靠近 C 相的壳体侧面，可见信号到达壳体底部的时间领先于到达靠近 C 相的壳体侧面的时间，表明缺陷相比而言更靠近壳体底部。总体而言，信号到达靠近 A 相的壳体侧面与壳体底部的时间差，信号到达靠近 C 相的壳体侧面与壳体底部的时间差，两者大致相同，分析缺陷位于 5223 断路器 B 相隔室临近Ⅱ母的断口/合闸电阻附近壳体底部。在壳体底部进行双通道超声波信号时延定位，双通道超声波信号时延定位 3 如图 1-84 所示，在该处通道 1 和通道 2 信号到达时间几乎相同，表明缺陷非常接近该测点。

(a) 传感器布置1

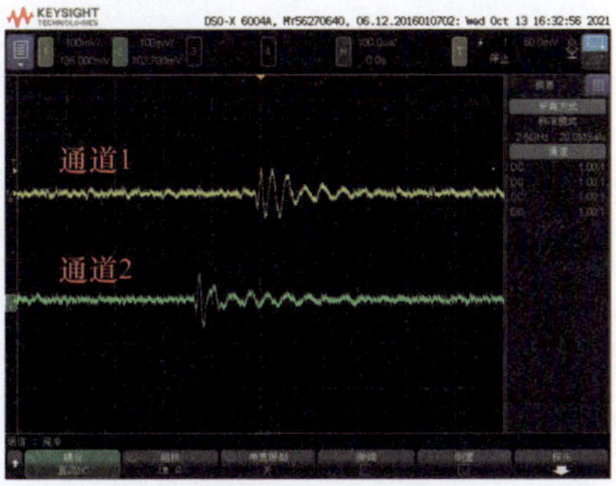

(b) 双通道超声波时域波形1

图 1-82　双通道超声波信号时延定位 1

(a) 传感器布置2

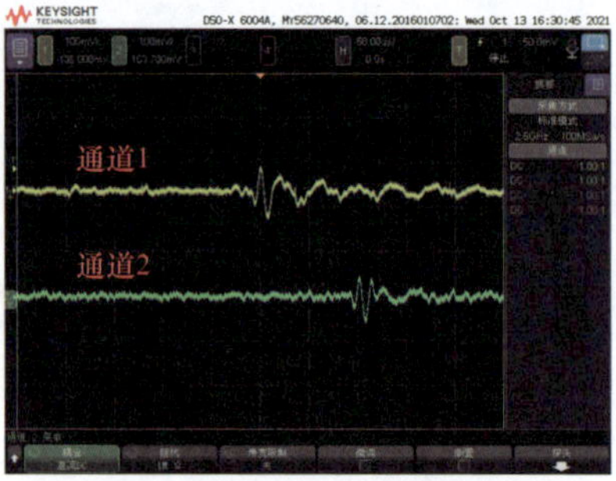

(b) 双通道超声波时域波形2

图 1-83　双通道超声波信号时延定位 2

(a) 传感器布置3

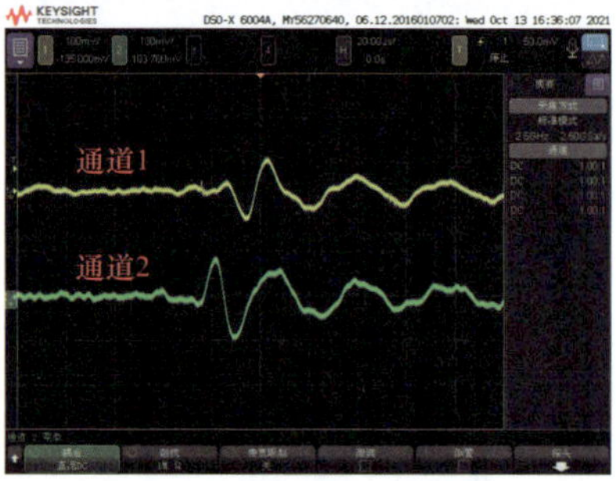

(b) 双通道超声波时域波形3

图 1-84　双通道超声波信号时延定位 3

根据定位结果，分析该换流站 5223 断路器 B 相隔室临近Ⅱ母的断口/合闸电阻附近壳体底部存在自由颗粒缺陷，该缺陷激发的超声波信号幅值不稳定且随时间变化明显。结合断路器内部结构，从自由颗粒缺陷所处位置看（5223 断路器 B 相隔室内部结构如图 1-85 所示），与合闸电阻屏蔽罩等部件距离很

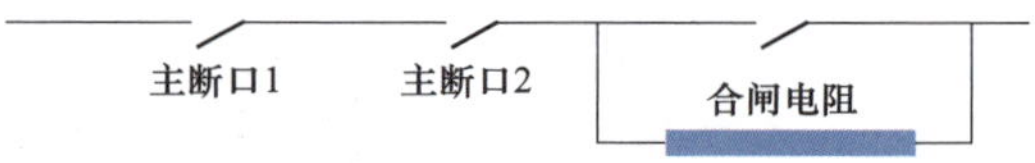

(a) 断口与合闸电阻位置关系

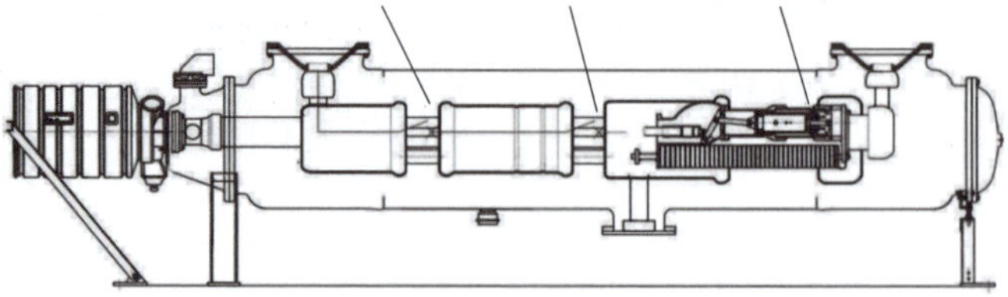

(b) 内部结构简图

图 1-85　5223 断路器 B 相隔室内部结构

近，对设备绝缘性能影响较大，特别是断路器动作期间更容易引起击穿闪络故障。

5. 综合分析

2021 年 9 月 28 日～10 月 13 日，某±800kV 换流站 5223 断路器 B 相隔室持续测得异常超声波信号，经信号特征分析和缺陷精确定位，判断该隔室临近Ⅱ母的断口/合闸电阻附近壳体底部存在自由颗粒缺陷，该缺陷激发的超声波信号幅值随着时间变化很大，某些时段异常超声波信号甚至无法检测到，表明自由颗粒运动时而减弱、时而增强，未见显著规律。

对于 GIS 内部自由颗粒缺陷，根据大量检测案例和模拟研究成果分析，其发展具有多种可能：

（1）自由颗粒运动至低场强区（例如吸附剂罩内），缺陷消除。

（2）自由颗粒由于局部放电被烧毁，缺陷消除。

（3）自由颗粒持续存在，对设备安全运行带来隐患，特别是断路器合闸时可能跳起导致绝缘降低，引发故障。但从目前的技术而言，无法准确判断 5223 断路器 B 相隔室自由颗粒缺陷发展方向。

根据该换流站 500kV GIS 断路器历史故障情况，2018 年 9 月 22 日，在 5211 断路器合闸对极Ⅰ低端换流变压器充电约 41s 后，极Ⅰ高端换流变压器进线边开关 5143 断路器 B 相闪络。5143 断路器 B 相隔室闪络情况如图 1－86 所示，断路器合闸电阻屏蔽罩对壳体放电，可见壳体两处放电痕迹。因此，断路器隔室内屏蔽罩对地距离相对较小，一旦在该处存在影响绝缘强度的缺陷，会对设备安全运行带来隐患。

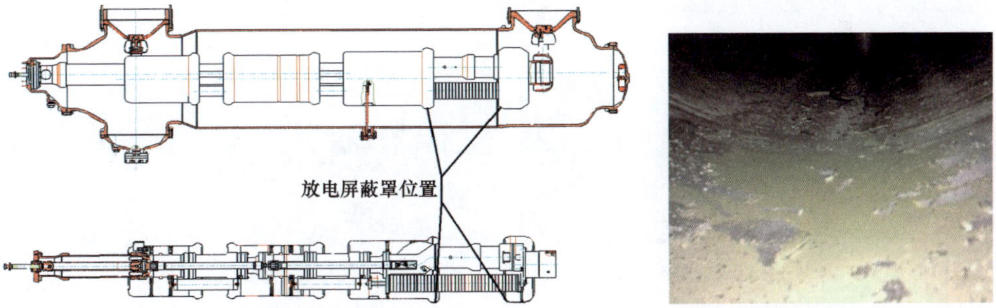

(a) 断路器内部结构　　(b) 故障后解体检查

图 1－86　换流站 5143 断路器 B 相隔室闪络情况

此次换流站 5223 断路器 B 相隔室内部自由颗粒所在位置有合闸电阻屏蔽罩等部件（对地距离相对较小），且本站 2018 年 9 月 5143 断路器 B 相闪络位置与此次 5223 断路器 B 相隔室自由颗粒所在位置相近，对设备安全运行的隐患不可忽视。综上所述，建议在换流站停电检修前每日对缺陷进行跟踪复测，若异常超声波信号幅值持续增长，则根据检测情况采取针对性运维措施，同时做好停电检修期间对 5223 断路器 B 相隔室开盖检修消缺的准备。

6. 验证情况

2021 年 11 月 6 日，运维单位对该换流站 5223 断路器 B 相隔室进行解体检查，重点检查了断口动静触头、壳体内表面及各屏蔽罩内部、全部螺栓紧固情况。5223 断路器 B 相隔室发现颗粒异物的部位、5223 断路器 B 相隔室发现的颗粒异物分别如图 1－87 和图 1－88 所示，在临近Ⅰ母的主断口 1 附近底部壳体（如图 1－87 中①位置）、临近Ⅰ母的主断口 1 屏蔽罩内（如图 1－87 中②位置）、临近Ⅱ母的合闸电阻屏蔽罩内（如图 1－87 中③位置）、临近Ⅱ母的合闸电阻附近底部壳体（如图 1－87 中④位置），均发现颗粒异物。其中，临近Ⅱ母的合闸电阻附近底部壳体的异物与带电检测结果一致，而多次带电检测均未发现临近Ⅰ母的主断口 1 附近底部壳体的异物，分析为该处场强相对较低、颗粒异物未运动因而未激发异常超声波信号所致。进一步分析，5223 断路器 B 相隔室内部主断口、合闸电阻附近存在颗粒异物，应为运行期间断路器动作所产生。

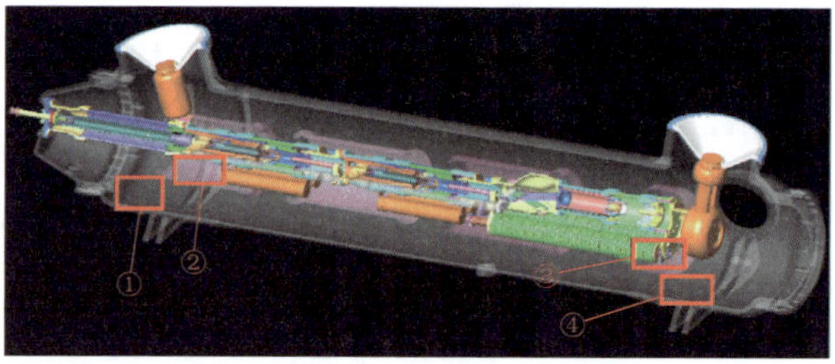

图 1－87　5223 断路器 B 相隔室发现颗粒异物的部位

(a) 主断口 1 附近底部壳体异物

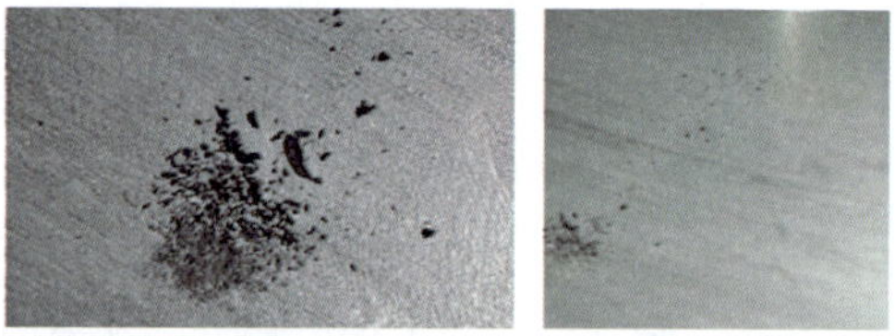

(b) 主断口 1 屏蔽罩内部异物

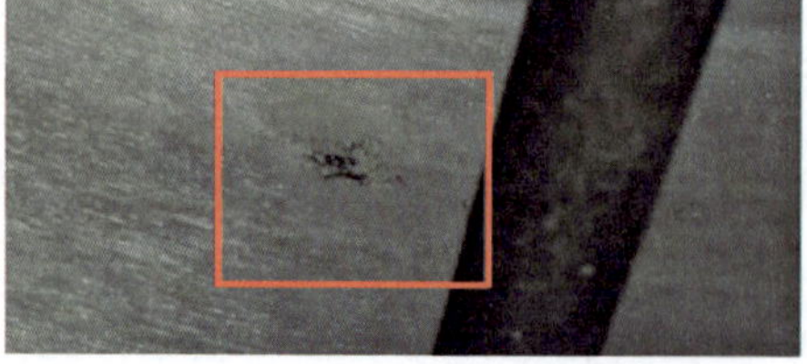

(c) 合闸电阻屏蔽罩内部异物

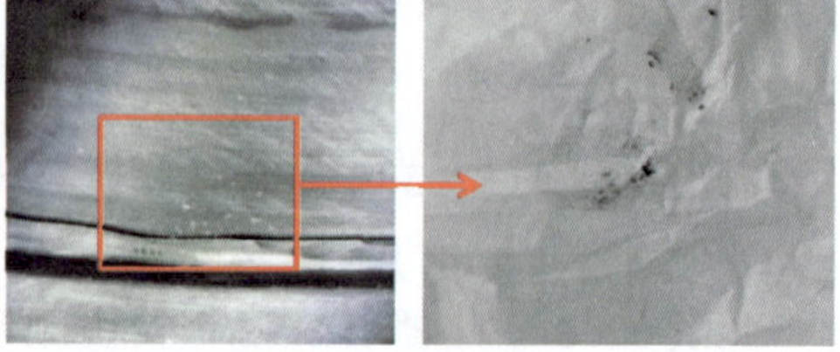

(d) 合闸电阻附近底部壳体异物

图 1－88　5223 断路器 B 相隔室发现的颗粒异物

5223 断路器 B 相合闸电阻断口动、静弧触头如图 1－89 所示，对主断口和合闸电阻断口进行检查，主断口动静触头未见异常，合闸电阻断口动、静弧触头均存在烧蚀痕迹。5223 断路器 B 相隔室内部紧固螺栓检查如图 1－90 所示，5223 断路器 B 相隔室其余部位未见异常，各紧固螺栓未见松动（操作者黑色力矩标识和检查者红色力矩标识均在正常位置）。

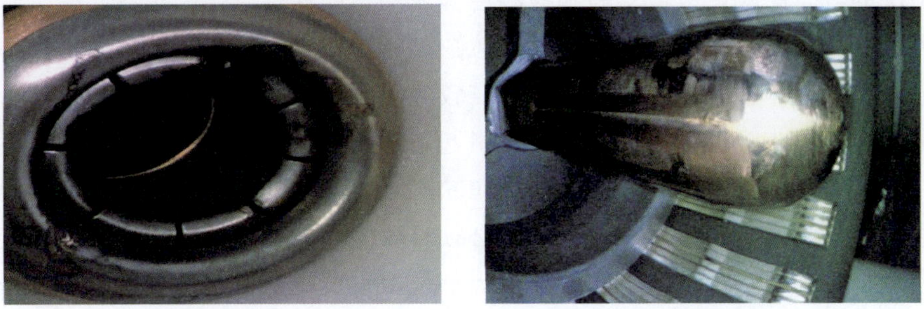

(a) 合闸电阻断口动弧触头情况　　(b) 合闸电阻断口静弧触头情况

图 1－89　5223 断路器 B 相合闸电阻断口动、静弧触头

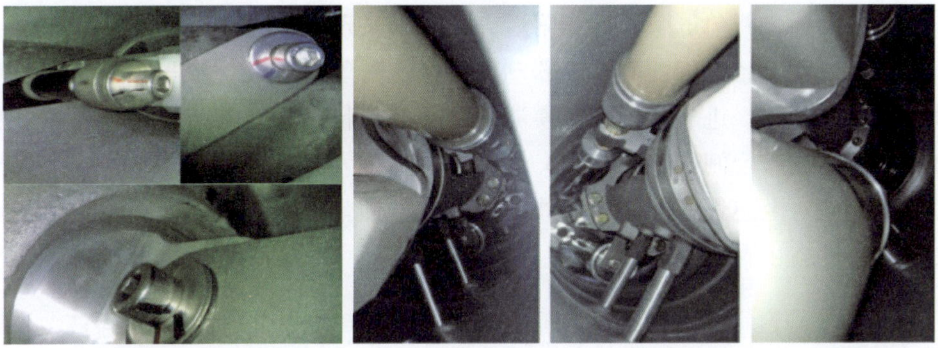

(a) 螺栓位置检查　　(b) 整体检查 1　　(c) 整体检查 2　　(d) 整体检查 3

图 1－90　5223 断路器 B 相隔室内部紧固螺栓检查

7. 结论与建议

（1）结论。经带电检测和缺陷定位，发现某±800kV 换流站 5223 断路器 B 相隔室临近Ⅱ母的断口/合闸电阻附近壳体底部存在自由颗粒缺陷。自由颗粒缺陷激发的异常信号幅值随着时间变化很大，某些时段异常超声波信号甚至无法检测到，表明自由颗粒运动时而减弱、时而增强，未见显著规律。解体检查发现 5223 断路器 B 相隔室临近Ⅰ母的主断口 1 附近底部壳体、临近Ⅰ母的主断口 1 屏蔽罩内、临近Ⅱ母的合闸电阻屏蔽罩内和临近Ⅱ母的合闸电阻附近底部

壳体均存在颗粒异物，进一步分析，5223 断路器 B 相隔室内部主断口、合闸电阻附近存在颗粒异物，应为运行期间断路器动作所产生的。此外，合闸电阻断口动、静弧触头存在烧蚀痕迹。

（2）建议。

1）GIS 内部存在自由颗粒，缺陷的发展受到电场力、颗粒重力、设备振动等情况的综合影响，大量实验和检测经验表明呈统计学规律，难以对单个缺陷发展趋势进行准确预测。但若自由颗粒缺陷所在位置的高压导体与接地壳体距离较近、附近存在固体绝缘、隔室存在较大振动甚至有断路器动作等情况，会显著增加设备击穿闪络的概率，必须引起足够重视。

2）超声波法对 GIS 内部自由颗粒缺陷具有较好的检测效果，但从大量检测经验看，超声波法检测范围有限，必须尽可能靠近自由颗粒所在区域才能有效发现，因此缺陷出现风险较大的重点部位应设置足够的超声波测点，此外，部分自由颗粒运动情况并不稳定，有时候甚至暂时停止运动，会对检测带来一定困难。

3）换流站此次 5223 断路器 B 相隔室内部除找到带电检测定位的自由颗粒外，还在其他主断口屏蔽罩内和附近壳体底部发现颗粒异物，据分析这些颗粒异物很可能是设备运行期间断路器动作（换流变压器出线断路器动作相对更为频繁）所产生的。进一步推断，换流站乃至其他特高压换流站同型号设备（换流变压器出线带合闸电阻断路器）也不能排除因为断路器动作导致内部存在颗粒异物，应对上述设备加强超声波局部放电专项带电检测，及时发现威胁设备安全运行的自由颗粒缺陷。

1.3.2 基于超声波法的 500kV GIS 母线 U 型联接底部自由颗粒放电缺陷检测及解体分析

1. 异常概况描述

2016 年 5 月 8 日，在某 500kV 变电站带电检测中，发现在 500kV GIS 设备 5043 开关 A 相 TA2 侧与 5053 开关 A 相 TA2 侧之间的Ⅱ母 A 相 U 型联接处存在异常超声波信号（该段母线为 2006 年一期扩建工程新上设备，两个制造厂联合供货，母线设备由其中一家制造厂提供）。异常部位超声波和特高频测点分布如图 1－91 所示，特高频局部放电检测无异常信号。PD－208 型超声波局部放电检测仪显示超声波信号幅值最大接近 300mV，具有较强的 50Hz 工频相关性，并且信号幅值变化较大，具有典型的颗粒放电特征，推断 GIS

母线罐体底部存在金属颗粒。经过一年的跟踪监测，异常超声波信号持续存在，根据检修计划，于 2017 年 4 月 24 日将 500kV GIS 设备Ⅱ母停电解体，在超声波信号异常的罐体位置发现了较多的铝质金属颗粒，最长的颗粒长达 20mm。

图 1-91 异常部位超声波和特高频测点分布

2. 检测对象及项目

检测对象：某 500kV 变电站 500kV GIS 设备，该设备盆式绝缘子外带屏蔽环，有浇注孔。

检测项目：特高频局部放电检测；超声波局部放电检测。

3. 检测仪器及装置

特高频局部放电检测：HQMDA-CF5 型局部放电综合带电检测分析仪。

超声波局部放电检测：PDS T-90 型局部放电检测仪、数字示波器。

4. 检测数据

（1）超声波检测数据。在超声波测点处的 GIS 筒体上，采用 PDS T-90 型局部放电检测仪进行检测，异常部位超声波检测结果如图 1-92 所示。连续图谱显示放电幅值为 17dB，瞬时放电幅值约为 20dB，放电信号的 50Hz 相关性较大且较稳定；波形图谱显示每个工频周期内有一簇集中放电脉冲，这与 50Hz 相关性结果吻合；相位图谱显示在各相位上均有放电，但在负半轴放电较为集中；飞行图谱特征不明显。相邻间隔同样位置无异常，相邻隔室信号幅值较小，幅值最大处为罐体底部。

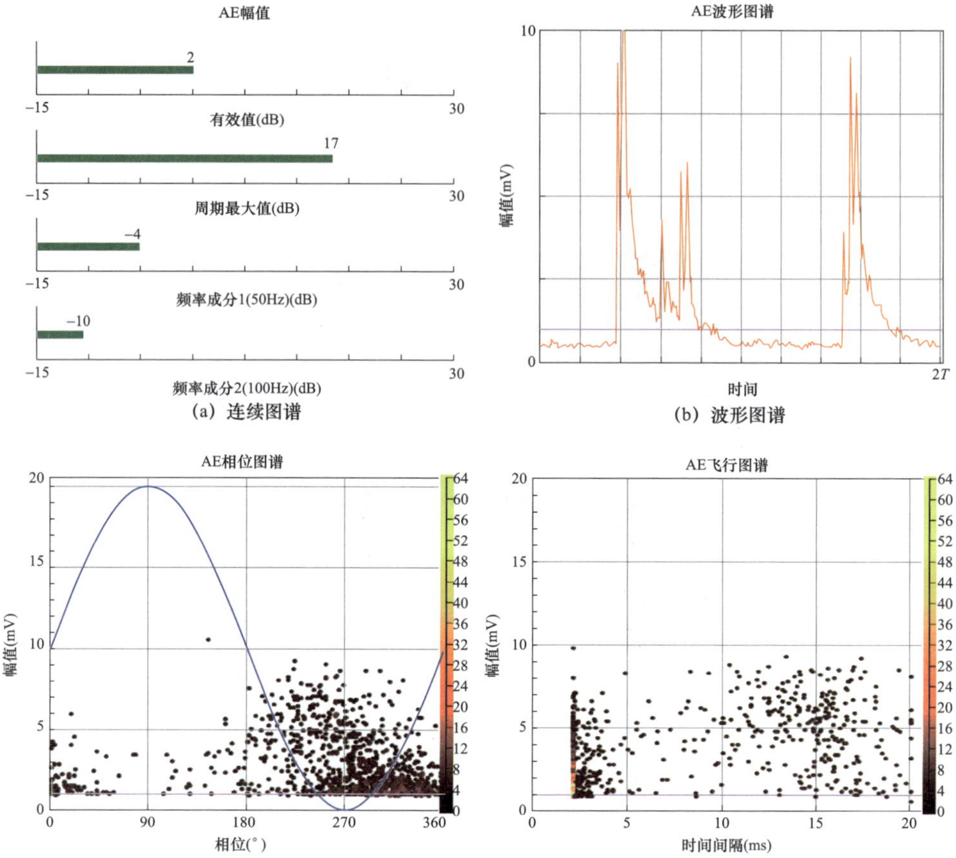

(a) 连续图谱　(b) 波形图谱

(c) 相位图谱　(d) 飞行图谱

图 1－92　异常部位超声波检测结果

（2）特高频检测数据。在图 1－91 所示特高频测点处，采用 HQMDA－CF5 型局部放电综合带电检测分析仪进行特高频局部放电检测，异常部位特高频测点的单个周期局部放电波形、异常部位特高频测点的三维图谱分别如图 1－93 和图 1－94 所示。

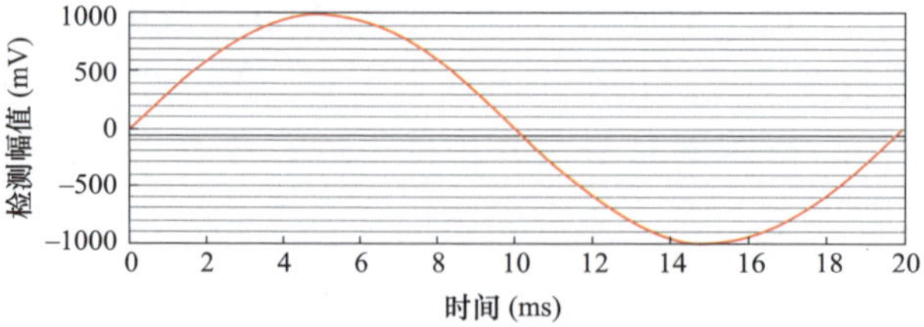

图 1－93　异常部位特高频测点的单个周期局部放电波形

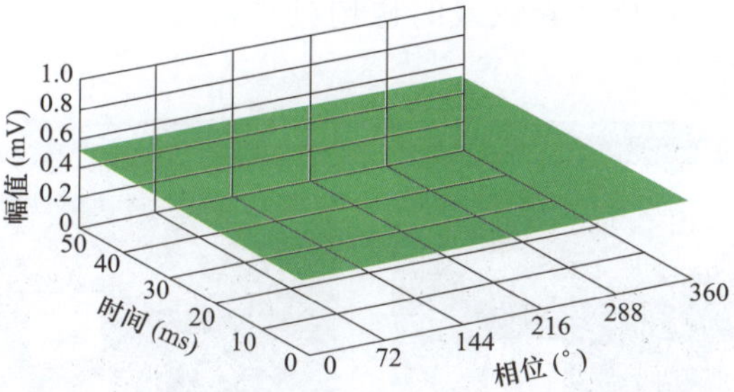

图 1-94 异常部位特高频测点的三维图谱

5. 定位综合分析

从 GIS 外壳接地处取得环流电流信号，环流相位与电压相位误差较小。超声波原始信号和 A 相接地环流相位关系如图 1-95 所示，可以看出，超声波信号较多出现在环流的正半周处，根据放电的极性特性，可初步判断该缺陷靠近外壳接地一侧。

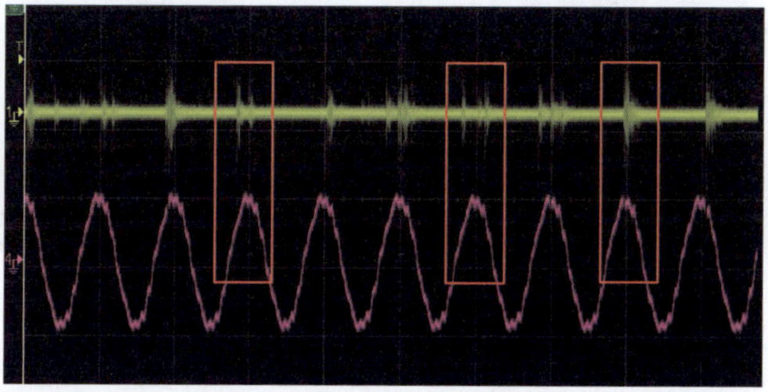

图 1-95 超声波原始信号和 A 相接地环流相位关系

由于该处超声波信号分布区域较小，仅在罐体底部附近区域有信号，而且最底部信号最大，根据极性特征判断该缺陷位于外壳处。再结合超声波信号特征，初步推断该超声波信号是由掉在底部的金属颗粒产生的。经过试验研究发现，GIS 中金属颗粒在电场作用下起举竖立如图 1-96 所示，罐体底部的金属颗粒在电压作用下，金属颗粒将顺着电场放电竖立，使电场产生畸变。同时当金属颗粒上的电荷积累一定程度后，金属颗粒还会向高压电极运动，吸附到高压电极表面，GIS 中金属颗粒在电场作用下在外壳和高压电极之间运动如图 1-97 所示。金属颗粒在撞击外壳时将出现局部放电，产生超声波信号。由于金属颗粒的存在，外壳和高压电极之间的电场将发生畸变，由于 SF_6 气体碰撞系数较大，金属颗粒很可能引起外壳和高压电极之间闪络放电，尤其是在遭受过电压时危害设备安全，建议及时停电处理。

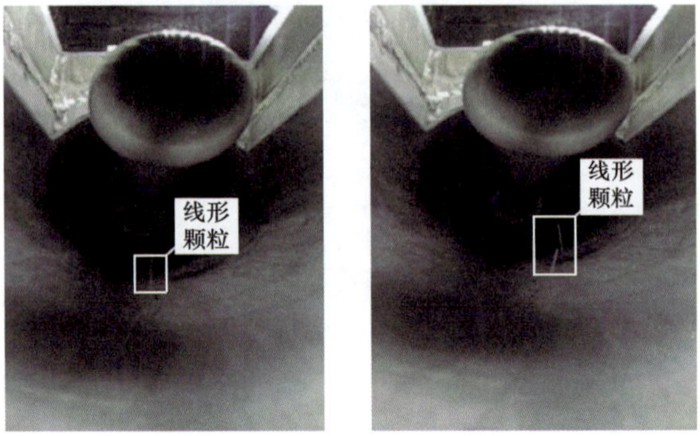

(a) 第1个颗粒起举　　(b) 第2个颗粒起举

图 1-96　GIS 中金属颗粒在电场作用下起举竖立

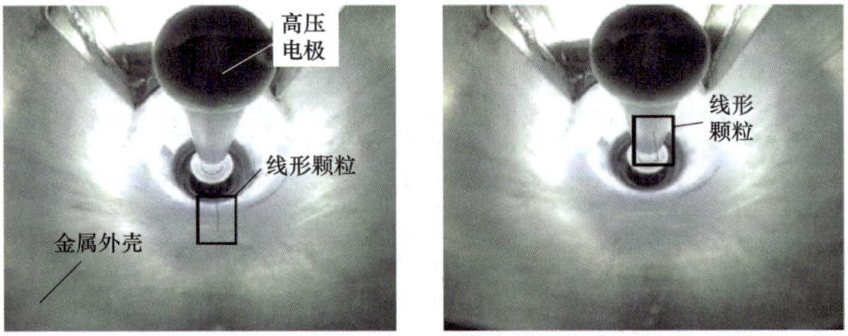

(a) 颗粒碰撞外壳　　(b) 颗粒碰撞高压电极

图 1-97　GIS 中金属颗粒在电场作用下在外壳和高压电极之间运动

6. 验证情况

2017 年 4 月 24 日，运维单位对该段母线进行了停电检修，在母线罐体出现异常超声波信号处，发现很多微小异物，其中有几根铝质金属颗粒，GIS 解体后缺陷位置处的情况如图 1-98 所示。金属颗粒与外壳之间长时间存在局部放电，使外壳上的漆皮颜色出现了变化。从缺陷处取出三根长度不一的金属颗粒，GIS 缺陷位置处发现的铝质金属颗粒如图 1-99 所示，最长的铝质金属颗粒达到 20mm。从颗粒性状推测铝质金属颗粒可能是安装时在拧螺栓过程中产生的，掉落在罐体底部，未清洁干净。设备运行时，金属颗粒在外壳与高压导体屏蔽罩之间运动，对设备运行安全将构成很大威胁。

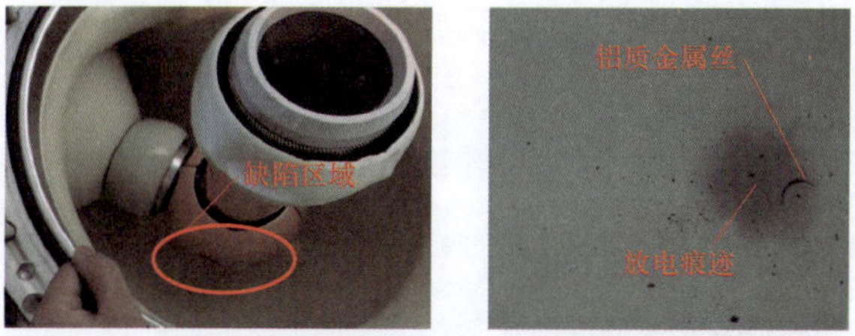

(a) 缺陷位置　　(b) 放电痕迹和异物特写

图 1－98　GIS 解体后缺陷位置处的情况

7. 结论及建议

某 500kV 变电站 500kV GIS 设备 5043 开关 A 相 TA2 侧与 5053 开关 A 相 TA2 侧之间的Ⅱ母 A 相 U 型联接处存在超声波信号异常，特高频局部放电检测未发现异常信号。PD－208 型超声波局部放电检测仪测得的异常超声波信号幅值较大，接近 300mV，具有较强的 50Hz 工频相关性，并且信号幅值变化较大，具有典型的颗粒放电特征，推断 GIS 母线罐体底部存在金属颗粒。经过一年的跟踪监测，2017 年 4 月 24 日，运行单位对该段母线进行了停电检修，在缺陷位置发现了多颗铝质金属颗粒。这些金属颗粒是在拧螺栓过程中产生的，掉落在罐体底部，未清洁干净。由于金属颗粒的存在，外壳和高压电极之间的电场将发生畸变，很可能引起外壳和高压电极之间闪络放电，影响设备安全稳定运行。

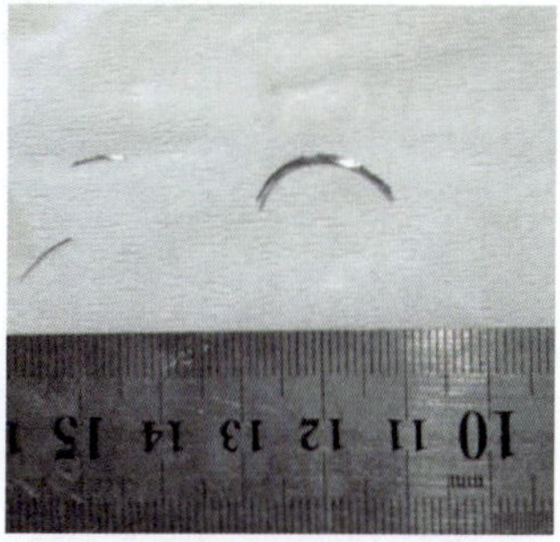

图 1－99　GIS 缺陷位置处发现的铝质金属颗粒

在以后的 GIS 安装过程中，应对安装工艺严格把关，对罐体内部一定要清洁彻底并检查仔细。在交接试验时，有条件应进行带电检测，可及时发现安装过程中留下的隐患。

1.3.3　基于超声波法的 500kV 隔离开关与Ⅰ母连接隔室自由颗粒放电缺陷检测及解体分析

1. 异常概况描述

2017 年 6 月 6 日 15 时，运维单位在某 500kV 变电站带电检测期间发现 500kVⅠ母与 50311 隔离开关连接隔室 C 相直角弯处底部存在明显超声波局部放电信号。缺陷隔室位置如图 1－100 所示，信号幅值约为 150mV，信号

50Hz 和 100Hz 相关性弱；通过超声波的相位图谱、飞行图谱特征初步判断该隔室内部疑似存在自由颗粒放电缺陷，其首次发现的特征图谱如图 1－102 所示。

图 1－100　缺陷隔室位置

2017 年 8 月 8 日，运维单位对该缺陷进行了复测确认。复测结果显示，该处超声信号依然存在，并且信号幅值约为 500mV，较 6 月首次检测有明显增长，未检测到特高频信号，该缺陷为自由颗粒缺陷，建议尽快进行解体消缺。

2017 年 8 月 24 日，运维单位对该缺陷进行的复测。复测结果显示，该处异常超声信号依然存在，信号幅值较大（PD－208 型超声波局部放电检测仪显示幅值最大能达到 500mV 左右，和 8 月 8 日测试幅值相当），未检测到特高频信号。判断为自由颗粒局部放电信号，建议尽快停电检查处理。

2017 年 8 月 26 日，运维单位对该缺陷进行解体前的复测。复测结果显示，该处异常超声信号依然存在，信号幅值较大（PD－208 型超声波局部放电检测仪显示幅值最大能达到 500mV 左右，和之前复测幅值相当），未检测到特高频信号。判断为自由颗粒局部放电信号，建议尽快停电检查处理。

2. 检测对象及项目

检测对象：某 500kV 变电站 500kV GIS。

检测项目：超声波局部放电检测；特高频局部放电检测。

3. 检测仪器及装置

检测仪器及装置见表 1－15。

表 1–15　　检测仪器及装置

序号	仪器名称	型号
1	超声波局部放电检测仪	PD–208
2	局部放电检测仪	PD–74
3	局部放电定位系统	MSO–X 3104T
4	局部放电检测仪	PDS T–90

4. 检测数据

（1）检测点布置示意图。根据幅值定位结果布置复测点，现场测点位置图如图 1–101 所示，超声测点布置于隔室底部位置，特高频探头布置于靠近 TA 隔室处浇注孔。

图 1–101　现场测点位置图

（2）超声信号检测。

1）首次检测结果。2017 年 6 月 6 日首次发现该处缺陷，首次测得的异常超声波信号图谱如图 1–102 所示。连续模式测得该处信号幅值最大约为 150mV，其 50Hz 及 100Hz 相关性弱；原始波形图谱显示重复性差，信号幅值分散；相位图谱显示放电在各相位均有分布；飞行图谱具有典型的自由颗粒特征。特高频未测得异常信号。

根据信号特征分析，500kV Ⅰ 母与 50311 隔离开关连接隔室 C 相直角弯处内部存在放电缺陷。为了进一步定位放电源位置，首先采用超声波幅值比较法定位。复测点布置以首次测得的异常超声波信号图谱中的点 1 为中心，左右上

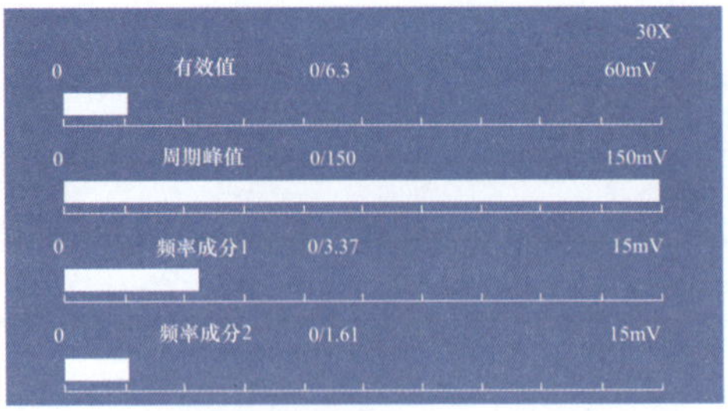

(a) 连续模式图谱

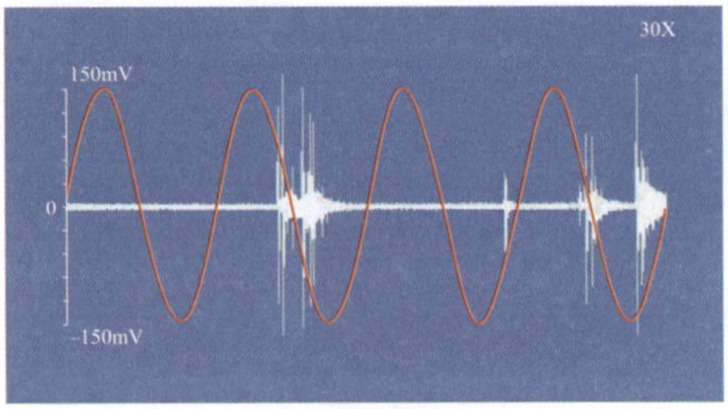

(b) 时域波形

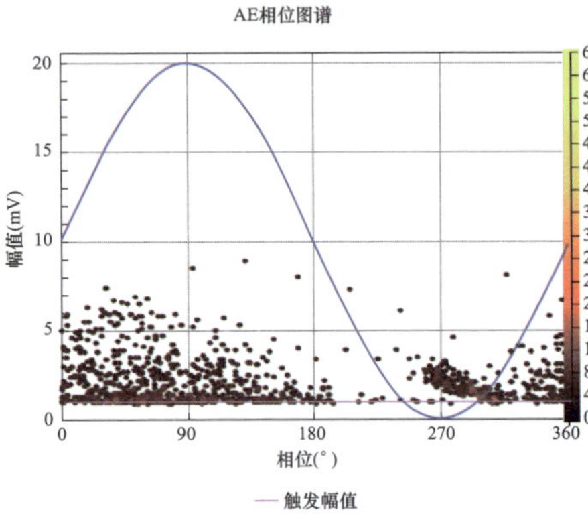

(c) 相位图谱

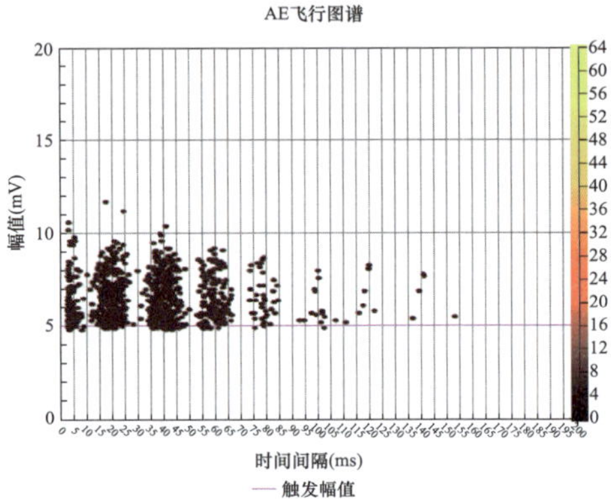

(d) 飞行图谱

图 1－102　首次测得的异常超声波信号图谱

下分别布置复测点 3、2、4、5。超声局部放电复测点位布置示意图如图 1－103 所示。测试数据在此不重复列出，比较发现复测点 1 的超声波信号幅值最大，说明信号源相对比较靠近复测点 1。

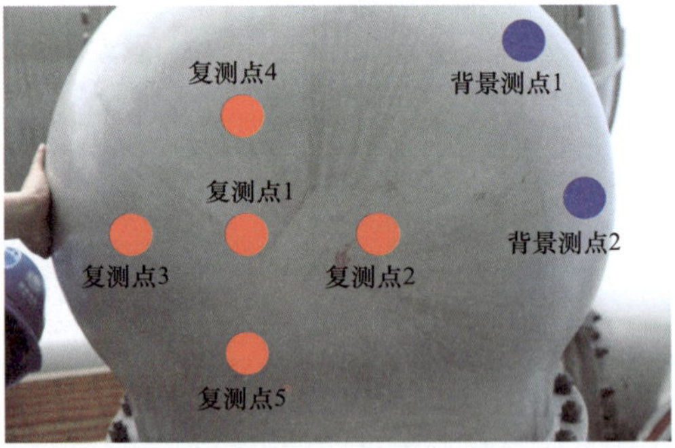

图 1－103　超声局部放电复测点位布置示意图

根据幅值定位结果得出放电源在复测点 1 附近后，继续使用时延定位法进行精确定位。根据时延定位法，对于同一个放电脉冲，如果 B 点测得信号比 A 点晚，说明放电源靠近 A 点；若 A 点与 B 点测得信号同时到达，则放电源在 A

与 B 点的垂直平分面上。复测超声波测点如图 1－104（a）所示，首先，在复测点 1 右方布置复测点 2，两点相距 20cm，在复测点 1 左方布置复测点 3。复测点 2 与复测点 3 波形时延如图 1－104（b）所示，两通道脉冲信号几乎同时出现。超声波在 SF_6 气体中传播速度为 140m/s，图 1－104（b）中两脉冲时延为 8.43μs，即距离差为 1.18mm，可以认为两者与放电源距离相同，说明放电源在复测点 2 和复测点 3 的垂直平分面上。同理更改探头方向，确定另一条垂直平分面，最终相交点为放电源位置，如图 1－104（c）所示。

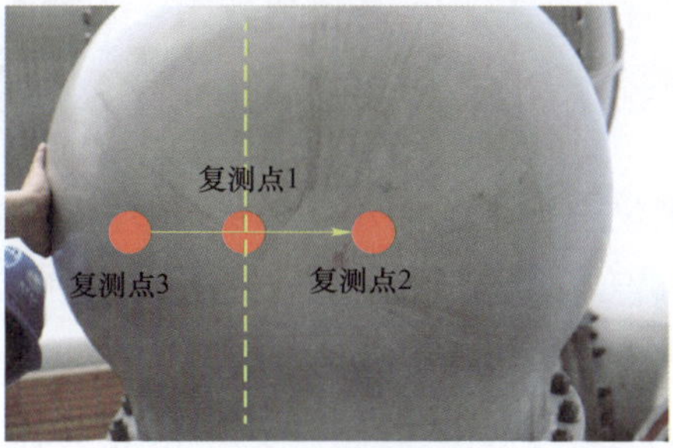

(a) 复测超声波测点

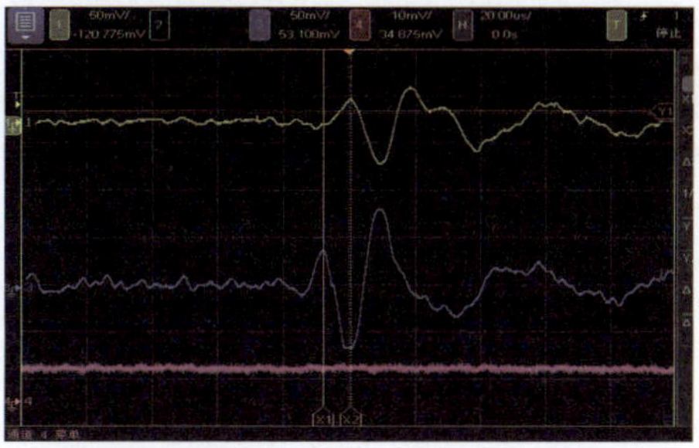

(b) 复测点2与复测点3波形时延

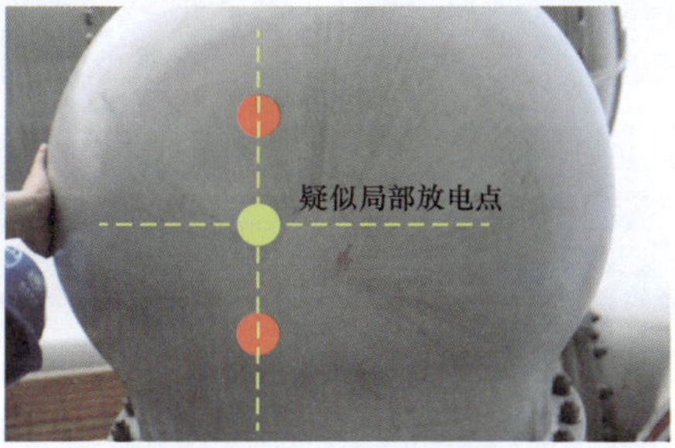

(c) 定位得到的放电源位置

图 1－104　多通道超声波信号时延定位

50311 隔离开关内部结构示意图如图 1－105 所示。由复测点 2、3、4、5 初步定位疑似放电位置位于直角弯的球体底面圆心处，该处恰好是母线隔室拐角的最低点。

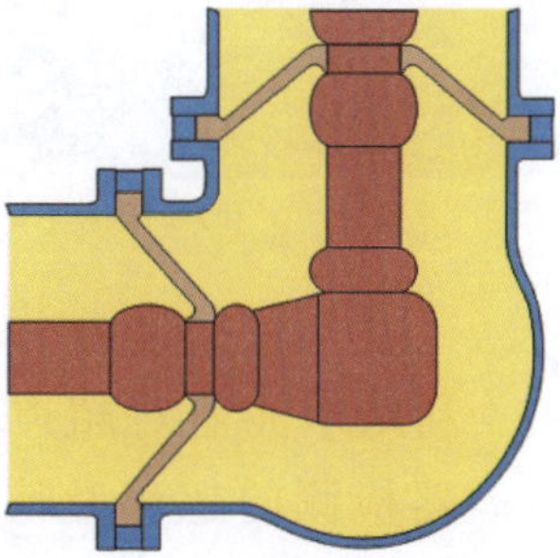

图 1－105　50311 隔离开关内部结构示意图

根据首次检测及分析过程，得出以下结论：

(a) 根据超声连续图谱、波形图谱和飞行图谱，异常信号幅值明显，信号幅值最高达到 150mV；时域波形具有随机性，50Hz 和 100Hz 相关性不明显；

飞行模式下呈明显三角“驼峰”形状，故判断该缺陷类型为自由颗粒放电。

（b）根据定位结果，可判断缺陷位于 500kV Ⅰ 母与 50311 隔离开关连接隔室 C 相直角弯球体底面圆心处，具体区域如图 1－104（c）所示。

缺陷原因分析：判断 500kV Ⅰ 母与 50311 隔离开关连接隔室 C 相直角弯存在自由颗粒放电。金属颗粒聚集在直角弯的低洼处，在电场作用下跳动产生放电，并撞击 GIS 壳体，产生超声波信号。

2）首次复测结果如下。2017 年 8 月 8 日，运维单位对该缺陷进行了复测确认，复测结果显示，该处超声信号依然存在，并且信号幅值较大。未检测到特高频信号。判断该缺陷为自由颗粒缺陷，由于信号幅值较大，建议尽快进行解体消缺。

利用 PD－208 型超声波局部放电检测仪进行了全面测量，复测超声波相关图谱如图 1－106 所示，具体有：① 信号幅值较大，最大约为 400mV（时域波形采集到信号最大为 400mV）；② 没有明显的 50Hz 和 100Hz 相关性；③ 信号幅值和相位具有分散型。因此综合判定该缺陷为自由颗粒缺陷。

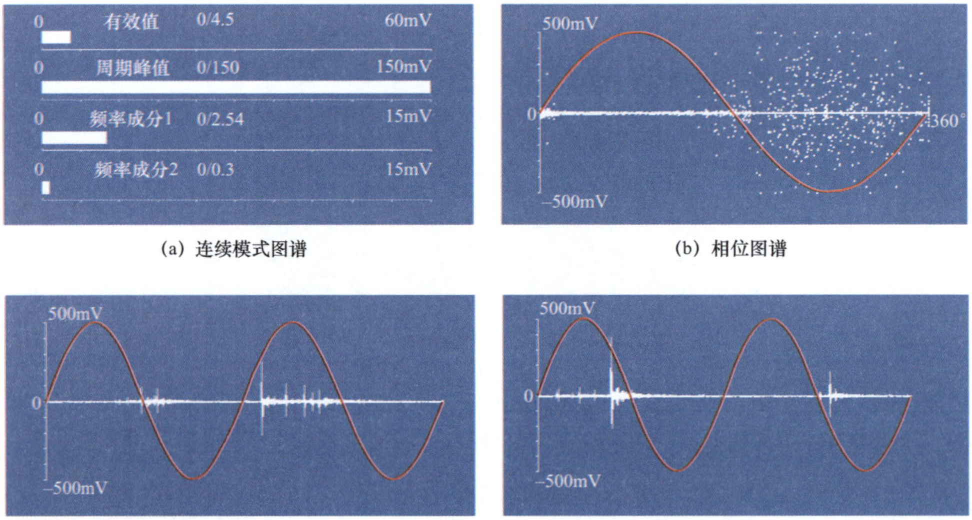

(a) 连续模式图谱　(b) 相位图谱

(c) 时域波形1　(d) 时域波形2

图 1－106　复测超声波相关图谱

利用示波器对超声和特高频信号进行同时检测，尝试声电联合定位，示波器检测的超声及特高频信号如图 1－107 所示。图 1－107 中特高频信号为外部干扰，从超声信号特征可看出，其没有明显的 50Hz 和 100Hz 相关性。图 1－107 中特高频信号经现场定位分析为外部干扰信号，利用格鲁布

PD－74 型局部放电检测仪对疑似缺陷隔室的浇注孔处进行检测，未发现疑似放电信号。

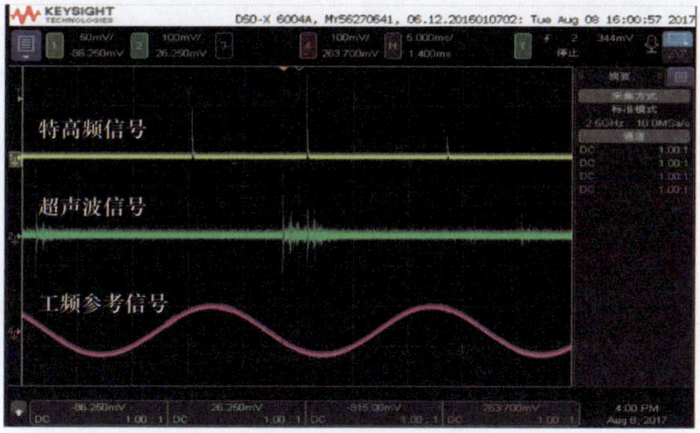

图 1－107　示波器检测的超声及特高频信号

根据首次复测及分析过程，得出以下结论：

（a）根据超声连续图谱、时域波形和飞行图谱可以看出，异常信号幅值最高达到 400mV；时域波形具有随机性，50Hz 和 100Hz 相关性不明显。判断该缺陷类型为自由颗粒放电，与初测结论相同。

（b）根据定位结果，可判断缺陷位于 500kV Ⅰ母与 50311 隔离开关连接隔室 C 相直角弯球体底面圆心处，具体区域如图 1－104（c）显示位置。

缺陷原因分析：综合分析结果，判断 500kV Ⅰ母与 50311 隔离开关连接隔室 C 相直角弯处存在自由颗粒放电。金属颗粒聚集在直角弯的低洼处，在电场作用下跳动产生放电并撞击 GIS 壳体，产生超声波信号。

3）第二次复测结果如下。2017 年 8 月 24 日，运维单位对该缺陷进行再次复测。复测结果显示，该处异常超声信号依然存在，且信号幅值较大（PD－208 型超声波局部放电检测仪显示幅值最大能达到 500mV 左右，和 8 月 8 日测试幅值相当），未检测到特高频信号，判断为自由颗粒局部放电信号，建议尽快停电检查处理。

利用 PD－208 型超声波局部放电检测仪对异常隔室和相邻的正常隔室以及周围背景进行了全面测量，超声异常脉冲图谱如图 1－108 所示，具体有：

（a）信号幅值较大，最大约 500mV；

（b）没有明显的 50Hz 和 100Hz 相关性；

（c）信号幅值和相位具有分散性。因此综合判定该缺陷为自由颗粒缺陷。

根据第二次复测及分析过程，得出以下结论：

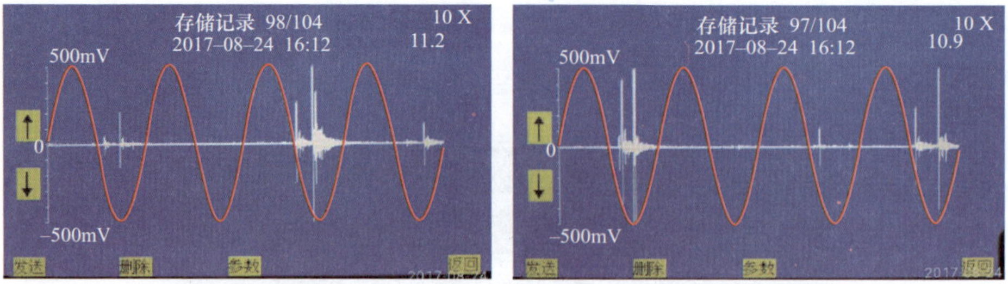

（a）时域波形1　　（b）时域波形2

图 1－108　超声异常脉冲图谱

（a）根据超声连续图谱、时域波形和飞行图谱可以看出，异常信号幅值最高可达 500mV 左右；时域波形具有明显的随机性，50Hz 和 100Hz 相关性不明显。判断该缺陷类型为自由颗粒放电，与初测结论相同。

（b）信号幅值较大，根据幅值法定位，可判断缺陷位于 500kV Ⅰ母与 50311 隔离开关连接隔室 C 相直角弯球体底面圆心处，具体区域如图 1－104（c）显示位置。

缺陷原因分析：综合分析结果，判断 500kV Ⅰ母与 50311 隔离开关连接隔室 C 相直角弯疑似存在自由颗粒放电。金属颗粒聚集在直角弯的低洼处，在电场作用下跳动产生放电，并撞击 GIS 壳体，产生超声波信号。

4）解体前复测结果。2017 年 8 月 26 日，运维单位再次对该缺陷进行解体前复测。复测结果显示，该处异常超声信号依然存在，信号幅值较大（PD－208 型超声波局部放电检测仪显示幅值最高达 500mV 左右，和之前复测幅值相当）。未检测到特高频信号。判断为自由颗粒局部放电信号，建议尽快停电检查处理。

鉴于与前一次复测时间间隔短，信号特征无明显变化，其图谱特征与 8 月 24 日基本一致，在此不重复给出信号图谱。

5. 综合分析

根据多次检测结果，500kV Ⅰ母与 50311 隔离开关连接隔室 C 相直角弯处异常信号幅值明显，信号幅值由首次检测的 150mV 逐渐增大至 500mV，信号增大趋势明显；时域波形具有随机性，50Hz 和 100Hz 相关性不明显；飞行模式下呈明显三角“驼峰”形状，因此，综合判断该缺陷类型为自由颗粒放电。定位结果显示缺陷位于 500kV Ⅰ母与 50311 隔离开关连接隔室 C 相直角弯球体底面圆心处。

原因分析：GIS 在安装过程中可能没有清理干净杂质，杂质散落在该隔室底部，在运行过程中电场作用下上下跳跃，形成自由颗粒放电。该类型放电危害性较大，往往能贯穿电极间，造成内部绝缘的损伤甚至击穿。应及时停电处理。

6. 验证情况

（1）SF_6 气体检测。现场进行了解体，前后的 SF_6 气体纯度、组分及微水测试，以及所有数据无异常。

（2）解体验证情况。2017 年 8 月 29 日，运维单位对该处缺陷进行停电解体处理，解体后在隔室底部发现细小金属颗粒，颗粒具有黑色灼烧痕迹，说明在放电过程中颗粒发生了灼烧分解。此外在颗粒位置上方屏蔽罩附近高压电极处发现“黑色”放电痕迹，现场经擦拭处理后痕迹消失，现场解体后的图片如图 1-109 所示。

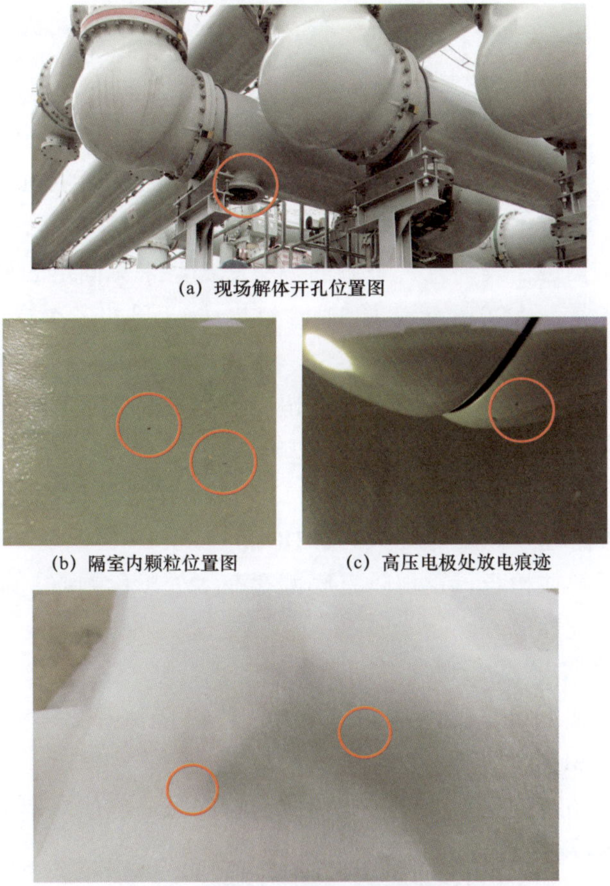

(a) 现场解体开孔位置图

(b) 隔室内颗粒位置图

(c) 高压电极处放电痕迹

(d) 清理出的“灼烧”痕迹的颗粒

图 1-109　现场解体后的图片

（3）处理措施。针对解体中发现缺陷，对金属异物进行了清除，对高压电极处黑色放电痕迹进行了清洁，并于 8 月 30 日对解体隔室进行恢复。恢复后对设备再次进行带电检测复测，异常信号消失，缺陷消除。

7. 结论及建议

GIS 高低纵横交错的连接处容易因安装期间对接、摩擦遗留微小颗粒，在设备运行期间可能导致自由颗粒放电缺陷的产生。超声波局部放电检测法对自由颗粒放电缺陷检测效果较好，但实测情况看自由颗粒放电激发的超声波信号在金属壳体表面能够被检测到的范围有限。因此，超声波局部放电检测在实施时应满足：

（1）重要设备检测期间超声波测点间距不应大于 0.5m；

（2）母线等其他设备检测期间超声波测点间距不应大于 1m。

1.3.4 基于超声波法的 110kV GIS 隔离开关隔室自由颗粒放电缺陷检测及解体分析

1. 异常概况描述

2018 年 7 月 10 日，运维单位在某 110kV 变电站开展 110kV GIS 局部放电带电检测期间，测得 1282 隔离开关隔室存在异常超声波信号，信号幅值较大，信号幅值最大位置位于隔离开关下方的隔室底部，未见固定的相位相关性，特高频信号未见异常。经 2018 年 7 月 11 日和 7 月 13 日的多次检测发现，通过信号特征分析、信号趋势分析和缺陷定位，判断 1282 隔离开关隔室底部存在自由颗粒跳跃引起的局部放电缺陷，异常超声波信号幅值随着时间推移呈增加趋势，严重威胁设备安全运行。

为保障设备安全运行，2018 年 7 月 13 日晚，运维单位对 1282 隔离开关进行分闸操作，异常超声波信号消失。2018 年 11 月 13 日，运维单位对 1282 隔离开关隔室进行解体检查，发现隔室底部存在多处黑色颗粒，隔离开关静触头屏蔽罩可见明显烧蚀痕迹。

2. 检测对象及项目

检测对象：某 110kV 变电站 110kV GIS 1282 隔离开关隔室。

生产日期：2013 年 4 月。

检测项目：超声波局部放电带电检测、特高频局部放电带电检测。

3. 检测仪器及装置

超声波局部放电带电检测：PD－208 型超声波局部放电检测仪、HR1300 型局部放电检测仪、G1500 型局部放电定位系统。

特高频局部放电带电检测：HR1300 型局部放电检测仪、PDS－T95 型局部放电检测仪。

4. 检测数据

（1）超声波局部放电带电检测。2018 年 7 月 10 日，天气小雨，温度 25℃、湿度 75%，运维单位对某 110kV 变电站 110kV GIS 开展局部放电带电检测。在 110kV GIS Ⅱ母 TV 1282 隔离开关隔室测得异常超声波信号（信号幅值最大位置如图 1－110 所示）。1282 隔离开关隔室初测异常超声波信号图谱 1 如图 1－111 所示，根据 PD－208 型超声波局部放电带电检测仪检测结果，异常超声波信号幅值可达 140mV（PD－208 型超声波局部放电检测仪检测的背景噪声信号幅值为 5mV），从时域波形看，信号并未呈现固定的频率相关性。1282 隔离开关隔室初测异常超声波信号图谱 2 如图 1－112 所示，根据 HR1300 型局部放电检测仪检测结果，异常超声波信号幅值很大，超过 90mV（HR1300 型局部放电检测仪检测的背景噪声信号幅值为 4mV），从 PRPS 图谱看（Q_p 为信号幅值、

(a) 视角 1　　(b) 视角 2

图 1－110　1282 隔离开关隔室超声波信号幅值最大位置

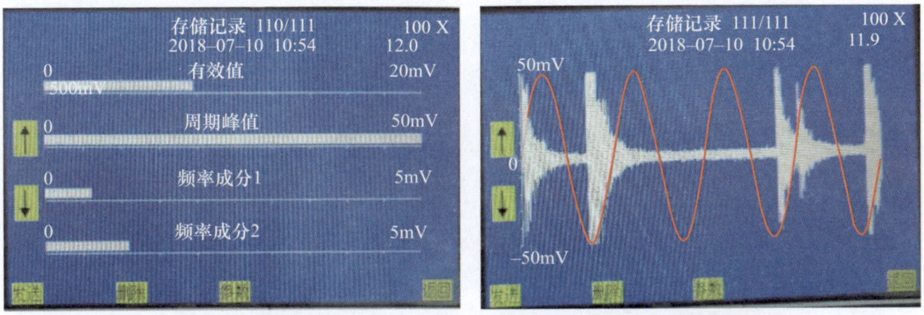

(a) 连续模式　　(b) 时域模式

图 1－111　1282 隔离开关隔室初测异常超声波信号图谱 1

Q_m为信号有效值、F_1为信号 50Hz 频率相关性，F_2为信号 100Hz 频率相关性），信号并未呈现固定的频率相关性，这与 PD－208 型超声波局部放电检测仪检测结果一致，不能排除 1282 隔离开关隔室内部存在自由颗粒放电缺陷。

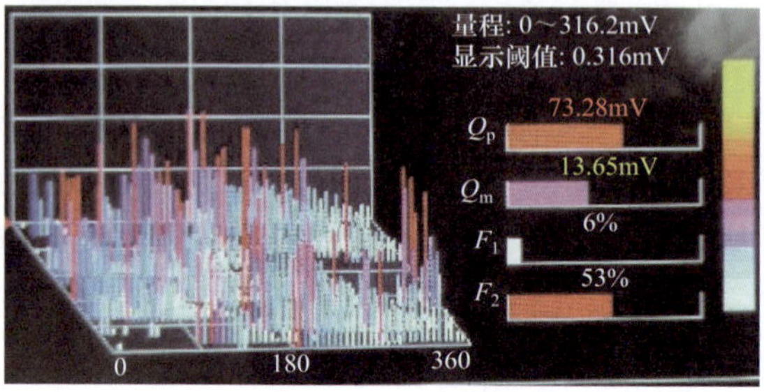

图 1－112　1282 隔离开关隔室初测异常超声波信号图谱 2

2018 年 7 月 11 日，天气小雨，温度为 23℃、湿度为 80%，运维单位对该变电站 110kV GIS Ⅱ母 TV 1282 隔离开关隔室进行局部放电带电检测复测。1282 隔离开关隔室复测异常超声波信号图谱 1 如图 1－113 所示，根据 PD－208 型超声波局部放电检测仪检测结果，异常超声波信号幅值增长到 500mV，从时域波形看，信号同样未呈现固定的频率相关性。1282 隔离开关隔室复测异常超声波信号图谱 2 如图 1－114 所示（Q_p为信号幅值；Q_m为信号有效值；F_1为信号 50Hz 频率相关性，F_2为信号 100Hz 频率相关性），根据 HR1300 型局部放电检测仪检测结果，异常超声波信号幅值增长到约 200mV，从时域波形看，信号同样未呈现固定的频率相关性。1282 隔离开关隔室复测异常超声波飞行图谱 3 如图 1－115 所示，根据 PDS－T95 型局部放电检测仪检测结果，“飞行模式”下异常超声波信号呈明显“三角驼峰”形状，初步判断 1282 隔离开关隔室内部存在自由颗粒放电缺陷。

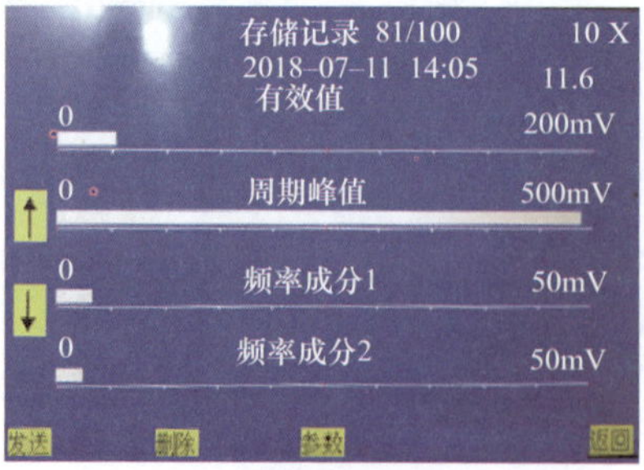

(a) 连续模式

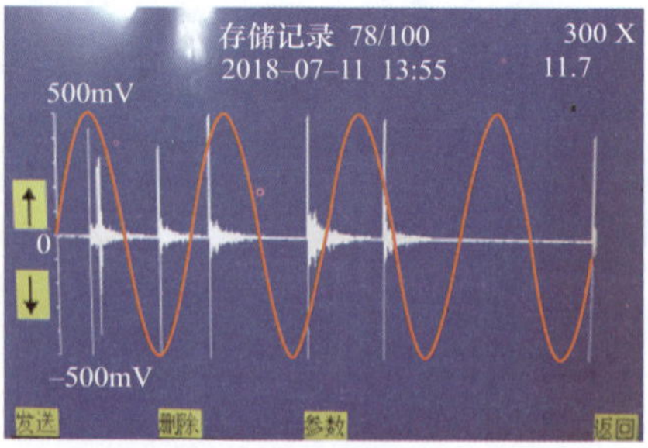

(b) 时域模式

图 1－113　1282 隔离开关隔室复测异常超声波信号图谱 1

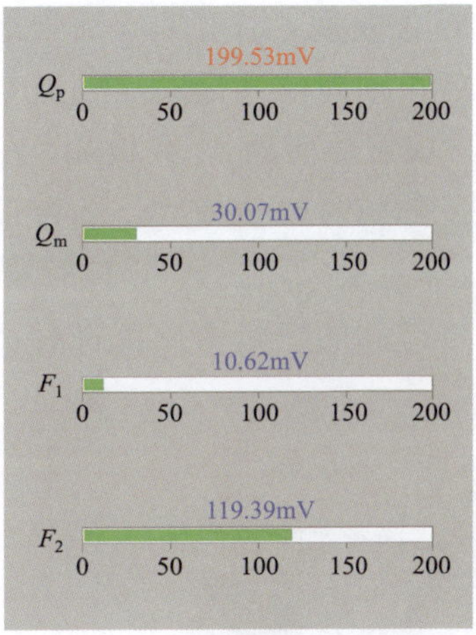

(a) 连续模式

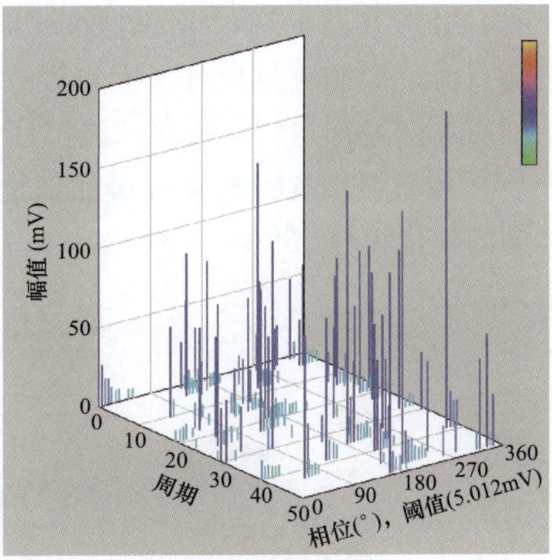

(b) PRPS图谱

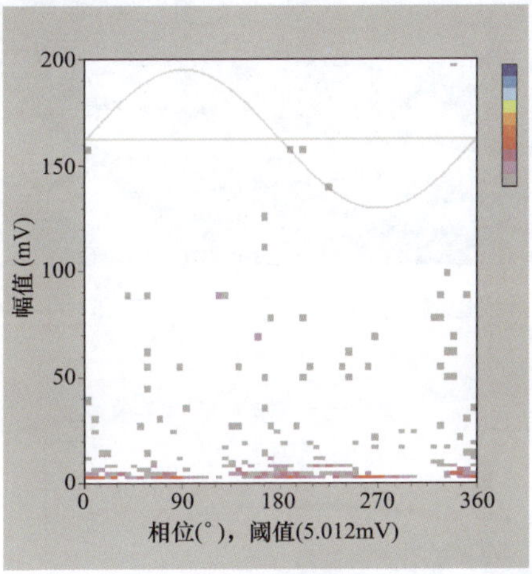

(c) PRPS图谱

图 1－114　1282 隔离开关隔室复测异常超声波信号图谱 2

（2）特高频局部放电带电检测。多次对该变电站 110kV GIS Ⅱ母 TV 1282 隔离开关隔室进行特高频局部放电带电检测，未测得异常特高频信号。

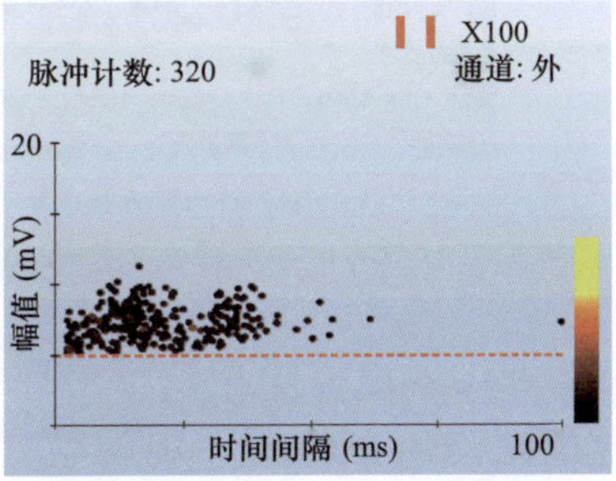

图 1－115　1282 隔离开关隔室复测异常超声波飞行图谱 3

（3）缺陷精确定位。先通过幅值比较定位法，在轴向和圆周方向对 1282 隔离开关隔室进行更精确的缺陷定位，1282 隔离开关幅值比较定位轴向传感器布置、1282 隔离开关幅值比较定位圆周方向传感器布置分别如图 1－116 和图 1－117 所示。通过轴向定位发现，沿着轴向信号最大值点位于测点 1，即初测时信号最大点处。然后在轴向信号最大点处沿着该点所在的圆周方向进行定位（最顶部被挡住无法放置传感器），经检测，在圆周方向上，0° 位置（圆周方向隔室最底部位置）的信号幅值最大。综合轴向和圆周方向的幅值比较定位，初步确定该超声波信号最大值位置在 1282 隔离开关隔室最底部测点 1 位置处，从幅值比较定位得到的缺陷所在位置看，很可能是自由颗粒放电缺陷。

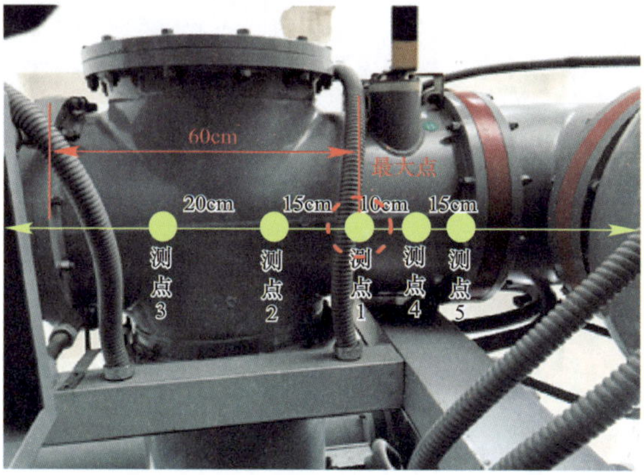

图 1－116　1282 隔离开关幅值比较定位轴向传感器布置

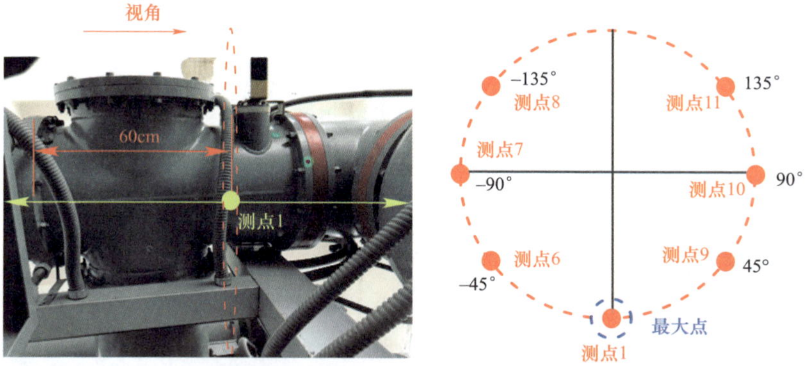

(a) 轴向传感器布置　　(b) 径向传感器布置

图 1－117　1282 隔离开关幅值比较定位圆周方向传感器布置

通过多通道超声波信号时延定位，进一步验证 1282 隔离开关隔室局部放电缺陷所在位置。将幅值定位得到的超声波信号幅值最大位置即测点 1 位置的传感器接入示波器通道 1（黄色），将接入示波器通道 2（绿色）的传感器不断移动位置，进行双通道信号时延比较，观察测点 1 传感器信号是否始终领先于其他位置检测的信号。定位期间，通道 2 传感器在轴向和圆周方向的测点布置分别如图 1－116 和图 1－117 所示，轴向双通道超声波信号时延定位、圆周方向双通道超声波信号时延定位分别如表 1－16 和表 1－17 所示。根据检测结果，除测点 2 以外，异常超声波信号到达通道 1 传感器的时间始终快于达到通道 2 传感器的时间，通道 2 传感器位于测点 2 位置时，多次采集通道 1 和通道 2 信号均出现过到达时间互相领先的情况，表明放电缺陷位于测点 1 和测点 2 这一范围内，考虑到缺陷可能是自由颗粒放电缺陷，存在多个放电点或者颗粒移动的情况，导致定位的放电点并不固定。

表 1－16　　　　轴向双通道超声波信号时延定位

检测位置	双通道超声波时域图谱
测点 2—测点 1	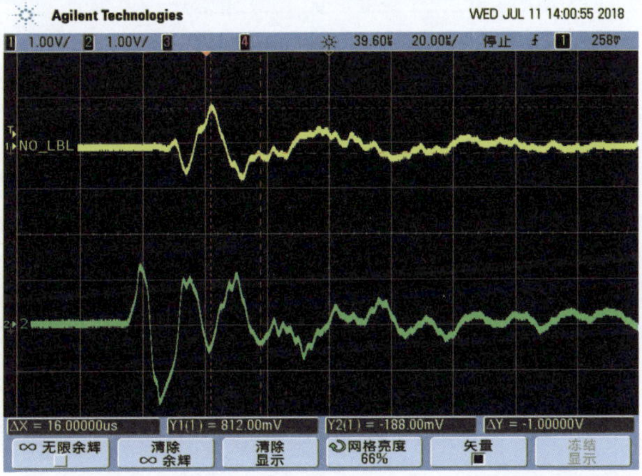 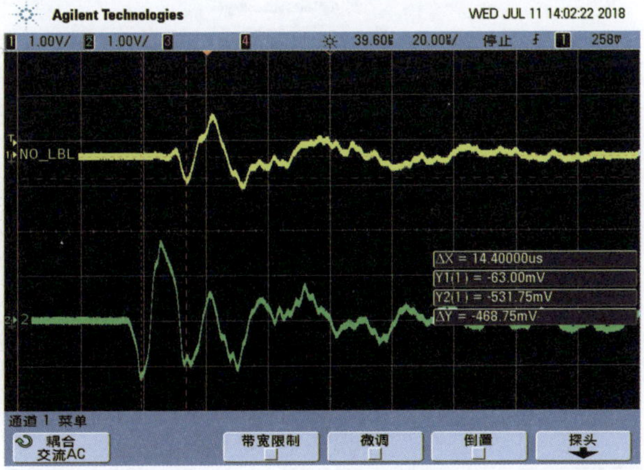

续表

检测位置	双通道超声波时域图谱
测点 3—测点 1	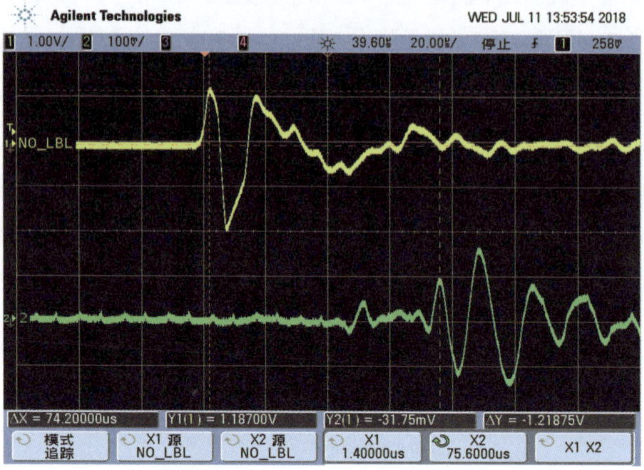
测点 4—测点 1	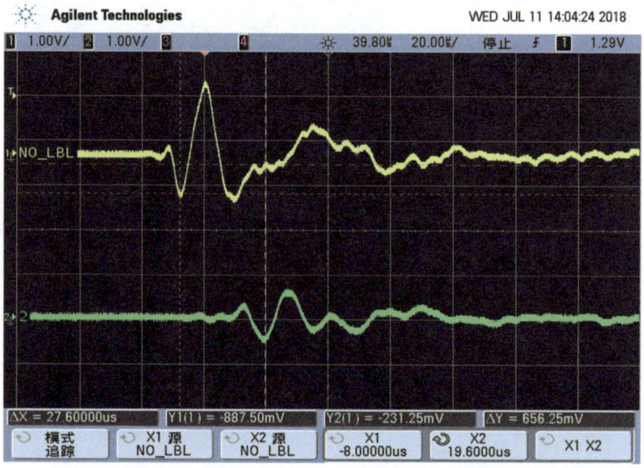
测点 5—测点 1	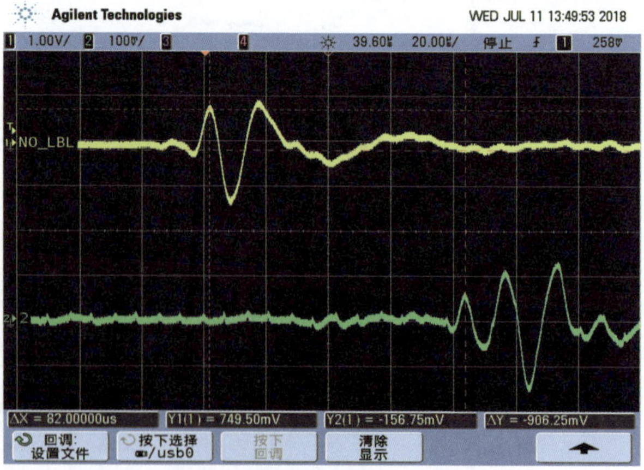

表 1-17　　　　圆周方向双通道超声波信号时延定位

检测位置	双通道超声波时域图谱
测点 6（-45°）— 测点 1（0°）	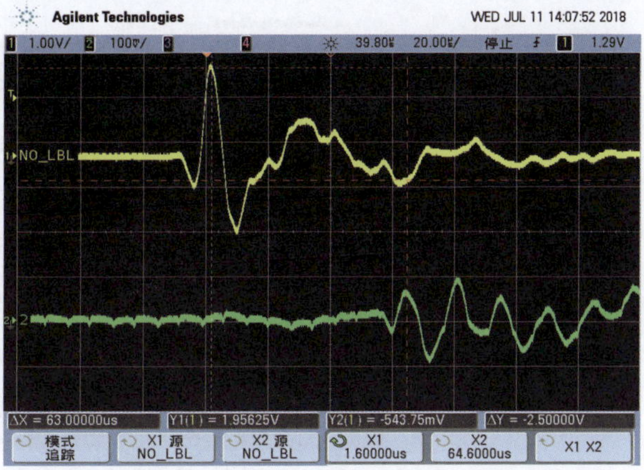
测点 7（-90°）— 测点 1（0°）	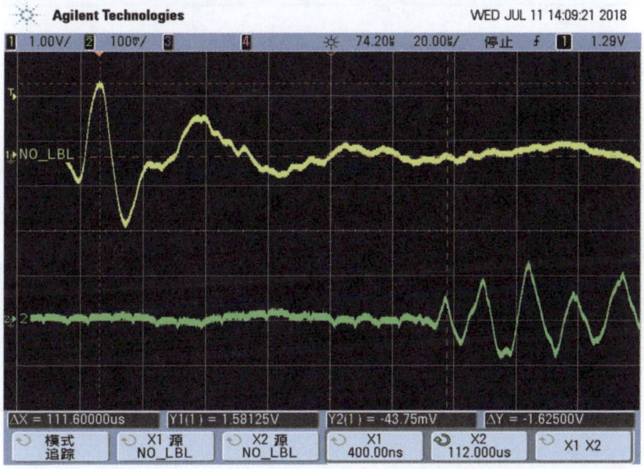
测点 8（45°）— 测点 1（0°）	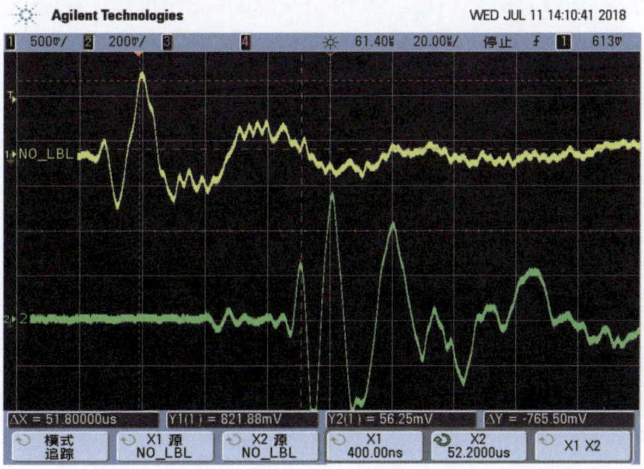

续表

检测位置	双通道超声波时域图谱
测点 9（90°）—测点 1（0°）	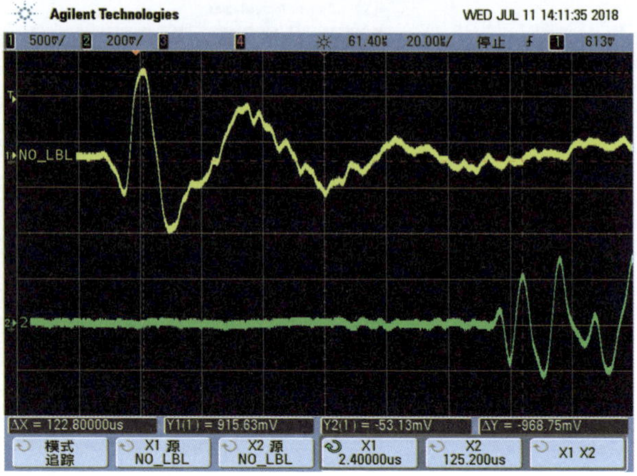

5. 综合分析

运维单位通过带电检测发现某 110kV 变电站 110kV GIS Ⅱ母 TV 1282 隔离开关隔室存在异常超声波信号。经多种仪器多次检测，异常信号幅值较大且随时间有明显变化，未呈现固定的相位特征，飞行模式图谱呈现明显的“三角驼峰”特征。经幅值比较定位和多通道信号时延定位，缺陷位于 1282 隔离开关隔室底部，结合异常信号特征，分析为 1282 隔离开关隔室底部存在自由颗粒，在电场力作用下运动引发局部放电缺陷。

6. 验证情况

2018 年 7 月 13 日晚，天气小雨，温度为 18℃、湿度为 75%，运维单位对该变电站 110kV GIS Ⅱ母 TV 1282 隔离开关隔室缺陷进行复测。2018 年 7 月 13 日的 1282 隔离开关隔室复测异常超声波信号图谱如图 1－118 所示，1282 隔离开关隔室异常超声波信号幅值进一步增大，仍无固定的频率相关性（Q_p 为信号幅值、Q_m 为信号有效值、F_1 为信号 50Hz 频率相关性，F_2 为信号 100Hz 频率相关性），表明自由颗粒运动可能趋于剧烈，放电能量可能趋于增长。

考虑自 2018 年 7 月 10 日测得该变电站 110kV GIS Ⅱ母 TV 1282 隔离开关隔室存在因自由颗粒放电缺陷产生的异常超声波信号后，在几日内信号幅值大幅增长，为防止设备故障，2018 年 7 月 13 日晚，运维单位将 1282 隔离开关分闸，再次检测发现异常超声波信号消失。

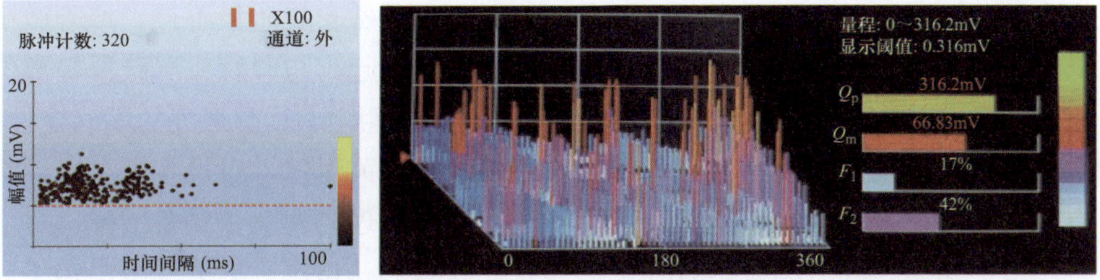

(a) PDS T95型局部放电检测仪检测图谱 (b) HR1300型局部放电检测仪检测图谱

图 1-118 2018 年 7 月 13 日的 1282 隔离开关隔室复测异常超声波信号图谱

2020 年 11 月 13 日，运维单位对该变电站 110kV GIS Ⅱ母 TV 1282 隔离开关隔室进行解体检查。1282 隔离开关隔室解体检查如图 1-119 所示，打开隔离开关侧边盖板后，发现内部存在多处明显的黑色颗粒，同时隔离开关静触头均压罩可见明显的烧蚀痕迹，表明隔室内部确实发生过放电。

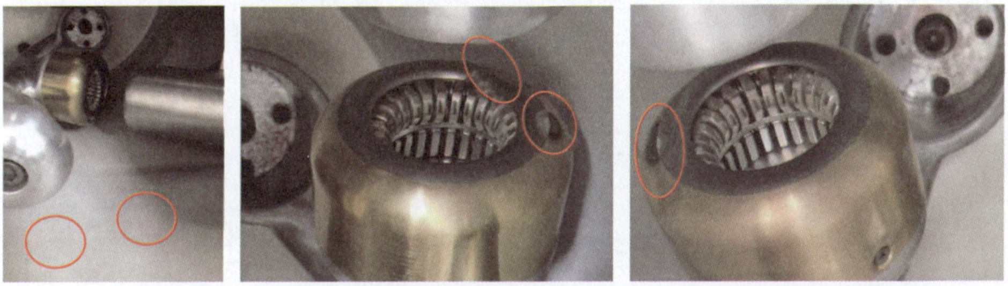

(a) 底部颗粒 (b) 触头烧蚀情况1 (c) 触头烧蚀情况2

图 1-119 1282 隔离开关隔室解体检查

经分析，该变电站 110kV GIS Ⅱ母 TV 1282 隔离开关隔室内设备安装质量不佳，掉落微小异物。设备运行期间，微小异物受到电动力作用跳起，与静触头屏蔽罩等部位形成局部放电，威胁设备安全运行。

7. 结论与建议

（1）结论。某 110kV 变电站 110kV GIS Ⅱ母 TV 1282 隔离开关隔室内部存在自由颗粒放电缺陷，激发异常超声波信号。运维单位通过多次检测开展的信号特征分析、信号趋势分析和缺陷定位，对缺陷类型、缺陷位置和严重程度进行了诊断，为避免设备故障，在首次检测到异常信号 2 日后对 1282 隔离开关进行了分闸操作，停止了局部放电。

2020 年 11 月 13 日，运维单位对该变电站 110kV GIS Ⅱ母 TV 1282 隔离开关隔室进行了解体检修，发现罐体内有多处黑色颗粒，静触头屏蔽罩可见明显烧蚀痕迹，表明隔室内发生过局部放电，验证了带电检测结果。经分析，该变电站 110kV GIS Ⅱ母 TV 1282 隔离开关隔室内设备安装质量不佳，掉落微小异物。设备运行期间，微小异物受到电动力作用跳起，与静触头屏蔽罩等部位形成局部放电。因自由颗粒放电缺陷受到许多因素影响，具有很大的不确定性，自由颗粒放电缺陷出现在紧邻母线的 1282 隔离开关隔室，对设备安全运行具有很大威胁，运维单位果断对缺陷设备进行停电处理，避免了设备故障。

（2）建议。自由颗粒在 GIS 中的形状尺寸和跳跃情况，很大程度决定了局部放电的能量强弱。自由颗粒形状尺寸，在解体检修前无法确定，而自由颗粒的跳跃情况，又受到 GIS 罐体振动情况、电场力和自由颗粒重力等诸多因素的影响，具有不确定性，最终发展的趋势和结果只能按照统计规律进行分析。

从大量实验和现场案例看，自由颗粒放电若是发生在 GIS 低场强区（手孔等部位），在自由颗粒位置不发生变化、设备未遭受过电压情况下威胁相对较小，有时候随着运行时间推移，局部放电会将自由颗粒烧蚀殆尽，缺陷消失。自由颗粒放电若是发生在盆式绝缘子、断路器、隔离开关等设备附近，其跳跃显著缩短 SF_6 气体绝缘距离，那么局部放电缺陷持续存在就会对设备安全运行产生不可估量的威胁，许多“无征兆”的设备运行期间突发故障就与此有关，应尽快消除缺陷，保障设备安全运行。

1.4　GIS 固体绝缘表面放电典型缺陷分析

1.4.1　基于超声波法的 500kV HGIS 隔离开关隔室盆式绝缘子放电缺陷检测及解体分析

1. 异常概况描述

2019 年 10 月 17 日，运维单位对某 500kV 变电站 500kV HGIS 开展带电检测，测得 50122 隔离开关 A 相隔室存在异常超声波信号，特高频信号未见异常。

2019 年 10 月 21、22 日和 2019 年 12 月 25、26 日，运维单位分别对该变电站 500kV HGIS 50122 隔离开关 A 相隔室进行了复测。这两次检测未测得异常超声波信号和异常特高频信号。

虽然仅在 2019 年 10 月 17 日测得该变电站 500kV HGIS 50122 隔离开关 A 相隔室存在异常超声波信号，之后复测未测得异常信号，但考虑到该隔室超声波信号异常处靠近隔离开关下方横向布置的盆式绝缘子且出现过同间隔的 50121 隔离开关 B 相隔室因隔离开关下方横向布置的盆式绝缘子闪络导致设备故障的情况，为保障设备安全运行，运维单位于 2020 年 4 月 24 日对该隔室进行了解体检查，发现盆式绝缘子表面存在放电烧蚀痕迹和残留微小异物，发现接地开关导向套表面有疑似金属的微小毛刺，验证了带电检测结果，通过检修消除了设备缺陷。同时期进行解体检查的还有 5013 开关间隔的 50131 隔离开关 A 相隔室，同样发现盆式绝缘子表面存在放电烧蚀痕迹和残留微小异物，发现接地开关导向套表面存在大面积磨损痕迹及附近存在大量黑色丝状微粒。

2. 检测对象及项目

检测对象：某 500kV 变电站 500kV HGIS 50122 隔离开关 A 相隔室。

检测项目：特高频局部放电带电检测、超声波局部放电带电检测。

3. 检测仪器及装置

特高频局部放电带电检测：PD－74 型局部放电检测仪。

超声波局部放电带电检测：PD－208 型超声波局部放电检测仪、PD－74 型局部放电检测仪。

4. 检测数据

（1）超声波局部放电带电检测。在某 500kV 变电站 500kV HGIS 50122 隔离开关 A 相隔室靠近横向布置的盆式绝缘子处测得异常超声波信号，但仅在 50122 隔离开关 A 相隔室异常超声波信号测点（如图 1－120 所示）及其临近位置测得异常超声波信号，其余位置均未测得异常超声波信号。

图 1－120　50122 隔离开关 A 相隔室异常超声波信号测点

PD－208 型局部放电检测仪测得的 50122 隔离开关 A 相隔室异常超声波信号、PD－74 型局部放电检测仪测得的 50122 隔离开关 A 相隔室异常超声波信号分别如图 1－121 和图 1－122 所示，不同局部放电检测仪均在 50122 隔离开关 A 相隔室靠近横向布置的盆式绝缘子处测得异常超声波信号。从信号特征分析，信号幅值较小但高于背景值，可见显著的 50Hz 频率相关性（即一个工频周期出现一簇放电信号），具有尖端放电信号特征。

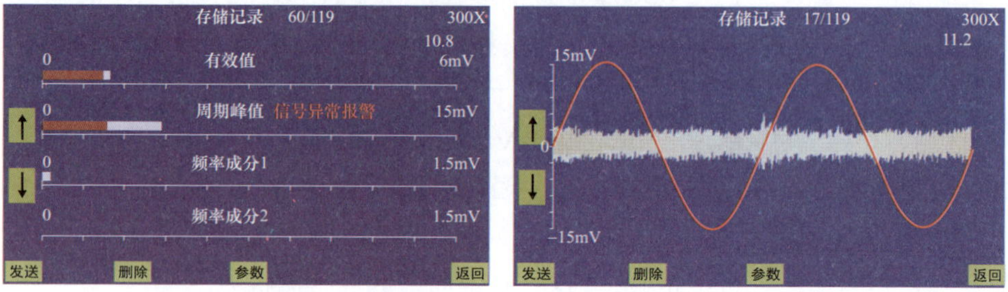

(a) 连续模式　　(b) 时域波形

图 1-121　PD-208 型局部放电检测仪测得的 50122 隔离开关 A 相隔室异常超声波信号

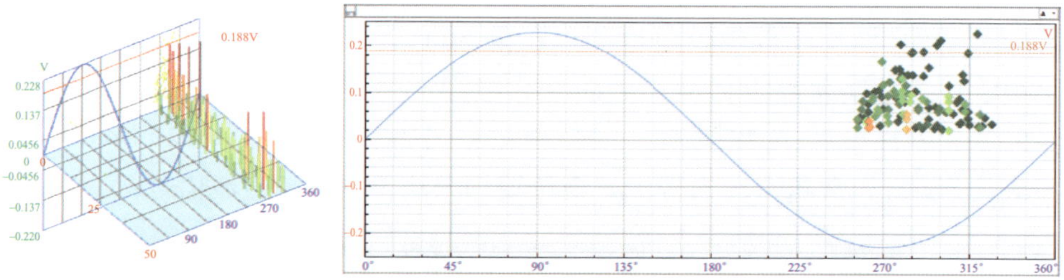

(a) PRPS图谱　　(b) PRPD图谱

图 1-122　PD-74 型局部放电检测仪测得的 50122 隔离开关 A 相隔室异常超声波信号

为进一步分析异常超声波信号来源，排除干扰，在多通道信号采集及缺陷诊断期间信号测点分布（如图 1-123 所示）位置布置 3 处测点。其中，测点 1 为测得异常超声波信号的位置，布置超声波传感器；测点 2 为竖直布置的盆式绝缘子处，布置特高频传感器；测点 3 为构架底部外界空气中，布置特高频传感器作为背景测点。多通道信号采集及缺陷诊断期间测得的信号如图 1-124 所示，通道 1（黄色）、通道 2（绿色）、通道 3（蓝色）分别对应测点 1、测点 2、测点 3，可见，通道 1 的脉冲信号与通道 2 的脉冲信号不同步，而通道 2 和通道 3 的脉冲信号同步，且通道 3 脉冲信号幅值大于通道 2，表明通道 2 和通道 3 采集到的信号均为外界干扰，而测点 1 所采集到的异常超声波信号仅在靠近隔离开关下方横向布置的盆式绝缘子处能够测得，初步分析为该盆式绝缘子存在微量放电所激发。

图 1－123　多通道信号采集及缺陷诊断期间信号测点分布

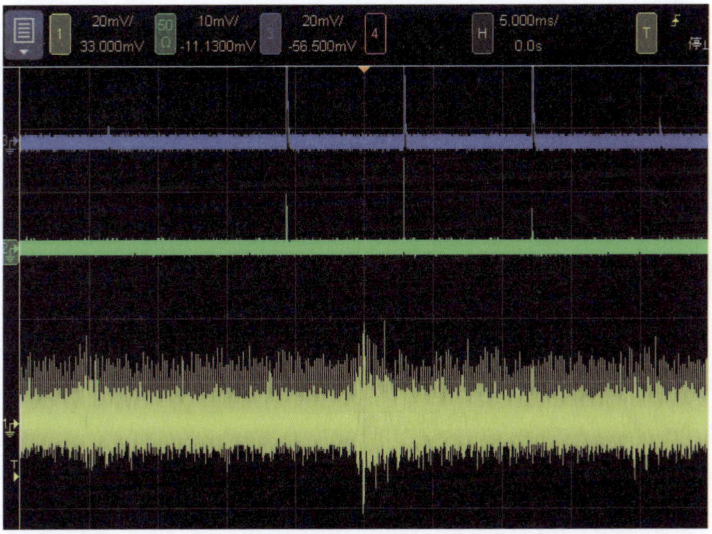

图 1－124　多通道信号采集及缺陷诊断期间测得的信号

经降噪处理后的 50122 隔离开关 A 相隔室异常超声波信号如图 1－125 所示，通道 1 采集的异常超声波信号进行了降噪处理，可更明显观察到具有 50Hz 频率相关性的异常超声波信号，更进一步验证 50122 隔离开关 A 相隔室内部存在缺陷，引起异常信号。

2019 年 10 月 21、22 日和 2019 年 12 月 25、26 日，运维单位对 50122 隔

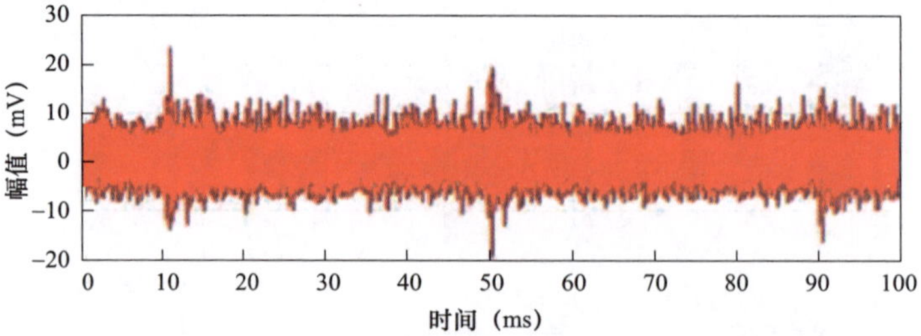

(a) 降噪前超声波时域波形

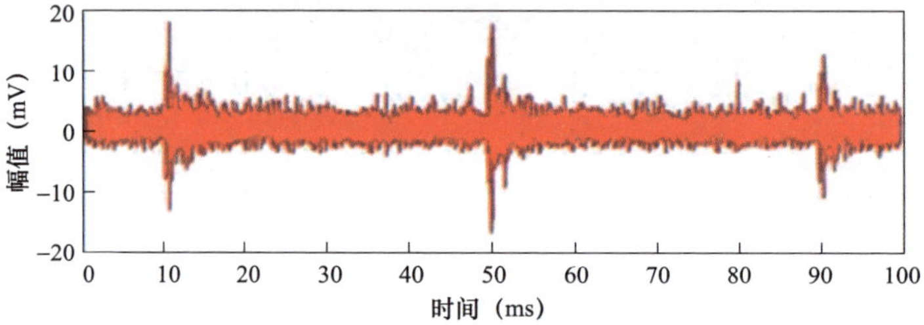

(b) 降噪后超声波时域波形

图 1－125　经降噪处理后的 50122 隔离开关 A 相隔室异常超声波信号

离开关 A 相隔室开展复测，均未测得异常超声波信号，初步分析隔室下方横向布置的盆式绝缘子表面存在异物引发间歇性微量局部放电，产生幅值较小的间歇性异常超声波信号，因异物未跳动因此异常信号具有尖端放电信号特征。

（2）特高频局部放电带电检测。50122 隔离开关 A 相隔室特高频信号测点如图 1－126 所示，2019 年 10 月 17 日、2019 年 10 月 21 日－22 日、2019 年 12 月 25 日－26 日，在该变电站 500kV HGIS 50122 隔离开关 A 相隔室各盆式绝缘子处均未测得异常特高频信号。

5. 综合分析

根据上述检测结果，该变电站 50122 隔离开关 A 相隔室靠近横向布置的盆式绝缘子处存在幅值较小且间歇性出现的异常超声波信号，具有尖端放电特征，可检测异常信号的范围较小。尽管未测得异常特高频信号，异常超声波信号幅值较小且仅在 2019 年 10 月 17 日检测期间测得，但考虑到信号位于横向布置的盆式绝缘子处且具有异物附着导致的尖端放电特征，结合此前该变电站 500kV HGIS 50121 隔离开关 B 相隔室故障案例，认为 50122 隔离开关 A 相隔室异常信号很可能是由内部异物引起。初步分析，50121 隔离开关 B 相隔室内部隔离开关/接地开关动作磨损产生金属粉屑，金属粉屑掉入下方横向布置的盆式绝缘子边缘，导致了微量局部放电。因此，运维单位据此决定尽快安排停电检修，消除设备故障隐患。

图 1－126　50122 隔离开关 A 相隔室特高频信号测点

6. 验证情况

2020 年 4 月 24 日，运维单位对前期测得异常超声波信号的 50122 隔离开关 A 相隔室进行解体检查，解体时气温为 16℃、相对湿度为 65%。

50122 隔离开关 A 相隔室开盖位置如图 1－127 所示，50122 隔离开关 A 相隔室解体期间，首先拆除隔室吸附剂盖，再拆除接地开关顶盖及导向盖，然后取出接地开关导向套，最后拆除隔离开关后盖。

打开如图 1－127 所示的 50122 隔离开关 A 相隔室表面三处盖板并对内部

图 1－127　50122 隔离开关 A 相隔室开盖位置

进行检查。开盖后对螺栓孔碎屑进行清理，使用塑料薄膜对开口处进行整体防护后，采用目视和内窥镜等方式对隔离开关触头、隔离开关触头屏蔽罩、水平布置的盆式绝缘子、隔室罐体内壁右下侧、接地开关底部进行了重点检查（50122 隔离开关 A 相隔室开盖检查部位如图 1－128 所示），在水平布置的盆式绝缘子与隔室罐体内壁交界部位发现多处明显放电碳化痕迹及残留异物，接地开关导向套表面有微小金属毛刺，其余未见异常。

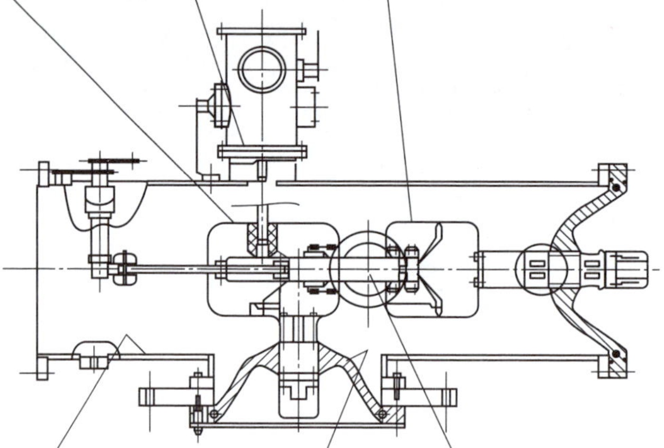

图 1－128　50122 隔离开关 A 相隔室开盖检查部位

50122 隔离开关 A 相隔室横向布置的盆式绝缘子放电痕迹及残留异物如图 1－129 所示，经检查，水平布置的盆式绝缘子表面存在明显放电烧蚀痕迹及残留异物，该部位与前期带电检测发现异常超声波信号的位置一致。

经检查，发现接地开关导向套表面存在疑似金属的微小毛刺，如图 1－130 所示。

同时期进行解体检查的还有 5013 开关间隔的 50131 隔离开关 A 相隔室，同样发现盆式绝缘子表面存在放电烧蚀痕迹和残留微小异物，发现接地开关导向套表面存在大面积磨损痕迹及附近存在大量黑色丝状微粒。

根据带电检测数据和解体检查结果，该变电站 50122 隔离开关 A 相隔

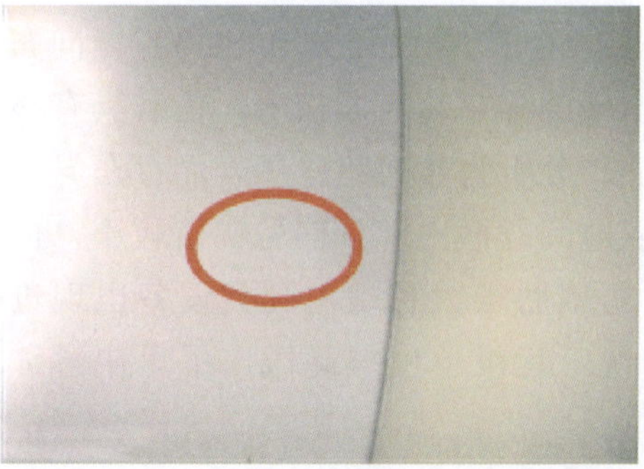

(a) 放电痕迹1

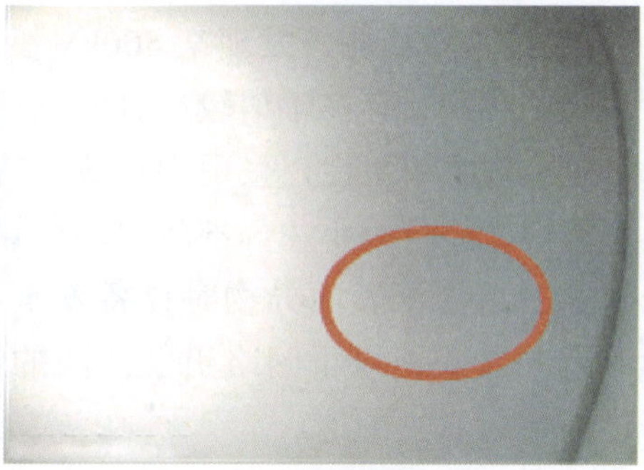

(b) 放电痕迹2

图 1-129 50122隔离开关A相隔室横向布置的盆式绝缘子放电痕迹及残留异物

(a) 导向套

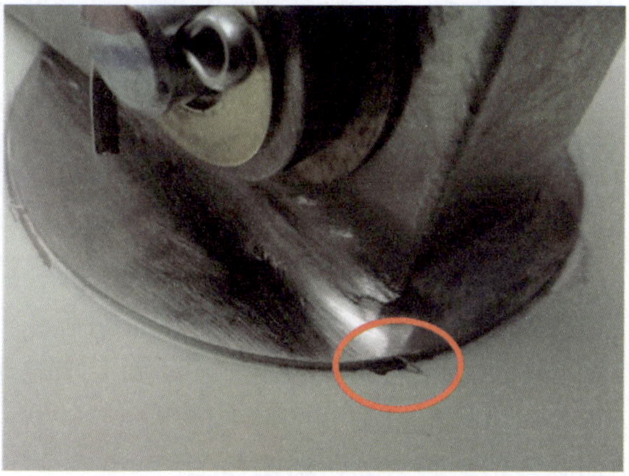

(b) 金属毛刺位置

图 1-130 接地开关导向套表面疑似金属的微小毛刺

室横向布置的盆式绝缘子表面存在因表面异物导致的局部放电缺陷，放电间歇性发生且放电能量较小，分析异物是接地开关操作时镀镍导向套表面镍脱落所产生的。据此，运维单位对两座500kV变电站所有同类型设备进行了排查，在该变电站50131隔离开关A相隔室等处同样发现了局部放电痕迹。

7. 结论与建议

（1）结论。

1）经带电检测，发现某500kV变电站50122隔离开关A相隔室横向布置的盆式绝缘子处存在幅值较小且间歇性出现的异常超声波信号，信号具有显著的50Hz频率相关性，呈现尖端放电特征，分析为盆式绝缘子表面存在异物导致间歇性、能量较小的局部放电。尽管放电间歇性出现且信号幅值较小，但考虑到盆式绝缘子表面异物对设备安全运行威胁很大且站内同类设备出现过横向布置的盆式绝缘子闪络引发故障的情况，运维单位据此做出了尽快解体检修、消除缺陷的决定。

2）根据解体检查结果，该变电站50122隔离开关A相隔室横向布置的盆式绝缘子表面存在明显的放电烧蚀痕迹和残留异物，导致盆式绝缘子表面出现微小异物的原因分析为接地开关操作时镀镍导向套表面镍脱落。

3）盆式绝缘子表面附着毫米级微小异物，被证实是许多运行设备“无征兆”击穿的原因。此类缺陷，大部分时间盆式绝缘子未发生局部放电或者放电量不足1pC，现有的特高频局部放电检测仪和超声波局部放电检测仪对此检出率很低，随着时间的积累，此类缺陷有些会随着异物被烧掉而消失，但有些会随着表面电荷的积累，在极短时间内由微量局部放电发展至设备闪络。

（2）建议。

1）基于现有仪器的特高频局部放电检测法和超声波局部放电检测法，对于盆式绝缘子表面微小异物缺陷的检出率非常低，建议加强此类缺陷的检测针对性。对于横向布置且上方有开关设备的盆式绝缘子，增加检测测点设置，在盆式绝缘子上方开关设备动作后，开展专项盆式绝缘子局部放电检测。对于出现运行期间盆式绝缘子突然闪络情况的变电站，对同类设备相同位置的盆式绝缘子加强带电检测，缩短检测周期。

2）目前，对于盆式绝缘子表面微小异物引发闪络的机理研究尚在进行，对于缺陷发展过程尚未完全清晰，自然也缺乏针对性的有效检测手段。根据各运维单位发布的检测典型案例，此类缺陷检出也较少。针对目前组合电器运维，各单位只能立足于现有检测方法，一旦发现存在此类缺陷的趋势（例如盆式绝缘子部位间歇性出现的微小异常信号），建议加强带电检测，同时结合设备结构、历时缺陷及故障记录进行综合分析，及时诊断缺陷情况并采取相应措施，提升设备安全水平。

1.4.2 基于特高频法的 110kV GIS 母线隔室盆式绝缘子放电缺陷检测及解体分析

1. 异常概况描述

2018 年 5 月 10、11 日，运维单位对某 220kV 变电站 110kV GIS 进行带电检测，发现 110kV Ⅰ段母线存在异常特高频信号，超声波信号无异常。利用特高频幅值和时差定位，确认信号源位于 165 开关间隔与 166 开关间隔之间的 110kV Ⅰ段母线伸缩节处盆式绝缘子，疑似放电部位如图 1－131 所示，疑似盆式绝缘子局部放电。

图 1－131　疑似放电部位

2. 检测对象及项目

检测对象：某 220kV 变电站 110kV GIS。

生产日期：2012 年 10 月。

检测项目：超声波、特高频局部放电带电检测。

3. 检测仪器及装置

检测仪器及装置见表 1－18。

4. 检测数据

（1）首次超声波检测。采用 EC4000P 型局部放电检测仪进行超声波局部放电检测，110kV Ⅰ母首次超声检测结果如图 1－132 所示，110kV Ⅰ母超声无明显异常信号。

表 1-18　检测仪器及装置

序号	仪器名称	仪器型号
1	局部放电检测仪	EC4000P
2	局部放电定位系统	EC4000Plus
3	数字示波器	MSOX6004A
4	诊断型局部放电综合带电检测仪	HQMDA-CF5/4
5	数字示波器	DSOX6004A

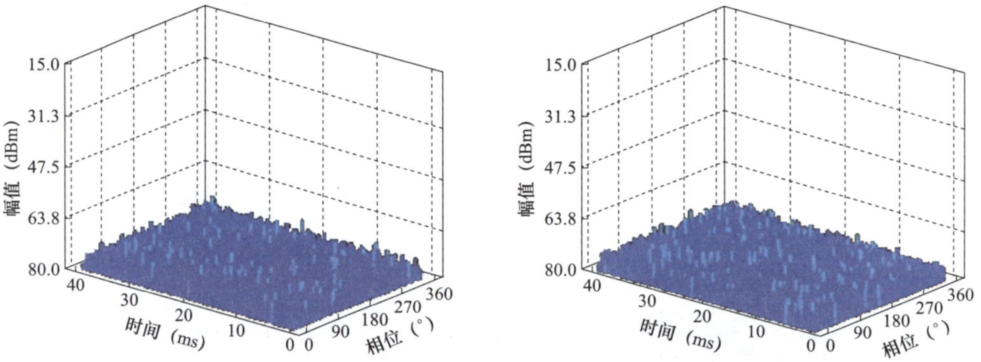

(a) 背景超声波信号图谱　(b) 110kV Ⅰ母超声波信号图谱

图 1-132　110kV Ⅰ母首次超声检测结果

（2）首次特高频检测。采用 EC4000P 手持式局部放电测试仪和 EC4000Plus 局部放电时差定位仪进行特高频局部放电检测，在 165 开关间隔与 166 开关间隔之间的 110kV Ⅰ段母线盆式绝缘子上检测到具有相同特征的异常特高频信号，该异常特高频信号在正负半周均出现，具有一定对称性，相位分布较宽，幅值分散，放电次数较少，疑似绝缘类缺陷。

首次检测特高频测点编号示意图如图 1-133 所示，1、2、5、6、7、8、11、12 号盆式绝缘子位于 110kV Ⅰ母盆式绝缘子上，3、4 号盆式绝缘子分别位于 1651 隔离开关与 110kV Ⅰ母连接处、1652 隔离开关与 110kV Ⅱ母连接处，9、10 号盆式绝缘子分别位于 1661 隔离开关与 110kV Ⅰ母连接处、1662 隔离开关与 110kV Ⅱ母连接处。

图 1－133　首次检测特高频测点编号示意图

在 1、2、3、5、6、7、8、9、11、12 号盆式绝缘子处均能检测到相同特征的异常特高频信号，首次检测各测点特高频信号图谱如图 1－134 所示，其中 6、7、8 号盆式绝缘子处信号幅值相当且最大，往两侧信号幅值逐渐减小；将特高频传感器背靠 7 号盆式绝缘子时，测得幅值明显减小；在 4、10 号盆式绝缘子上，165 开关 TA 处盆式绝缘子和 166 开关 TA 处盆式绝缘子上均未检测到明显异常的特高频信号；在周围环境及 110kV Ⅱ母上也未检测到明显异常的特高频信号。首次检测各特高频测点幅值如表 1－19 所示。

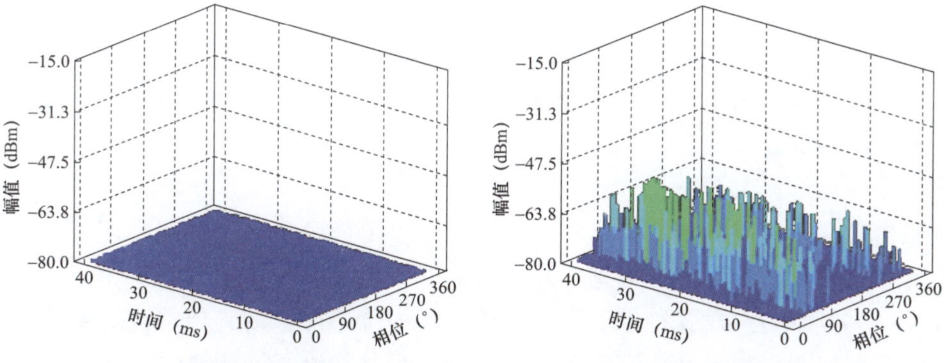

(a) 背景特高频信号图谱　　(b) 5号盆子特高频信号图谱

图 1－134　首次检测各测点特高频信号图谱（一）

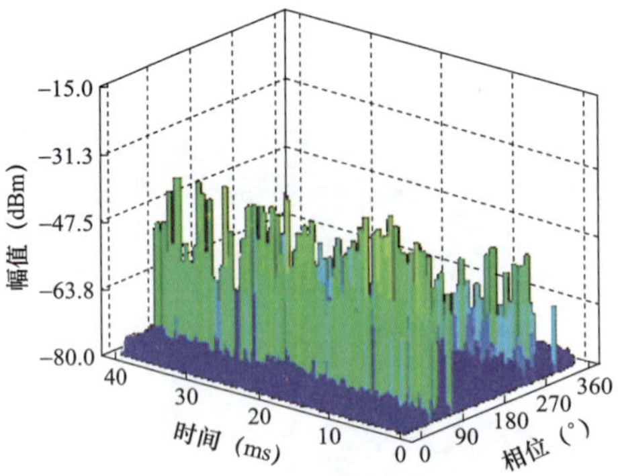

(c) 7号盆式绝缘子特高频信号图谱

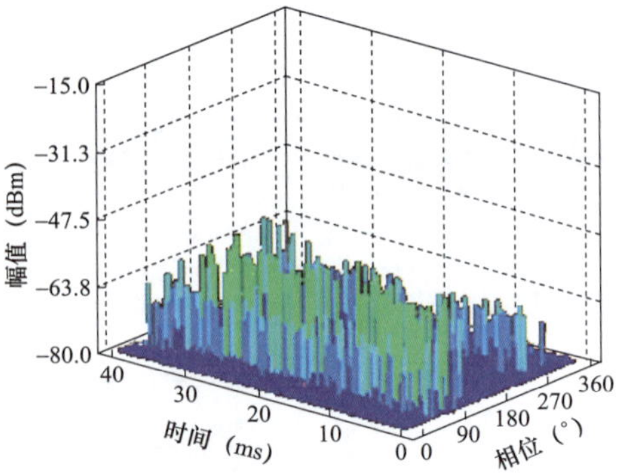

(d) 11号盆式绝缘子特高频信号图谱

图 1-134　首次检测各测点特高频信号图谱（二）

表 1-19　首次检测各特高频测点幅值

测试位置	环境背景	1 号盆式绝缘子	2 号盆式绝缘子	3 号盆式绝缘子
特高频幅（dBm）	-70	-56	-48	-49
测试位置	4 号盆式绝缘子	5 号盆式绝缘子	6 号盆式绝缘子	7 号盆式绝缘子
特高频幅（dBm）	-69	-47	-36	-36
测试位置	背靠 7 号盆式绝缘子	8 号盆式绝缘子	9 号盆式绝缘子	10 号盆式绝缘子
特高频幅（dBm）	-62	-34	-38	-71
测试位置	11 号盆式绝缘子	12 号盆式绝缘子	165 TA 盆式绝缘子	166 TA 盆式绝缘子
特高频幅（dBm）	-43	-46	-71	-70

5. 综合分析

（1）首次精确定位。7、8 号盆式绝缘子特高频信号检波波形如图 1-135 所示，利用示波器在 7、8 号盆式绝缘子处测得特高频信号幅和相位特征类似，应为同一局部放电源。

由前面各测点检测数据可知，在 165 开关间隔与 166 开关间隔之间的 110kV Ⅰ母盆式绝缘子上均能检测到明显异常特高频信号，而在附近的 110kV Ⅱ母，165、166 开关 TA 盆式绝缘子上及周围环境中均不能检测到异常特高频信号，且将传感器背靠 7 号盆式绝缘子时较紧贴 7 号盆式绝缘子测得的异常特高频信号幅值明显减小，说明该异常特高频信号来自 110kV Ⅰ母。在 6、7、8 号盆式绝缘子处测得的异常特高频信号幅值相当且最大，沿两侧信号幅值依次递减，说明放电源可能位于 6、7、8 号盆式绝缘子所在区域。

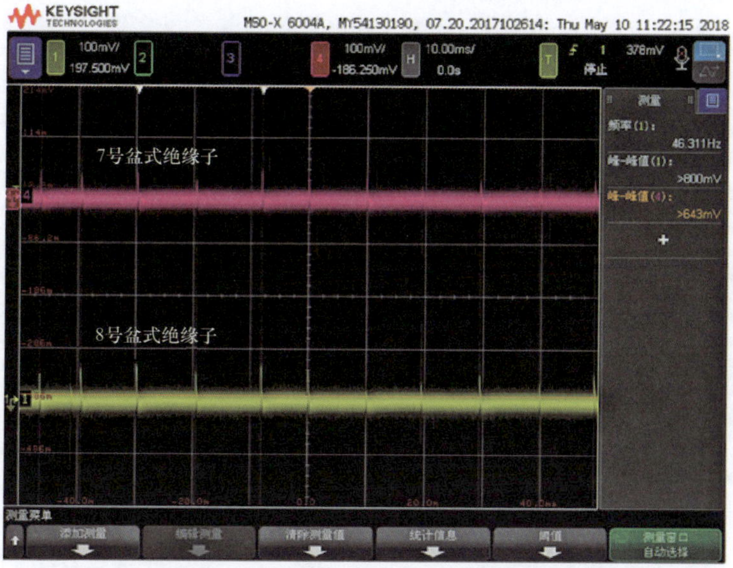

图 1-135 7、8 号盆式绝缘子特高频信号检波波形

由于示波器只配置有两只特高频传感器，分别将传感器固定在 1、5 号和 8、12 号盆式绝缘子处，测得波形时差显示放电源均位于区域外，且信号总先到达 5、8 号盆式绝缘子，故可排除放电源位于 165、166 线路间隔的可能。再分别将传感器放置在 6、7 号和 7、8 号盆式绝缘子处，6、7、8 号盆式绝缘子特高频信号时延如图 1-136 所示，可见波形具有一致性，且异常特高频信号总是先到达 7 号盆式绝缘子，通过时差计算距离刚好等于两盆式绝缘子间距离，说明放电源位于 7 号盆式绝缘子附近。

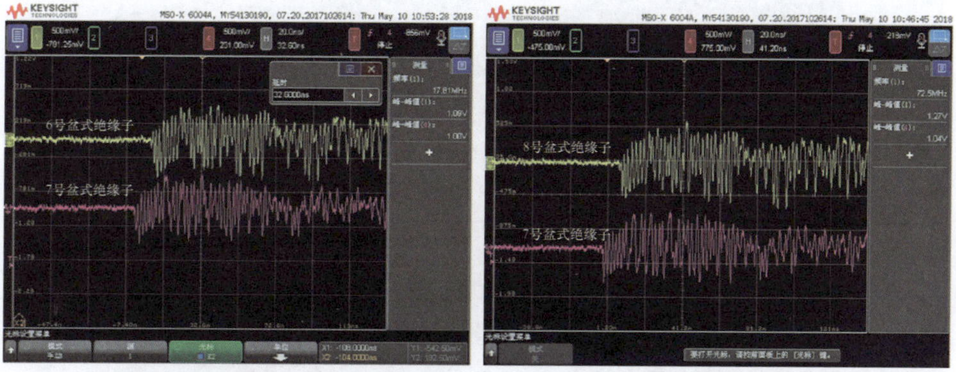

(a) 6号和7号盆式绝缘子信号时延　　(b) 7号和8号盆式绝缘子信号时延

图 1-136 6、7、8 号盆式绝缘子特高频信号时延

首次多通道特高频时延定位传感器布置图如图 1-137 所示，将特高频传感

器分别固定于6、8号盆式绝缘子处。6、8号盆式绝缘子多通道特高频时延定位波形图如图1－138所示，异常特高频信号先到达6号盆式绝缘子，时差Δt为0.3ns。即信号源位于7号盆式绝缘子靠6号盆式绝缘子侧4.5cm处，疑似放电位置如图1－139所示。经与制造厂确认，该处仅有7号盆式绝缘子唯一绝缘件，且该盆式绝缘子为隔断盆，两侧均向外凸出3～4cm，故认为7号盆式绝缘子即为放电源。

图1－137　首次多通道特高频时延定位传感器布置图

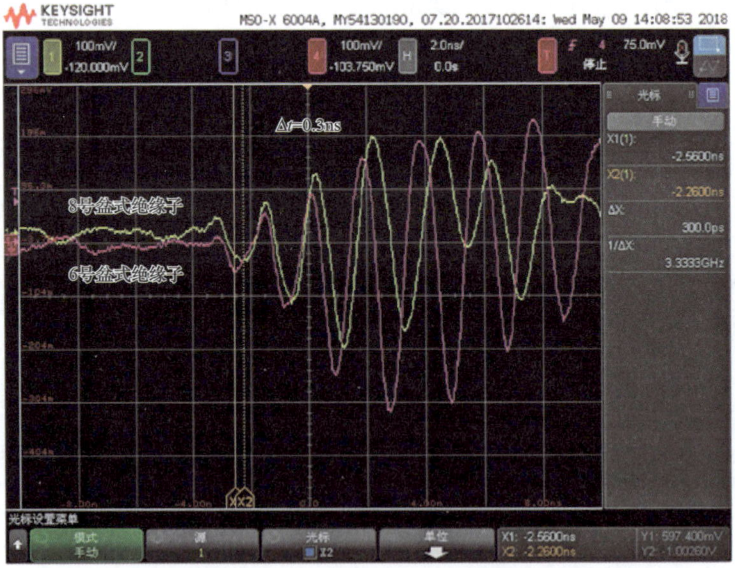

图1－138　6、8号盆式绝缘子多通道特高频时延定位波形图

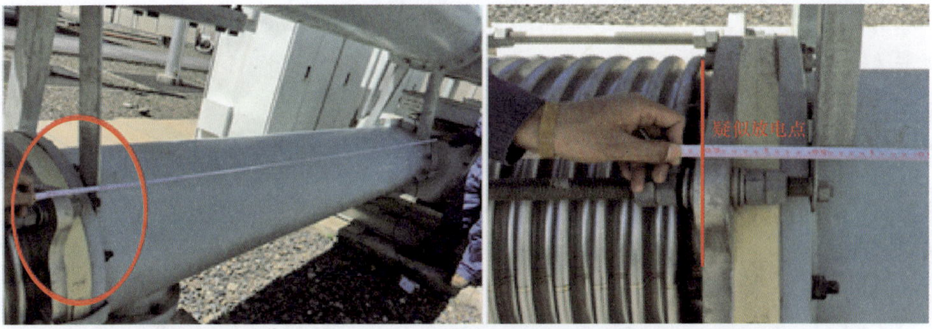

(a) 距离测算　　(b) 放电位置确认

图 1－139　疑似放电位置

采用 EC4000Plus 型局部放电定位系统进行定位验证，将特高频传感器分别固定于 5、8 号盆式绝缘子处，EC4000Plus 型局部放电定位系统定位波形图如图 1－140 所示，异常特高频信号先到达 8 号盆式绝缘子，时差 Δt 为 8.527ns，经计算放电源在 5、8 号盆式绝缘子间距离 8 号盆式绝缘子 2.56m 处，即 7 号盆式绝缘子处，与示波器定位结果吻合。

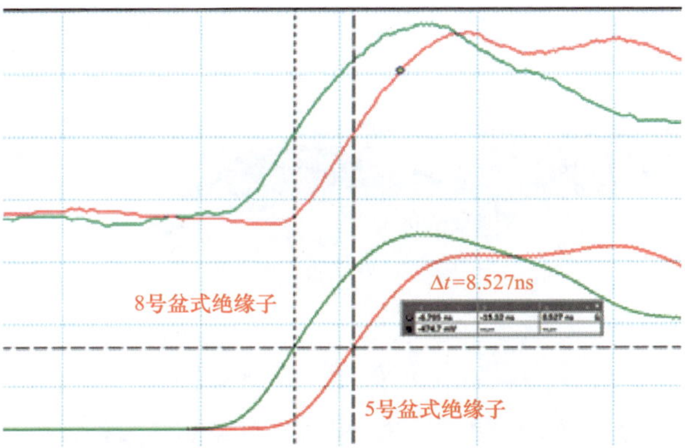

图 1－140　EC4000Plus 型局部放电定位系统定位波形图

2018 年 5 月 10、11 日，运维单位对缺陷 GIS 开展了带电检测复测，该异常特高频信号仍稳定存在，幅值未明显增长，定位放电源仍是 7 号盆式绝缘子（165 开关间隔与 166 开关间隔之间的 110kV Ⅰ段母线伸缩节处盆式绝缘子）处。

（2）第二次精确定位。2018 年 6 月 27 日，运维单位对该变电站 110kV GIS Ⅰ母（165 开关间隔与 166 开关间隔之间）盆式绝缘子局部放电缺陷进行了复核。与首次检测和定位编号不同，第二次精确定位特高频测点编号示意图如图 1－141 所示。背景特高频检测未发现异常信号且无噪声干扰（如图 1－142

所示)。此次检测，Ⅰ母和Ⅱ母的测点2～8均测得异常特高频信号，其中Ⅰ母测点6、7、8信号幅值最大，Ⅱ母测点信号明显较小，在检测仪外同步情况下，各测点信号相位分布基本相同，初步分析来自同一信号源，从幅值分析，信号源位于Ⅰ母。第二次精确定位部分测点特高频信号图谱如图1－143所示。异常信号在工频相位正、负周期均有出现，放电信号幅值较分散，放电次数较少，具有显著极性，初步分析具有固体绝缘放电特征。

图1－141　第二次精确定位特高频测点编号示意图

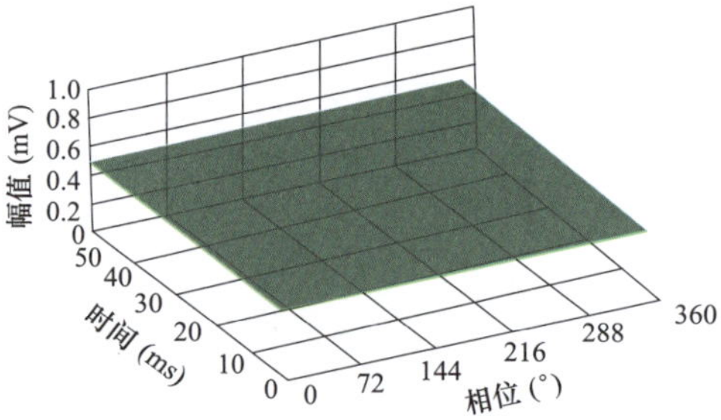

图1－142　第二次精确定位期间特高频背景噪声

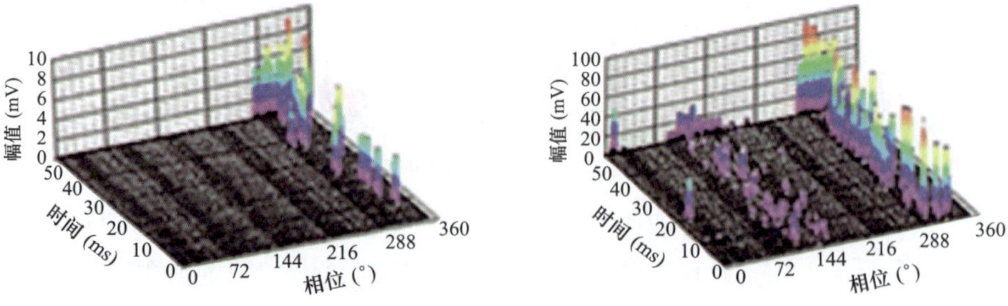

(a) 2号盆式绝缘子特高频信号图谱　　(b) 7号盆式绝缘子特高频信号图谱

图1－143　第二次精确定位部分测点特高频信号图谱

同时使用 3 个通道的特高频传感器进行时延定位，验证第一次检测及定位结果。首先选取测点 8 为通道一、测点 7 为通道二、测点 6 为通道三，测点 8、7、6 信号波形及到达时延如图 1－144 所示。通道二（测点 7）信号到达时间领先通道一（测点 8）和通道三（测点 6）约 8.5ns，通道一（测点 8）和通道三（测点 6）信号到达时间几乎相同，测点 6 距离测点 7 的距离约为 2.55m，测点 8 距离测点 7 的距离约为 2.55m。接下来选取测点 5 为通道一、测点 7 为通道二、测点 6 为通道三，测点 5、7、6 信号波形及到达时延如图 1－145 所示。通道二（测点 7）信号到达时间领先通道一（测点 5）约 17.3ns，通道二（测点 7）信号到达时间领先通道三(测点 6)约 8.5ns,测点 5 距离测点 7 的距离约为 5.1m，测点 6 距离测点 7 的距离约为 2.55m。最后选取测点 3 为通道一、测点 7 为通道二、测点 8 为通道三，测点 3、7、8 信号波形及到达时延如图 1－146 所示。通道二（测点 7）信号到达时间领先通道一（测点 3）约 2.5ns，通道二（测点 7）信号到达时间领先通道三（测点 8）约 8.5ns，测点 3 距离测点 7 的距离约为 0.9m（两盆式绝缘子中心距离），测点 8 距离测点 7 的距离约为 2.55m。根据上述三次不同位置的三通道特高频信号时延读取结果，考虑信号时延读取误差，结合该段母线盆式绝缘子附近没有支柱绝缘子等其他部件、也未测得悬浮电位放电和自由颗粒放电等情况，通过计算，信号源位于测点 7 盆式绝缘子部位，分析该盆式绝缘子存在固体绝缘局部放电缺陷。

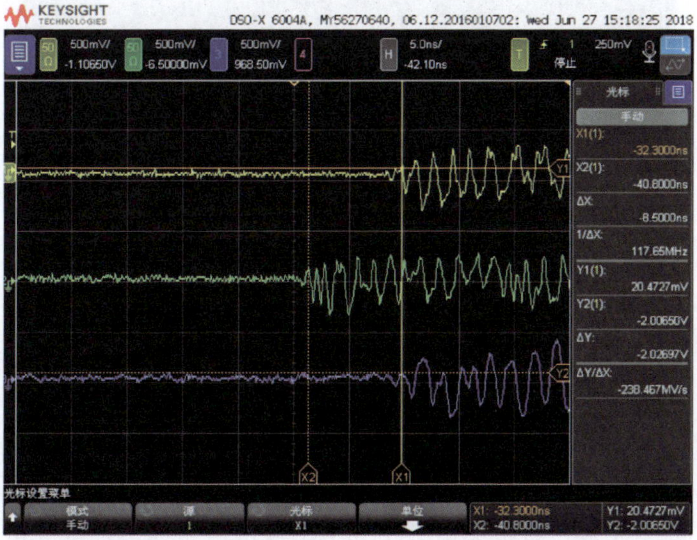

图 1－144 测点 8、7、6 信号波形及到达时延

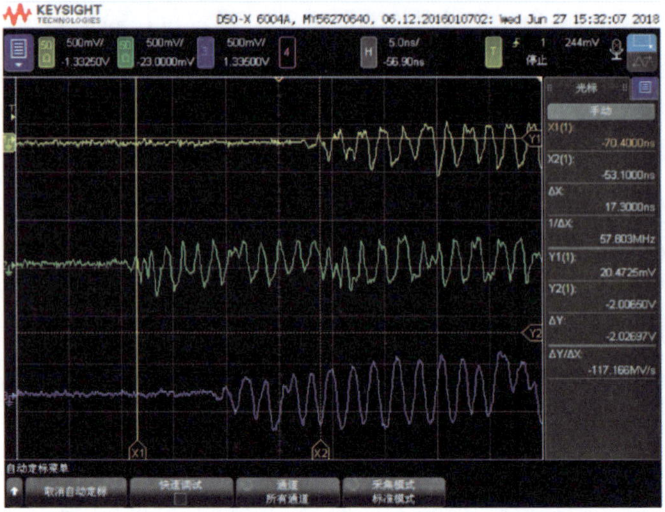

图 1-145　测点 5、7、6 信号波形及到达时延

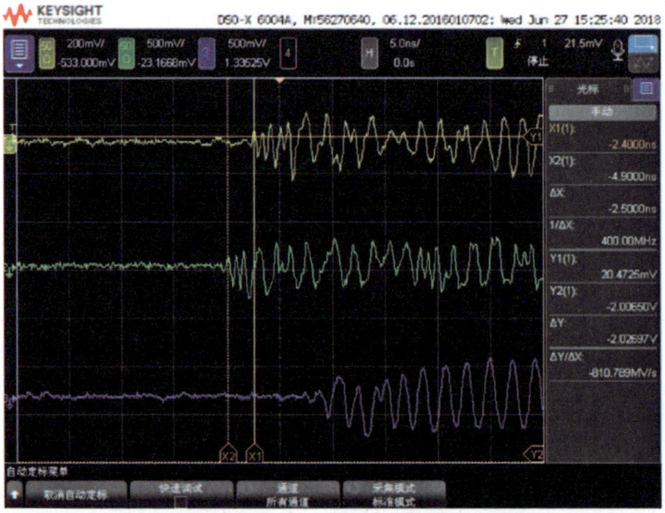

图 1-146　测点 3、7、8 信号波形及到达时延

（3）缺陷原因分析。根据特高频检测和定位结果，再结合该型号 GIS 内部结构及出厂时间综合分析，7 号盆式绝缘子（165 开关间隔与 166 开关间隔之间的 110kV Ⅰ 段母线伸缩节处盆式绝缘子）存在绝缘放电缺陷。

6. 验证情况

2019 年 3 月中旬，运维单位复测确认缺陷盆子异常信号仍然持续存在后，为保障设备安全运行，对该变电站 110kV Ⅰ 母进行了停电检修，更换了缺陷盆式绝缘子。运维单位对缺陷盆子进行了检查，目测可见的缺陷盆式绝缘子 A 相导体与环氧树脂交界部位放电痕迹如图 1－147 所示，发现 A 相导体与环氧树脂交界部位存在疑似放电痕迹，但目测并不清晰，于是将缺陷盆式绝缘子做了进一步检查。

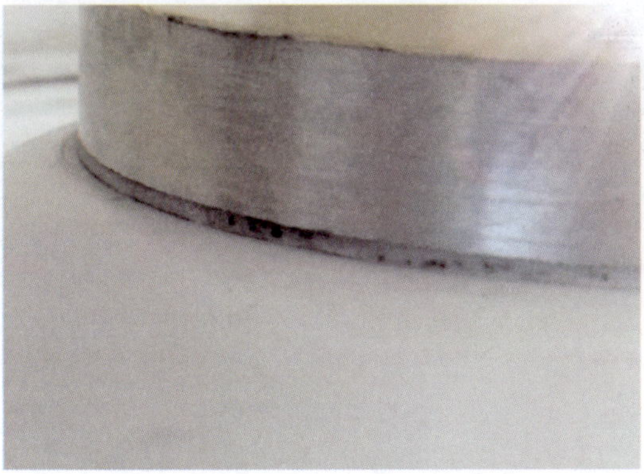

图 1－147　目测可见的缺陷盆式绝缘子 A 相导体与环氧树脂交界部位放电痕迹

2019 年 4 月，利用高倍放大镜对缺陷盆式绝缘子进行详细检查，高倍镜观察的缺陷盆式绝缘子 A 相导体与环氧树脂交界部位放电痕迹如图 1－148 所示，A 相导体与环氧树脂交界部位放电痕迹清晰可见，放电的烧蚀导致交界面出现了大量黑色凹坑。2019 年 5 月，利用 X 射线透射检测手段对缺陷盆式绝缘子内部进行详细检查，X 射线检测得到的缺陷盆式绝缘子成像图如图 1－149 所示，未发现绝缘子内部存在气隙、电树枝等缺陷。此外，运维单位在 4 月和 5 月分别对更换盆式绝缘子后的 110kV GIS Ⅰ 母进行了局部放电带电检测，未测得异常信号，表明缺陷已消除。

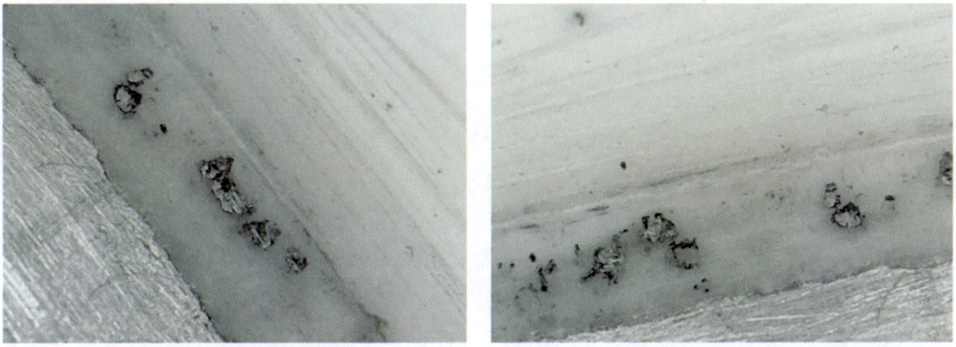

图 1－148　高倍镜观察的缺陷盆式绝缘子 A 相导体与环氧树脂交界部位放电痕迹

图 1-149　X 射线检测得到的缺陷盆式绝缘子成像图

7. 结论与建议

（1）结论。某 220kV 变电站 165 开关间隔与 166 开关间隔之间的 110kV Ⅰ段母线伸缩节处盆式绝缘子存在异常特高频信号，超声波信号正常。特高频信号幅值较大、信号幅值分散、相位分布较广，初测具有一定的对称性，复测具有一定的极性，疑似绝缘类缺陷，并且缺陷在发展中。

根据多次带电检测结果，运维单位对该变电站 110kV GIS 缺陷盆式绝缘子进行了解体检查，发现了 A 相导体与环氧树脂交界部位存在的局部放电缺陷，印证了带电检测结果的准确性。

（2）建议。根据检查结果分析，放电位于导体与环氧树脂以及 SF_6 绝缘气体的交界部位，由于 SF_6 气体、环氧树脂以及金属导体的介电常数差异较大，因此该处电场畸变较严重，若金属导体表面不光滑，环氧树脂与金属嵌件之间由于制造、浇筑工艺等问题存在气隙或交接不良，均容易引起局部放电。局部放电长期存在，由于累积效应，将造成盆子表面损伤的不可逆持续发展，到一定程度，将引起盆式绝缘子闪络。因此，建议各单位对发现的 GIS 盆式绝缘子局部放电缺陷加强跟踪监测，保障设备安全运行。

1.4.3　基于声电联合检测的 110kV GIS 线路 TV 隔室盆式绝缘子放电缺陷检测及解体分析

1. 异常概况描述

2018 年 8 月 9 日、2019 年 7 月 5 日、2020 年 7 月 20 日和 2021 年 1 月 13 日，运维单位利用带电检测手段均在某 110kV 变电站 154 开关间隔测得异常特高频信号，2021 年 1 月 13 日首次测得该间隔存在特征与异常特高频信号一致的异常超声波信号。经精确定位，判断缺陷位于 TV 隔室隔离盆式绝缘子上表面。

2021 年 4 月 14 日，运维单位对该变电站 154 开关间隔 TV 隔室进行停电检修。经检查，隔离盆式绝缘子表面存在 1 枚螺栓和放电产生的大量粉尘，分析装配过程中螺栓遗落盆式绝缘子表面或运行过程中预留的接地线螺孔上的固定螺栓掉落盆式绝缘子表面，导致悬浮电位放电、表面放电。此外，TV 隔室内所有尼龙螺栓均有不同程度松动，表明隔室内尼龙螺栓与金属螺母的配合存在问题，也不排除尼龙螺栓安装期间未紧固到位。

2. 检测对象及项目

检测对象：某 110kV 变电站 154 开关间隔。

生产日期：2012 年 5 月。

投运日期：2013 年 7 月。

检测项目：特高频局部放电带电检测、超声波局部放电带电检测、SF_6 气体分解产物检测。

3. 检测仪器及装置

特高频局部放电带电检测：EC4000P 型局部放电检测仪。

超声波局部放电带电检测：EC4000P 型局部放电检测仪。

缺陷定位：EC4000P＋型局部放电定位系统。

4. 检测数据

（1）特高频局部放电带电检测。2018 年 8 月 9 日、2019 年 7 月 5 日、2020 年 7 月 20 日和 2021 年 1 月 13 日，运维单位利用带电检测手段均在某 110kV 变电站 154 开关间隔测得异常特高频信号。历次检测均在 154 开关间隔 4 个盆式绝缘子位置（如图 1－150 所示的 154 开关间隔 4 个特高频测点）测得的异常特高频信号。2021 年 154 开关间隔异常特高频信号 PRPO 图谱分析如图 1－151 所示，测得的异常特高频信号具有 100Hz 频率相关性，每个周期均有放电脉冲，放电脉冲幅值、时间间隔较为稳定，各半周放电脉冲数量、相位分布较为对称，放电脉冲数量较多，呈现典型的悬浮电位放电特征。进一步分析，异常特高频信号除正负半周脉冲幅值、脉冲个数和相位基本对称的悬浮电位放电特征外，还可见脉冲幅值分散、脉冲个数少和脉冲间隔不稳定的固体绝缘表面放电或内部放电特征，表明该缺陷可能存在两种或多种模式放电。

图 1-150　154 开关间隔特高频测点和超声波测点

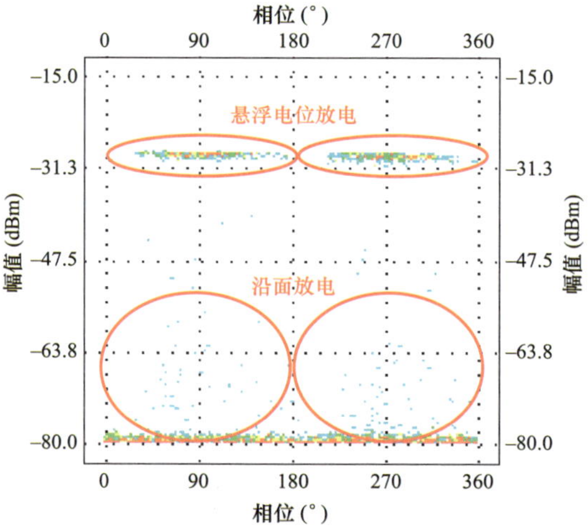

图 1-151　2021 年 154 开关间隔异常特高频信号 PRPD 图谱分析

（2）超声波局部放电带电检测。2018 年 8 月 9 日、2019 年 7 月 5 日和 2020 年 7 月 20 日，运维单位在该变电站 154 开关间隔均未测得异常超声波信号。其中图 1-150 中特高频测点 2 位置于 2018～2020 年测得的典型超声波信号图谱如图 1-152 所示，信号幅值较小、未见显著频率相关性。

2021 年 1 月 13 日，运维单位在该变电站 154 开关间隔测得异常超声波信号（对应的异常特高频信号仍然稳定存在）。如图 1-153 所示为此次检测的超声波测点布置，测点 1、测点 2、测点 3、测点 4、测点 5 和测点 6 均能测得异常超声波信号，其中测点 4 超声波信号幅值最大，其典型超声波图谱如图 1-154

所示，具有100Hz频率相关性，每个周期均有放电脉冲，各半周放电相位分布较为对称，具有典型的悬浮电位放电特征。进一步分析，其异常超声波信号相位模式分析如图1－155所示，以2021年1月13日测得的异常超声波信号PRPD图谱为例，除正负半周脉冲幅值、脉冲个数和相位基本对称的悬浮电位放电特征外，还可见脉冲幅值较小、脉冲幅值分散和脉冲时间间隔不稳定的固体绝缘表面放电或内部放电特征。随着异常超声波信号的检出及其特征，可以初步推断该变电站154开关间隔的内部缺陷有所发展，并且可能存在两种或多种模式放电。

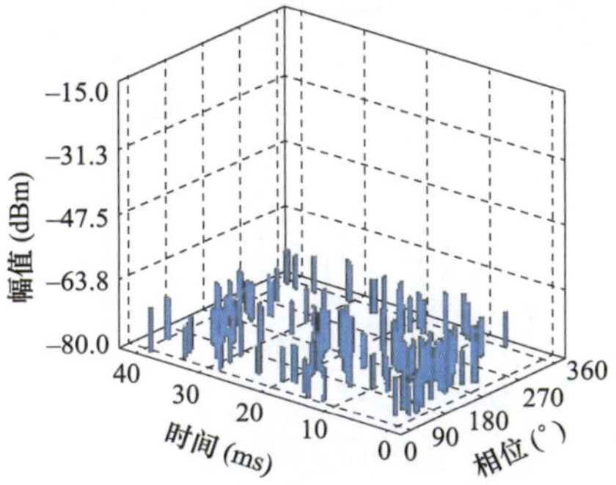

(a) PRPS图谱

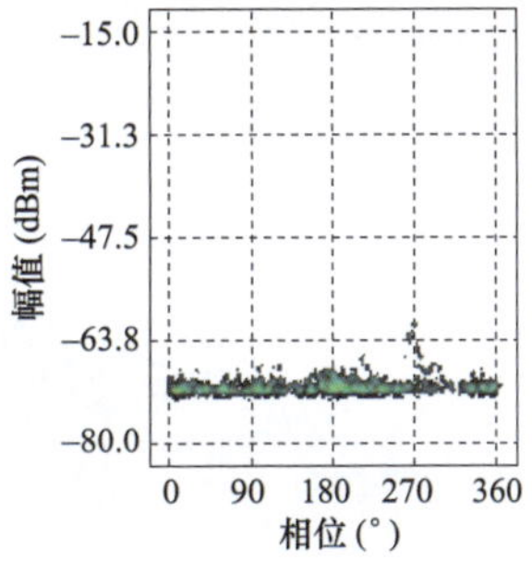

(b) PRPD图谱

图1－152　2018～2020年154开关间隔测得的典型超声波信号图谱

图1－153　2021年1月13日154开关间隔超声波测点布置

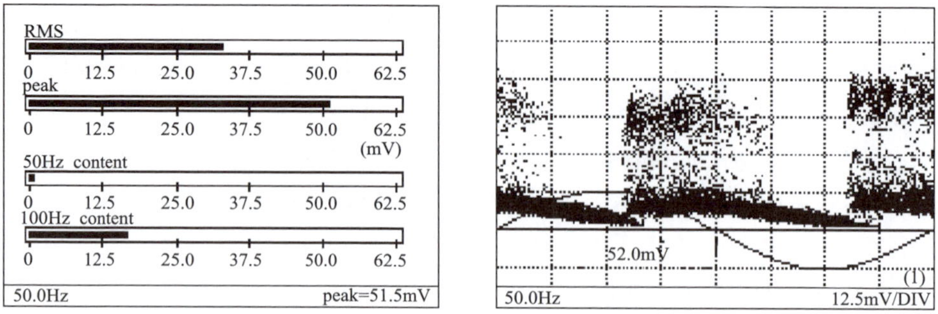

(a) 连续模式　　(b) 相位模式

图 1－154　2021 年 154 开关间隔测得的典型超声波信号图谱

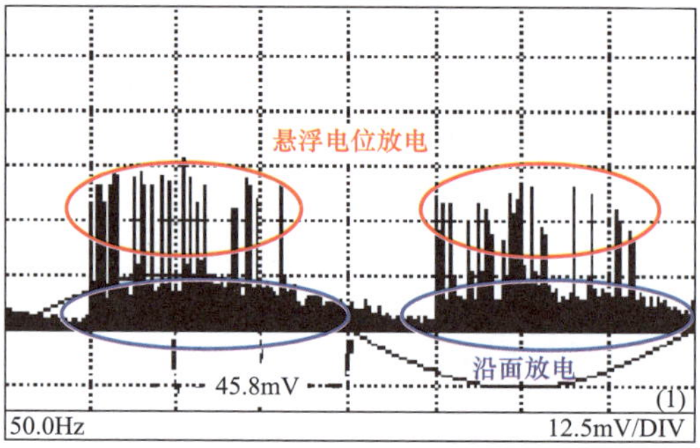

图 1－155　2021 年 154 开关间隔异常超声波信号相位模式分析

（3）缺陷精确定位。2018～2021 年，运维单位历次带电检测均对该变电站 154 开关间隔异常信号源进行了精确定位。通过多通道特高频信号时延定位首先判断异常信号源来自设备内部还是设备外部。其双通道特高频信号时延定位（干扰排除）如图 1－156 所示，2018 年 8 月 9 日，将通道二对应的特高频传感器布置在 154 开关间隔盆式绝缘子非金属屏蔽位置，将通道三对应的特高频传感器分别布置在通道二对应的特高频传感器周围各方向空间中，而通道二对应的特高频传感器信号到达时间始终领先于通道三对应的特高频传感器，据此判断异常特高频信号来自设备内部，为设备内部局部放电激发。其三通道特高频信号时延定位（干扰排除）如图 1－157 所示，2021 年 1 月 13 日，将背景 1 传感器和背景 2 传感器分别布置在 154 开关间隔 TV 隔室两侧空间中，测点 3 传感器布置在 154 开关间隔 TV 下方盆式绝缘子非金属屏蔽位置，测点 3 传感器信号（黄色通道）到达时间始终领先于背景 1 传感器（红色通道）和背景 2 传感器（蓝色通道），据此判断异常特高频信号来自设备内部，为设备内部局部放电激发。

(a) 传感器布置　　(b) 双通道特高频信号起始波形

图 1－156　2018 年 154 开关间隔双通道特高频信号时延定位（干扰排除）

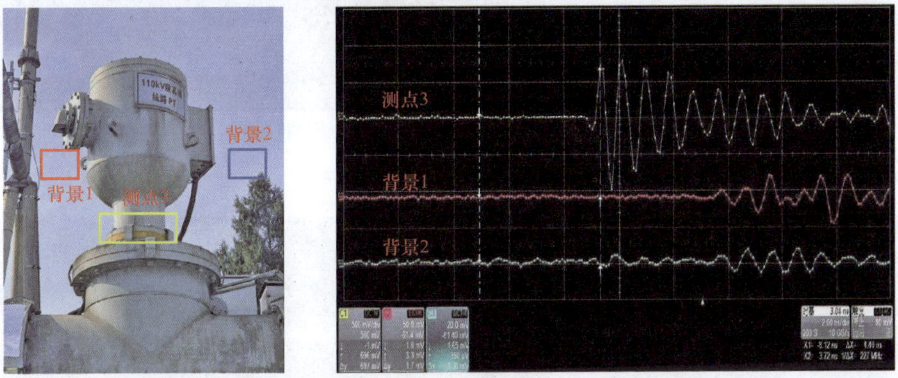

(a) 传感器布置　　(b) 三通道特高频信号起始波形

图 1－157　2021 年 154 开关间隔三通道特高频信号时延定位（干扰排除）

进一步通过多通道特高频信号时延定位确定放电源在154开关间隔中的准确位置。2021 年 154 开关间隔双通道（水平方向布置）特高频信号时延定位如图 1－158 所示，2021 年 1 月 13 日，在水平方向布置传感器，将测点 1 传感器布置在进线隔室靠近 TV 隔室和进线隔离开关的非隔离盆式绝缘子非金属屏蔽位置，将测点 2 传感器布置在进线隔室与进线隔离开关之间的隔离盆式绝缘子非金属屏蔽位置，测点 1 传感器（蓝色通道）信号到达时间领先于测点 2 传感器（红色通道）约 0.2ns，经测量测点 1 传感器和测点 2 传感器距离约 120cm，据此计算，局部放电源在测点 1 传感器和测点 2 传感器中线偏向测点 1 传感器约 3cm，位于如图 1－158（a）中绿色虚线上。2021 年 154 开关间隔三通道（各方向布置）特高频信号时延定位如图 1－159 所示，在保持测点 1 传感器和测点 2 传感器基础上，继续在垂直方向增加布置传感器，将测点 3 传感器布置在 TV 隔室与进线隔室之间的隔离盆式绝缘子非金属屏蔽位置，测点 3 传感器（黄色通道）信号到达时间领先于测点 2 传感器（红色通道）约 4.4ns，即局部放电源到达测点 3 传感器的距离比到达测点 2 传感器的距离近约 132cm，经测量测点 3 传感器到测点 1 传感器和测点 2 传感器连线的距离约为 70cm，据此计算，局部放电源位于测点 3 传感器所在的 TV 隔室与进线隔室之间的隔离盆式绝缘子处。

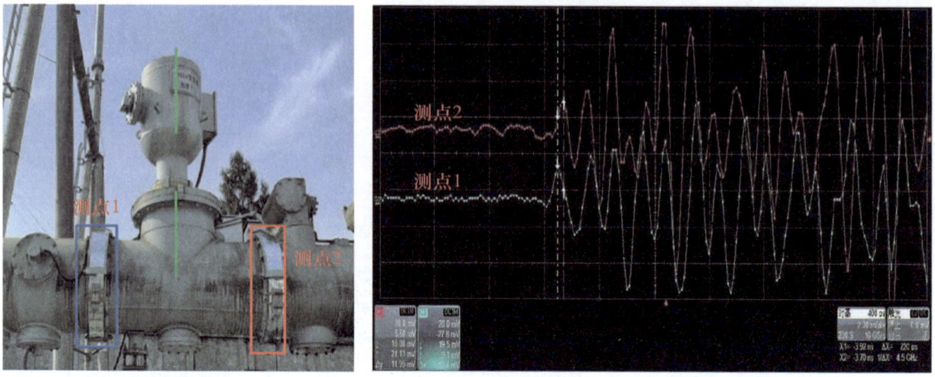

(a) 传感器布置　　(b) 双通道特高频信号起始波形

图 1-158　2021 年 154 开关间隔双通道（水平方向布置）特高频信号时延定位

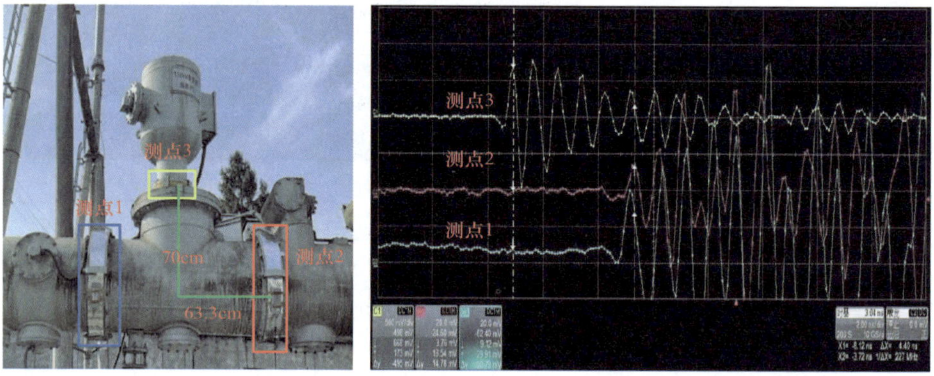

(a) 传感器布置　　(b) 三通道特高频信号起始波形

图 1-159　2021 年 154 开关间隔三通道（各方向布置）特高频信号时延定位

2021 年 1 月 13 日，经检测，在 154 开关间隔 TV 隔室与进线隔室之间隔离盆式绝缘子上方测得异常超声波信号幅值最大，大于 TV 隔室与进线隔室之间隔离盆式绝缘子下方等部位的异常超声波信号，据此判断局部放电源位于 154 开关间隔 TV 隔室与进线隔室之间隔离盆式绝缘子上方。从信号特征、定位结果和设备结构综合分析，判断 154 开关间隔 TV 隔室与进线隔室之间隔离盆式绝缘子表面存在异物或导电回路松动等原因引发悬浮电位放电、表面放电。

5. 综合分析

2018 年 8 月 9 日起，某 110kV 变电站 154 开关间隔持续测得稳定的异常特高频信号，异常信号具有100Hz频率相关性，每个周期均有放电脉冲，放电脉冲幅值、时间间隔较为稳定，各半周放电脉冲数量、相位分布较为对称，放电脉冲数量较多，呈现典型的悬浮电位放电特征。2021年1月13日，154开关间隔可测得与异常特高频信号特征一致的异常超声波信号。通过多通道特高频信号时延定位和超声波信号幅值定位，判断该变电站154开关间隔内部存在局部放电缺陷，缺陷位于TV隔室与进线隔室之间隔离盆式绝缘子上方，从信号特征、定位结果和设备结构综合分析，判断TV隔室与进线隔室之间隔离盆式绝缘子表面存在异物或导电回路松动等原因引发悬浮电位放电、表面放电。

6. 验证情况

2021年4月14日，运维单位对该变电站154开关间隔TV隔室进行停电检修。其盆式绝缘子上方螺栓等异物如图1－160所示，隔离盆式绝缘子表面发现1枚螺栓和放电产生的大量粉尘。其壳体放电烧蚀痕迹如图1－161所示，进一步检查TV隔室，发现盆式绝缘子表面异物附近壳体内壁存在明显烧蚀痕迹。

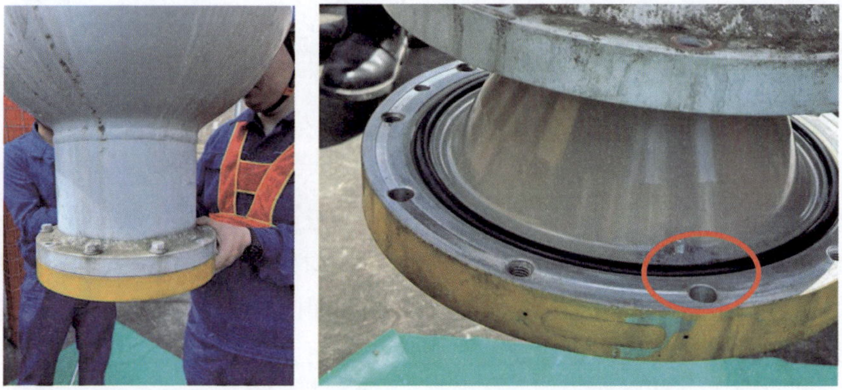

(a) 开盖前　　(b) 开盖后

图1－160　154开关间隔TV隔室盆式绝缘子上方螺栓等异物

(a) 异物及烧蚀痕迹　　(b) 烧蚀痕迹特写

图1－161　154开关间隔TV隔室壳体放电烧蚀痕迹

为寻找螺栓等异物来源，对 154 开关间隔 TV 进行检查，发现掉落的金属螺栓与 TV 接地线固定螺栓型号一致，且 TV 隔室内仅有此类螺栓为该型号，因此分析掉落的金属螺栓为接地线固定螺栓。经检查，154 开关间隔 TV 接地线及预留接地线螺孔如图 1－162 所示，154 开关间隔 TV 接地线螺栓并未缺失，但另一侧预留的接地线螺孔未见螺栓，分析装配过程中螺栓遗落盆式绝缘子表面或运行过程中预留的接地线螺孔上的固定螺栓掉落盆式绝缘子表面，导致 154 开关间隔 TV 隔室出现因盆式绝缘子表面异物引发的悬浮电位放电、表面放电。

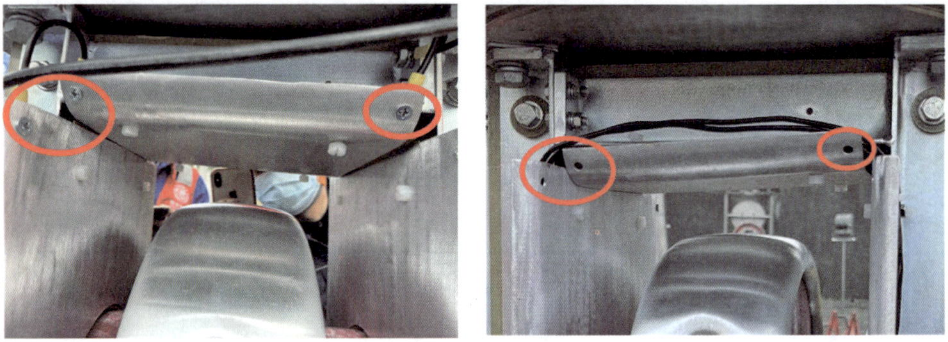

(a) TV 接地线　　(b) 预留接地线螺孔

图 1－162　154 开关间隔 TV 接地线及预留接地线螺孔

进一步检查，154 开关间隔 TV 隔室尼龙螺栓不同程度松动如图 1－163 所示，154 开关间隔 TV 隔室内，所有尼龙螺栓均处于未压紧状态，其中更有 2 颗尼龙螺栓的金属螺母与弹垫、平垫脱落在侧面的吸潮装置内，表明隔室内尼龙螺栓与金属螺母的配合存在问题，也不排除尼龙螺栓安装期间未紧固到位。隔室内金属螺栓未见松动。

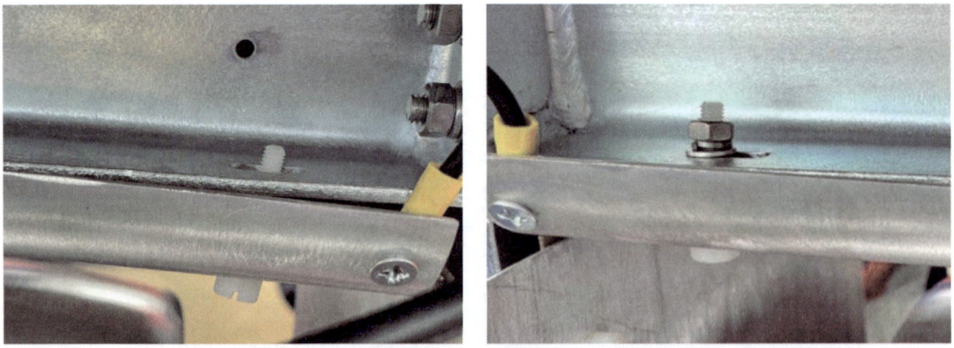

(a) 螺栓脱落 1　　(b) 螺栓松动 1

图 1－163　154 开关间隔 TV 隔室尼龙螺栓不同程度松动（一）

(c) 螺栓脱落 2

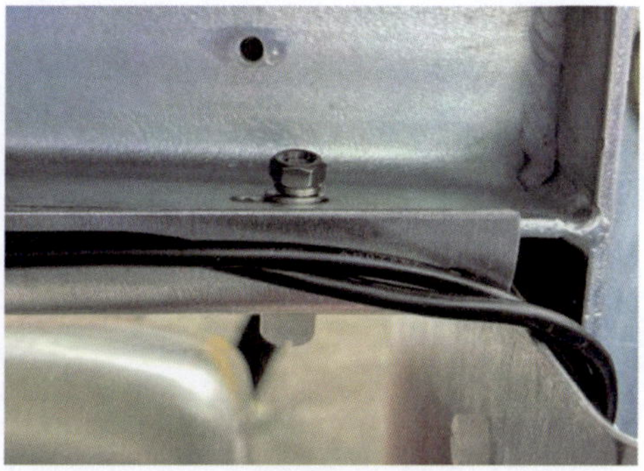

(d) 螺栓松动 2

图 1-163　154 开关间隔 TV 隔室尼龙螺栓不同程度松动（二）

7. 结论与建议

（1）结论。通过带电检测发现某 110kV 变电站 154 开关间隔存在具有悬浮电位放电特征、表面放电特征的异常特高频信号和异常超声波信号。经精确定位，缺陷位于 TV 隔室隔离盆式绝缘子上表面。

对该变电站 154 开关间隔 TV 隔室进行现场解体检查，发现隔离盆式绝缘子表面存在 1 枚螺栓和放电产生的大量粉尘，分析装配过程中螺栓遗落盆式绝缘子表面或运行过程中预留的接地线螺孔上的固定螺栓掉落盆式绝缘子表面，导致悬浮电位放电、表面放电。此外，TV 隔室内所有尼龙螺栓均有不同程度松动，表明隔室内尼龙螺栓与金属螺母的配合存在问题，也不排除尼龙螺栓安装期间未紧固到位。

（2）建议。

1）GIS 固体绝缘表面放电等缺陷，激发异常特高频信号和异常超声波信号取决于电荷累积数量、电场畸变程度等条件，而电荷累积数量、电场畸变程度等条件与设备运行时间、设备运行条件、设备内部材质结构均有关。因此，GIS 固体绝缘表面放电等缺陷激发的异常特高频信号和异常超声波信号并不一定十分稳定，也可能某段时间异常信号消失，但总体而言，同时测得内部异常特高频信号和异常超声波信号，表明设备局部放电缺陷已经发展到较为严重阶段，应谨慎做好运维检修工作。

2）GIS 基建期间应切实管控好安装工艺，确保部件规格材质、安装位置、距离尺寸和结构件紧固符合要求。若已经发现安装期间存在的问题，应重视对同期安装的同型设备的电气试验和带电检测工作，及时发现家族性缺陷，保障设备安全运行。

1.5 GIS 固体绝缘内部放电典型缺陷分析

1.5.1 基于超声波法的 110kV GIS 隔离开关绝缘拉杆气隙放电缺陷检测及解体分析

1. 异常概况描述

2019 年 11 月 21 日，运维单位对某 220kV 变电站开展全站带电检测，未发现异常情况。

2019 年 12 月 31 日，该变电站监督运行期间，运维单位通过带电检测发现 110kV GIS 设备母联间隔 1121 隔离开关隔室存在异常超声波信号，本次未检测到异常特高频信号，SF_6气体分解产物及气体湿度测试未见异常。2020 年 1 月 8 日再次检测时异常超声波信号仍然存在且幅值增长较快，仍然未检测到异常特高频信号和 SF_6 气体分解产物。

2020 年 1 月 14 日，对该隔室进行了带电检测复核诊断，因多次检测均未发现异常特高频信号，且不确定盆式绝缘子封闭情况，初步判断隔室内部可能存在悬浮电位放电、自由颗粒放电、固体内部绝缘放电等一种或多种缺陷，放电源位置可能为 1121 隔离开关动触头及其附件。经复核诊断后，由于异常信号幅值很大且增长较快，判定缺陷性质较为严重，随时可能威胁设备安全运行。2020 年 1 月 14 日，该变电站 112 断路器、1121 隔离开关执行分闸操作，此时 1121 隔离开关动触头不带电、静触头与 I 母连接仍然带电，再次检测异常超声波信号消失，表明局部放电缺陷位于 1121 隔离开关动触头侧。

2020 年 4 月 1 日，运维单位对该变电站 1121 隔离开关隔室进行现场解体检查，同时完成隔离开关更换工作。2020 年 4 月 6 日，该变电站 110kV GIS 设备母联间隔 1121 隔离开关重新带电运行，异常局部放电信号消失，设备完成消缺。

2020 年 4 月 1～3 日，通过现场检查、实验室验证等技术手段，对更换下来的隔离开关及附件进行缺陷排查，最终确认放电类型和放电源位置，验证带电检测结果。

2. 检测对象及项目

检测对象：某 220kV 变电站 110kV GIS 1121 隔离开关。

检测项目：超声波局部放电带电检测、特高频局部放电带电检测、SF_6 气体分解产物、SF_6 湿度检测。

3. 检测仪器及装置

特高频局部放电带电检测：HR1300A 型局部放电检测仪、HR1300W 型局部放电检测仪、PDDS－102 型电力设备局部放电检测与智能诊断系统。

超声波局部放电带电检测：HR1300A 型局部放电检测仪、HR1300W 型局部放电检测仪、PDDS－102 型电力设备局部放电检测与智能诊断系统、PD－208 型超声波局部放电检测仪。

SF_6 气体分解产物检测：RA601FASF$_6$ 型 SF_6 气体综合测试仪、JH5000A－4 型 SF_6 气体综合测试仪。

SF_6 微水检测：RA601FASF$_6$ 型 SF_6 气体综合测试仪。

4. 检测数据

（1）2019 年 11 月 21 日首次检测：2019 年 11 月 21 日，运维单位对某 220kV 变电站开展例行全站带电检测，未测得 110kV GIS 存在异常特高频信号或异常超声波信号。其中，1121 隔离开关隔室 2019 年 11 月 21 日检测图谱如表 1－20 所示。

表 1－20　　1121 隔离开关隔室 2019 年 11 月 21 日检测图谱

超声波检测连续模式图谱	超声波检测 PRPD 图谱
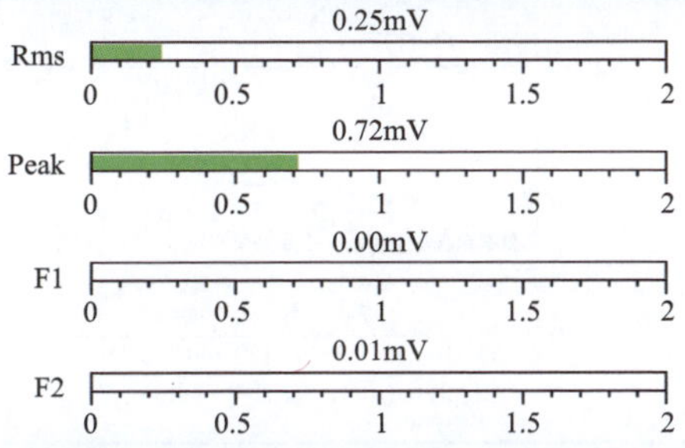	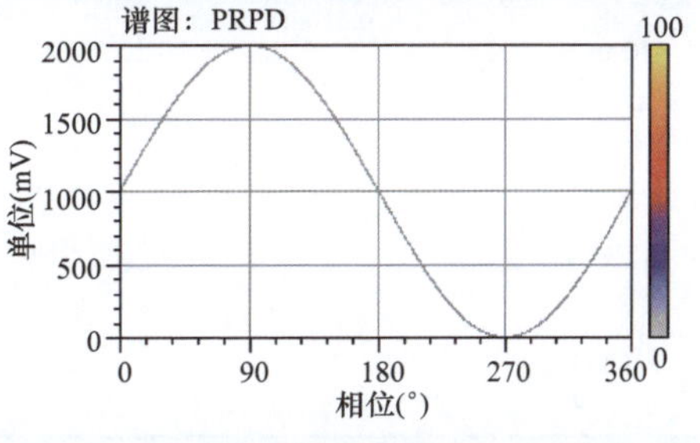
特高频检测 PRPS 图谱	特高频检测 PRPD 图谱
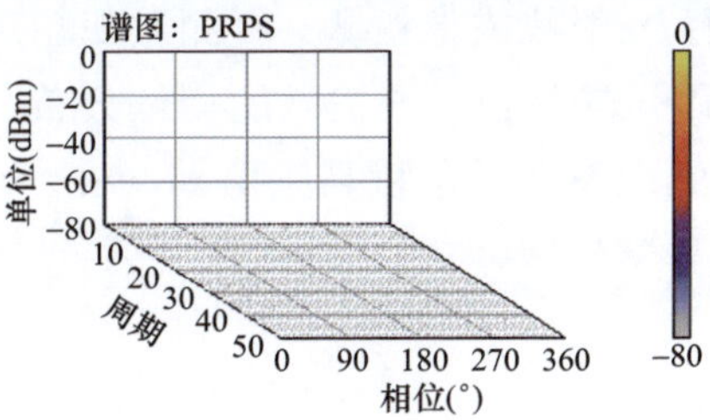	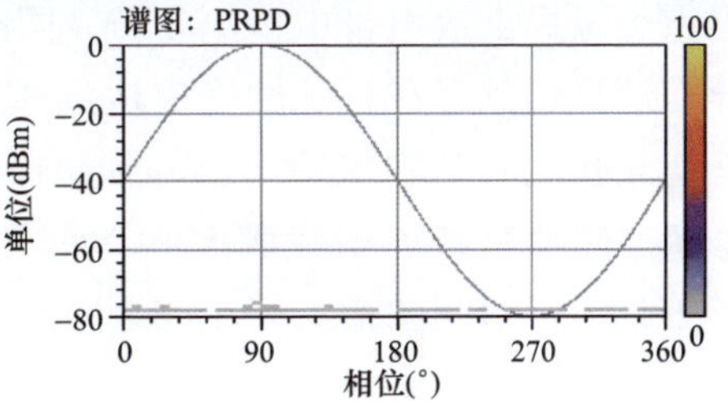

（2）2019 年 12 月 31 日再次检测：2019 年 12 月 31 日，该变电站监督运行期间，运维单位再次开展全站带电检测，发现 110kV GIS 母联间隔 1121 隔离开关隔室存在异常超声波信号，异常超声波信号周期峰值约 10.38mV，信号未呈现 50Hz/100Hz 频率相关性，没有明显的相位分布规律，本次未检测到异常特高频信号，SF_6 气体分解产物检测未见异常，初步判断可能存在自由颗粒弹跳或内部振动缺陷，1121 隔离开关隔室 2019 年 12 月 31 日检测图谱如表 1－21 所示。

表 1－21　　1121 隔离开关隔室 2019 年 12 月 31 日检测图谱

超声波检测 PRPS 图谱	超声波检测 PRPD 图谱
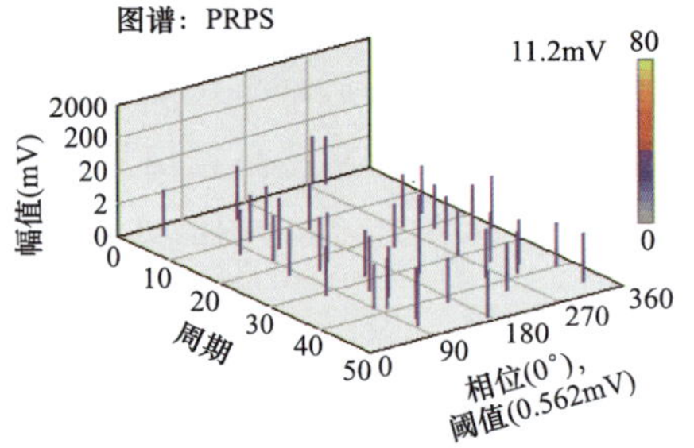	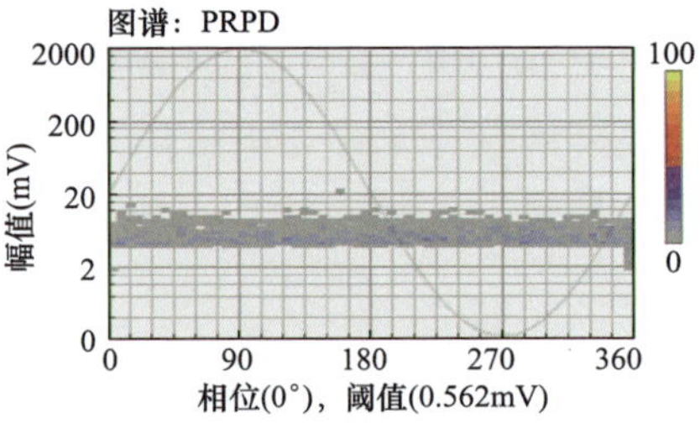
超声波检测连续模式图谱	超声波检测飞行模式图谱
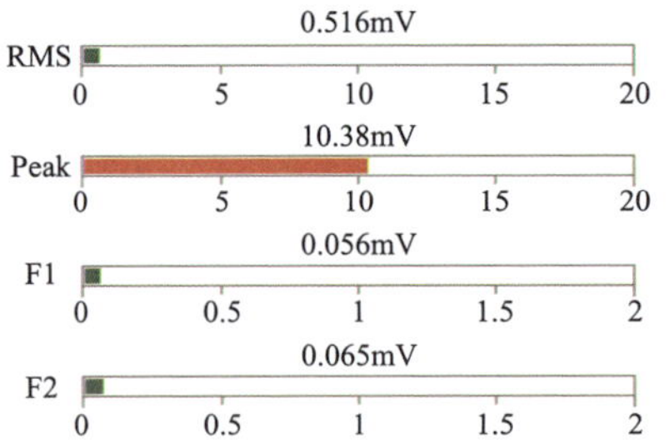	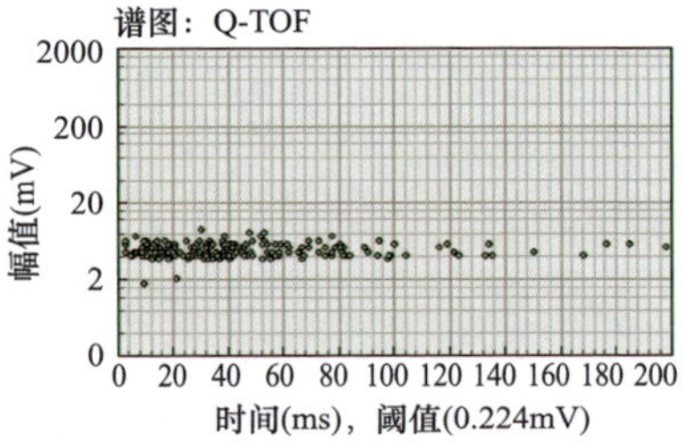

（3）2020 年 1 月 8 日复测：2020 年 1 月 8 日，运维单位对 1121 隔离开关隔室进行局部放电带电检测复测，同时进行 X 射线成像检测。复测发现超声波异常信号仍然存在且脉冲峰值达到 323.6mV，异常超声波信号的相位分布及特征值较初测时基本保持一致，本次检测仍然未发现异常特高频信号，SF_6 气体分解产物检测、X 射线成像检查均未发现异常情况，1121 隔离开关隔室 2020 年 1 月 8 日检测图谱如表 1－22 所示。

表 1－22　　1121 隔离开关隔室 2020 年 1 月 8 日检测图谱

超声波检测 PRPS 图谱	超声波检测连续模式图谱
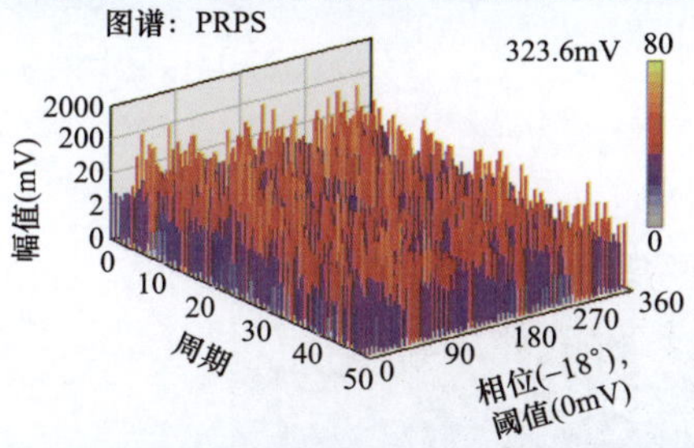	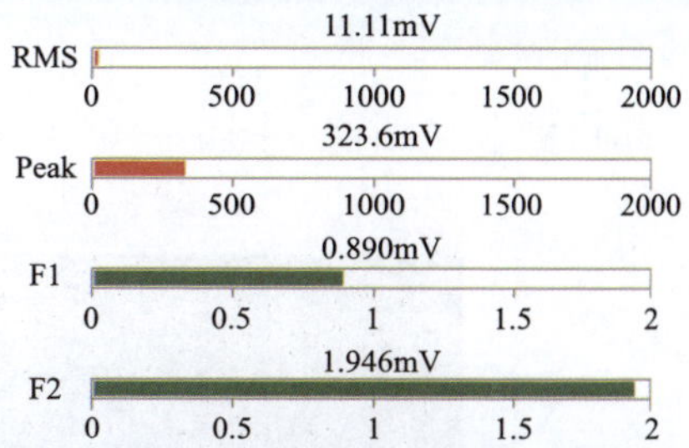
超声波检测 PRPD 图谱	**超声波检测原始波形**
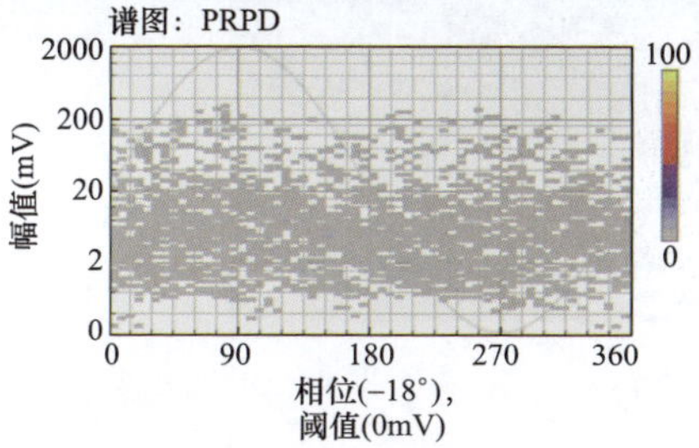	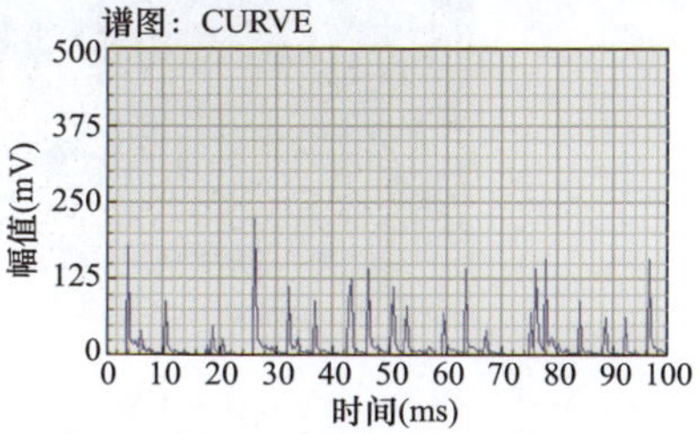

（4）2020 年 1 月 14 日复测诊断：2020 年 1 月 14 日，对 1121 隔离开关隔室进行带电检测缺陷复测诊断工作。本次检测在 1121 隔离开关隔室多点开展超声波局部放电检测，在相邻电流互感器隔室、母线隔室盆式绝缘子处开展特高频局部放电检测，在基础构架进行背景信号检测，使用局部放电测试仪、高性能示波器对采集信号进行诊断分析，现场设备及传感器布置示意图如图 1－164 所示。

图 1－164　现场设备及传感器布置示意图

本次检测在相邻电流互感器、母线隔室盆式绝缘子上均未检测到异常特高频信号。从 1121 隔离开关隔室底部开始，沿 GIS 罐体圆周向、径向移动超声波传感器均检测到异常超声波信号，其中在 1121 隔离开关隔室底部位置检测到的信号幅值最大，临近隔室几乎未检测到异常超声波信号。1121 隔离开关隔室异常超声波信号图谱如图 1－165 所示。

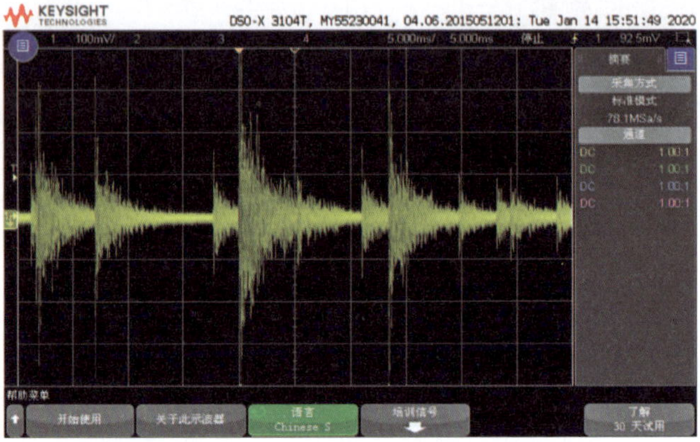

(a) 示波器采集波形 1

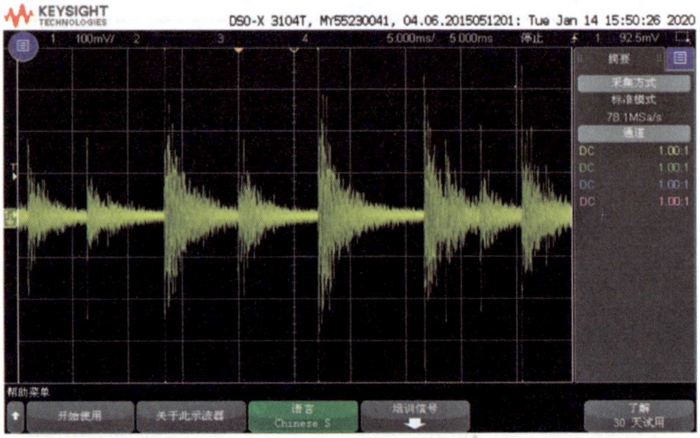

(b) 示波器采集波形 2

图 1－165　1121 隔离开关隔室异常超声波信号图谱

如图 1－165 所示，在采集得到的超声波原始波形中可以区分出两类脉冲波形。一类脉冲幅值较大且衰减时间较长（悬浮电位放电或能量较大的绝缘放电），另一类脉冲幅值较小且很快衰减（自由颗粒放电）；在连续模式中，脉冲信号幅值很大并且 50Hz/100Hz 频率相关性较弱，因此，使用外同步触发模式进行采集，异常信号脉冲没有明显的相位聚集性。因未检测到异常特高频信号，仅凭异常超声波信号暂时无法准确判断局部放电类型以及放电源位置。

为进一步确认局部放电源情况，2020 年 1 月 14 日 16 时 56 分，112 断路器执行一次断开操作，112 断路器分闸后（1121 隔离开关动触头、静触头均带电）检测发现异常超声波信号依然存在，并且信号幅值、相位及能量特征未发生明显变化，可以确定局部放电源位于 1121 隔离开关及邻近部位；17 时 10 分，1121 隔离开关执行一次分闸操作，母联间隔 112 断路器由热备用转冷备用状态，1121 隔离开关处于分闸状态（此时动触头不带电、静触头带电），再次检测异常超声波信号消失，相邻母线隔室亦未检测到异常超声波信号。

通过开关状态切换前后异常超声波信号的检测情况，可以判断局部放电源位于 1121 隔离开关动触头位置。由于始终未检测到异常特高频信号，且盆式绝缘子金属屏蔽情况不明确，初步分析 1121 隔离开关动触头高压部位紧固件或等电位装置存在松动、接触不良的情况，造成悬浮电位放电，同时也不能排除由于开关动作、局部放电而产生的自由微粒在电场力和重力作用下弹跳引发自由颗粒放电的情况。由于异常信号幅值很大且增长较快，并且存在异常信号的 1121 隔离开关动触头临近母线隔室盆式绝缘子，随时可能威胁设备安全运行，判定缺陷性质较为严重，将 1121 隔离开关退出运行，待检修消缺。

5. 综合分析

自 2019 年 12 月 31 日该变电站 110kV GIS 母联间隔 1121 隔离开关隔室经带电检测发现存在异常超声波信号开始，在 2020 年 1 月 8 日和 2020 年 1 月 14 日检测期间发现异常信号幅值呈迅速增长趋势，且通过原始信号可见一个工频周期内存在 4 簇脉冲信号，分析 1121 隔离开关隔室内部存在局部放电缺陷，放电点不止一处且放电缺陷呈显著发展趋势。为此，运维单位及时制定策略，于 2020 年 1 月 14 日将 112 断路器和 1121 隔离开关分闸（此时动触头不带电、静触头带电），再次检测未测得异常信号（表明缺陷位于 1121 隔离开关动触头侧），为保障设备安全运行，计划尽快进行检修消缺。

6. 验证情况

2020 年 4 月 1 日，运维单位对 1121 隔离开关隔室进行现场解体检查并对隔离开关进行了更换。解体更换下来的隔离开关动触头及主要附件如图 1－166 所示，罐体内自上而下分别为 B、C、A 相，各相动触头固定在隔离开关隔室与电流互感器隔室之间盆式绝缘子上。B 相隔离开关动触头绝缘拉杆与传动机构联结，其余两相隔离开关动触头传动装置通过绝缘拉杆与邻相隔离开关动触头传动装置联结。设备运行过程中，B 相隔离开关动触头绝缘拉杆承受运行相电压约 64kV，C 相和 A 相隔离开关动触头绝缘拉杆承受运行线电压约 110kV。

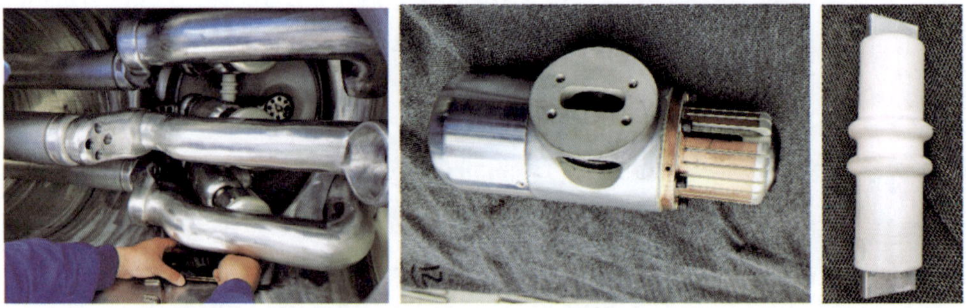

(a) 载流导体　　(b) 动触头　　(c) 绝缘拉杆

图 1－166　解体更换下来的隔离开关动触头及主要附件

1121 隔离开关现场解体检查结果如图 1－167 所示，1121 隔离开关隔室解体后，现场检查在隔室底部发现少量黑色颗粒，发现 A 相静触头触指存在疑似划痕，静触头屏蔽罩内侧存在刮痕，未在罐体内壁和动触头及相应附件表面发现明显放电痕迹。

(a) 内部颗粒　　(b) 触头拆解 1　　(c) 触头拆解 2

图 1－167　1121 隔离开关现场解体检查结果

为进一步查找放电源，对更换下来的动触头绝缘拉杆进行 X 射线成像检测，1121 隔离开关动触头绝缘拉杆 X 射线成像检查结果如图 1－168 所示，发现 A 相隔离开关动触头绝缘拉杆靠近 A 相一侧金属插销与环氧树脂交界面存在气隙，其余两相绝缘拉杆未见异常。

实验室耐压及局部放电试验接线图如图 1－169 所示。进一步对存在疑似缺陷的绝缘拉杆进行验证试验，在实验室设置了如图 1－169 所示的试验回路，通过外施工频耐压期间进行局部放电试验的方法，对三支绝缘拉杆进行局部放电情况检查。

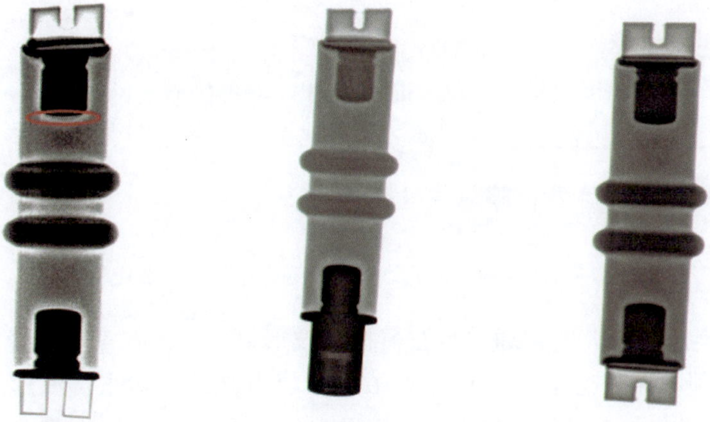

(a) A相成像结果　　(b) B相成像结果　　(c) C相成像结果

图 1－168　1121 隔离开关动触头绝缘拉杆 X 射线成像检查结果

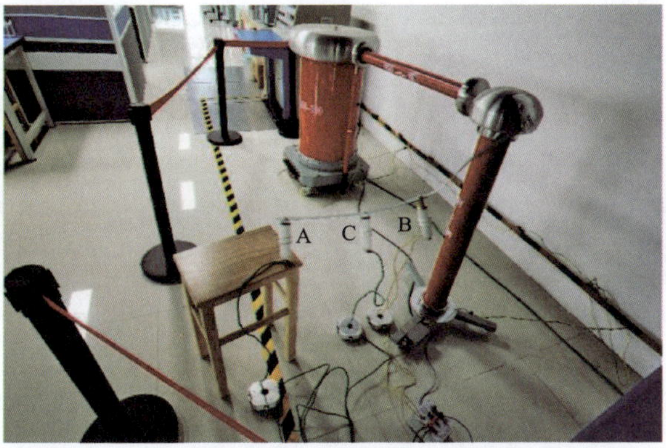

图 1－169　实验室耐压及局部放电试验接线图

试验回路中，通过 150kVA 无局部放电升压装置对三支绝缘拉杆试品进行工频外施耐压，分别在被试品接地端一侧设置高频电流传感器和特高频传感器监视局部放电情况，在试验回路中接入检测阻抗，对可能出现的局部放电进行视在放电量标定。高频电流传感器检测情况由高速示波器监视，特高频传感器检测情况由局部放电测试仪监视。

零起升压至 30kV 时，在示波器和局部放电测试仪上均检测到有局部放电脉冲出现，继续升压至 40kV 时，局部放电脉冲稳定出现，40kV 试验电压下绝缘拉杆局部放电情况如图 1－170 所示。

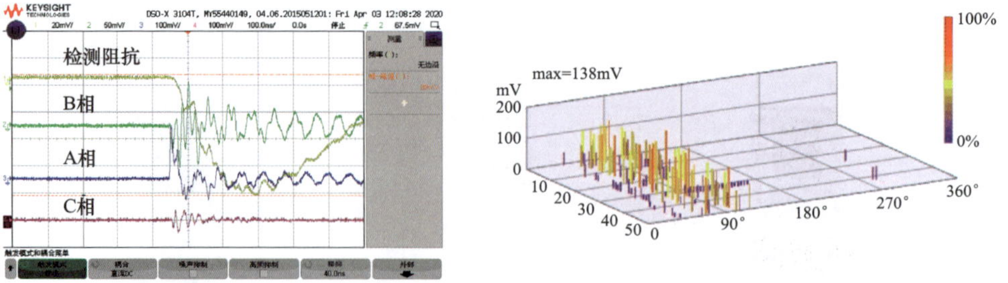

(a) 示波器检测波形　　(b) 局部放电测试仪检测图谱

图 1-170　40kV 试验电压下绝缘拉杆局部放电情况

试压电压 40kV 时，通过示波器检测波形可以看到在三支绝缘拉杆被试品尾端的高频电流传感器上均检测到了局部放电脉冲。对采样波形进行展开处理，从信号时延上可以清楚看到 A 相局部放电脉冲早于 B 相和 C 相，从信号相位上可以看到 A 相局部放电脉冲波形与 B、C 相信号波形相位差约为 180°，可以判断局部放电脉冲信号来自 A 相绝缘拉杆，经地线传导后由 B、C 相的高频电流传感器检测到。

试验电压 40kV 时，从局部放电测试仪检测波形可以看到，局部放电脉冲信号主要集中在工频相位的正半周，在负半周偶尔出现，放电幅值比较分散，基本符合固体绝缘内部放电特征。试验电压升至 50kV 时，局部放电脉冲信号幅值继续增大，同时局部放电脉冲信号在工频相位的负半周出现次数增加，放电脉冲相位分布逐渐在两个半周具备对称性，同时放电幅值比较分散，具备固体绝缘内部放电特征。为确保试验安全，未继续提升试验电压。由于历次现场检测均未检测到异常特高频信号，而在实验室内 40kV 试验电压时即检测到特高频局部放电信号，因此判断缺陷产生的特高频信号在 1121 隔离开关绝缘拉杆位置至特高频检测点的路径上衰减殆尽或遭到屏蔽，无法被盆式绝缘子处的特高频传感器检测得到。

将采集到的局部放电脉冲信号与标准局部放电信号标定源进行比对，计算得到 40kV 试验电压时 A 相绝缘拉杆视在放电量为 202pC，试验电压升至 50kV 时 A 相绝缘拉杆视在放电量增长到 258pC，A 相绝缘拉杆局部放电脉冲在降压至 26kV 时消失。

7. 结论与建议

（1）结论。通过带电检测，成功发现某 220kV 变电站 110kV GIS 设备母联间隔 1121 隔离开关隔室的局部放电信号。根据检测情况，初步判断缺陷类型主要为悬浮电位放电，同时不排除由此产生少量自由颗粒放电的可能性，放电源位于 1121 隔离开关动触头及附件位置。

通过现场解体检查，在 1121 隔离开关隔室底部发现少量黑色颗粒，但未在 1121 隔离开关隔室及设备发现明显放电痕迹。继续对隔离开关动触头及附件进行检测，使用 X 射线成像检测技术在 A 相绝缘拉杆金属插销与环氧树脂交界面位置发现气隙。进一步对三相绝缘拉杆进行外施耐压及局部放电试验，通过高频电流法、特高频法、检测阻抗法均证实 A 相绝缘拉杆试品存在局部放电，放电类型为固体绝缘内部放电。通过检测阻抗与局部放电标定源进行比对，得到试验电压 50kV 时（运行时承受电压 110kV）A 相绝缘拉杆视在放电量 258pC。

根据带电检测、解体检查、实验室试验验证，最终判断该变电站 110kV GIS 设备 1121 隔离开关隔室内存在以固体绝缘内部放电为主的局部放电情况，放电源位于 A 相绝缘拉杆。

（2）建议。

1）从检测原理及检测方法来看，特高频法通过设置在盆式绝缘子、观察孔等位置的天线，对 GIS 罐体内部的电磁波信号进行探测，因此对于罐体内部能够产生特高频电磁波的放电缺陷（如固体绝缘放电、悬浮电位放电、尖端放电等）具有较高的灵敏度，对自由金属颗粒引发的局部放电缺陷，特高频法也有一定的检出率，但大多数 GIS 罐体内部涂有绝缘涂料，自由颗粒跳动激发特高频信号的情况不常出现，限制了特高频法对此类缺陷的检测，而对于振动、磁致伸缩等机械运动导致的异常情况，特高频法检测灵敏度不足。超声波法主要是在罐体外表面设置陶瓷声压传感器，采集由局部放电、机械运动引起的异常声信号（或振动信号），由于超声波信号在不同介质（导体、绝缘材料、SF_6 气体、罐体）之间传播衰减严重，因此超声波法通常对悬浮电位放电、尖端放电、振动、磁致伸缩等缺陷有较高灵敏度，而对于固体绝缘内部放电检测灵敏度不足。在此次检测中，因一直不明确盆式绝缘子是否带有金属屏蔽，而通过超声波法也检测到了幅值强烈且稳定出现的局部放电信号，因此在复测诊断时初步判断可能存在悬浮电位放电，在局部放电类型的判断上，本次现场工作还存在着一些不足之处。

2）从目前掌握到的文献资料、现场检测以及实验室验证试验情况来看，不同类型的局部放电缺陷其检测图谱的特征与耐受电压、缺陷发展情况都密切相关。以此次检测发现的 220kV 变电站 1121 隔离开关 A 相动触头绝缘拉杆内部气隙放电缺陷为例，在实验室验证试验中，升压至 30kV 时率先在工频周期正半周出现局部放电脉冲，脉冲幅值比较分散且放电次数较少，随着试验电压逐渐提升，在工频周期的负半周也陆续出现局部放电脉冲，脉冲幅值以及放电次数均少于正半周，继续提升试验电压，此时工频周期负半周的局部放电信号放电幅值与放电次数明显增加，当试验电压 50kV 时，信号图谱在两个半周呈现出比较明显的对称性，信号图谱基本符合固体绝缘内部放电特征。当电压继续升高时，由于放电幅值较大，信号图谱与悬浮电位放电特征接近。通过试验情况可以合理推测，实际运行中的设备需承受远高于试验的 110kV 电压，此时固体绝缘内部缺陷放电很可能在放电幅值、相位分布特征等方面与悬浮电位放电类似。

许多实验室研究结果表明超声波法对固体绝缘气隙放电缺陷检测灵敏度较低甚至无法检出，但此次检测仍然依靠超声波法发现了绝缘拉杆内部气隙缺陷，表明在现场检测中，依靠发现手段、图谱特征判断缺陷类型及严重程度可能会造成误判，应结合缺陷位置及设备结构综合分析，方能得出最可靠结论。

1.5.2 基于特高频法的 110kV GIS 母线支柱绝缘子内部放电缺陷检测及解体分析

1. 异常概况描述

2019 年 8 月 13 日，运维单位对某 110kV 变电站 110kV GIS 开展例行带电检测，在 110kV Ⅰ 母检测到异常特高频信号，检测仪显示信号幅值最大为 65dB，从 PRPS 图谱看，每个工频周期有两簇放电脉冲，呈显著的 100Hz 频率相关性，具有固体绝缘放电或悬浮电位放电特征。进行多通道信号时延定位，判定该异常信号来自 110kV Ⅰ 母（1006 隔离开关 A 相隔室和 1006 隔离开关 B 相隔室之间），为支柱绝缘子局部放电所激发。超声波局部放电检测未发现异常信号。

2019 年 9 月 20 日，运维单位对该变电站 110kV GIS 缺陷部位安装局部放电重症监护系统，通过一段时间趋势监测，特高频信号幅值无明显增长，也未发现异常超声波信号。

2020 年 6 月 15～20 日，运维单位对该变电站 110kV GIS Ⅰ 母进行停电检修，更换了全部 24 只母线支柱绝缘子。经 X 射线成像检测，发现存在局部放电缺陷的支柱绝缘子内部有一条明显的裂纹，验证了带电检测结果。对其余支柱绝缘子进行 X 射线成像检测，同样发现多只支柱绝缘子存在内部气隙或裂纹，表明该设备支柱绝缘子制造或安装存在普遍质量问题，更换全部支柱绝缘子避免了故障隐患，保障了设备安全运行。

2. 检测对象及项目

检测对象：某 110kV 变电站 110kV GIS。

检测项目：特高频局部放电带电检测、超声波局部放电带电检测。

3. 检测仪器及装置

特高频局部放电带电检测：PDS－T95 型局部放电检测仪。

超声波局部放电带电检测：PDS－T95 型局部放电检测仪。

4. 检测数据

（1）2019 年 8 月 13 日检测及缺陷定位：2019 年 8 月 13 日，运维单位对某 110kV 变电站 110kV GIS 开展例行带电检测，110kV GIS Ⅰ母异常特高频信号如图 1－171 所示，在 110kV Ⅰ母检测到异常特高频信号，检测仪显示信号幅值最大为 65dB，从 PRPS 图谱看，每个工频周期有两簇放电脉冲，呈显著的 100Hz 频率相关性，具有固体绝缘放电或悬浮电位放电特征。

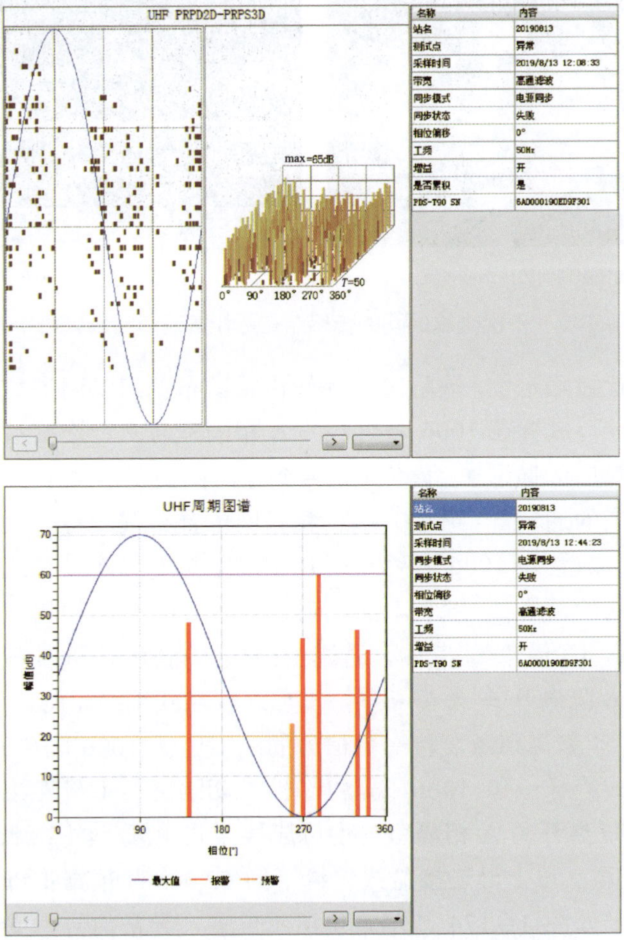

图 1－171 110kV GIS Ⅰ母异常特高频信号

随即，运维单位对测得异常特高频信号的 110kV GIS Ⅰ母进行定位诊断。干扰排除期间的传感器布置和多通道特高频原始波形如图 1－172 所示，放置在 1006 隔离开关 A 相隔室与Ⅰ母连接盆式绝缘子处、1006 隔离开关 B 相隔室与Ⅰ母连接盆式绝缘子处的两个特高频传感器对应的通道 1（黄色）和通道 2（绿色）信号明显，通道 1（黄色）信号到达时间快于通道 2（绿色），与之对比的是放置在Ⅰ母罐体底部的特高频传感器对应的通道 4（粉色）未采集到脉冲信号。据此，初步判定异常特高频信号来自 110kV GIS 内部。

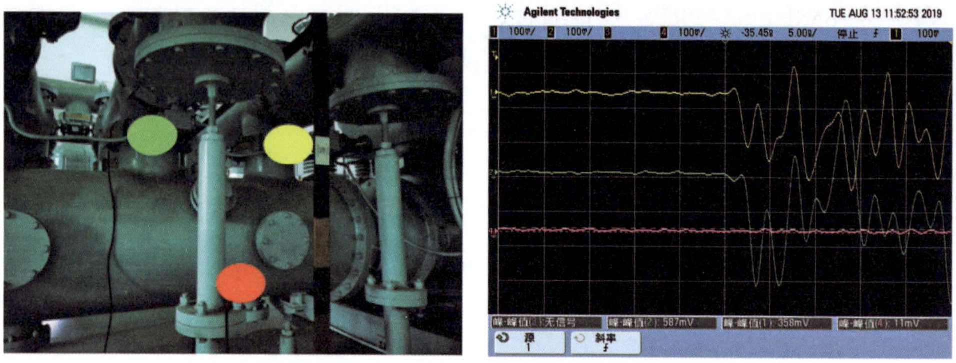

(a) 干扰排除期间的传感器布置　　(b) 多通道特高频原始波形

图 1－172　干扰排除期间的传感器布置和多通道特高频原始波形

进一步进行缺陷定位，缺陷定位期间传感器布置和多通道特高频原始波形如图 1－173 所示，放置在 1006 隔离开关 A 相隔室与Ⅰ母连接盆式绝缘子处的特高频传感器对应的通道 1（黄色）信号到达时间先于 B 相相同位置布置的特高频传感器对应的通道 2（绿色）和 C 相相同位置布置的特高频传感器对应的通道 4（粉色），放置在 1006 隔离开关 B 相隔室与Ⅰ母连接盆式绝缘子处的特高频传感器对应的通道 2（绿色）信号到达时间又快于 C 相相同位置特高频传感器对应的通道 4（粉色）。其中，通道 1（黄色）到达时间领先通道 2（绿色）约 1ns，而 1006 隔离开关 A 相隔室与Ⅰ母连接盆式绝缘子与 B 相相同位置的距离为 75cm，计算得到激发特高频信号的缺陷位于 1006 隔离开关 A 相隔室与Ⅰ母连接盆式绝缘子和 1006 隔离开关 B 相隔室与Ⅰ母连接盆式绝缘子之间，距离 1006 隔离开关 A 相隔室与Ⅰ母连接盆式绝缘子约 22.5cm，距离 1006 隔离开关 B 相隔室与Ⅰ母连接盆式绝缘子约 52.5cm。根据Ⅰ母设备结构，初步判定缺陷位于如图 1－174 缺陷定位所示位置，异常信号为支柱绝缘子局部放电激发。

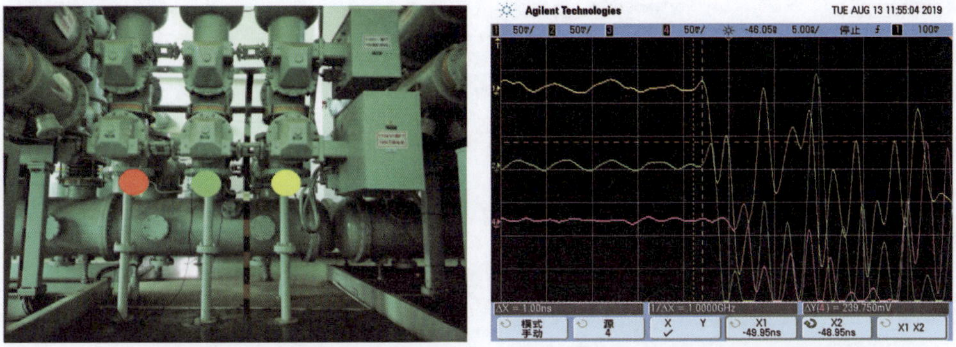

(a) 缺陷定位期间传感器布置　　　(b) 多通道特高频原始波形

图 1－173　缺陷定位期间传感器布置和多通道特高频原始波形

图 1－174　缺陷定位位置

（2）重症监护系统实时监测：2019 年 9 月 20 日，为监控缺陷发展趋势，预警缺陷发展恶化，保障设备安全运行，运维单位在该变电站 1006 隔离开关与 100kV Ⅰ母连接部位安装局部放电重症监护系统，实时监测缺陷部位特高频和超声波信号。安装于 110kV Ⅰ母的局部放电重症监护系统数据如图 1－175 所示，安装的局部放电重症监护系统既可以选择一段时间内信号幅值变化趋势进行观察，也可以选择具体时间点信号的特征图谱进行分析，有助于运维人员及时发现缺陷异常变化，采取对应处置措施。在局部放电重症监护系统运行期间，特高频信号幅值未见异常增长，未测得异常超声波信号。

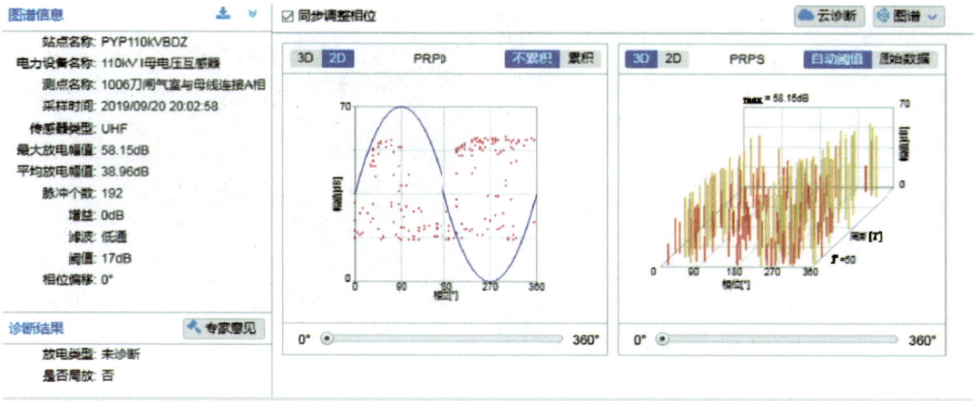

图 1-175 安装于 110kV Ⅰ母的局部放电重症监护系统数据

5. 综合分析

通过带电检测手段，运维单位发现某 110kV 变电站 110kV GIS 1006 隔离开关与Ⅰ母盆式绝缘子处存在异常特高频信号，经定位诊断，缺陷位于 110kV Ⅰ母（1006 隔离开关 A 相隔室和 1006 隔离开关 B 相隔室之间）。通过分析设备结构、结合此类设备在其他变电站缺陷情况，综合分析认为该变电站 110kV Ⅰ母（1006 隔离开关 A 相隔室和 1006 隔离开关 B 相隔室之间）支柱绝缘子存在局部放电缺陷。经一段时间在线监测，该缺陷激发的特高频信号幅值未有显著增长，但考虑到固体绝缘放电缺陷属于不可自恢复缺陷，随着时间发展只会越来越严重，为保障设备安全运行，运维单位决定选取适当时机对 110kV GIS Ⅰ母进行停电检修，更换所有支柱绝缘子。

6. 验证情况

110kV Ⅰ母解体检修范围如图 1-176 所示，2020 年 6 月 15～20 日，运维单位对该变电站 110kV Ⅰ母进行停电检修，更换 110kV Ⅰ母两个母线筒内共 24 只支柱绝缘子。

110kV Ⅰ母解体检修取下的支柱绝缘子如图 1-177 所示，对 110kV Ⅰ母取出的 24 只支柱绝缘子进行外观检查，表面未发现明显放电痕迹，110kV Ⅰ母罐体内壁和载流导体也未见明显异常。支柱绝缘子 X 射线成像检测、存在局部放电缺陷的支柱绝缘子 X 射线成像检测结果分别如图 1-178 和图 1-179 所示，利用 X 射线成像检测法对定位的缺陷支柱绝缘子进行检测，发现绝缘子内部存在较大裂纹，已难以支撑设备可靠运行。

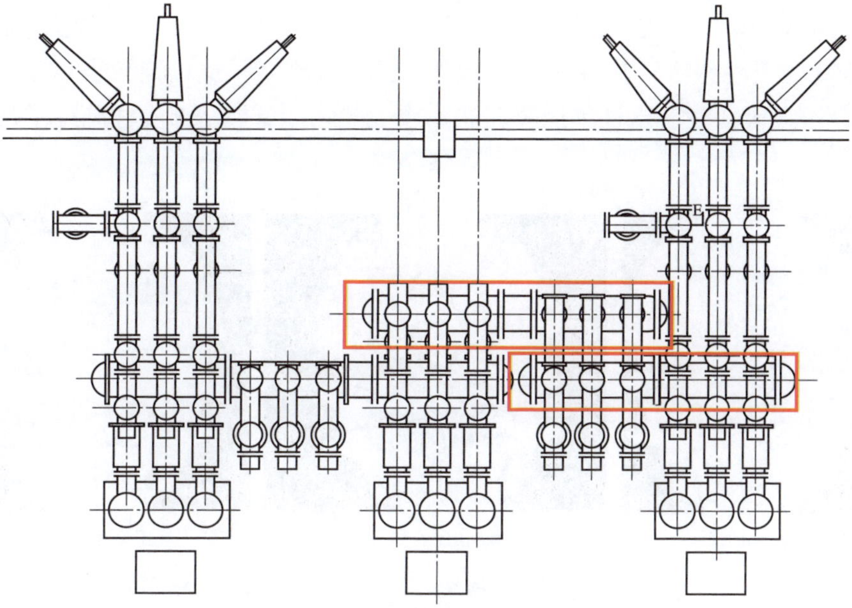

图 1－176 110kV Ⅰ 母解体检修范围

图 1－177 110kV Ⅰ 母解体检修取下的支柱绝缘子

图 1－178 支柱绝缘子 X 射线成像检测

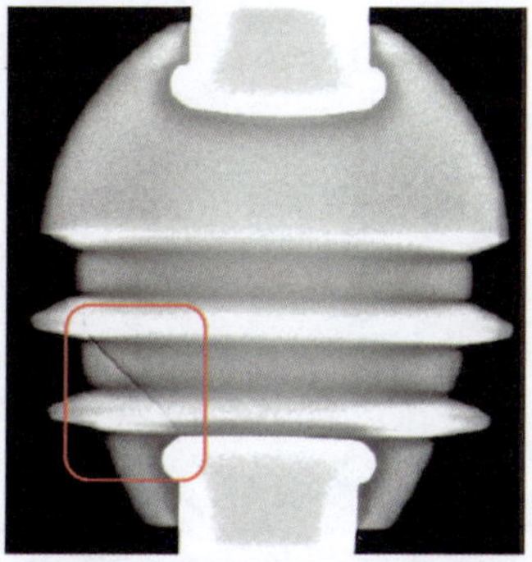

图 1－179 存在局部放电缺陷的支柱绝缘子 X 射线成像检测结果

110kV Ⅰ母其他支柱绝缘子X射线成像检测结果如图1－180所示，对其余110kV Ⅰ母支柱绝缘子开展X射线成像检测，发现多只支柱绝缘子存在内部气隙或裂纹，表明设备支柱绝缘子存在家族性缺陷，更换全部支柱绝缘子是保障设备安全运行的正确举措。

(a) 绝缘子1　　(b) 绝缘子2　　(c) 绝缘子3

图1－180　110kV Ⅰ母其他支柱绝缘子X射线成像检测结果

7. 结论与建议

（1）结论。某110kV变电站110kV GIS母线支柱绝缘子存在家族性缺陷，内部气隙或裂纹在运行期间发生局部放电，威胁设备安全运行。运维单位通过特高频法检测到存在的异常并成功定位存在局部放电缺陷的支柱绝缘子，通过更换支柱绝缘子排除了缺陷。

该变电站110kV GIS母线支柱绝缘子生产过程中采用常温常压下环氧树脂浇筑工艺，浇筑过程中绝缘子内部可能存在气隙。同时，安装过程中质量工艺管控不佳，支柱绝缘子对中不到位，运行过程中在电动力作用下可能导致绝缘子内部出现裂纹。母线支柱绝缘子内部存在裂纹或气隙，导致电场畸变引发局部放电，缺陷持续发展可能导致设备故障。

（2）建议。

1）对与该变电站110kV GIS同厂同型同期的设备母线进行针对性带电检测，及时发现支柱绝缘子局部放电缺陷，及时排除缺陷，保障设备安全运行。对于检出支柱绝缘子局部放电缺陷的设备，表明支柱绝缘子制造或安装存在质量问题，建议有条件情况下全部更换支柱绝缘子，杜绝隐患。

2）特高频法对固体绝缘局部放电缺陷检测灵敏度较高，但现场检测时会受到盆式绝缘子屏蔽（金属屏蔽的盆式绝缘子开了浇筑孔也对低频部分信号有极强的屏蔽作用）、传播路径引发衰减的影响，可能漏测存在的缺陷。超声波法对固体绝缘局部放电缺陷检测灵敏度不及特高频法，但在现场也有不少超声波法检出固体绝缘局部放电缺陷的案例。因此，在对 GIS 局部放电缺陷的检测中，不应偏废任何一种方法，应确保特高频法（若具备条件）和超声波法的检测落到实处。

1.6 GIS 异常振动/内部过热典型缺陷分析

1.6.1 基于超声波法的 500kV GIS 隔离开关隔室振动缺陷检测分析

1. 异常概况描述

2021 年 7 月 10 日和 11 日，运维单位测得某 500kV 变电站 500kV GIS 50532 隔离开关 C 相隔室存在异常超声波信号（未测得异常特高频信号），信号幅值最大区域位于隔离开关操动机构箱连接的半球形壳体表面，综合诊断为内部振动缺陷。

2021 年 9 月 8 日，对该变电站 50532 隔离开关 C 相隔室开展带电检测复测，发现异常超声波信号仍然稳定存在（未测得异常特高频信号），信号幅值最大区域与初次检测相同，同型号仪器检测结果显示信号幅值显著大于初次检测。此外，人耳可听见 50532 隔离开关 C 相隔室内部存在异响声。根据信号特征和定位结果进行综合分析，50532 隔离开关 C 相隔室存在内部振动缺陷。

2021 年 9 月 18 日，对该变电站 50532 隔离开关 C 相隔室开展带电检测复核诊断。50532 隔离开关 C 相隔室异常超声波信号仍然稳定存在，人耳可听见隔室内部存在异响，信号特征和幅值较大区域与之前检测结果一致。时延定位发现，超声波信号源最靠近 50532 隔离开关 C 相绝缘拉杆。综合分析，50532 隔离开关 C 相隔室存在因振动产生的异常超声波信号。为监测异常超声波信号变化趋势、及时发现振动引起的悬浮电位放电等缺陷激发的异常特高频信号，建议在 50532 隔离开关 C 相隔室安装局部放电重症监护系统，同时加强该隔室的 SF_6 气体分解产物检测和红外精确测温，及时发现缺陷发展情况。

2021 年 9 月 27～28 日，运维单位在该变电站 50532 隔离开关 C 相隔室安装局部放电重症监护系统，在隔室的非金属屏蔽位置安装 2 个特高频传感器，在隔室壳体表面安装 1 个超声波传感器，共计 3 个信号监测通道，在隔室临近空间设置 1 个特高频传感器作为背景噪声通道，正式启动对隔室的实时监控和趋势分析。截至 2022 年 1 月 6 日，该隔室未测得异常特高频信号。

2. 检测对象及项目

检测对象：某 500kV 变电站 500kV GIS 50532 隔离开关 C 相隔室。

生产日期：2005 年 1 月。

检测项目：超声波局部放电带电检测、特高频局部放电带电检测。

3. 检测仪器及装置

超声波局部放电带电检测：PDS－T95 型局部放电检测仪、PD－74 型局部放电检测仪、PDDS－102 型电力设备局部放电检测与智能诊断系统。

特高频局部放电带电检测：PDS－T95 型局部放电检测仪、PD－74 型局部放电检测仪、PDDS－102 型电力设备局部放电检测与智能诊断系统。

缺陷定位：DSOX3104T 型数字示波器。

4. 检测数据

（1）超声波局部放电带电检测：2021 年 7 月 10 日 15 时，天气晴，温度为 26℃、湿度为 70%，7 月 10 日 PDS－T95 型局部放电检测仪测得 50532 隔离开关 C 相隔室异常超声波信号和 PD－74 型局部放电检测仪测得 50532 隔离开关 C 相隔室异常超声波信号分别如图 1－181 和图 1－182 所示。运维单位使用 PDS－T95 型局部放电检测仪和 PD－74 型局部放电检测仪均测得某 500kV 变电站 500kV GIS 50532 隔离开关 C 相隔室存在异常超声波信号（检测期间 50532 隔离开关 C 相负荷电流为 420～490A），信号呈现显著的 100Hz 频率相关性。PDS－T95 型局部放电检测仪测得幅值约为 4.3mV，相对较小。7 月 10 日 50532 隔离开关构架处超声波背景噪声信号如图 1－183 所示，在 50532 隔离开关构架处测得超声波背景噪声未见异常。

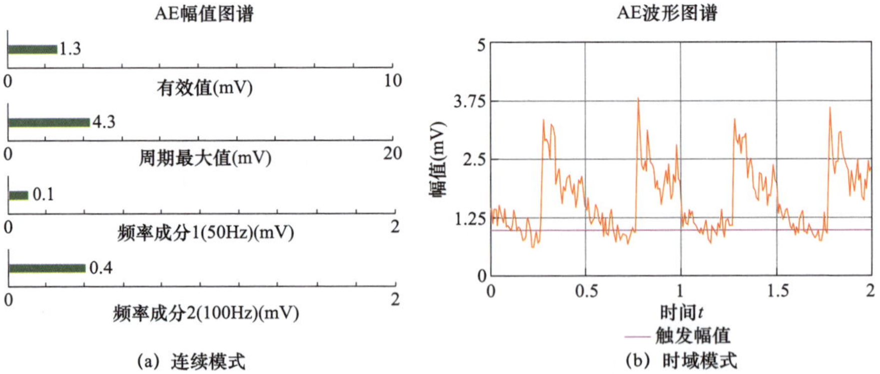

图 1－181　7 月 10 日 PDS－T95 型局部放电检测仪测得 50532 隔离开关 C 相隔室异常超声波信号

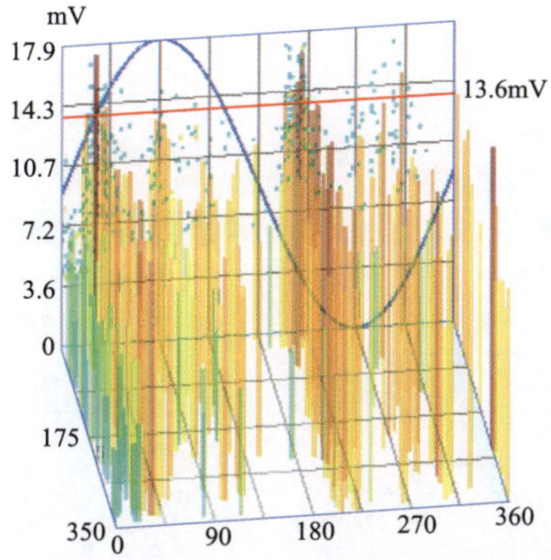

图 1-182　7 月 10 日 PD-74 型局部放电检测仪测得 50532 隔离开关 C 相隔室异常超声波信号

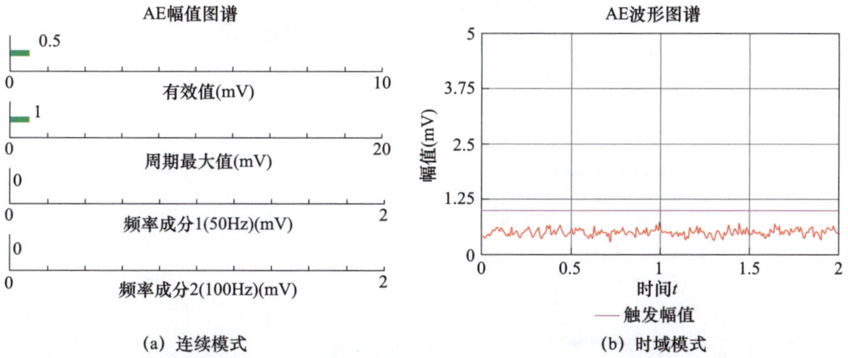

图 1-183　7 月 10 日 50532 隔离开关构架处超声波背景噪声信号

2021 年 7 月 11 日 10 时，天气晴，温度为 26℃、湿度为 60%，运维单位对该变电站 50532 隔离开关 C 相隔室进行复测。7 月 11 日 PDS-T95 型局部放电检测仪测得 50532 隔离开关 C 相隔室异常超声波信号如图 1-184 所示，仍可测得稳定存在的异常超声波信号（检测期间 50532 隔离开关 C 相负荷电流 450～490A），信号特征与 7 月 10 日检测结果相似，PDS-T95 型局部放电检测仪检测到的信号幅值略低于 7 月 10 日检测结果。

2021 年 9 月 8 日 13 时，天气阴，温度为 18℃、湿度为 65%，运维单位对该变电站 50532 隔离开关 C 相隔室进行复测。9 月 8 日 PDS-T95 型局部放电检测仪测得 50532 隔离开关 C 相隔室异常超声波信号如图 1-185 所示，仍可测得稳定存在的异常超声波信号（检测期间 50532 隔离开关 C 相负荷电流为 630～650A），信号特征与 7 月检测结果相似，但 PDS-T95 型局部放电检测仪检测到的信号幅值显著增长，为 7 月检测值的两倍以上。此次检测，人耳可听见 50532 隔离开关 C 相隔室内存在异响。

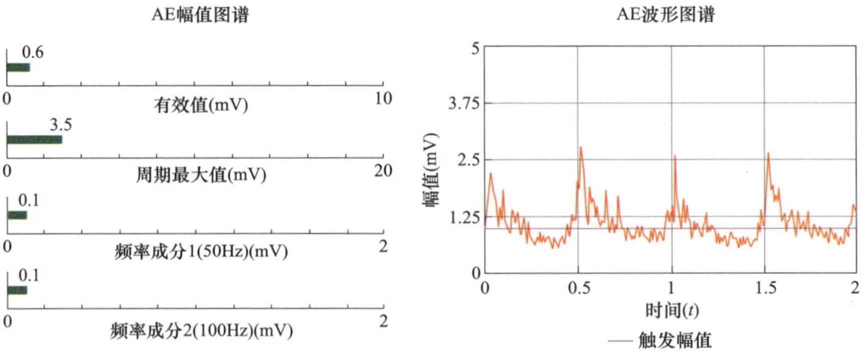

(a) 连续模式　　(b) 时域模式

图 1-184　7 月 11 日 PDS-T95 型局部放电检测仪测得 50532 隔离开关 C 相隔室异常超声波信号

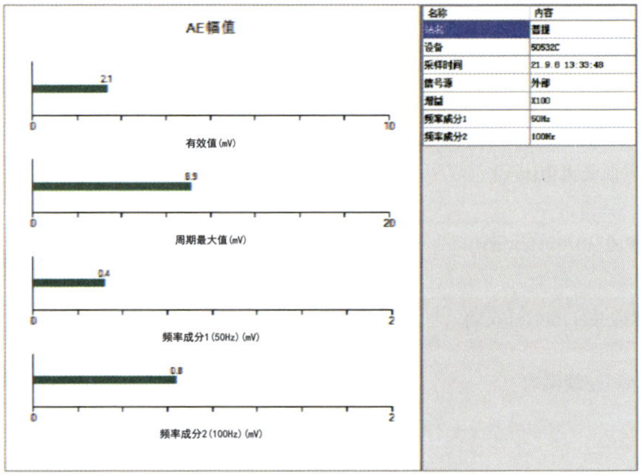

(a) 连续模式

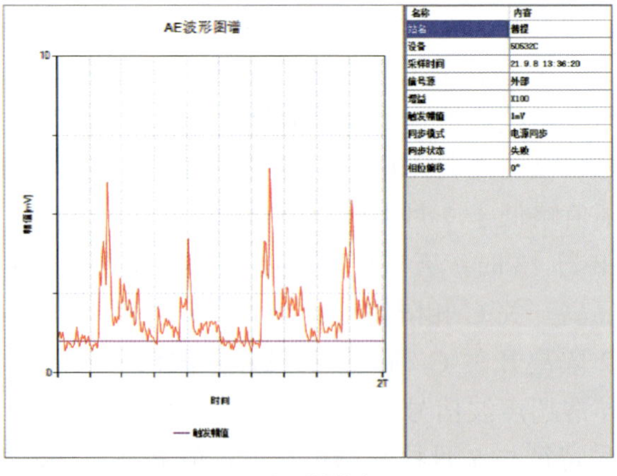

(b) 时域模式

图 1-185　9 月 8 日 PDS-T95 型局部放电检测仪测得 50532 隔离开关 C 相隔室异常超声波信号

2021 年 9 月 18 日 12～15 时，天气晴，温度为 22℃、湿度为 55%，对该变电站 50532 隔离开关 C 相隔室进行复核诊断。50532 隔离开关 C 相隔室异常超声波信号幅值较大区域、50532 隔离开关 C 相隔室操动机构相连壳体表面异常超声波时域波形分别如图 1－186、图 1－187 所示。此次检测测得隔离开关操动机构相连的半球形壳体表面（如图 1－186 所示的红框内）存在如图 1－187 所示的异常超声波信号（操动机构箱等背景测点未测得异常超声波信号），信号呈现显著的 100Hz 频率相关性，从信号时域波形看，上升沿较缓、持续时间较长，具有显著的振动信号特征。进一步开展多点检测，多种仪器检测结果一致反映在图 1－186 所示红框内异常超声波信号幅值相对较大，在图 1－186 所示红框之外的壳体表面进行检测，测得信号如图 1－188 所示，幅值和稳定性明显降低。此外，PDS－T95 型局部放电检测仪测得 50532 隔离开关 C 相隔室异常超声波信号如图 1－189 所示，运维单位技术人员使用 PDS－T95 型局部放电检测仪测得异常信号幅值与 7 月 10 日检测结果相近（检测期间 50532 隔离开关 C 相负荷电流为 700～750A）。此次检测，人耳可听见隔室内部存在异响，主观感觉为有规律的“嗡嗡”声。

图 1－186　50532 隔离开关 C 相隔室异常超声波信号幅值较大区域

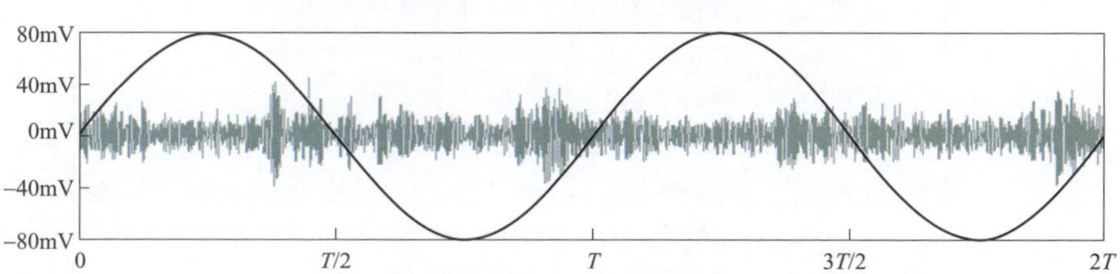

图 1－187　50532 隔离开关 C 相隔室操动机构相连壳体表面异常超声波时域波形

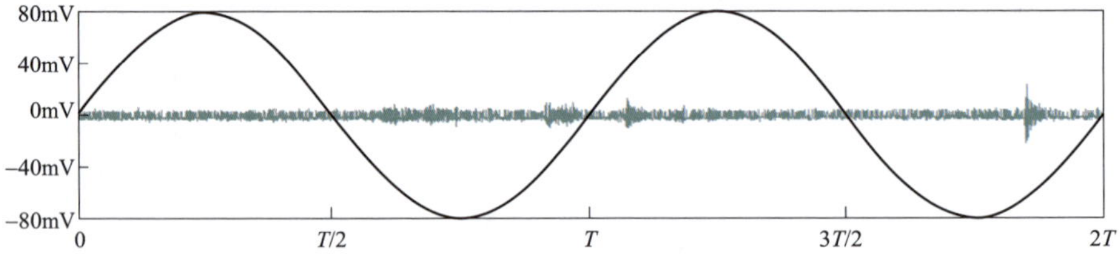

图 1-188　50532 隔离开关 C 相隔室动静触头接触部位壳体表面异常超声波时域波形

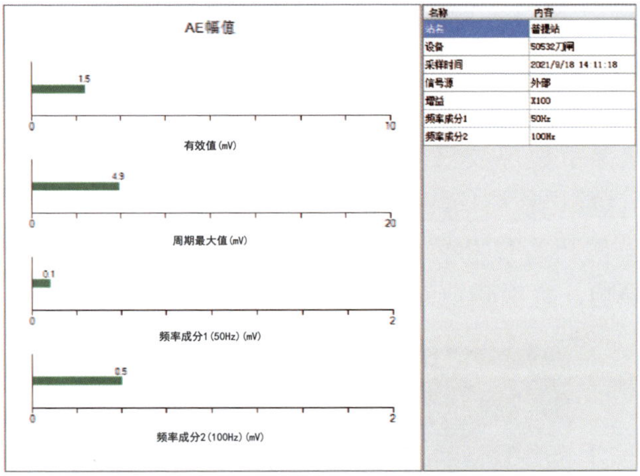

(a) 连续模式

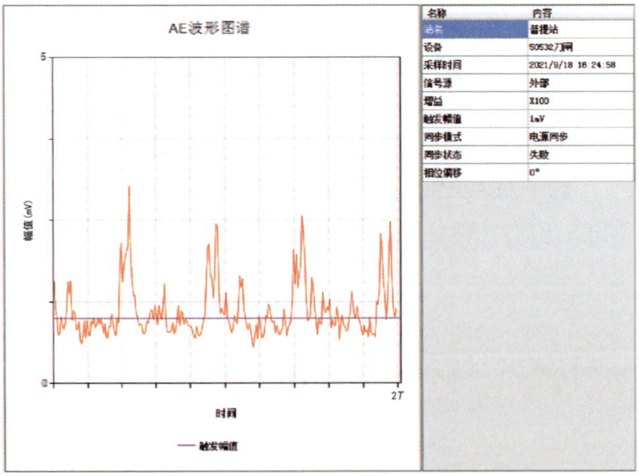

(b) 时域模式

图 1-189　9 月 18 日 PDS-T95 型局部放电检测仪测得 50532 隔离开关 C 相隔室异常超声波信号

（2）特高频局部放电带电检测。50532 隔离开关 C 相隔室特高频信号测点如图 1－190 所示，2021 年 7 月 10 日、7 月 11 日、9 月 8 日和 9 月 18 日，运维单位多次对该变电站 50532 隔离开关 C 相隔室非金属屏蔽部位开展特高频局部放电带电检测，均未测得异常特高频信号。

图 1－190　50532 隔离开关 C 相隔室特高频信号测点

（3）缺陷定位。2021 年 9 月 8 日，运维单位对该变电站 50532 隔离开关 C 相隔室进行了多通道超声波信号时延定位。9 月 8 日 50532 隔离开关 C 相隔室超声波信号时延定位测点布置如图 1－191 所示，通道 A 对应的超声波传感器布置在隔室动静触头观察窗附近位置（此位置测得的异常信号幅值相对较小），通道 B 对应的超声波传感器布置在隔离开关操动机构相连的半球形壳体表面（此位置测得的异常信号幅值相对较大）。9 月 8 日定位期间 50532 隔离开关 C 相隔室双通道时域信号如图 1－192 所示，通道 B 对应传感器信号到达时间领先于通道 A 对应传感器，并且通道 B 对应传感器测得信号幅值也显著大于通道 A 对应传感器。这表明在整个 50532 隔离开关 C 相隔室，信号源更接近隔离开关操动机构相连的半球形壳体表面，这也与幅值定位结果一致。

2021 年 9 月 18 日，在 9 月 8 日定位结果的基础上，继续对 50532 隔离开关 C 相隔室进行多通道超声波信号时延定位，以确定信号源在隔离开关操动机构相连的半球形壳体表面的具体位置。9 月 18 日 50532 隔离开关 C 相隔室超声波信号时延定位测点布置如图 1－193 所示，在 50532 隔离开关 C 相绝缘拉杆附近壳体布置一固定测点设置为通道 2，在相对远离绝缘拉杆的各方向均布置测点设置为通道 1。9 月 18 日 50532 隔离开关 C 相隔室部分测点的双通道时域信号如图 1－194 所示，即使在通道 1 对应测点和通道 2 对应测点距离接近、超声波传播速度较电磁波慢许多导致时延分辨率较低的情况下，在很多时刻仍可见临近绝缘拉杆的通道 2 测点信号到达时间领先于相对远离绝缘拉杆的各方向通道 1 测点信号，表明超声波信号源最靠近 50532 隔离开关 C 相绝缘拉杆。

图 1－191　9 月 8 日 50532 隔离开关 C 相隔室超声波信号时延定位测点布置

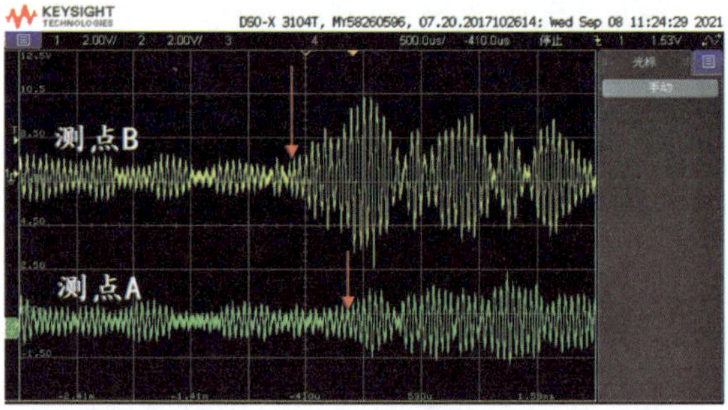

图 1－192　9 月 8 日定位期间 50532 隔离开关 C 相隔室双通道时域信号

(a) 表计侧测点布置　　(b) 非表计侧测点布置

图 1－193　9 月 18 日 50532 隔离开关 C 相隔室超声波信号时延定位测点布置

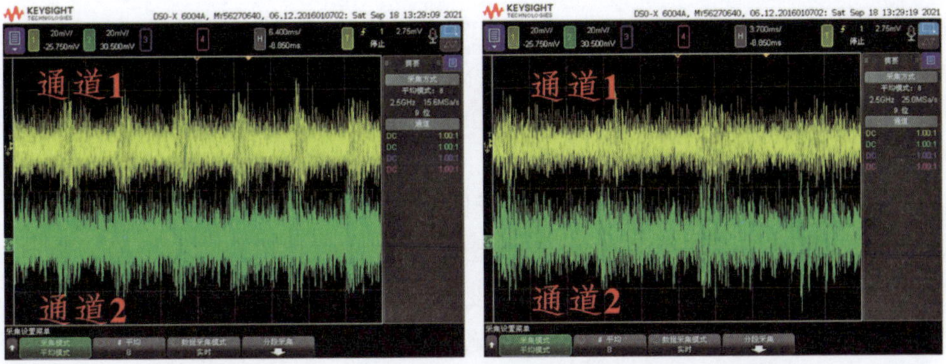

(a) 双通道信号 1　　(b) 双通道信号 2

图 1-194　9 月 18 日 50532 隔离开关 C 相隔室部分测点的双通道时域信号

（4）红外精确测温。2021 年 9 月 18 日，运维单位对 50532 隔离开关 C 相隔室开展红外测温，50532 隔离开关 C 相隔室红外成像图谱如图 1-195 所示，未发现异常过热情况。

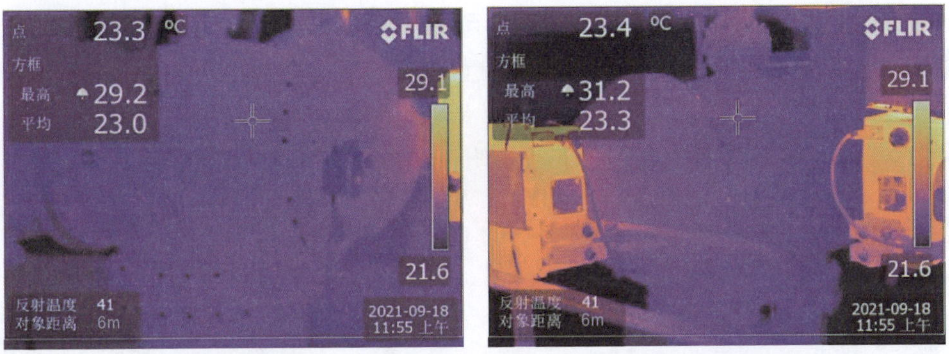

(a) 表计侧图谱　　(b) 非表计侧图谱

图 1-195　50532 隔离开关 C 相隔室红外成像图谱

5. 综合分析

某 500kV 变电站 50532 隔离开关 C 相隔室存在异常超声波信号，人耳可听见隔室内部存在异响声，综合分析隔室内部存在因部件紧固不到位引起的振动缺陷。从运维单位多次检测情况看（7 月 10 日 50532 隔离开关 C 相负荷电流约 450A，超声波信号幅值约 4.5mV；9 月 8 日 50532 隔离开关 C 相负荷电流约 640A，超声波信号幅值约 8.0mV；9 月 18 日 50532 隔离开关 C 相负荷电流约 710A，超声波信号幅值约 4.5mV），暂未发现异常信号幅值与负荷电流呈现严格的正相关关系。根据该隔离开关气室内部结构，图 1-186 所示红框内壳体与操动机构箱以及绝缘拉杆相连，除此之外无其他连接部件，而信号时延定位结果显示信号源临近绝缘拉杆与壳体连接的位置。综上所述，分析该变电站 50532 隔离开关 C 相隔室内部存在的振动缺陷最可能的原因有两点，一是绝缘拉杆紧固不到位存在振动加剧情况；二是载流回路接触不良或屏蔽罩松动导致振动加剧，振动产生的超声波信号沿绝缘拉杆传输至图 1－186 所示红框内壳体。

对于 50532 隔离开关 C 相隔室存在的内部振动缺陷，尽管目前异常超声波信号幅值不大，但仍存在两方面危害设备安全运行的隐患，一方面是振动导致载流能力下降，可能引发过热等缺陷；另一方面是目前虽然特高频局部放电检测结果和 SF_6 气体分解产物检测结果暂不支持隔室内部存在局部放电的结论，但屏蔽罩松动的情况下，缺陷进一步发展可能导致悬浮电位放电，危害设备绝缘。

6. 验证情况

该变电站 50532 隔离开关 C 相隔室暂未解体检修。2021 年 9 月 27～28 日，运维单位在该隔室安装局部放电重症监护系统，50532 隔离开关 C 相隔室局部放电重症监护系统安装如图 1－196 所示。如图 1－196（a）所示，为保障信号采集，在隔室两个盆式绝缘子浇筑孔位置各安装 1 个特高频传感器，在与隔离开关操动机构相连的半球形壳体表面（带电检测测得异常超声波信号幅值最大位置）安装 1 个超声波传感器，在隔室附近线缆槽安装 1 个特高频背景传感器。

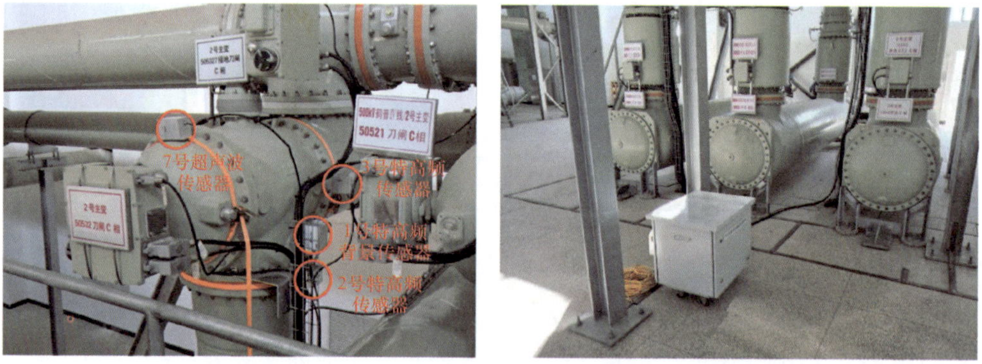

(a) 传感器布置　　(b) 主控单元布置

图 1－196　50532 隔离开关 C 相隔室局部放电重症监护系统安装

截至 2022 年 1 月 6 日，50532 隔离开关 C 相隔室局部放电重症监护系统主控单元、云端服务器控制和查询功能运行良好，可以对缺陷部位局部放电情况进行有效监测和趋势分析。用户从 Internet 网登录后，可查看任一传感器任一时间的信号特征图谱，也可以对任一传感器历史数据进行查看。截至 2022 年 1

月 6 日 50532 隔离开关 C 相隔室特高频监测数据如图 1－197 所示。从图 1－197 中可以看出，2021 年 9 月 28 日～2022 年 1 月 6 日，50532 隔离开关 C 相隔室各特高频传感器测得信号幅值均小于－72dBm 且未见频率相关性，表明隔室内暂未出现局部放电缺陷。截至 2022 年 1 月 6 日 50532 隔离开关 C 相隔室超声波监测数据如图 1－198 所示，2021 年 9 月 28 日～2022 年 1 月 6 日，50532 隔离开关 C 相隔室超声波传感器未测得异常信号（从对比角度看，局部放电重症监护系统超声波传感器灵敏度低于带电检测仪器超声波传感器灵敏度）。

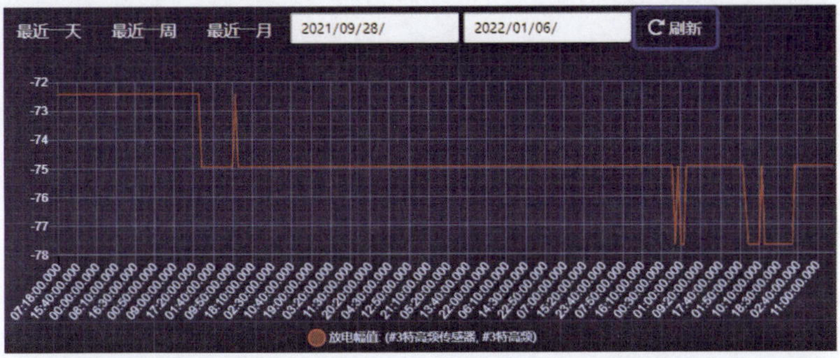

图 1－197　截至 2022 年 1 月 6 日 50532 隔离开关 C 相隔室特高频监测数据

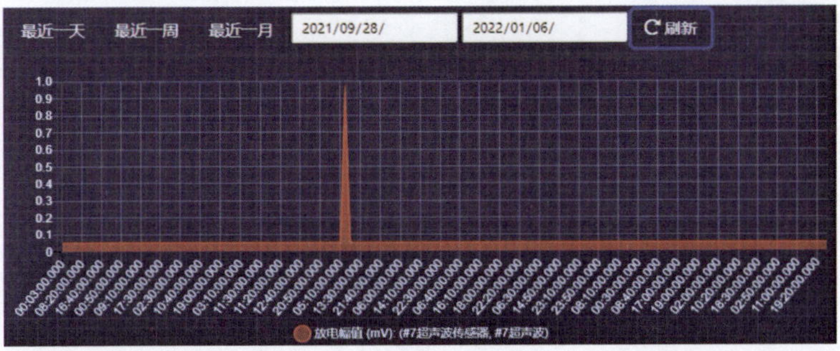

图 1－198　截至 2022 年 1 月 6 日 50532 隔离开关 C 相隔室超声波监测数据

综上所述，根据 2021 年 9 月 28 日～2022 年 1 月 6 日局部放电重症监护数据，50532 隔离开关 C 相隔室内部暂未发现局部放电缺陷，可对设备继续监视运行。根据近期运维单位带电检测结果，50532 隔离开关 C 相隔室也未测得异常超声波信号（特高频测点被局部放电重症监护系统占用无法检测特高频信号），表明随着负荷的降低，设备振动减弱或消失。

7. 结论与建议

（1）结论。经带电检测的异常信号特征分析和多通道信号时延定位，某 500kV 变电站 50532 隔离开关 C 相隔室存在载流回路或绝缘拉杆振动缺陷。尽管目前异常超声波信号幅值不大，但缺陷进一步发展可能导致悬浮电位放电，危害设备绝缘，应采取相应的运维措施。

（2）建议。

1)2021 年 9 月 27～28 日在该变电站 50532 隔离开关 C 相隔室部署局部放电重症监护系统，运维单位应对异常超声波信号变化趋势进行跟踪监测，同时对特高频信号进行监测，以便及时发现局部放电及其发展情况。

2）在设备负荷电流低于 1000A 情况下，运维单位每周对 50532 隔离开关 C 相隔室开展一次红外精确测温，每三月开展一次 SF_6 气体分解产物检测；在设备负荷电流达到或超过 1000A 情况下，考虑到可能存在的振动加剧情况，运维单位每天对 50532 隔离开关 C 相隔室开展一次红外精确测温，每周开展一次 SF_6 气体分解产物检测。

3）一旦各项检测发现 50532 隔离开关 C 相隔室缺陷存在发展趋势，由运维单位开展专项带电检测，提出针对性运维建议。

1.6.2 基于红外精确测温的 220kV GIS 断路器隔室内部过热缺陷检测及解体分析

1. 异常概况描述

2020 年 4 月 11 日 16 时 11 分，某 220kV 变电站运行人员开展红外测温，发现 263 断路器 A 相隔室罐体表面温度为 40℃（此时环境温度为 22℃），运行人员用手触摸罐体表面有明显灼热感。

经检修人员和试验人员进一步检查，确认 263 断路器 A 相隔室内部存在过热缺陷。2020 年 4 月 12 日，运维单位对该变电站 263 断路器 A 相隔室进行了解体检修，发现因断路器压气缸外侧的中间接头与连接的铸铝导体接触不良，导致出现温度异常升高对载流回路严重烧蚀（不排除存在局部放电情况），罐体内可见大量灰色粉尘。

消缺后，设备恢复正常运行。运维单位通过带电检测，发现并消除 263 断路器 A 相隔室危急缺陷，避免了设备故障，保障了电网安全运行。

2. 检测对象及项目

检测对象：某 220kV 变电站 263 断路器 A 相隔室。

检测项目：红外精确测温、超声波局部放电带电检测、特高频局部放电带电检测、SF_6 气体分解产物检测、X 射线成像检测。

263 断路器近 5 年共动作 12 次，最近一次为 2019 年 4 月 25 日的合闸操作。需要注意的是，2019 年 11 月 10 日，263 断路器 A 相隔室罐体温度较其他两相高了 2K 左右，运维单位于 2019 年 11 月 12 日开展超声波、特高频局部放电带电检测，均未测得异常信号，263 断路器三相 SF_6 气体压力正常。

3. 检测仪器及装置

红外精确测温：FLIR T610 型红外热像仪。

特高频局部放电带电检测：PDS－T95 型局部放电检测仪。

超声波局部放电带电检测：PD－208 型超声波局部放电检测仪。

4. 检测数据

（1）红外测温：263 断路器 A 相隔室初测红外图谱如图 1－199 所示，2020 年 4 月 11 日 16 时 11 分，某 220kV 变电站运行人员开展红外测温，发现 263 断路器 A 相隔室罐体表面温度为 40℃（此时环境温度为 22℃）。2020 年 4 月 11 日 17 时 10 分，检修人员现场检查发现 263 断路器 A 相隔室 SF_6 气体压力为 0.65MPa，B、C 相隔室 SF_6 气体压力均为 0.63MPa。

263 断路器 A 相隔室复测红外图谱如图 1－200 所示，2020 年 4 月 11 日 19 时 10 分，试验专业人员对 263 断路器 A 相隔室罐体表面进行红外精确测温，测得温度最高达 50℃，温度最高点位于手孔处。此时，263 断路器 A 相隔室 SF_6 气体压力升高至 0.69MPa。据此分析，263 断路器 A 相隔室内部存在载流回路接触不良缺陷导致严重过热，产生的部分热量通过热辐射传递到 GIS 罐体表面导致罐体温度显著升高。

图 1－199　263 断路器 A 相隔室初测红外图谱

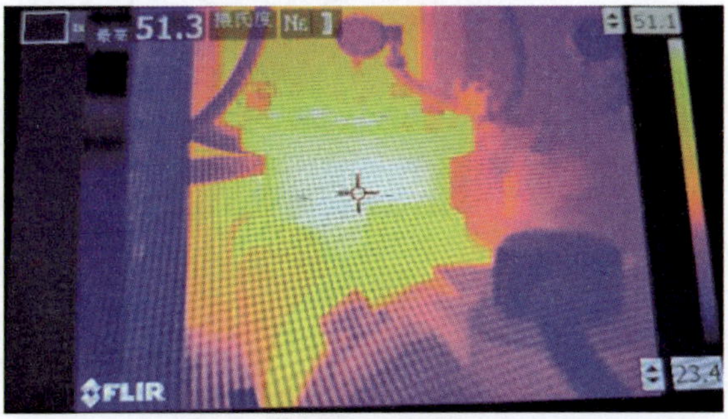

图 1－200　263 断路器 A 相隔室复测红外图谱

由于缺陷明显且发展迅速，考虑到人身、设备安全，运维单位决定先将 263 断路器退出运行再进行诊断。因 263 断路器存在严重内部缺陷，在带负荷情况下断路器可能无法分闸甚至分闸期间可能导致设备故障，为保持 263 断路器原始状态，紧急申请将对侧断路器分闸后，剩余负荷转至Ⅱ母，用母联断路器将263 断路器停电。2020 年 4 月 11 日 21 时左右，263 断路器退出运行。

（2）特高频、超声波局部放电带电检测。因设备存在非常严重的内部过热缺陷，运维单位第一时间将 263 断路器退出运行，当日未开展局部放电带电检测。如图 1－201 所示，根据运维单位 2019 年 11 月局部放电带电检测结果，当时未发现 263 断路器存在异常特高频信号和异常超声波信号。

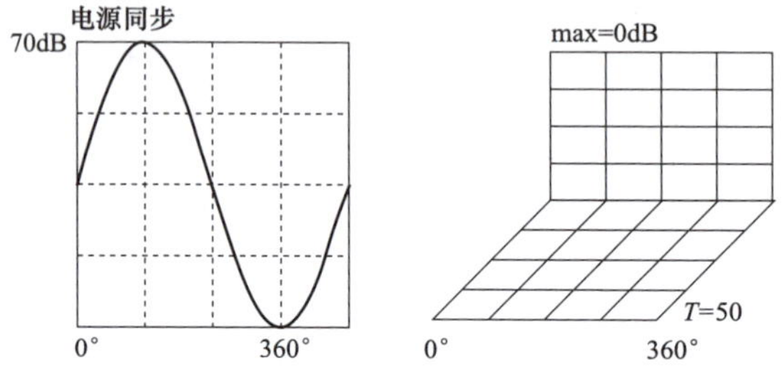

图 1－201　2019 年 11 月 263 断路器特高频检测结果

（3）X 射线成像检测。对退出运行的 263 断路器开展 X 射线成像检测。如图 1－202 所示，263 断路器 A 相动静触头接触部位未见明显合闸不到位情况，同时动静触头也未见明显螺栓及紧固件松动情况，263 断路器 A 相和 C 相动静触头接触部位对比未见明显异常。

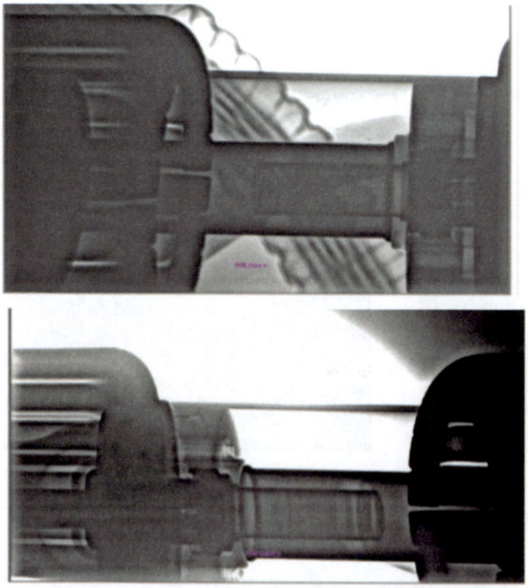

(a) 263 断路器合闸状态下 A 相动静触头接触部位 X 射线成像图

图 1－202　263 断路器 X 射线成像检测结果（一）

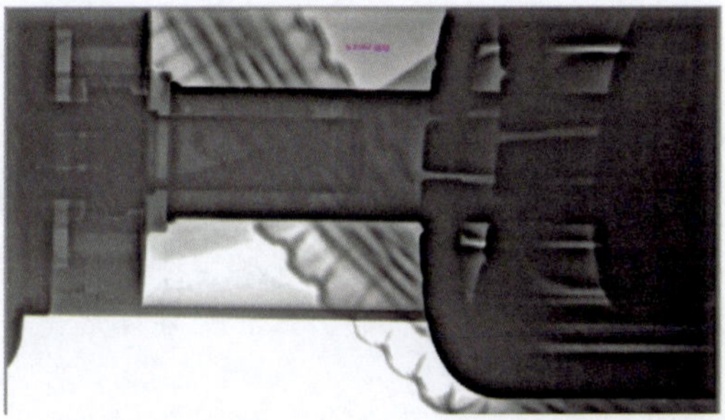

(b) 263 断路器合闸状态下 C 相动静触头接触部位 X 射线成像图

图 1-202 263 断路器 X 射线成像检测结果（二）

（4）SF_6 气体分解产物检测。2020 年 4 月 11 日，运维单位对 263 断路器三相隔室进行了 SF_6 气体分解产物和微水检测，未测得存在 SO_2（SOF_2）、H_2S、HF 等气体，A 相、B 相和 C 相微水含量分别为 56.2μL/L、28.5μL/L 和 19.6μL/L，未见异常。

5. 综合分析

某 220kV 变电站 263 断路器 A 相隔室罐体表面存在异常过热情况，经红外精确测量温度最高达 50℃，并且罐体表面温度和隔室 SF_6 气体压力均呈持续增长趋势。根据红外测温结果和隔室 SF_6 气体压力变化情况，运维单位分析 263 断路器 A 相隔室内部载流回路存在接触不良情况，导致非常严重的过热缺陷，部分热量通过热辐射传递至 GIS 罐体表面导致罐体表面温度异常升高。为保障人身、设备安全，运维单位未再开展其他检测，第一时间将 263 断路器退出运行，等待下一步检查即解体检修。

6. 验证情况

263 断路器退出运行后，检修人员对断路器三相拐臂位置进行检查，三相拐臂位置无明显差异。

263 断路器回路电阻测试范围如图 1-203 所示，拆除 26330 接地开关接地连片与大地的连接，从该接地连片加入电流通过 26330 接地开关到 263 断路器，结果显示 263 断路器 A 相回路电阻达 5400μΩ，严重超出标准要求，与之比较 B 相和 C 相回路电阻分别为 55μΩ 和 58μΩ。回路电阻测试结果表明 263 开关间隔 A 相载流回路存在严重的接触不良缺陷，且很可能缺陷存在于 263 断路器 A 相。

2020 年 4 月 12 日，运维单位对 263 断路器 A 相隔室进行解体检查。SF_6 气体回收后，打开 263 断路器 A 相隔室动静触头处手孔，肉眼可见中间接头颜色黯淡，中间接头下方罐体内壁有灰色粉末，静触头状况良好。脱开拐臂锁，将断路器处于半分半合状态，再分段测量回路电阻。结果显示，动触头中间接头与 26330 接地开关间回路电阻达 4600μΩ，动触头中间接头与 T 型侧导体间回路电阻达 4400μΩ，而 T 型侧导体与 26330 接地开关、静触头与 26340 接地开关间回路电阻值无异常，263 断路器 A 相回路电阻异常部位如图 1－204 所示，表明接触不良缺陷位于动触头中间接头与 T 型侧导体之间。

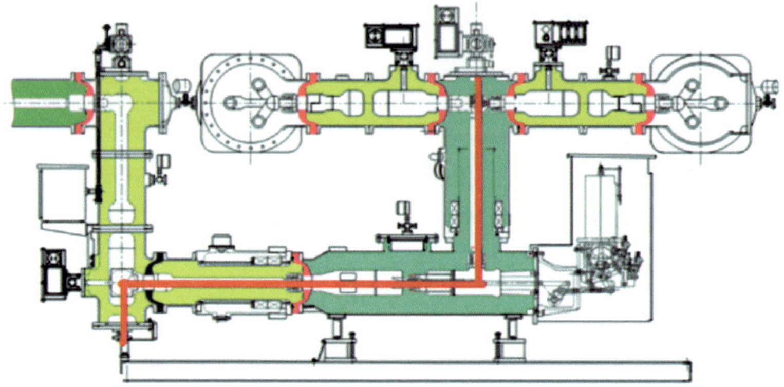

图 1－203　263 断路器回路电阻测试范围

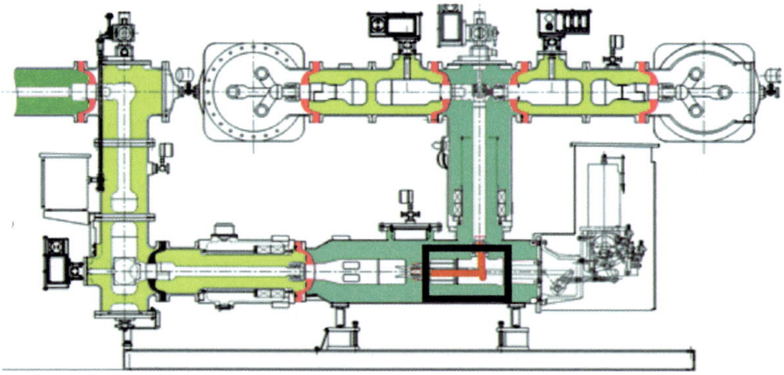

图 1－204　263 断路器 A 相回路电阻异常部位

进一步解体检查，如图 1－205 所示，263 断路器 A 相中间接头与 T 型侧导体接触部位有严重烧蚀痕迹，罐体内部堆积大量灰色粉末。从颜色来看，263 断路器 A 相的动触头中间接头较 B 相和 C 相颜色明显黯淡，其中，A 相动触头中间接头与 T 型侧导体交界处颜色最为黯淡。从烧损程度看，A 相动触头中间接头与 T 型侧导体交界处最为严重，交界处缝隙内有黑色金属物，还有凹凸不平缺口。

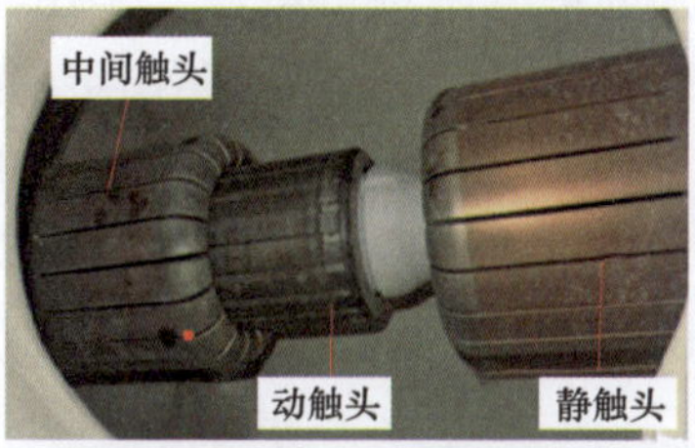

(a) 263断路器三相动触头中间接头与T型侧接头交界部位1

(b) 263断路器三相动触头中间接头与T型侧接头交界部位2

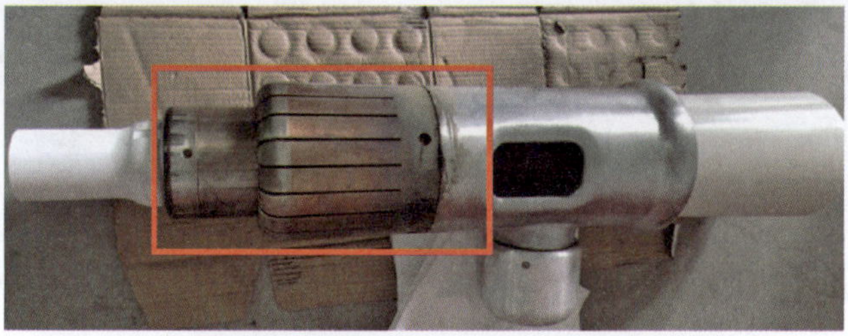

(c) 263断路器A相动触头中间接头与T型侧接头交界部位

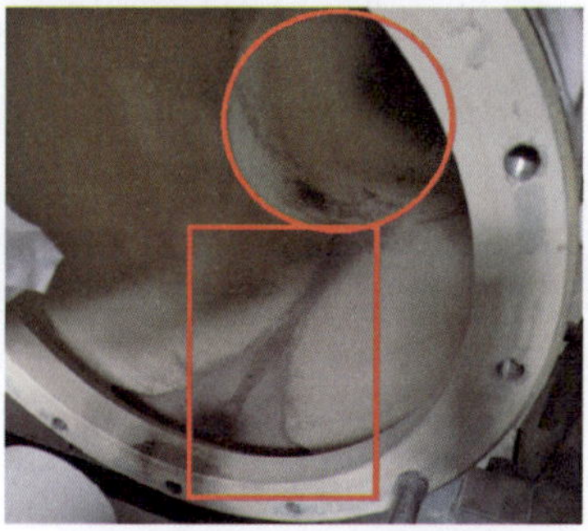

(d) 罐体内部堆积的灰色粉末

图 1-205 263 断路器 A 相隔室解体检查情况

7. 结论与建议

（1）结论。运维单位通过带电检测及时发现并处置了某 220kV 变电站 263 断路器 A 相隔室内部载流回路接触不良导致的危急过热缺陷，避免了设备故障。根据现场解体检查情况和设备结构分析，造成 263 断路器 A 相载流回路接触不良的原因为压气缸外侧的中间接头与连接的铸铝导体接触不良，在通过负荷电流时局部严重发热。

1）中间接头与铸铝导体为螺纹紧固连接，装配过程中紧固不到位，在断路器分合闸操作振动及电动力的作用下，导致中间接头与铸铝导体连接松动，造成回路电阻增大，在通过负荷时引起严重发热。

2）罐体内壁堆积的大量灰色粉末来源分析有两种可能，一是由于载流回路接触不良，产生了局部放电，烧蚀铸铝导体和铜触头，高温作用下的铜、铝颗粒与 SF_6 气体在局部放电作用下产生了灰色粉末掉落堆积于罐体内壁，二是导电体表面涂有润滑膏，在高温作用下与 SF_6 气体产生反应，生成碳化物或氟化物灰色粉末掉落堆积于罐体内壁。

（2）建议。

1）开关类设备回路电阻试验应引起重视，加强开展力度，对于断路器、隔离开关等关键设备应单独开展回路电阻试验。

2）对于投入运行的组合电器，应切实加强罐体表面的红外测温，通过罐体表面温度的异常变化，有助于发现内部过热缺陷。

2

线圈类设备带电检测及典型缺陷分析

2.1　线圈类设备带电检测及异常分析方法

2.1.1　线圈类设备结构

线圈类设备即由绕组、铁芯及其附件组成的设备，包含的种类很多，在变电设备中包含变压器、电抗器、电压互感器、电流互感器等，起到变压、限压、限流、滤波、测量、保护等作用。本章介绍的互感器均为独立的瓷柱式互感器。

变压器是电力系统中的关键设备，等同于“心脏”地位，其健康状态直接关系到电力系统能否安全可靠运行。典型变压器结构如图 2－1 所示，变压器也

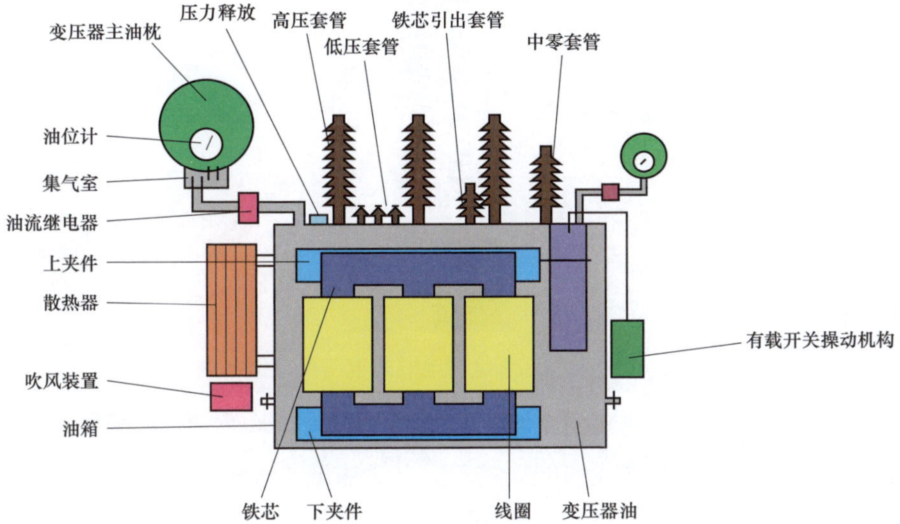

图 2－1　典型变压器结构

是线圈类设备中结构最复杂的，由绕组（包括硅钢片叠成的柱、轭及其夹紧装置）、铁芯（包括各相绕组及其联线的引出线）、绝缘（各部件之间以及自身的油、纸、气体绝缘）、油箱（包括本体油箱、储油柜、支架等）、冷却系统（包括冷却器或散热器、油泵、风扇、联管等）、套管、分接开关、测量仪器（包括信号温度计、电流互感器、油位计等）、保护装置（压力释放器、气体继电器、吸湿器等）等组成，其中，铁芯又可称为磁路部分，绕组又称为电路部分，是变压器的最基本部分。

电压互感器根据工作原理可分为电磁式电压互感器、电容式电压互感器和数字式光电电压互感器，其中电磁式电压互感器高压回路基本部分为铁芯和绕组，其高压绕组首端和末端绝缘水平不一致，采用了分级绝缘方式，属于线圈类设备。根据主绝缘类型，电压互感器可分为固体绝缘电压互感器、油纸绝缘电压互感器和 SF_6 气体绝缘电压互感器，其中 110kV 及以上电压等级油纸绝缘电压互感器应用最为普遍。如图 2-2 所示为典型油纸绝缘电磁式电压互感器结构。

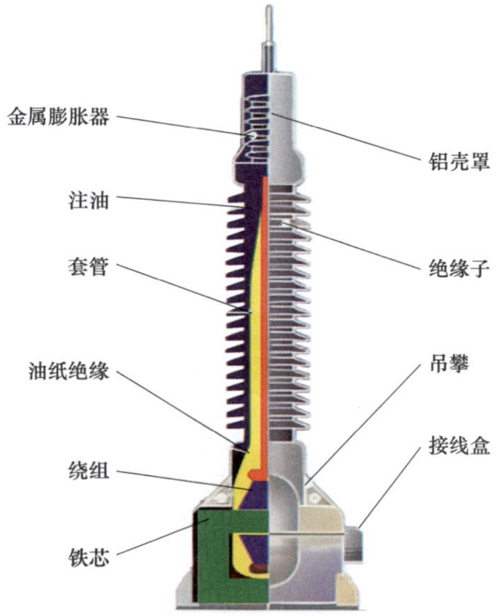

图 2-2　典型油纸绝缘电磁式电压互感器结构

油纸绝缘电流互感器结构如图 2-3 所示，根据结构型式，最常用的油纸绝缘电流互感器可分为正立式和倒立式，倒立式油纸绝缘电流互感器相对更容易出现渗油、缺油和主绝缘局部放电缺陷。

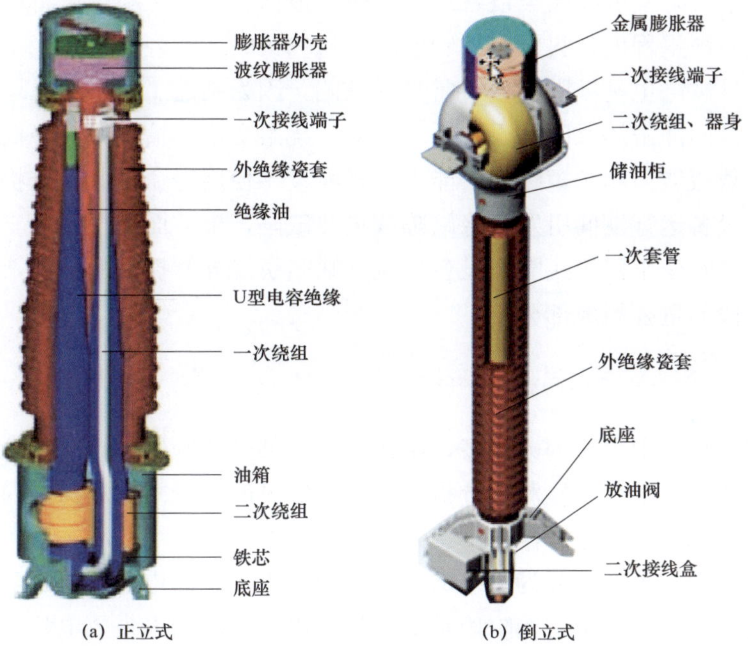

图 2-3　油纸绝缘电流互感器结构

2.1.2　线圈类设备主要缺陷类型

线圈类设备结构相对复杂，内部缺陷也因此相对多发、多样。随着电力系统规模不断扩大、用电负荷日益增加，以变压器为代表的线圈类设备数量越来越多，运行环境和工况越来越严苛，因此，对线圈类设备的运维要求越来越高，这也是保障供电可靠性所必需的。

绝缘缺陷一直以来在线圈类设备缺陷中都有很大占比。对于结构复杂的变压器而言，绝缘体各区域所承受的电场一般是不均匀的，电介质也是不均匀的，一旦设备内部存在绝缘损伤、部件松动、部件变形或异物等缺陷引发局部场强畸变，很容易因为电场强度不均匀、击穿电压不均匀导致局部放电，威胁设备安全运行。因此，准确检测并定位线圈类设备尤其是变压器、电抗器内部局部放电缺陷，对保障设备安全具有重要意义。

局部过热是线圈类设备内部存在缺陷的重要表现。从设备结构和运行特点看，引起设备局部过热的原因很多，例如载流回路接触不良、回路存在漏磁环流、油位异常、油循环异常、套管介质损耗值不合格、内部存在局部放电等。从现有的技术条件看，红外精确测温是检测设备过热缺陷的最直接带电检测手段，有助于及时发现线圈类设备局部过热，根据温度情况和图像特征分析设备缺陷类型及严重程度，科学有效制定运维检修策略。

机械性缺陷也是线圈类设备常见的缺陷。因为制造工艺不良、运输途中碰撞或运行期间冲击等原因，出现铁芯松动、绕组变形等情况，会降低设备的力学性能、载流能力和抗短路冲击能力，影响设备使用寿命。此外，机械性缺陷往往会在设备运行期间引发绝缘缺陷或过热缺陷，全方面降低设备安全运行水平。因此，对变压器等线圈类设备机械性缺陷引发异常振动的检测，已成为带电检测手段的重要组成部分。

2.1.3　线圈类设备局部放电缺陷带电检测及分析方法

线圈类设备中组成部分最多、结构最复杂的是变压器，这里从变压器入手介绍局部放电缺陷带电检测及分析方法。最常见的油浸式变压器，局部放电发生的位置可能在固体绝缘内部、绝缘油内部或不同的绝缘介质之间，根据放电所在位置和放电类型可分为尖端放电、油隙放电、悬浮电位放电、表面放电、内部放电等。局部放电初始阶段是低能量放电，发展到火花放电阶段则是容易被发现的稳定放电，而电弧放电则是高能量放电，严重威胁设备安全运行。现阶段，绝缘油色谱检测、高频局部放电检测、特高频局部放电检测和超声波局部放电检测是变压器、电抗器等线圈类设备最常用的带电检测手段，其中，绝缘油色谱检测有成熟的方法和对应的技术标准指导，本书介绍了基于高频局部放电检测法、特高频局部放电检测法和超声波局部放电检测法的变压器局部放电缺陷带电检测及分析方法。

1. 线圈类设备局部放电带电检测法

线圈类设备内部局部放电在很小范围内发生时，击穿速度非常快，产生上升沿很陡的脉冲电流，脉冲电流流经设备接地引下线时，会在垂直于电流传输方向的平面上产生磁场。线圈类设备高频局部放电带电检测原理图如图 2-4 所示，高频局部放电检测法利用高频电流传感器和相位信息传感器耦合局部放电脉冲产生的磁场能量，再转换为电信号输出，通过电信号特征分析，可以实现设备局部放电缺陷检测和诊断。在现场检测中，高频电流传感器通常是开口式线圈传感器，频率范围为 3～30MHz，在铁芯接地位置和夹件接地位置检测变压器局部放电脉冲信号，在接地线位置检测互感器局部放电脉冲信号，若设备没有铁芯引下线、夹件引下线或接地线，则无法开展高频局部放电检测。需要说明的是，高频局部放电检测法在现场受到的干扰较大，且无法独立完成缺陷精确定位，因此，往往与其他带电检测手段一起开展联合诊断。

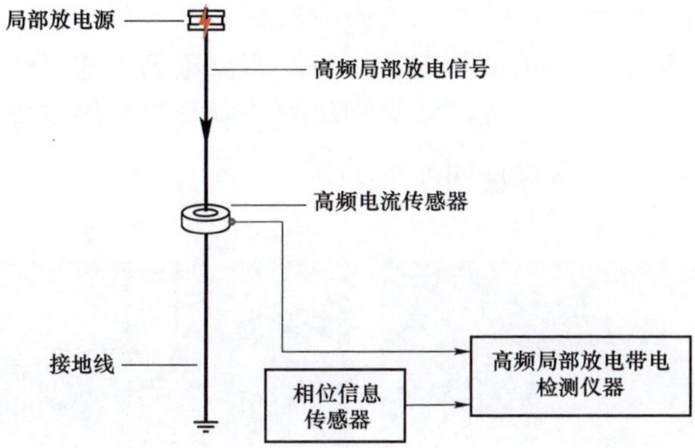

(a) 变压器、电抗器

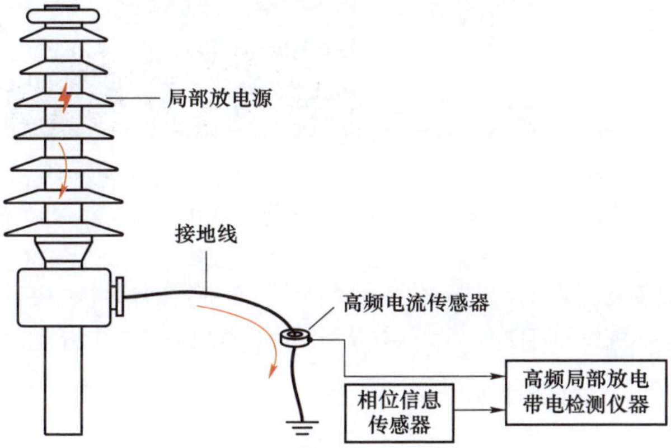

(b) 互感器

图 2-4 线圈类设备高频局部放电带电检测原理图

特高频局部放电检测法在线圈类设备上的应用与 GIS 有较大区别。用于 GIS 的封装特高频天线因为没有检测位置无法开展互感器局部放电检测。对于变压器、电抗器而言，在没有预安装内置式特高频传感器直接检测设备内部信号的情况下，只能通过外置式特高频传感器设法检测设备内部信号。封装特高频天线为尽量保障信号在传输到天线的过程中不被金属屏蔽，通常在变压器、电抗器的壳体法兰连接处或升高座法兰连接处进行检测，若特高频电磁波在该处未被衰减殆尽，则可以通过法兰连接处传输到天线从而被检测到。用于线圈类设备局部放电检测的特高频线圈如图 2-5 所示，目前还有检测频率范围达数百兆赫兹的开口式特高频线圈可用于线圈类设备局部放电检测，对于变压器和电抗器，测点可选取铁芯接地位置和夹件接地位置，对于互感器，测点可选取接地线。相比特高频天线，特高频线圈能规避金属屏蔽，在接地处更有效检测来自设备内部的局部放电特高频信号，但检测位置仍不够灵活，无法独立完成缺陷精确定位；相比高频线圈，特高频线圈检测频率范围更高，高于绝大部分外部干扰的频率，抗干扰性能明显优于高频线圈。

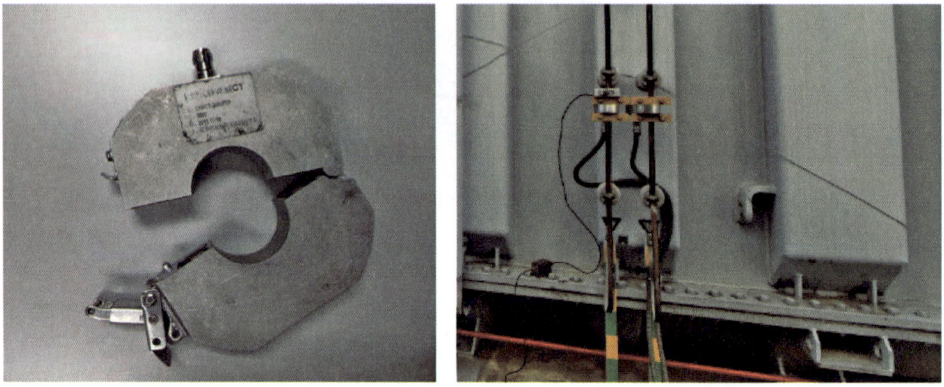

(a) 开口式特高频线圈　　(b) 检测位置

图 2-5　用于线圈类设备局部放电检测的特高频线圈

超声波局部放电检测法利用超声波传感器检测变压器、电抗器局部放电激发的 80～200kHz 频率范围内的超声波，通过信号特征分析和缺陷精确定位，可实现设备局部放电缺陷检测和类型识别。在现场检测中，超声波传感器检测面紧贴设备金属壳体外表面检测传输到金属壳体的超声波，检测点选取灵活，但变压器、电抗器内材质众多、结构复杂，超声波传输的衰减很大，很多情况下信号无法传输到金属壳体位置，影响了检测灵敏度。同时，相比 GIS 检测，变压器、电抗器由于运行期间存在一定程度振动，可能对超声波局部放电检测造成干扰。对于互感器，因为没有检测位置无法开展超声波局部放电检测。

2. 线圈类设备局部放电信号特征

线圈类设备内部结构复杂，绕组、铁芯等部件会对局部放电信号的传输造成衰减、反射、折射、绕射以及由此造成的信号叠加，导致传感器接收到的信号存在一定程度失真情况，从而影响缺陷诊断的准确性。本书在此介绍实验室模拟各类变压器局部放电缺陷产生的信号特征，供读者参考。

实验室模拟变压器如图 2-6 所示，实验室变压器模型箱体尺寸为 1200cm ×

800cm×1000cm，套管末屏接地位置安装了用于检测局部放电电流信号的特高频线圈，箱体的4个侧面开设了介质窗，用于观察局部放电现象，也可用于安装内置式特高频传感器，检测局部放电特高频电磁波。实验室模拟的4类变压器局部放电缺陷如图2-7所示，在模拟变压器内设置最常见的尖端放电、悬浮电位放电、油纸绝缘气隙放电和油纸绝缘表面放电4类模拟局部放电缺陷。尖端放电模型的金属尖端直径为2mm、长为15mm，距离低压电极为10mm；悬浮电位放电模型的一根直径为1mm的金属丝通过绝缘体固定在高压电极和低压电极之间，金属丝距离高压电极为0.5mm、距离低压电极为20mm；油纸绝缘气隙放电模型，将两个绝缘纸板中间挖去一个小洞并黏合在一起，中心形成气隙，两纸板夹持在直径为30mm、厚度为10mm的两个盘型电极之间；绝缘纸板表面放电模型，将尺寸为100mm×100mm×1.5mm的绝缘纸板夹持在尺寸为30mm×80mm×10mm的球形电极和平板电极之间。

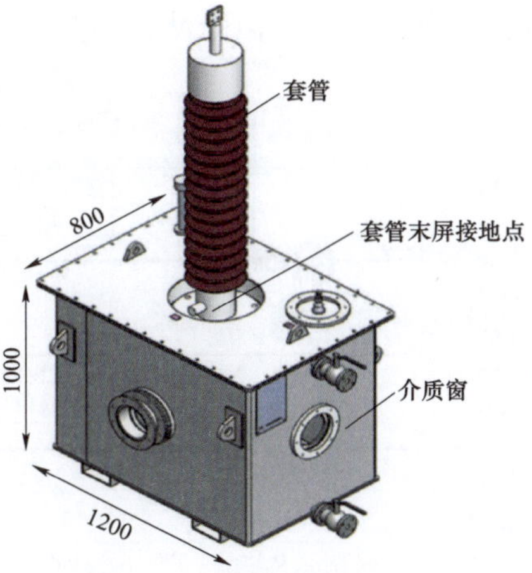

图2-6 实验室模拟变压器

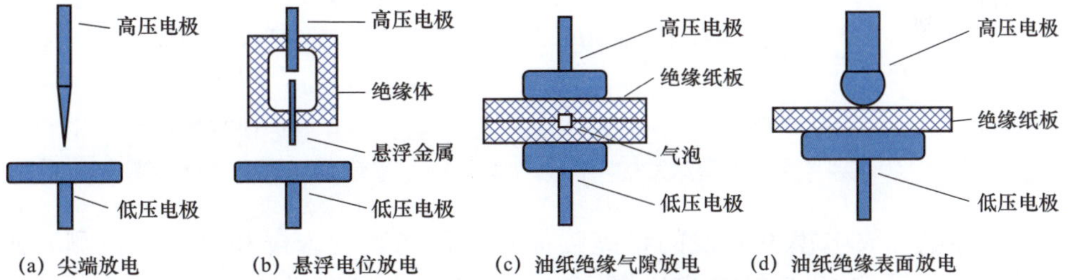

图2-7 实验室模拟的4类变压器局部放电缺陷

尖端放电模型激发的特高频信号特征（套管末屏和介质窗检测）如图2-8所示。从时域波形可见，套管末屏检测的特高频电流的幅值和持续时间均小于介质窗检测的特高频电磁波。对信号进行频谱分析，套管末屏检测的特高频电流的频率范围在200～360MHz；介质窗检测的特高频电磁波的频率范围在200～800MHz，主要集中范围在400～700MHz。从套管末屏检测的特高频电流PRPS图谱和PRPD图谱看，尖端放电信号具有显著的极性效应，正负半周放电脉冲数相差很大，脉冲幅值具有较大的分散性。

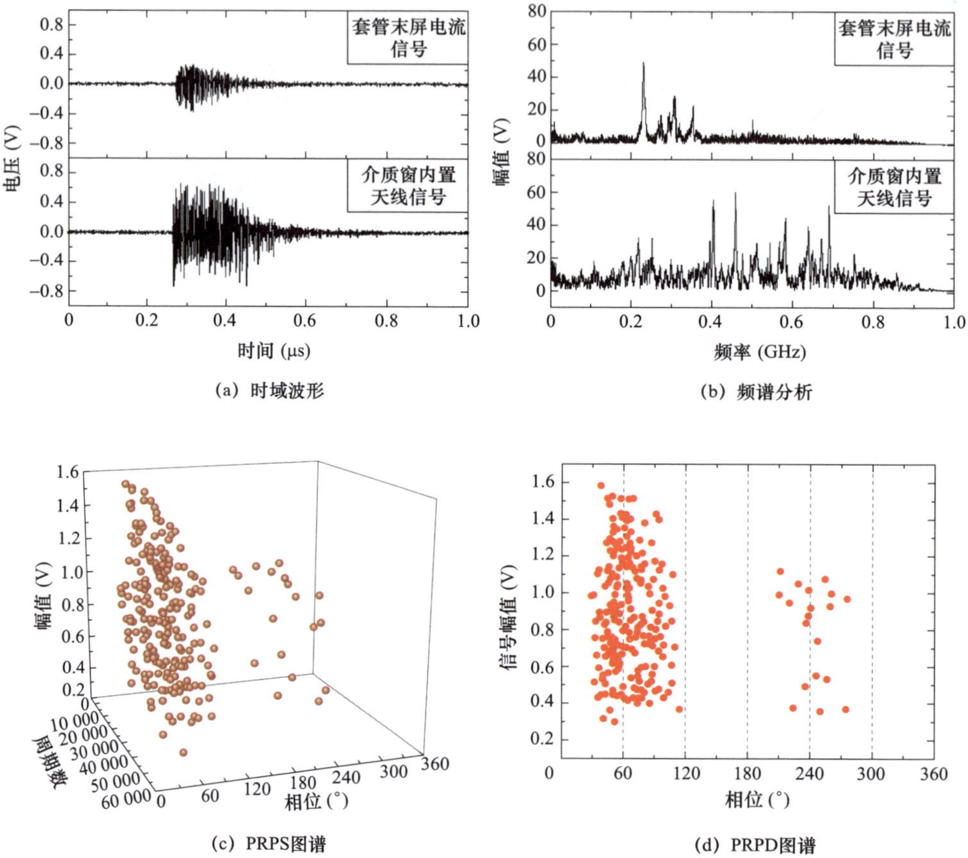

图 2-8　尖端放电模型激发的特高频信号特征（套管末屏和介质窗检测）

悬浮电位放电模型激发的特高频信号特征（套管末屏和介质窗检测）如图 2-9 所示。从时域波形可见，套管末屏检测的特高频电流，其幅值和持续时间与介质窗检测的特高频电磁波相近。对信号进行频谱分析，套管末屏检测的特高频电流的频率范围在 220～360MHz，信号能量最强频率为 280MHz；介质窗检测的特高频电磁波的频率范围在 200～800MHz，信号能量最强频率为 400MHz，总体而言，悬浮电位放电激发的特高频信号在频率范围内能量分布相对分散。从套管末屏检测的特高频电流 PRPS 图谱和 PRPD 图谱看，悬浮电位放电信号具有显著的 100Hz 频率相关性，正负半周放电脉冲数相近，脉冲幅值分散性相对较小。

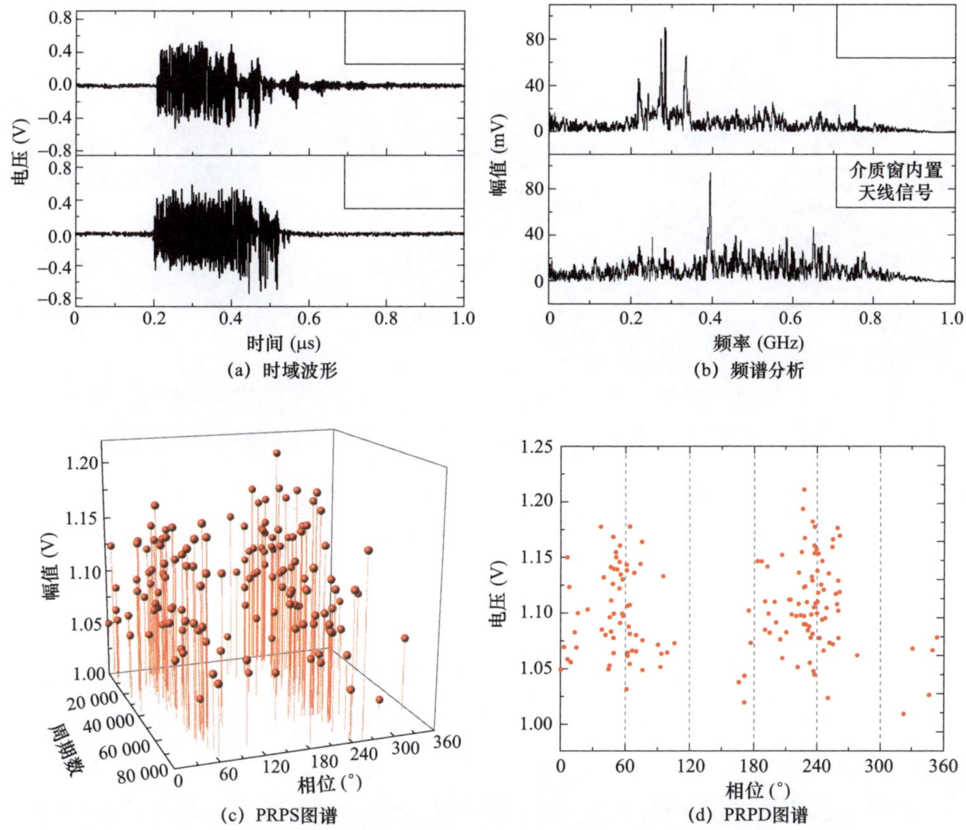

图 2-9 悬浮电位放电模型激发的特高频信号特征（套管末屏和介质窗检测）

油纸绝缘气隙放电模型激发的特高频信号特征（套管末屏和介质窗检测）如图 2-10 所示。从时域波形可见，套管末屏检测的特高频电流幅值略小于介

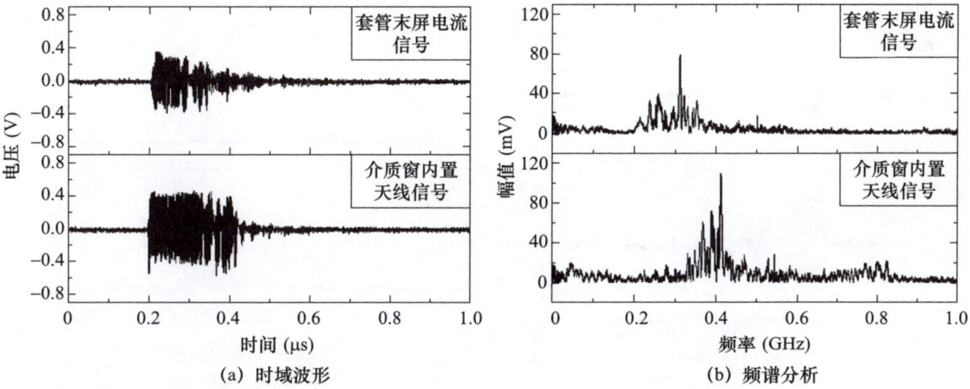

图 2-10 油纸绝缘气隙放电模型激发的特高频信号特征（套管末屏和介质窗检测）（一）

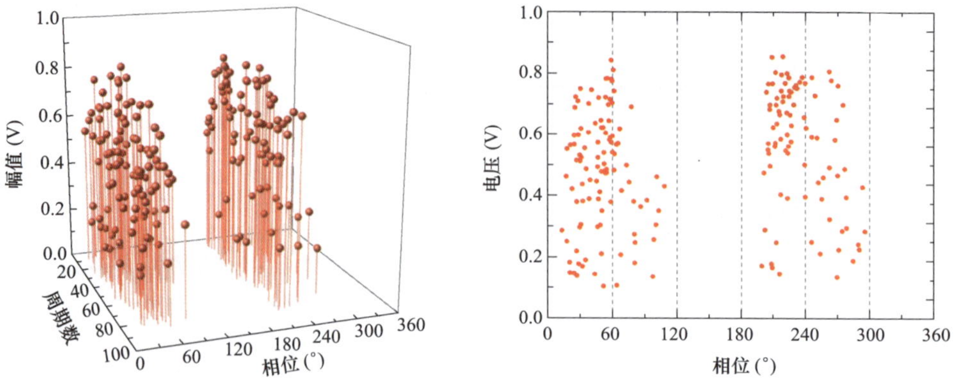

(c) PRPS图谱　(d) PRPD图谱

图 2-10　油纸绝缘气隙放电模型激发的特高频信号特征（套管末屏和介质窗检测）（二）

质窗检测的特高频电磁波，套管末屏检测的特高频电流持续时间大于介质窗检测的特高频电磁波。对信号进行频谱分析，套管末屏检测的特高频电流的频率范围在 200～380MHz，信号能量最强频率为 320MHz；介质窗检测的特高频电磁波的频率范围在 300～500MHz，信号能量最强频率为 420MHz，总体而言，悬浮电位放电激发的特高频信号在频率范围内能量分布更加集中。从套管末屏检测的特高频电流 PRPS 图谱和 PRPD 图谱看，悬浮电位放电信号具有显著的 100Hz 频率相关性，正负半周放电脉冲数相近，脉冲幅值具有较大的分散性。

油纸绝缘表面放电模型激发的特高频信号特征（套管末屏和介质窗检测）如图 2-11 所示。从时域波形可见，套管末屏检测的特高频电流的幅值和持续时间均小于介质窗检测的特高频电磁波。对信号进行频谱分析，套管末屏检测的特高频电流的频率范围在 220～340MHz，信号能量最强频率为 270MHz；介质窗检测的特高频电磁波的频率范围在 200～600MHz，信号能量最强频率为

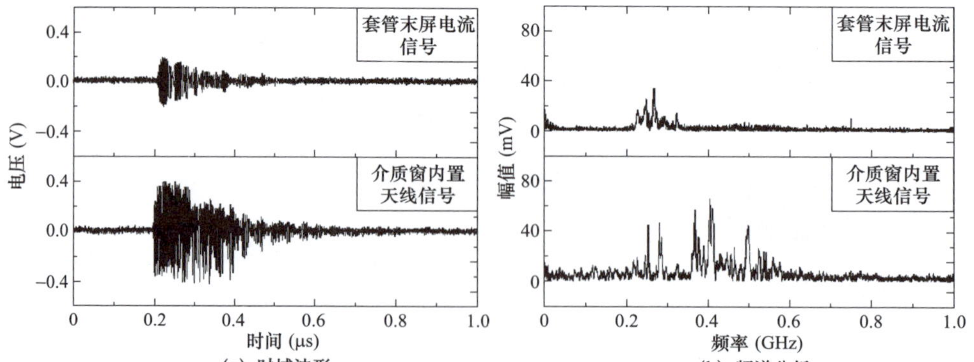

(a) 时域波形　(b) 频谱分析

图 2-11　油纸绝缘表面放电模型激发的特高频信号特征（套管末屏和介质窗检测）（一）

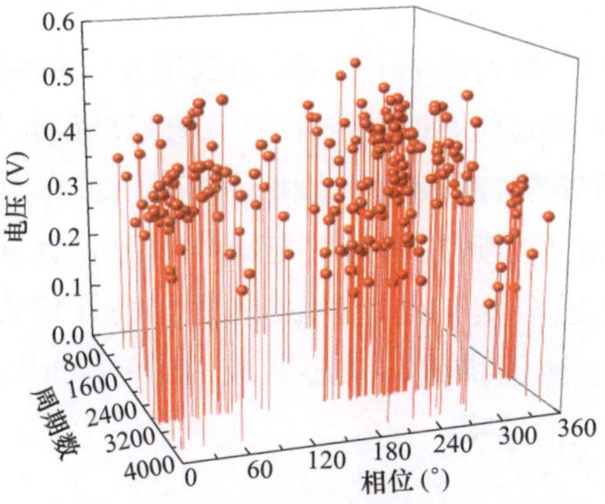

(c) PRPS图谱

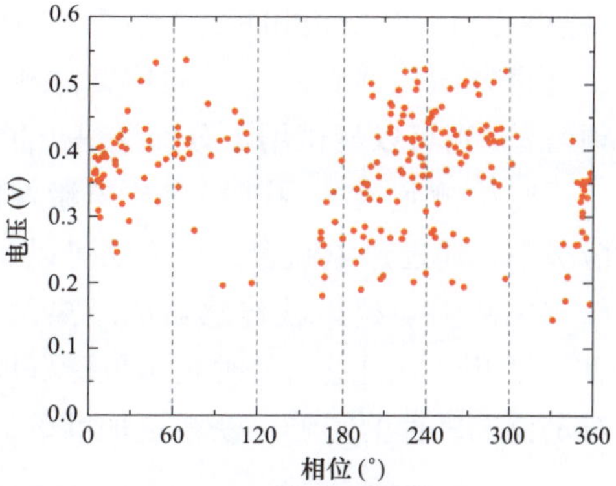

(d) PRPD图谱

图 2–11 油纸绝缘表面放电模型激发的特高频信号特征（套管末屏和介质窗检测）（二）

400MHz。从套管末屏检测的特高频电流 PRPS 图谱和 PRPD 图谱看，悬浮电位放电信号具有显著的 100Hz 频率相关性，但正负半周放电脉冲数有所差别，呈现轻微极性效应，脉冲相位分布很宽，脉冲幅值具有一定的分散性。

3. 线圈类设备局部放电缺陷定位方法

对于运维单位而言，检测到变压器、电抗器内部的异常信号后，仅从信号特征进行缺陷诊断，一方面因为信号在传输过程中波形可能畸变从而导致误判；另一方面设备体积大、结构复杂，若无法确定缺陷所在位置，也无法完成诊断工作，指导运维检修。因此，对变压器、电抗器局部放电缺陷进行精确定位，是设备局部放电检测及诊断必不可少的内容。从基本原理而言，变压器、电抗器局部放电缺陷定位基本方法是多通道信号时延定位法。变压器、电抗器多通道信号时延定位原理图如图 2–12 所示，要在三维空间实现设备多通道信号时延定位，测点的选取必须能够在金属壳体多个平面，但由于变压器、电抗器特高频测点选取受限，三维空间定位很多情况下只能通过超声波局部放电检测实现。若特高频天线能够在变压器、电抗器金属壳体法兰缝隙处测得设备内部局部放电激发的特高频信号，则可采用平分面法进行缺陷定位，虽然无法准确计算得到缺陷三维坐标，但可以计算缺陷所在直线。在此基础上，根据信号特征、设备内部结构，可以判断缺陷类型及缺陷位置。变压器、电抗器平分面法定位原理图如图 2–13 所示，在变压器、电抗器金属壳体长边侧法兰缝隙处移动两个特高频天线，当特高频信号到达两个传感器的时间一样，则可以判定局部放电缺陷位于两传感器的垂直平分面上（确定平面），在变压器、电抗器金属壳体短边侧法兰缝隙处移动两个特高频天线，当特高频信号到达两个传感器的时间一样，则可以判定局部放电缺陷位于两传感器的垂直平分面上（确定另一平面），在长边和短边确定的平面的交线即为局部放电缺陷所在直线。若在垂直方向能够有两个不同位置的测点检测到设备内部局部放电激发的特高频信号，则可以尝试用平分面法进一步精确定位，找到局部放电缺陷准确位置。在同时检测到设备内部局部放电激发的异常特高频信号和异常超声波信号的情况下，通过声电联合定位方法可以获得更准确的信号时延读取精度，计算局部放电缺陷与超声波传感器的距离，通过多次移动超声波传感器进行定位计算，可以比多通道信号时延定位更好地规避因绕组、铁芯造成的信号波形畸变对定位准确性的影响，获得更加准确的定位结果。

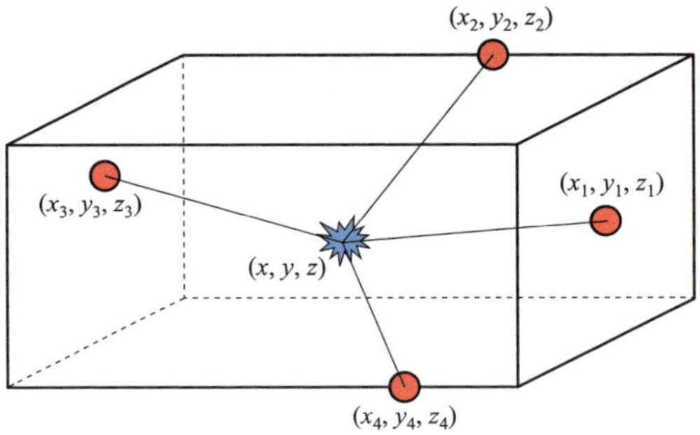

图 2-12　变压器、电抗器多通道信号时延定位原理图

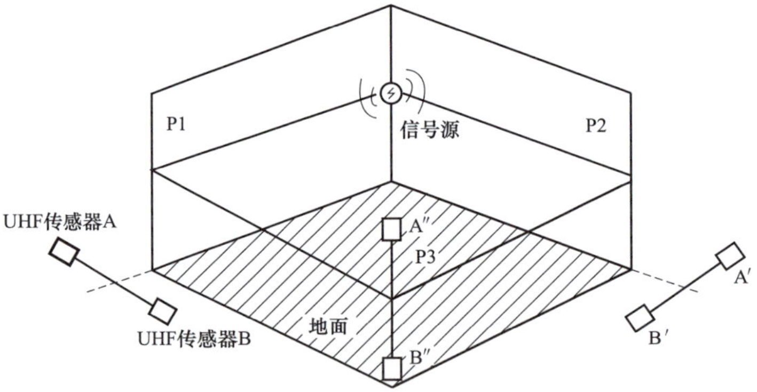

图 2-13　变压器、电抗器平分面法定位原理图

2.1.4　线圈类设备异常过热带电检测及分析方法

相比其他变电设备，线圈类设备异常过热是多发性缺陷，且发生位置、引发原因更加复杂和多样。对于被金属壳体遮蔽的变压器、电抗器而言，铁芯多点接地、铁芯局部短路、绕组等载流回路接触不良、匝间绝缘得不到充分冷却、

分接开关触头接触不良、内部局部放电等原因引起的设备内部过热缺陷，若产生的热量无法使金属壳体或套管产生异常温升，则无法通过红外精确测温方法及时发现。大量现场检测表明，套管接头接触不良、套管介损值不合格、缺油、假油位、磁回路漏磁在金属壳体产生涡流、冷却系统故障或散热不良引起油温升高等缺陷，在金属壳体表面、套管表面和套管接头引起异常温升的情况下，通过红外精确测温可以有效检测并诊断上述缺陷。

载流回路连接结构设计不合理、安装工艺不符合要求、长期运行导致连接松动、电接触面烧蚀氧化导致有效接触面积减小等原因，都可能导致线圈类设备接头因接触不良引发过热缺陷。接触不良导致的过热为电流致热型缺陷，式（2－1）为其发热功率计算公式，其中 P 的单位瓦特 W；K_f 表示附加损耗系数；I 表示通过回路的电流；R 表示载流导体直流电阻。可见，套管接头等载流导体因接触不良引发的过热缺陷，与通过的负荷电流的平方以及接触电阻成正比，因此，要减缓或消除电流致热型缺陷，可以降低负荷电流，但在额定电流下避免此类缺陷，必须保证接触电阻在合格范围。根据 DL/T 664—2016《带电设备红外诊断应用规范》，对于电流致热型缺陷，通过温度绝对值和相对温差 δ 可以判断缺陷严重程度，式（2－2）为相对温差 δ 计算公式，其中 T_1 表示发热点温度；T_2 表示正常相对应点温度；T_0 表示被测设备区域环境温度。在缺陷严重程度判断方面，电器部件与金属部件的连接热点温度大于等于 80℃且小于等于 110℃或 $\delta \geqslant 80\%$，但热点温度未达到危急缺陷温度，判定为严重缺陷；电器部件与金属部件的连接热点温度大于 110℃或 $\delta \geqslant 95\%$ 且热点温度大于 80℃，判定为危急缺陷。如图 2－14 所示是变压器套管接头过热缺陷红外热像图。

$$P = K_f I^2 R \qquad (2-1)$$

$$\delta = (T_1 - T_2)/(T_1 - T_0) \times 100\% \qquad (2-2)$$

图 2－14 变压器套管接头过热缺陷红外热像图

线圈类设备套管介损值不合格、缺油、假油位等缺陷，会导致套管表面温度分布异常。套管介损不合格的原因有很多，例如绝缘材料老化劣化、绝缘表面污秽受潮等。式（2－3）为套管介损值增大引起发热的功率 P 的计算公式，其中 P 的单位瓦特 W；U 表示施加在套管上的电压；ω 表示交变电压的角频率；C 表示介质的等值电容，单位 F；$\tan\delta$表示介质损耗因数。变压器套管少油缺陷红外热像图如图 2－15 所示，套管介损不合格、缺油等缺陷，尽管不会出现电流致热型缺陷的高温情况，但套管表面局部温度的异常，还是能够在红外热像图上通过图像特征判断法进行分析诊断。

$$P = U^2 \omega C \tan\delta \tag{2-3}$$

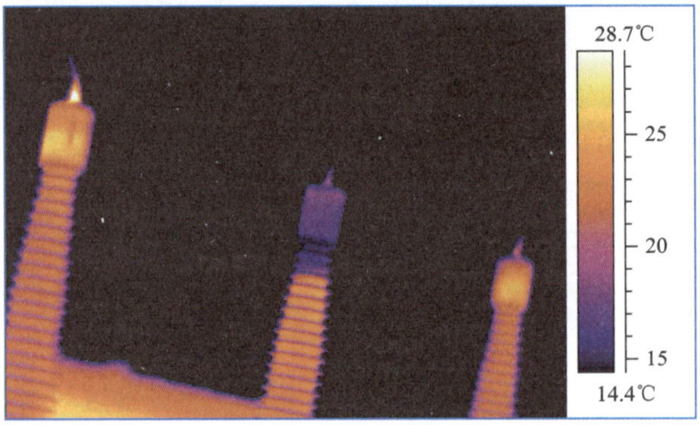

图 2－15　变压器套管少油缺陷红外热像图

变压器金属壳体涡流发热红外热像图如图 2－16 所示，涡流导致的线圈类设备金属壳体、金属螺栓局部过热，可以在红外热像图中明显看出。根据 DL/T 664—2016《带电设备红外诊断应用规范》，对于因磁场和漏磁引起的过热，可依据电流致热型设备的判据进行缺陷严重程度判定，同时不应与部件、材料和绝缘介质的温度和温升极限的要求相冲突。

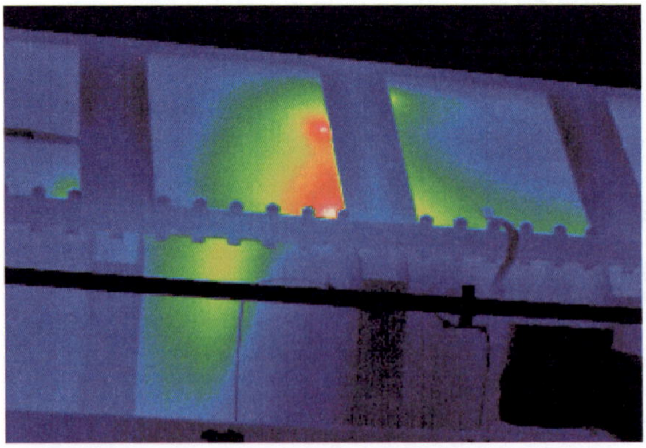

图 2－16　变压器金属壳体涡流发热红外热像图

2.1.5 线圈类设备异常振动带电检测及分析方法

因为磁致伸缩或漏磁导致铁芯振动，变压器、电抗器运行期间不可避免存在振动情况。但如果设备内部存在铁芯夹件松动、绕组变形等缺陷，面临直流偏磁、低频谐振等工况，设备可能出现异常振动。异常振动的出现，一方面是变压器、电抗器存在缺陷或异常的表现；另一方面也会加剧部件的松动和变形，对设备安全运行带来隐患。

设备振动检测原理图如图 2－17 所示，对于变压器、电抗器的振动带电检测，目前主要的实施手段是传感器紧贴设备金属壳体外表面检测位移、信号频率等参量，据此判断设备振动情况。此外，非接触式的声级检测也是在用的一种振动检测方法，通过检测设备的噪声值，判断是否存在异常振动情况。然而，在当前技术条件下，无论是振动带电检测还是声级检测，标准、方法和判断依据还不成熟，主要是通过与设备的历史同类检测数据进行对比，发现存在的异常，进而分析诊断设备状态。

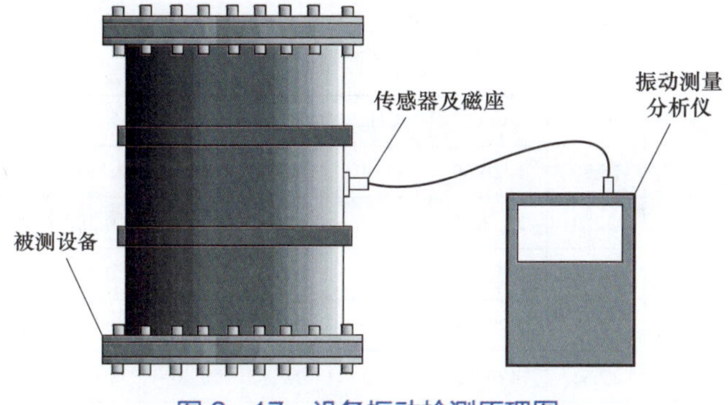

图 2－17　设备振动检测原理图

2.2 线圈类设备局部放电典型缺陷分析

2.2.1 基于声电联合及振动检测方法的 500kV 高压电抗器局部放电缺陷检测分析

1. 异常概况描述

某 500kV 变电站 500kV ××线路 C 相高压电抗器 2010 年由另一 500kV 变电站转运安装至此，由于运行年限长久、漏油严重、密封件和附件老化且 C_2H_2

和总烃含量超标，2014 年 3 月运维单位对其进行了吊罩大修，重新投运后离线油色谱仍测得存在 C_2H_2，2015 年 5 月 6 日 C_2H_2 含量超过《国家电网公司变电检测管理规定（试行）第 15 分册　油中溶解气体检测细则》规定的 1μL/L 的注意值，之后 C_2H_2 含量整体上呈逐步下降趋势，2018 年 12 月 C_2H_2 含量在 0.2μL/L 左右。

自 2014 年 3 月大修投运后，该变电站 500kV ××线路 C 相高压电抗器总烃含量不断增长，2017 年 11 月 30 日，超过《国家电网公司变电检测管理规定（试行）第 15 分册　油中溶解气体检测细则》规定的 150μL/L 的注意值。2019 年 1 月，运维单位对该变电站 500kV ××线路 C 相高压电抗器进行了散热器更换和滤油处理，重新投运 4 天后，离线油色谱即测得存在 C_2H_2，之后 C_2H_2 呈不断增长趋势，至 2019 年 7 月 19 日，C_2H_2 含量达到 1.65μL/L，超过《国家电网公司变电检测管理规定（试行）第 15 分册　油中溶解气体检测细则》规定的 1μL/L 的注意值。

近年来 500kV ××线路 C 相高压电抗器离线油色谱监测值见表 2-1。

表 2-1　近年来 500kV ××线路 C 相高压电抗器离线油色谱监测值　单位：μL/L

试验日期	H_2	CO	CO_2	CH_4	C_2H_4	C_2H_6	C_2H_2	总烃	结论
2010-07-09	3.60	75.80	1720.50	13.60	0.50	3.10	未检出	17.20	正常
2010-07-16	8.20	122.70	2731.10	23.70	0.90	4.90	0.20	29.70	有乙炔
2014-03-21	0.72	17.08	307.75	1.34	0.17	0.30	0.00	1.81	大修滤油后
2014-03-30	6.84	26.30	422.05	2.10	0.25	0.45	0.00	2.80	正常
2014-04-02	1.95	27.81	496.98	2.03	0.29	0.46	0.00	2.78	正常
2014-04-08	3.97	90.92	1622.46	6.65	1.03	1.30	0.23	9.21	有乙炔
2014-04-09	4.27	85.54	1476.56	5.49	0.85	1.08	0.21	7.63	有乙炔
2014-04-28	11.01	221.15	2756.51	12.65	2.08	2.59	0.47	17.79	有乙炔
2014-05-14	14.23	332.15	3502.24	16.55	2.75	3.36	0.62	23.23	有乙炔
2014-05-23	12.58	301.98	3123.22	15.60	2.65	3.24	0.57	22.06	有乙炔
2014-06-10	17.53	434.61	3825.93	19.89	3.31	4.22	0.66	28.08	有乙炔
2014-07-11	21.36	573.39	4564.74	24.00	3.92	5.24	0.84	34.00	有乙炔
2014-09-17	26.30	736.59	5618.44	31.68	4.81	7.66	0.69	44.79	有乙炔
2014-10-14	28.04	826.12	5987.58	34.45	5.15	8.29	0.69	48.58	有乙炔
2014-11-05	28.26	842.33	5950.06	39.63	5.82	9.31	0.76	55.52	有乙炔

续表

试验日期	H_2	CO	CO_2	CH_4	C_2H_4	C_2H_6	C_2H_2	总烃	结论
2014－11－26	26.66	880.23	5805.71	39.42	6.08	9.40	0.76	55.66	有乙炔
2015－01－21	25.50	826.68	5659.75	45.83	6.94	10.78	0.88	64.43	有乙炔
2015－02－27	27.59	882.96	5921.77	48.63	7.84	12.09	1.03	69.59	$C_2H_2>1$
2015－03－20	26.23	867.86	5985.26	48.84	7.91	12.22	1.04	70.01	$C_2H_2>1$
2015－04－23	24.58	899.24	3919.08	50.87	7.60	12.38	0.94	71.97	有乙炔
2015－05－06	29.12	946.46	7042.33	59.02	8.99	14.62	1.09	83.72	$C_2H_2>1$
2015－06－16	32.74	1123.84	7821.80	70.41	9.39	16.32	1.04	97.16	$C_2H_2>1$
2015－07－16	29.35	1111.59	8067.50	69.10	9.09	16.72	0.93	95.84	有乙炔
2015－08－27	32.06	1214.66	9156.44	76.80	9.75	19.55	0.89	106.99	有乙炔
2015－09－24	31.67	1224.13	8946.00	77.02	9.39	19.22	0.78	106.41	有乙炔
2015－10－27	25.17	1052.17	7703.49	70.73	8.45	17.90	0.66	97.74	有乙炔
2015－11－12	21.25	883.70	6485.13	65.61	7.66	16.24	0.57	90.08	有乙炔
2015－12－03	27.97	1169.67	8231.66	72.63	8.63	18.35	0.65	99.99	有乙炔
2015－12－30	28.90	1124.22	7430.69	79.52	9.38	20.15	0.71	109.76	有乙炔
2016－01－20	24.90	1030.69	6908.62	74.74	8.88	19.03	0.70	103.35	有乙炔
2016－02－23	23.86	929.72	6200.80	65.98	7.61	16.63	0.58	90.80	有乙炔
2016－03－16	25.61	1079.14	7549.18	81.55	9.60	21.10	0.76	113.01	有乙炔
2016－04－19	25.89	1101.59	7815.35	84.55	9.79	21.69	0.76	116.79	有乙炔
2016－05－20	20.90	950.87	7437.18	71.34	8.76	19.82	0.66	100.58	有乙炔
2016－06－22	26.36	1145.83	8382.57	86.34	9.20	21.02	0.65	117.21	有乙炔
2016－07－18	29.89	1320.63	9483.83	94.99	10.27	24.58	0.68	130.52	有乙炔
2016－09－07	27.23	1243.84	9223.51	92.54	9.22	23.66	0.52	125.94	有乙炔
2016－10－25	26.73	1315.92	9868.65	97.21	9.88	26.14	0.50	133.73	有乙炔
2016－12－08	24.65	1395.34	9149.78	86.58	8.91	23.99	0.42	119.90	正常
2017－01－09	24.45	1218.68	8293.50	85.68	7.92	21.23	0.38	115.21	正常
2017－01－09	29.87	1471.70	10088.76	104.09	10.10	27.15	0.48	141.82	正常
2017－01－12	28.09	1349.44	9704.27	97.99	9.53	25.48	0.46	133.46	正常
2017－01－12	30.64	1456.34	10175.56	104.40	10.18	27.26	0.49	142.33	正常
2017－02－09	30.01	1447.81	10222.43	104.01	9.98	26.95	0.48	141.42	有乙炔
2017－04 －15	24.09	1341.16	10136.82	92.47	9.51	25.61	0.47	128.06	有乙炔

续表

试验日期	H_2	CO	CO_2	CH_4	C_2H_4	C_2H_6	C_2H_2	总烃	结论
2017－05－04	21.82	1229.88	9492.81	91.60	9.33	25.68	0.43	127.04	有乙炔
2017－06－28	29.68	1613.11	11474.30	104.21	9.89	28.89	0.38	143.37	有乙炔
2017－07－14	33.72	1506.74	15431.39	102.71	10.91	32.28	0.74	146.64	有乙炔
2017－08－08	30.50	1557.15	12908.94	106.70	10.24	31.35	0.36	148.65	有乙炔
2017－09－04	27.59	1485.98	11528.06	102.73	9.32	28.51	0.32	140.88	有乙炔
2017－09－29	25.68	1370.06	10327.65	107.83	9.53	30.20	0.28	147.84	有乙炔
2017－11－02	27.61	1523.73	930.13	110.92	9.45	30.17	0.24	150.78	有乙炔，总烃大于 150
2017－11－05	26.03	1424.09	10451.25	106.68	9.29	29.15	0.28	145.40	有乙炔
2017－11－10	24.61	1353.74	9787.37	106.99	9.17	28.93	0.27	145.36	有乙炔
2017－11－30	15.57	1503.77	10793.88	109.39	9.62	31.25	0.30	150.56	总烃超标
2018－01－04	24.48	1790.23	11240.63	111.05	9.72	31.31	0.32	152.40	有乙炔，总烃大于 150
2018－01－31	25.03	1446.68	10430.03	106.18	9.69	31.03	0.36	147.26	有乙炔
2018－03－01	25.37	1445.80	10678.79	104.18	9.22	29.07	0.40	142.87	有乙炔
2018－04－04	32.85	1657.22	17822.34	128.57	12.96	41.47	0.78	183.78	总烃大于 150
2018－05－04	25.89	1622.18	12232.76	111.64	9.74	32.35	0.39	154.12	总烃大于 150
2018－06－05	26.58	1542.41	12659.07	116.04	9.92	33.79	0.37	160.12	总烃大于 150
2018－07－10	27.40	1611.64	12354.20	116.37	9.23	32.85	0.29	158.74	总烃大于 150
2018－08－01	28.90	1691.31	13241.66	104.20	4.21	17.68	0.16	126.25	正常
2018－09－05	28.32	1799.83	13339.32	116.71	8.82	34.66	0.22	160.41	总烃超标
2018－10－09	30.29	1883.05	12872.43	122.92	8.64	34.67	0.20	166.43	总烃超标
2018－11－06	32.00	1712.58	13540.66	131.94	4.29	19.09	0.00	155.32	总烃超标
2018－12－05	36.80	1754.85	13925.33	129.17	9.30	36.78	0.21	175.46	总烃超标
2018－12－08	28.35	1661.12	12402.87	118.21	4.67	20.08	0.10	143.06	滤油后
2019－01－12	0.70	16.87	275.02	1.44	0.15	0.78	0.00	2.37	投运一天后
2019－01－22	1.02	12.54	199.92	0.93	0.13	0.51	0.00	1.57	正常
2019－01－25	3.72	71.90	1247.73	4.65	0.49	1.56	0.08	6.78	有乙炔
2019－01－31	6.50	115.66	2168.11	7.91	0.98	2.45	0.15	11.49	有乙炔
2019－02－28	11.57	139.66	2502.99	9.70	1.15	2.10	0.30	13.25	有乙炔
2019－04－04	15.06	151.31	2777.17	18.58	3.19	4.40	0.76	26.93	有乙炔

续表

试验日期	H_2	CO	CO_2	CH_4	C_2H_4	C_2H_6	C_2H_2	总烃	结论
2019-04-20	15.64	151.74	3201.95	21.12	4.05	5.29	0.93	31.39	有乙炔
2019-06-28	18.33	220.88	3317.14	23.67	6.49	6.47	1.32	37.95	$C_2H_2>1$
2019-07-19	24.22	288.55	3704.53	29.09	8.32	7.79	1.65	46.85	$C_2H_2>1$

注　根据《国家电网公司变电检测通用管理规定》，对于500kV高压电抗器，C_2H_2小于1μL/L，H_2应小于150μL/L，总烃应不大于150μL/L。

为进一步对该变电站500kV××线路C相高压电抗器内部缺陷进行检测和诊断，运维单位于2019年8月1日在现场对该高压电抗器开展了特高频局部放电、超声波局部放电和振动等带电检测项目。由于该高压电抗器本体没有铁芯/夹件接地引出线，因此无法进行高频局部放电检测和铁芯接地电流检测。通过带电检测，在该高压电抗器相应部位测得异常特高频信号、异常超声波信号和异常振动信号。

2. 检测对象及项目

检测对象：某500kV变电站500kV××线路C相高压电抗器。

投运日期：1997年（2010年由另一500kV变电站转运安装至此）。

检测项目：特高频局部放电带电检测、超声波局部放电带电检测、振动检测。

3. 检测仪器及装置

特高频局部放电带电检测：DSOX3104T型数字示波器、HQ6-300型特高频传感器。

超声波局部放电带电检测：DSOX3104T型数字示波器、R15α型超声波传感器。

振动检测：VT-P0型电力设备振动检测及状态评价系统。

4. 检测数据

（1）特高频局部放电带电检测数据。500kV××线路高压电抗器特高频测点布置如图2-18所示。在500kV××线路C相高压电抗器本体接缝处进行特高频局部放电带电检测，在如图2-18所示位置间歇性测得具有100Hz相关性的异常信号，同时背景传感器未检测到异常信号，表明异常信号来自高压电抗器内部。由于此次特高频局部放电带电检测仅在1个点测得异常信号，未能进行多通道时延定位，因此无法准确判断设备内部局部放电源位置。

500kV××线路C相高压电抗器异常特高频信号如图2-19所示。对如

图 2－19 所示的高压电抗器内部异常特高频信号进行分析，通道 1（黄色）为具有 100Hz 频率相关性的异常信号，通道 2（绿色）为背景噪声信号。从信号特征分析，该异常信号具有悬浮电位放电特征，但由于高压电抗器壳体对特高频信号的屏蔽和放电能量较小，该异常信号仅能在该位置间歇性测得，幅值相对较小且不稳定，最大为 15mV。

图 2－18　500kV ××线路高压电抗器特高频测点布置

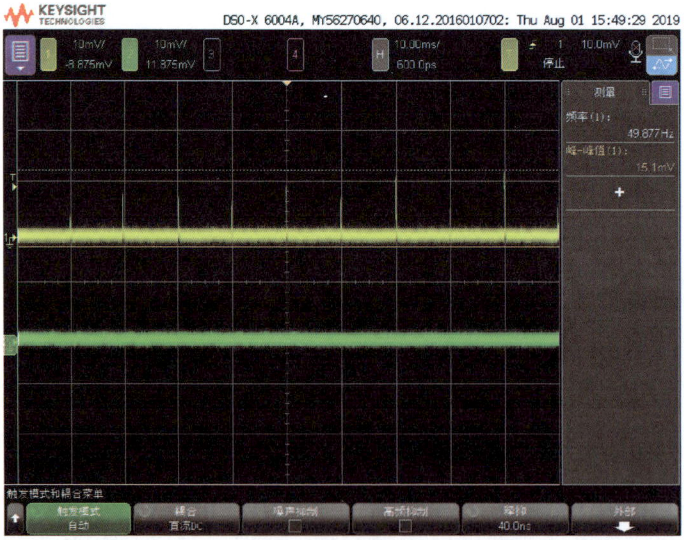

图 2－19　500kV ××线路 C 相高压电抗器异常特高频信号

（2）振动检测数据。在 500kV ××线路 C 相高压电抗器壳体表面选取 7

个测点开展振动检测，测点布置如图 2-20 所示。由于该变电站 500kV ××线路三相高压电抗器由同一制造厂、同一批次制造并且运行时间、运行工况相似，为此，在 A、B 相高压电抗器相同位置进行振动检测，数据用于比对分析。

(a) 测点布置1　　(b) 测点布置2

图 2-20　500kV ××线路 C 相高压电抗器振动测点布置

500kV ××线路三相高压电抗器振动加速度测试结果如图 2-21 所示，500kV ××线路三相高压电抗器 7 个测点的加速度分布在 450～1500mg。B 相高压电抗器 7 个测点的振动加速度相比 A 相和 C 相均较小，C 相高压电抗器在测点 3 和测点 6 处的振动加速度最大，超过了 1200mg，此外，A 相高压电抗器在测点 6 处的振动加速度也较大，超过了 1200mg。

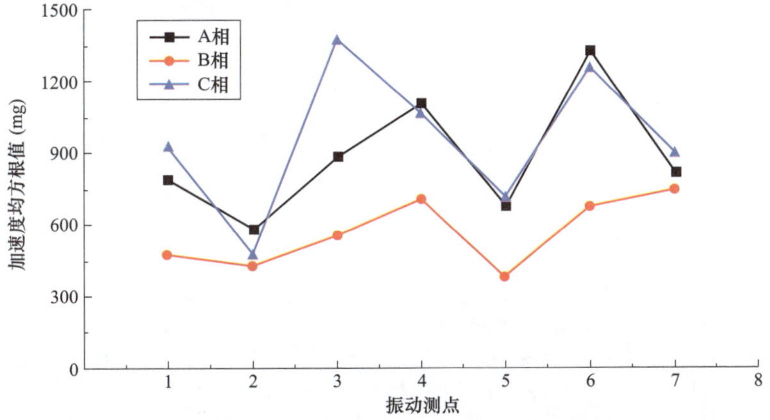

图 2-21　500kV ××线路三相高压电抗器振动加速度测试结果

500kV ××线路三相高压电抗器振动信号波形畸变比测试结果如图 2-22 所示，500kV ××线路三相高压电抗器振动信号波形畸变比测试数据显示，在 C 相高压电抗器测点 3、测点 4 和测点 5 的区域，振动信号波形畸变比最大，其次是A相高压电抗器，而B相高压电抗器振动信号波形畸变比最小。进一步分析，发现B相高压电抗器振动信号主频率分布在100Hz，A相高压电抗器振动信号主频率除了100Hz以外，在200Hz处也有较大分量，而与A相高压电抗器相比，C相高压电抗器在200Hz处的分量更大。据此，分析C相高压电抗器振动异常增大的原因与铁芯运行状态的变化有关。

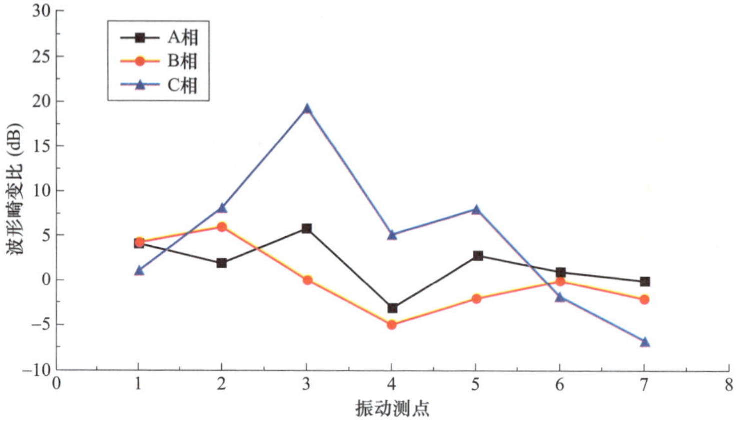

图 2-22　500kV ××线路三相高压电抗器振动信号波形畸变比测试结果

500kV ××线路三相高压电抗器振动信号奇偶谐波能量比测试结果如图2-23所示，500kV ××线路三相高压电抗器振动信号奇偶谐波能量比测试数据显示，C相高压电抗器7个测点的振动信号奇偶谐波能量比整体大于A相高压电抗器和B相高压电抗器，其中B相高压电抗器振动信号奇偶谐波能量比最低。据此侧面印证500kV ××线路三相高压电抗器中，B相高压电抗器的铁芯运行状态最好，A相高压电抗器的铁芯运行状态略差，而C相高压电抗器的铁芯运行状态最差。

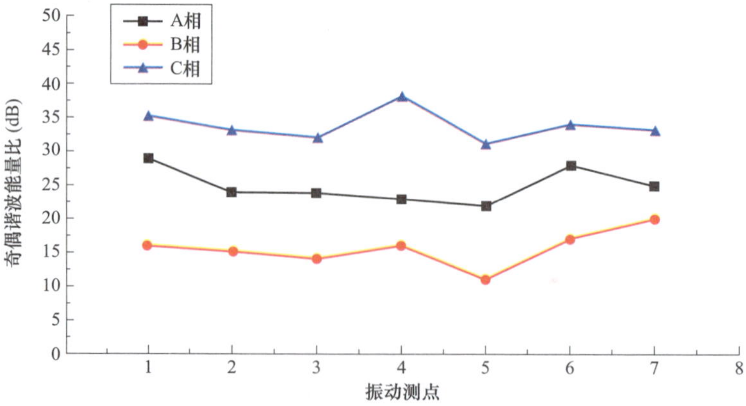

图 2-23　500kV ××线路三相高压电抗器振动信号奇偶谐波能量比测试结果

（3）超声波局部放电带电检测数据。在 500kV ××线路 C 相高压电抗器壳体表面进行超声波局部放电带电检测，根据多点检测结果，均存在如图 2－24 所示的异常超声波信号，作为比对，对 B 相高压电抗器壳体表面进行超声波局部放电带电检测，未测得异常超声波信号。对 C 相高压电抗器壳体表面测得的异常超声波信号进行分析，该振荡脉冲持续时间长，每个脉冲幅值都是振荡上升然后振荡减小，其包络线近似为正弦波形，具有异常振动的信号特征。在图 2－20 所示的测点 2 和测点 3 进行超声波局部放电带电检测，测得如图 2－25 所示的

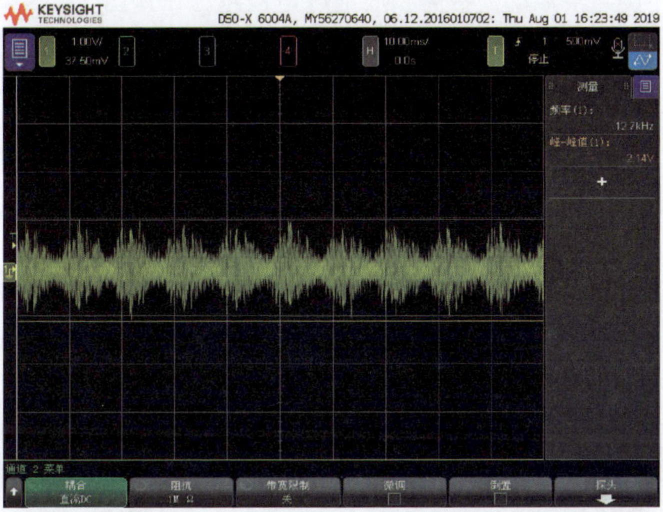

图 2－24　500kV ××线路 C 相高压电抗器异常超声波信号

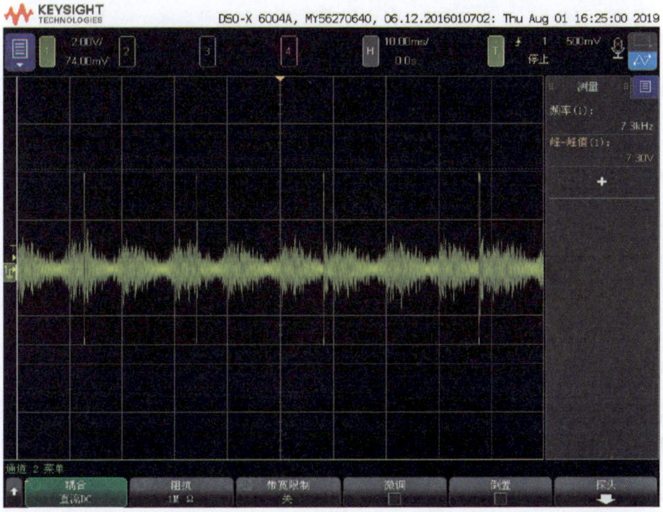

图 2－25　500kV ××线路 C 相高压电抗器夹杂冲击脉冲的异常超声波信号

夹杂冲击脉冲的异常超声波信号，由于该信号幅值过大，达到7.3V，若是局部放电产生的信号，与离线油色谱数据无法对应，考虑到现场可见C相高压电抗器泄压阀在运行期间存在持续异常抖动（A相高压电抗器和B相高压电抗器泄压阀未见异常），初步分析超声波信号中的冲击脉冲来自泄压阀异常抖动而非C相高压电抗器内部局部放电。

5. 综合分析

根据对500kV ××线路C相高压电抗器带电检测结果分析，该设备内部和壳体表面均存在异常振动，特高频局部放电检测法在如图2－18所示测点可测得幅值较小的间歇性局部放电信号。500kV ××线路C相高压电抗器存在持续抖动现象的泄压阀如图2－26所示，肉眼可见500kV ××线路C相高压电抗器泄压阀存在持续抖动，并发出刺耳声音。

图2－26　500kV ××线路C相高压电抗器存在持续抖动现象的泄压阀

鉴于测得500kV ××线路C相高压电抗器存在异常特高频信号、异常振动信号和异常超声波信号，其中异常特高频信号间歇性出现、幅值较小且具有悬浮电位放电特征（仅有1个测点测得无法进行缺陷精确定位），分析500kV ××线路C相高压电抗器由于设备振动过大，导致设备内部部件松动，造成间歇性悬浮电位放电发生。

此外，500kV ××线路A相高压电抗器如图2－20所示测点6存在异常振动。

6. 结论及建议

经过综合分析，500kV ××线路C相高压电抗器因振动过大导致铁芯或夹件松动，接触不良时产生悬浮电位放电，从离线油色谱数据和特高频局部放电带电检测结果看，目前为间歇性放电，放电能量相对较小。

由于目前检测结果显示 500kV ××线路 C 相高压电抗器内部悬浮电位放

电能量较小，可暂时对其监视运行，建议加强设备离线油色谱监测，持续三个月每周进行一次油色谱检测。若持续三个月该高压电抗器油色谱数据未有增长，则再持续三个月每月进行一次油色谱检测。若再持续三个月该高压电抗器油色谱数据仍未有增长，则恢复正常检测。一旦 C_2H_2 含量超过 2.0μL/L，则进行进一步分析。此外，500kV ××线路 A 相高压电抗器相比 B 相高压电抗器也存在振动偏大情况，建议对该设备也加强离线油色谱监测。

从多次带电检测结果来看，对油浸式变压器或高压电抗器开展振动检测，有助于发现其内部松动、变形和接触不良等缺陷。此外，在某些情况下，在变压器或高压电抗器壳体法兰等部位布置特高频传感器，可能检测到内部泄漏出的特高频局部放电信号，有助于对设备运行情况的综合诊断。

7. 跟踪监测情况

根据运维建议，运维单位对 500kV ××线路 C 相高压电抗器开展了持续的离线油色谱监测，历次监测值见表 2－2。截至 2019 年 12 月 6 日，500kV ××线路 C 相高压电抗器离线油色谱数据显示 C_2H_2 含量和总烃含量有所增长，但 C_2H_2 含量暂未超过 2.0μL/L。接下来，按照运维人员的建议继续对 500kV ××线路 C 相高压电抗器监视运行。

表 2－2　历 次 监 测 值　单位：μL/L

试验日期	H_2	CO	CO_2	CH_4	C_2H_4	C_2H_6	C_2H_2	总烃	结论
2019－08－03	21.50	267.77	3669.50	28.01	4.59	4.71	1.17	38.48	有乙炔
2019－08－06	22.33	284.57	3710.36	31.75	8.44	8.50	1.66	50.36	有乙炔
2019－08－14	22.13	284.26	3541.89	32.35	7.89	7.72	1.57	49.53	有乙炔
2019－08－20	22.30	288.36	3656.04	32.49	8.63	8.62	1.66	51.40	有乙炔
2019－08－28	21.15	288.26	3693.22	32.87	8.91	8.89	1.74	52.40	有乙炔
2019－08－29	22.45	311.71	3523.49	33.33	8.75	8.51	1.74	52.33	有乙炔
2019－09－04	22.55	309.41	3529.52	33.52	8.69	8.39	1.73	51.33	有乙炔
2019－09－12	21.95	300.30	3327.45	35.91	8.83	8.49	1.69	54.92	有乙炔
2019－09－18	20.38	272.9	3266.44	35.69	8.81	8.56	1.64	54.70	有乙炔
2019－09－27	20.30	305.30	3399.34	37.26	9.48	9.44	1.77	57.95	有乙炔
2019－10－09	22.06	321.96	3358.46	37.96	9.78	9.79	1.77	59.30	有乙炔
2019－10－18	22.85	322.96	3576.00	39.61	10.33	10.58	1.84	62.35	有乙炔
2019－10－23	21.09	322.53	3462.18	42.59	10.35	10.43	1.79	65.16	有乙炔
2019－10－30	23.64	326.44	3652.69	40.68	10.59	11.03	1.95	64.25	有乙炔

续表

试验日期	H_2	CO	CO_2	CH_4	C_2H_4	C_2H_6	C_2H_2	总烃	结论
2019－11－06	25.18	351.03	3929.45	43.18	10.72	11.03	1.99	66.92	有乙炔
2019－11－13	21.40	314.28	3428.49	38.54	9.96	10.16	1.90	60.56	有乙炔
2019－11－21	25.90	350.56	3995.23	42.06	9.11	10.99	1.91	64.07	有乙炔
2019－11－29	21.47	346.22	3770.92	63.54	6.54	21.04	1.79	92.91	有乙炔
2019－12－06	22.76	354.35	3807.28	43.76	10.99	11.27	1.92	66.94	有乙炔

2.2.2 基于声电联合及振动检测方法的 110kV 主变压器局部放电缺陷检测及解体分析

1. 异常概况描述

2021 年 4 月 29 日，运维单位对某 110kV 变电站 1 号主变压器开展离线绝缘油色谱检测，测得乙炔含量为 5.2μL/L、总烃为 513.9μL/L，均超标。

2021 年 5 月 7 日，运维单位对该变电站 1 号主变压器开展了振动检测、特高频局部放电检测和超声波局部放电检测，测得铁芯接地夹件接地位置存在具有局部放电特征的异常特高频信号，测得主变压器壳体表面存在具有局部放电特征的异常超声波信号。

2021 年 5 月 8 日，运维单位再次对该变电站 1 号主变压器开展离线绝缘油色谱检测，测得乙炔含量为 5.5μL/L、总烃含量为 574.2μL/L，较上一次检测有所增长。

2021 年 5 月 18 日，运维单位对该变电站 1 号主变压器进行了停电检查，开展的各项停电试验项目未发现异常。2021 年 5 月 26 日，运维单位对该主变压器进行了吊罩检查，发现铁芯硅钢片的某一叠片顶角与附近的夹件几乎接触，并且该处存在明显的放电痕迹，位置与定位结果一致。

2. 检测对象及项目

检测对象：某 110kV 变电站 1 号主变压器。

出厂时间：2006 年 7 月。

历史缺陷：该主变压器 2017 年遭受短路电流冲击，中压绕组发生严重变形，2018 年 12 月更换了该主变压器中低压绕组，大修后再次投运。

检测项目：离线绝缘油色谱检测、振动检测、特高频局部放电带电检测、超声波局部放电带电检测。

3. 检测仪器及装置

振动检测：VT－P90 型电力设备振动检测及状态评价系统。

特高频局部放电带电检测：PDDS－102 型电力设备局部放电检测与智能诊断系统。

超声波局部放电带电检测：PDDS－102 型电力设备局部放电检测与智能诊断系统。

缺陷定位：DSOX3104T 型数字示波器。

4. 检测数据

（1）离线绝缘油色谱检测。某 110kV 变电站 1 号主变压器绝缘油色谱检测数据如表 2－3 所示，2021 年 4 月 29 日某 110kV 变电站 1 号主变压器离线绝缘油色谱检测数据显示，总烃和乙炔含量超过注意值，故障类型三比值编码计算为 022，根据参考案例，可能是分解开关接触不良、引线夹件螺栓松动或接头焊接不良、涡流引起铜过热、铁芯漏磁、局部短路、层间绝缘不良、铁芯多点接地等缺陷。2021 年 5 月 8 日，再次对该主变压器进行离线绝缘油色谱检测，故障类型三比值编码计算为 022，但乙炔和总烃含量有所增长，特别是总烃，经计算本次相对产气率为每月 39.1%，保持高增长。

表 2－3　某 110kV 变电站 1 号主变压器绝缘油色谱检测数据　单位：μL/L

试验日期	脱气量	H_2	CO	CO_2	CH_4	C_2H_4	C_2H_6	C_2H_2	总烃	结论
2017－01－22	3.7	79.9	732.4	3540.7	12.6	2.4	2.6	未检出	17.6	正常
2017－04－18	2.2	28.6	400.6	2947.6	9.6	2.1	2.4	未检出	13.8	正常
2018－12－26	4.0	0.6	2.6	160.5	0.4	0.8	0.3	未检出	1.5	正常（返厂，耐压前）
2018－12－28	2.3	5.2	25.2	151.7	0.6	0.6	0.3	未检出	1.5	正常（耐压后）
2019－01－04	2.2	23.4	2.6	360.6	0.8	0.4	0.3	未检出	1.5	正常（投运后）
2019－08－07	3.0	16.9	110.1	367.2	16.0	31.8	3.6	0.6	52.0	有乙炔
2019－08－16	1.8	17.7	108.5	425.9	17.9	33.9	6.0	0.9	58.7	有乙炔
2020－04－06	2.0	25.0	129.9	271.7	29.6	56.0	5.5	0.7	91.8	有乙炔
2021－04－29	1.4	112.9	129.7	447.9	155.1	318.0	35.5	5.2	513.9	乙炔大于 5μL/L，总烃大于 150μL/L，三比值编码 022
2021－05－08	1.4	125.6	142.4	599.0	173.6	357.0	37.2	5.5	574.2	乙炔大于 5μL/L，总烃大于 150μL/L，三比值编码 022

续表

试验日期	脱气量	H_2	CO	CO_2	CH_4	C_2H_4	C_2H_6	C_2H_2	总烃	结论
2021－05－11	2.4	125.4	140.1	611.2	172.6	371.8	38.0	5.8	588.2	乙炔大于 5μL/L，总烃大于 150μL/L，三比值编码 022
2021－05－20	3.2	125.5	136.3	465.5	181.7	384.9	38.6	5.8	611.1	乙炔大于 5μL/L，总烃大于 150μL/L，三比值编码 022

1 号主变压器本体油位和气体继电器集气情况如图 2－27 所示，2021 年 4 月 29 日现场对该变电站 1 号主变压器进行检查（检查期间负荷 12MW），主变压器外观无异常，各油位正常，本体气体继电器无集气，油温为 50℃，各处均无放电及渗漏油痕迹。

(a) 本体油位　　(b) 气体继电器

图 2－27　1 号主变压器本体油位和气体继电器集气情况

（2）振动检测。2021 年 5 月 8 日，对该变电站 1 号主变压器开展振动检测。1 号主变压器振动检测测点如图 2－28 所示，在主变压器壳体同一高度一周均匀布置 16 个测点采集振动数据。如图 2－29 所示为测得的主变压器振动加速度和振动位移情况，未发现显著异常，可作为该主变压器历史振动检测数据。

（3）特高频局部放电带电检测。2021 年 5 月 8 日，对该变电站 1 号主变压器开展特高频局部放电带电检测。1 号主变压器特高频 TA 检测位置如图 2－30

(a) 示意图1　(b) 示意图2
(c) 示意图3　(d) 示意图4

图 2-28　1 号主变压器振动检测测点布置示意图

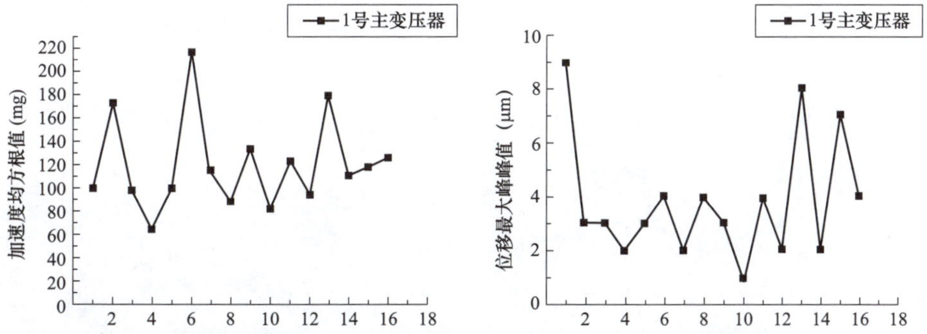

(a) 振动加速度　(b) 振动位移

图 2-29　测得的主变压器振动加速度和振动位移情况

所示，在主变压器的铁芯接地位置和夹件接地位置使用特高频 TA 进行检测。1 号主变压器铁芯/夹件接地位置异常特高频信号图谱如图 2-31 所示，主变压器在铁芯接地位置和夹件接地位置存在具有 100Hz 频率相关性的异常特高频信号。此外，

图 2-30　1 号主变压器特高频 TA 检测位置

放置在邻近主变压器铁芯/夹件接地位置空间中的特高频天线在空气中和主变压器壳体下部缝隙处均可以检测到显著的异常特高频信号，信号特征均与铁芯/夹件接地位置特高频 TA 检测到的信号一致。主变压器壳体缝隙处特高频信号与空气背景特高频信号时延定位如图 2-32 所示，为了确认异常信号是否来自主变压器内部，将特高频天线分别放置于各侧壳体下部缝隙处和空气中，通过多通道特高频信号时延定位，各侧壳体下部缝隙处特高频信号到达时间始终领先于空气中的特高频信号，初步判断该异常信号来自主变压器内部。

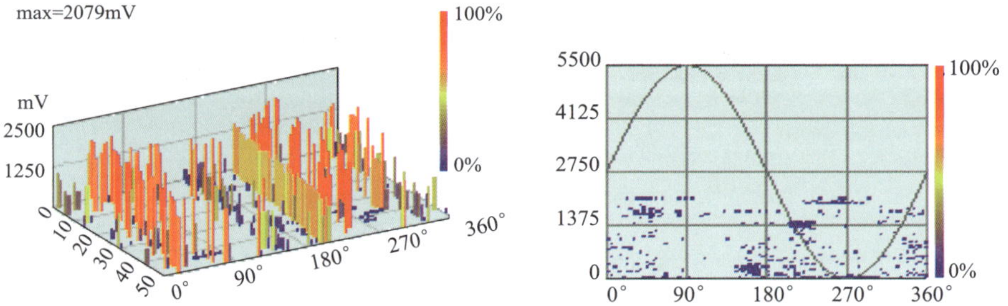

(a) PRPS图谱　　(b) PRPD图谱

图 2-31　1 号主变压器铁芯/夹件接地位置异常特高频信号图谱

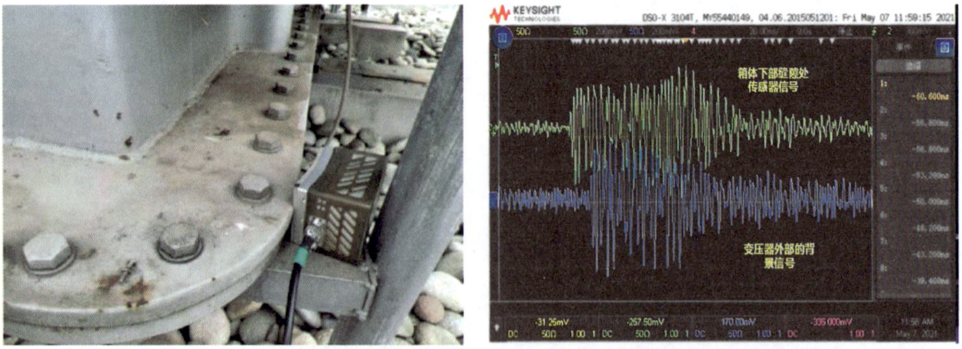

(a) 特高频天线壳体缝隙检测位置　　(b) 多通道特高频信号时延定位

图 2-32　主变压器壳体缝隙处特高频信号与空气背景特高频信号时延定位

（4）超声波局部放电带电检测。2021 年 5 月 8 日，对该变电站 1 号主变压器开展超声波局部放电带电检测。1 号主变压器异常超声波信号如图 2－33 所示，主变压器壳体表面存在具有 100Hz 频率相关性的异常超声波信号，幅值最大位置位于如图 2－28 所示的测点 2。考虑到在该主变压器同时测得特征相似的异常特高频信号和异常超声波信号，不排除主变压器存在局部放电缺陷。

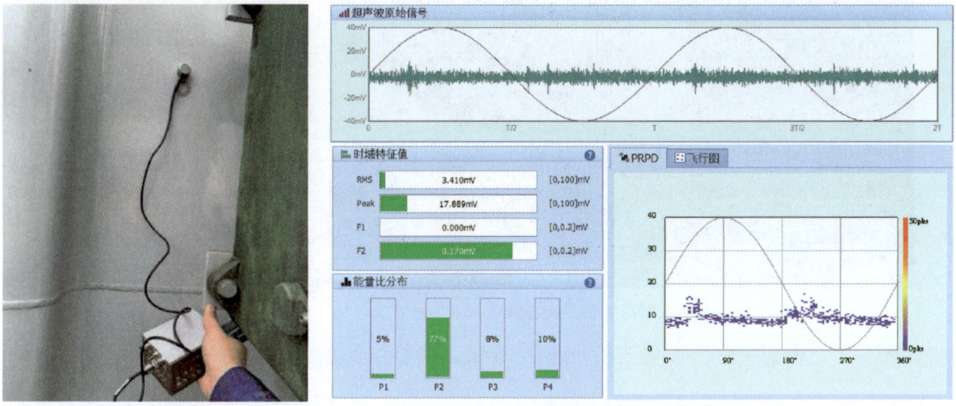

（a）超声波检测测点　　（b）主变压器壳体异常超声波信号

图 2－33　1 号主变压器异常超声波信号

（5）缺陷精确定位。2021 年 5 月 8 日，对该变电站 1 号主变压器开展缺陷精确定位。尽管仪器检测到特高频信号和超声波信号，但由于超声波信号在变压器中传播衰减很快，壳体处信号幅值很小，用于定位的示波器无法采集到超声波信号，因此声电联合定位无法开展，采用多通道特高频信号时延定位方法寻找缺陷位置。

主变压器壳体长边定位：沿着主变压器壳体长边在下部缝隙处的两端各放置 1 个特高频天线，通过示波器读取 2 个特高频天线接收到的信号的时延，不断调整特高频天线的位置，直到信号到达 2 个特高频天线的时间相同、时延为零，即可判断信号来自 2 个特高频天线正中间的平面（即平分面法）。1 号主变压器壳体长边特高频多通道信号时延定位如图 2－34 所示，在主变压器壳体长边定位缺陷位于该侧左边靠近第二根加强筋的平面上（35kV 侧 A 相与 0 相套管之间平面）。

主变压器壳体短边定位：沿着主变压器壳体短边在下部缝隙处的两端各放置 1 个特高频天线，通过示波器读取 2 个特高频天线接收到的信号的时延，不断调整特高频天线的位置，直到信号到达 2 个特高频天线的时间相同、时延为零，即可判断信号来自 2 个特高频天线正中间的平面。1 号主变压器壳体短边特高频多通道信号时延定位如图 2－35 所示，在主变压器壳体短边定位缺陷位于该侧左边靠近第一根加强筋的平面上（35kV 侧 0 相与 110kV 侧 0 相之间平面）。

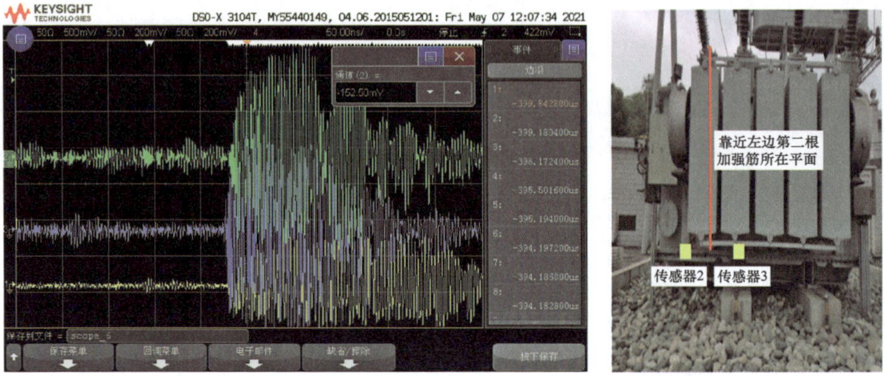

(a) 多通道特高频信号同时到达　　(b) 主变压器壳体长边定位结果

图 2－34　1 号主变压器壳体长边特高频多通道信号时延定位

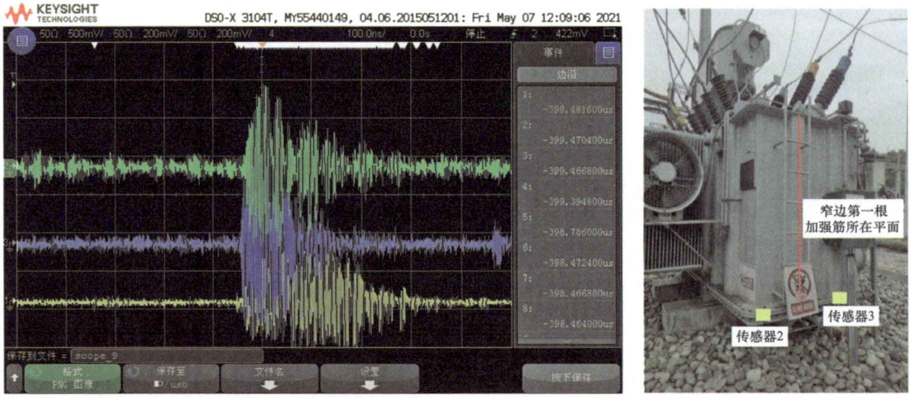

(a) 多通道特高频信号同时到达　　(b) 主变压器壳体短边定位结果

图 2－35　1 号主变压器壳体短边特高频多通道信号时延定位

主变压器壳体垂直定位：因主变压器带电运行，壳体顶部无法布置特高频天线，因此无法在垂直方向进行定位。

放电源位置判定：1 号主变压器内部缺陷所在位置如图 2－36 所示。将定位的主变压器壳体长边缺陷所在平面和短边缺陷所在平面相交，可以得到如图 2－36 所示缺陷所在直线，结合主变压器内部结构可进一步分析缺陷所在位置。

图 2-36 1 号主变压器内部缺陷所在位置

5. 综合分析

离线绝缘油色谱检测结果显示乙炔和总烃含量超过注意值，特高频局部放电和超声波局部放电检测发现具有 100Hz 频率相关性的异常信号，运维单位判断该变电站 1 号主变压器内部存在局部放电缺陷。通过主变压器壳体长边、短边多通道特高频信号时延定位，初步判定缺陷位于 35kV 侧 A 相套管与 35kV 侧 0 相项目套管之间平面和 35kV 侧 0 相套管与 110kV 侧 0 相套管之间平面的交线上。结合 2018 年该主变压器大修后局部放电试验结果显示 A 相局部放电量最大这一情况，初步判断缺陷可能位于主变压器中压 A 相附近。

为保障设备安全运行，运维单位每 2 天开展一次离线绝缘油色谱检测和铁芯/夹件接地电流检测，及时掌握缺陷发展情况，并制订计划尽快对 1 号主变压器进行停电消缺。

6. 验证情况

考虑到设备绝缘油中乙炔和总烃含量呈现上涨趋势，同时局部放电带电检测测得异常特高频信号、异常超声波信号并且初步确定了放电源位置，2021 年 5 月 18 日，天气晴，温度为 25℃、湿度为 65%，运维单位对该变电站 1 号主变压器进行了停电检查。设备停电后，首先进行了频率响应法绕组变形试验、短路阻抗试验、空载试验、直流电阻试验、绕组与套管绝缘电阻试验、铁芯电阻绝缘试验和长时感应耐压及局部放电试验。各项试验数据均合格，未见异常。

2021 年 5 月 26 日，运维单位对 1 号主变压器进行吊罩检查。1 号主变压器局部放电缺陷位置如图 2－37 所示，在之前定位的缺陷范围进行仔细检查，发现铁芯硅钢片的某一叠片顶角与附近的夹件几乎接触，并且该处存在明显的放电痕迹。经尺寸测量，放电位置位于 1 号主变压器长边第二根加强筋所在垂直平面（35kV 侧 A 相与 0 相套管之间平面）和短边第一根加强筋所在垂直平面（35kV 侧 0 相与 110kV 侧 0 相之间平面）的交线上，与定位结果完全一致。此外，还在局部放电缺陷位置使用 2500V 试验电压进行了绝缘电阻试验，试验期间局部放电缺陷位置绝缘电阻几乎为零且出现明显放电声。需要说明的是，5 月 18 日绝缘电阻试验电压仅为 1000V 且局部放电缺陷浸泡在绝缘油中，因此试验未发现异常，5 月 26 日绝缘电阻试验电压为 2500V 且局部放电缺陷暴露在空气中，测得绝缘电阻值几乎为零。

(a) 视角1　(b) 视角2　(c) 视角3

图 2－37　1 号主变压器局部放电缺陷位置

综合分析该变电站 1 号主变压器局部放电缺陷原因。铁芯硅钢片中最外侧靠近夹件的叠片顶角由于某种原因翘起（例如现场安装不当），使得该硅钢片叠片与附近的夹件距离过近。在主变压器运行过程中会因磁致伸缩等原因引起振动，导致铁芯硅钢片变形的叠片顶角与夹件之间时有接触，在接触时就形成了铁芯多点接地情况，此时铁芯与两个接地点之间构成闭合回路，产生环流，引起局部过热，进而导致绝缘油分解产生乙炔等气体，与根据绝缘油色谱检测结果进行的三比值编码计算得出的高温过热缺陷结论一致。同时，铁芯硅钢片变形的叠片顶角与夹件拉开一定间隙时，该间隙之间会产生电位差，即悬浮电位，导致局部放电缺陷产生。1 号主变压器铁芯硅钢片变形的叠片与夹件的位置状态如图 2－38 所示，在主变压器振动情况下铁芯硅钢片变形的叠片与夹件之间的状态在接触与非接触（存在间隙）之间变化，因此放电也会呈现出间歇性，由于铁芯多点接地缺陷也存在间歇性，因此运维人员前期在铁芯/夹件接地电流检测中未发现异常。

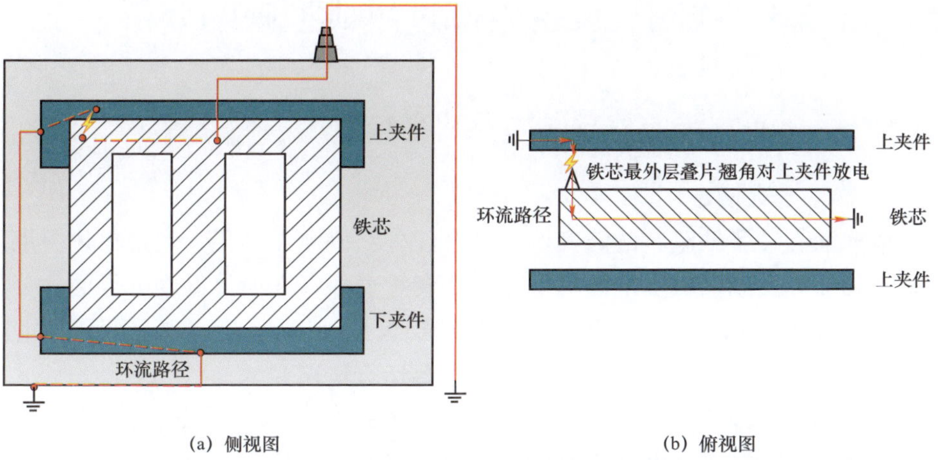

图 2－38　1 号主变压器铁芯硅钢片变形的叠片与夹件的位置状态

7. 结论与建议

（1）结论。经带电检测和缺陷定位，发现某 110kV 变电站 1 号主变压器内部存在局部放电缺陷，通过多通道特高频信号时延定位法确定了缺陷所在位置。吊罩检查发现主变压器铁芯硅钢片中最外侧靠近夹件的叠片顶角翘起，与夹件距离较近，在主变压器运行过程中因铁芯磁致伸缩引起振动导致叠片顶角与夹件时有接触，引发间歇性铁芯多点接地缺陷和间歇性局部放电缺陷。运维单位停电检修后消除了缺陷。

（2）建议。

1）变压器部分内部缺陷，特别是间歇性发生的过热缺陷或局部放电缺陷，常规的停电试验发现效果不佳，为加强对主变压器缺陷的检出率，应结合特高频局部放电带电检测（特高频 TA 在铁芯/夹件接地位置进行检测，特高频天线在壳体缝隙等非金属屏蔽位置进行检测）、超声波局部放电带电检测等手段开展好主变压器检测。

2）相对而言，变压器内部结构复杂，局部放电产生的信号经过折反射或叠加会影响多通道信号时延定位准确性。通常，声电联合定位时延分辨率高，定位效果最好，若采用特高频或超声波多通道信号时延定位，尽量选择多个测点采集时域波形进行计算，综合比对得出最准确的缺陷所在区域。

3）本次的 110kV 变电站 1 号主变压器可能因运输或者现场安装不当，引起铁芯硅钢片叠片翘起，因此，在新投主变压器吊罩检查期间，要特别加强类似铁芯和夹件部位的检查，及时发现存在的缺陷。

2.3 线圈类设备内部过热典型缺陷分析

2.3.1 ±500kV 换流站平波电抗器套管过热缺陷检测及解体分析

1. 异常概况描述

根据同类设备缺陷、故障案例，结合红外精确测温结果，运维单位前期发现某±500kV 换流站极Ⅰ平波电抗器阀侧套管表面存在明显温度分界面，分界面两侧温差达 3.5K，初步分析内部导体铜铝表带触指位置存在接触不良缺陷，运维单位加强专项红外精确测温，监视设备运行情况。

2. 检测对象及项目

检测对象：某±500kV 换流站平波电抗器套管。

检测项目：红外精确测温。

3. 检测仪器及装置

检测仪器及装置见表 2–4。

表 2–4　　检测仪器及装置

仪器名称	仪器型号	制造厂	出厂编号
红外热像仪	T630	FLIR	T198690–02

4. 检测数据

（1）2019 年 4 月 2～4 日红外精确测温结果。2019 年 4 月 2 日，运维单位对某±500kV 换流站平波电抗器套管开展了专项红外精确测温，检测时极Ⅰ负荷为 1500MW，极Ⅱ平波电抗器处于检修状态。4 月 2 日极Ⅰ平波电抗器直流侧套管红外测温图谱和各点温度分布如图 2–39 所示，根据测温结果，套管表面温度分布比较均匀，未检测到有异常的温度分布情况。4 月 2 日极Ⅰ平波电抗器阀侧套管红外测温图谱和各点温度分布如图 2–40 所示，根据测温结果，套管温度分布以 SP4 测温点和 SP5 测温点之间作为分界面，分界面两侧温差达到 4.2K，初步分析 SP4 测温点和 SP5 测温点之间套管内部可能存在异常热源。

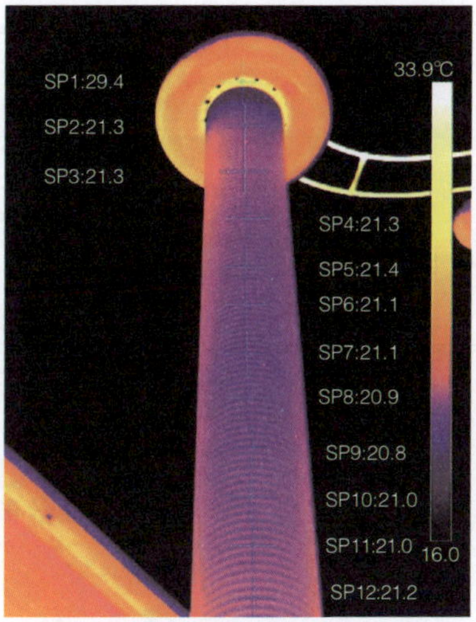

(a) 红外测温图谱

测温点位	温度（℃）
SP1	29.4
SP2	21.3
SP3	21.3
SP4	21.3
SP5	21.4
SP6	21.1
SP7	21.1
SP8	20.9
SP9	20.8
SP10	21.0
SP11	21.0
SP12	21.2

(b) 各点温度分布

图 2-39　4 月 2 日极 I 平波电抗器直流侧套管红外测温图谱和各点温度分布

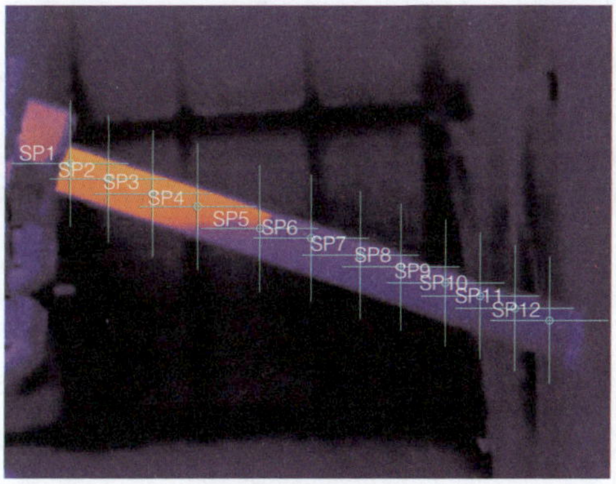

(a) 红外测温图谱

测温点位	温度（℃）
SP1	31.3
SP2	31.2
SP3	31.4
SP4	30.7
SP5	26.5
SP6	25.9
SP7	25.1
SP8	24.8
SP9	24.7
SP10	24.5
SP11	24.3
SP12	24.1

(b) 各点温度分布

图 2-40　4 月 2 日极 I 平波电抗器阀侧套管红外测温图谱和各点温度分布

2019 年 4 月 4 日，运维单位对该换流站平波电抗器套管再次进行专项红外精确测温。4 月 4 日极 I 平波电抗器直流侧套管红外测温图谱和温度分布曲线如图 2-41 所示，根据测温结果，套管表面温度分布比较均匀，未检测到有异常的温度分布情况。4 月 4 日极 I 平波电抗器阀侧套管红外测温图谱和温度分布曲线如图 2-42 所示，套管表面温度分布从高压侧开始呈逐渐降低趋势，同时在套管三分之一位置存在较为明显的温度分界面，分界面两侧温差达到 3.4K 以上，结合套管内部结构，分析为套管内部存在异常热源。

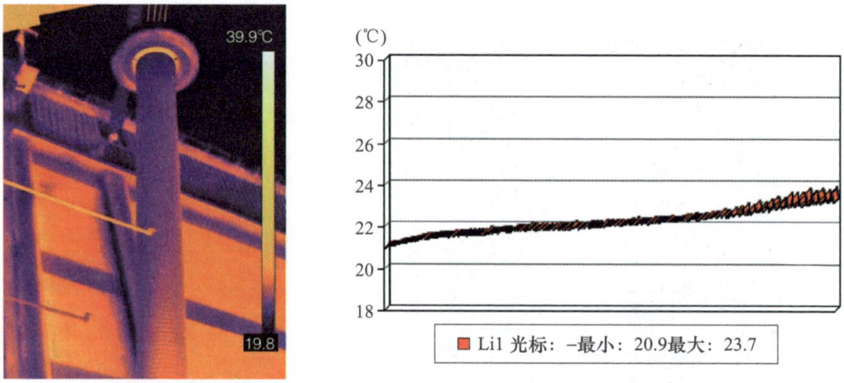

（a）红外测温图谱　（b）各点温度分布

图 2-41　4 月 4 日极Ⅰ平波电抗器直流侧套管红外测温图谱和温度分布曲线

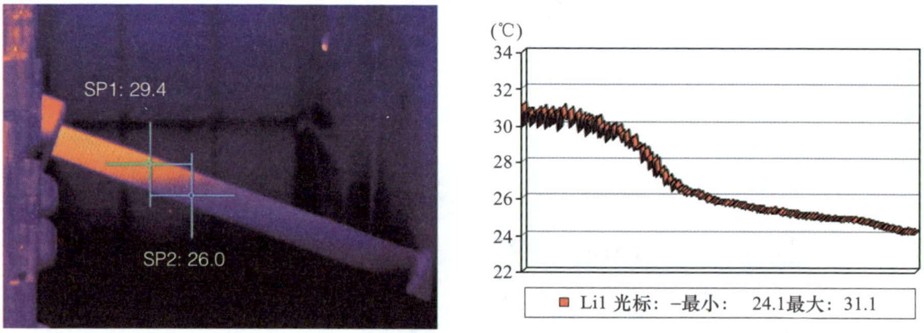

（a）红外测温图谱　（b）各点温度分布

图 2-42　4 月 4 日极Ⅰ平波电抗器阀侧套管红外测温图谱和温度分布曲线

2019 年 4 月 2～4 日，运维单位开展的该换流站平波电抗器套管专项红外精确测温，因极Ⅱ平波电抗器处于检修状态，仅测得极Ⅰ平波电抗器套管表面温度，无法进行同站同类设备比对，但根据之前对侧换流站极Ⅰ平波电抗器同型号套管曾在表面温度分界面两侧温差达到 5.0K 后解体检修发现内部导体铜铝表带触指位置接触不良引起过热烧蚀缺陷的案例，判断该换流站极Ⅰ平波电抗器阀侧套管内部导体铜铝表带触指位置接触不良引起过热，热量向上传导至套管上部分导致红外精确测温发现套管表面存在显著温度分界面。据此，运维单位加强平波电抗器套管的跟踪监测工作，每天根据负荷变化情况检测记录极Ⅰ平波电抗器阀侧套管的热点温度变化情况和内部 SF_6 气体压力变化情况，并与极Ⅱ平波电抗器相同部位、对侧换流站极Ⅰ平波电抗器相同部位的红外测温图谱进行比对，及时掌握设备缺陷发展趋势，采取相应运维措施。

（2）2019年4月26～28日红外精确测温结果。2019年4月26日21时24分，运维单位对该换流站平波电抗器开展专项红外精确测温，检测时极Ⅱ负荷1400MW。检测发现，4月26日21时极Ⅱ平波电抗器直流侧套管红外测温图谱和温度分布曲线如图2-43所示，极Ⅱ平波电抗器直流侧套管表面存在显著温度分界面，分界面两侧温差达7.9K。4月26日21时极Ⅰ平波电抗器直流侧套管红外测温图谱和温度分布曲线如图2-44所示，作为比对，极Ⅰ平波电抗器直流侧套管表面温度分布比较均匀，相同位置界面两侧温差为0.9K。根据检测结果，运维单位判断极Ⅱ平波电抗器直流侧套管内部导体铜铝表带触指位置（套管由顶部向下延伸三分之一部位）存在因接触不良导致的异常发热缺陷。

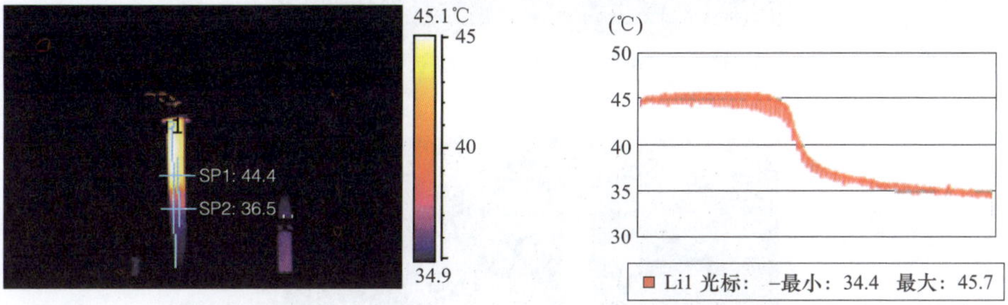

（a）红外测温图谱　（b）各点温度分布

图2-43　4月26日21时极Ⅱ平波电抗器直流侧套管红外测温图谱和温度分布曲线

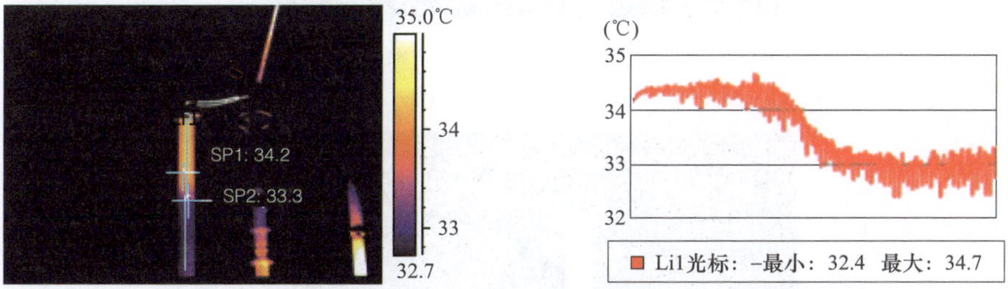

（a）红外测温图谱　（b）各点温度分布

图2-44　4月26日21时极Ⅰ平波电抗器直流侧套管红外测温图谱和温度分布曲线

考虑到有两座±500kV换流站平波电抗器因套管内部导体接触不良导致设备故障停运的案例，为保证设备和电网安全运行，2019年4月27日2时30分，运维单位将极Ⅱ负荷降至1000MW。经短时间内多次红外精确测温，4月27日凌晨极Ⅱ平波电抗器直流侧套管红外测温图谱如图2-45所示，极Ⅱ平波电抗器直流侧套管表面温度分界面温差持续下降，截至 2019 年 4 月 27 日 7 时 00 分，温差降至 2.0K。

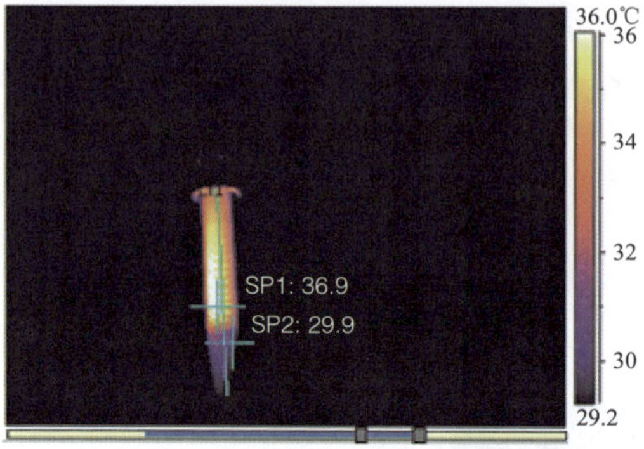

(a) 4月27日3时00分极Ⅱ平波电抗器直流侧套管红外图谱

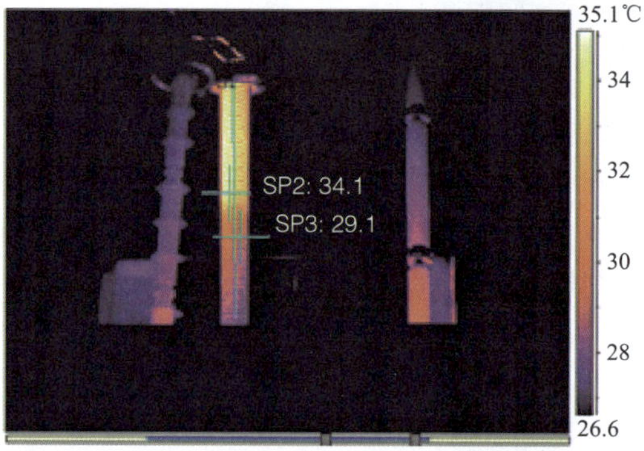

(b) 4月27日4时00分极Ⅱ平波电抗器直流侧套管红外图谱

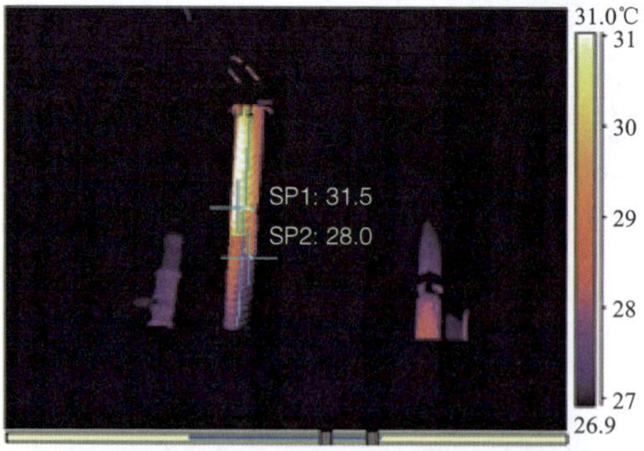

(c) 4月27日5时00分极Ⅱ平波电抗器直流侧套管红外图谱

图 2-45　4 月 27 日凌晨极Ⅱ平波电抗器直流侧套管红外测温图谱（一）

(d) 4月27日6时00分极Ⅱ平波电抗器直流侧套管红外图谱

(e) 4月27日7时00分极Ⅱ平波电抗器直流侧套管红外图谱

图 2-45 4 月 27 日凌晨极Ⅱ平波电抗器直流侧套管红外测温图谱（二）

2019 年 4 月 27 日，运维单位经技术分析会讨论认定极Ⅱ平波电抗器直流侧套管内部导电杆接头因接触不良引发过热，存在严重缺陷，结合对侧流站极Ⅰ平波电抗器缺陷案例，分析认为该站极Ⅱ平波电抗器短期运行条件为 1000MW 及以下负荷且套管表面温度分界面两侧温差不超过 5.0K，运维单位每日 20:00、22:00、24:00、04:00 等时间对极Ⅱ平波电抗器直流侧套管开展专项红外精确测温同时抄录套管内部 SF_6 气体压力，一旦温度分界面两侧温差超过 5.0K 或内部 SF_6 气体压力异常升高时，应立即申请降负荷运行或将设备转检修，上述运维措施直到 5 月设备更换消缺。

2019 年 4 月 27 日，为监视该换流站极Ⅰ、极Ⅱ平波电抗器直流侧和阀侧套管内部导体铜铝表带触指位置是否存在接触不良情况，评估缺陷发展趋势，运维单位对该换流站极Ⅰ、极Ⅱ平波电抗器直流侧和阀侧套管进行了红外精确测温，检测期间极Ⅱ负荷已由 1400MW 降至 1000MW。4 月 27 日极Ⅰ平波电抗器直流侧套管红外测温图谱和各点温度分布如图 2-46 所示，套管表面温度分布均匀，温度分界面两侧 SP5 测温点和 SP7 测温点温差为 1.0K，与之前相同位置测温结果相比未有增长。4 月 27 日极Ⅰ平波电抗器阀侧套管红外测温图谱和各点温度分布如图 2-47 所示，套管温度分布从高压侧开始呈逐渐降低趋势，同时在套管 1/3 位置存在较为明显的温度分界面，分界面两侧 SP3 测温点和 SP5 测温点温差为 2.8K，与之前相同位置测温结果相比未有增长。4 月 27 日极Ⅱ平波电抗器直流侧套管红外图谱和各点温度分布如图 2-48 所示，套管表面温度分布均匀，温度分界面两侧 SP5 测温点和 SP6 测温点温差为 2.1K，与 2019 年 4 月 26 日夜 1400MW 负荷情况下温度分界面两侧温差 7.9K 相比，降至 1000MW 负荷后套管温度分界面两侧温差到此次检测时均保持在 2.0K 左右。4 月 27 日极Ⅱ平波电抗器阀侧套管红外图谱和各点温度分布如图 2-49 所示，套管表面温度分布均匀，温度分界线两侧 SP5 测温点和 SP7 测温点温差为 1.0K，与之前相同位置测温结果相比未有增长。

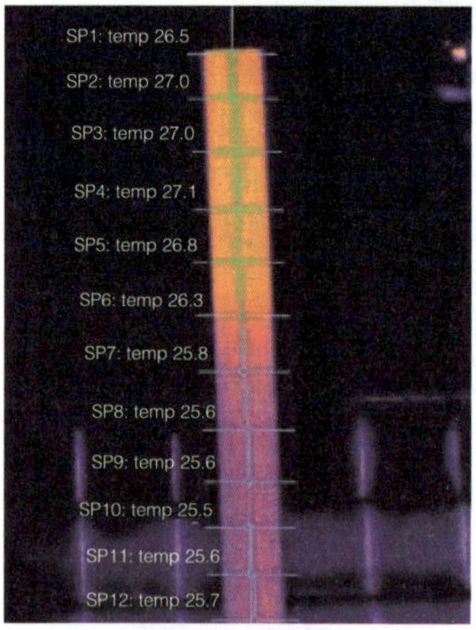

(a) 红外测温图谱

测温点位	温度（℃）
SP1	26.5
SP2	27.0
SP3	27.0
SP4	27.1
SP5	26.8
SP6	26.3
SP7	25.8
SP8	25.6
SP9	25.6
SP10	25.5
SP11	25.6
SP12	25.7

(b) 各点温度分布

图 2-46　4 月 27 日极Ⅰ平波电抗器直流侧套管红外测温图谱和各点温度分布

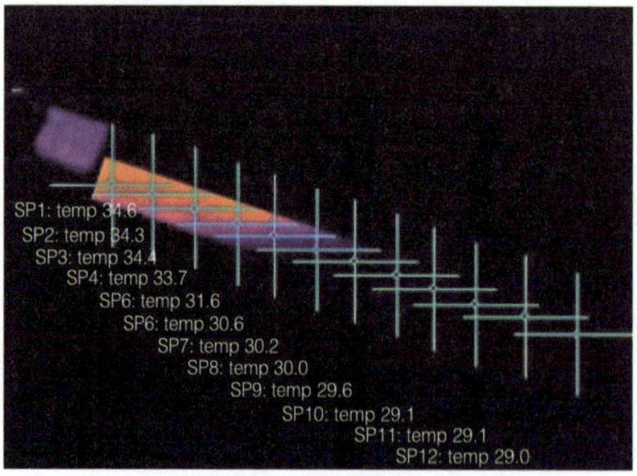

(a) 红外测温图谱

测温点位	温度（℃）
SP1	34.6
SP2	34.3
SP3	34.4
SP4	33.7
SP5	31.6
SP6	30.6
SP7	30.2
SP8	30.0
SP9	29.6
SP10	29.1
SP11	29.1
SP12	29.0

(b) 各点温度分布

图 2-47　4 月 27 日极Ⅰ平波电抗器阀侧套管红外测温图谱和各点温度分布

(a) 红外测温图谱

测温点位	温度（℃）
SP1	25.7
SP2	28.1
SP3	27.9
SP4	28.7
SP5	28.6
SP6	26.5
SP7	25.9
SP8	26.1
SP9	25.9
SP10	25.6

(b) 各点温度分布

图 2-48　4 月 27 日极Ⅱ平波电抗器直流侧套管红外图谱和各点温度分布

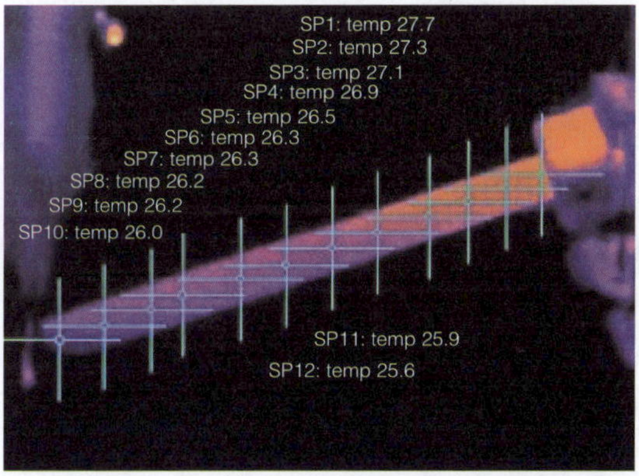

(a) 红外测温图谱

测温点位	温度（℃）
SP1	27.7
SP2	27.3
SP3	27.1
SP4	26.9
3P5	26.5
SP6	26.3
SP7	26.3
SP8	26.2
SP9	26.2
SP10	26.0
SP11	25.9
SP12	25.6

(b) 各点温度分布

图 2-49　4 月 27 日极Ⅱ平波电抗器阀侧套管红外图谱和各点温度分布

2019 年 4 月 28 日 4 时 00 分，运维单位对该换流站平波电抗器开展专项红外精确测温，测得极Ⅱ平波电抗器直流侧套管表面温度分布从高压侧开始呈逐渐降低趋势，同时在套管 1/3 位置存在较为明显的温度分界面，分界面两侧温差达到 5.0K 以上，5 时 00 分复测，温差仍然在 5.0K 以上。2019 年 4 月 28 日 6 时 00 分，继续对该换流站平波电抗器直流侧套管开展专项红外精确测温，极Ⅱ负荷在 5 时 45 分时因运行方式转变下降到 500MW，6 时 00 分左右恢复至 1000MW，极Ⅰ负荷则一直为 500MW。4 月 28 日 6 时极Ⅰ平抗直流侧套管红外图谱和各点温度分布如图 2-50 所示，套管表面温度分布均匀，未见温度分界面。

4 月 28 日 6 时极Ⅱ平抗直流侧套管红外图谱和各点温度分布如图 2－51 所示，套管 1/3 位置存在较为明显的温度分界面，分界面两侧 SP5 测温点和 SP7 测温点温差达到 4.9K，与 2019 年 4 月 27 日测温结果相比，套管温度分界面两侧温差显著上升，与极Ⅰ平波电抗器相同位置长期测温结果相比，极Ⅱ平波电抗器直流侧套管温度分界面两侧温差明显较大。

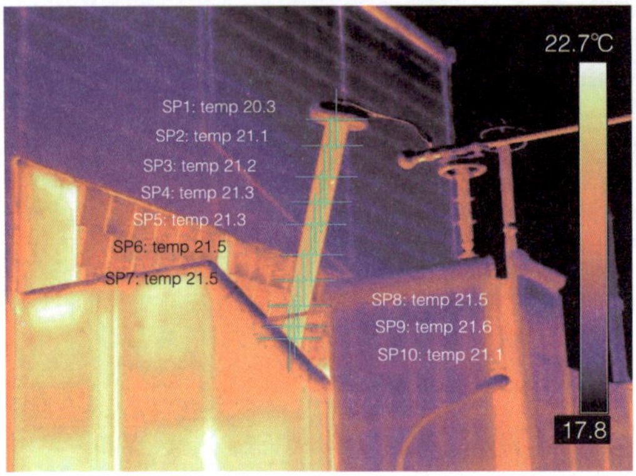

(a) 红外测温图谱

测温点位	温度（℃）
SP1	20.3
SP2	21.1
SP3	21.2
SP4	21.3
SP5	21.3
SP6	21.5
SP7	21.5
SP8	21.5
SP9	21.6
SP10	21.1

(b) 各点温度分布

图 2－50　4 月 28 日 6 时极Ⅰ平抗直流侧套管红外图谱和各点温度分布

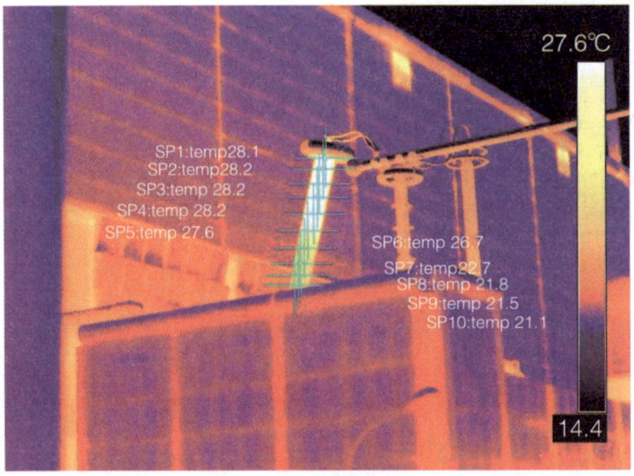

(a) 红外测温图谱

测温点位	温度（℃）
SP1	28.1
SP2	28.2
SP3	28.2
SP4	28.2
SP5	27.6
SP6	26.7
SP7	22.7
SP8	21.8
SP9	21.5
SP10	21.1

(b) 各点温度分布

图 2－51　4 月 28 日 6 时极Ⅱ平抗直流侧套管红外图谱和各点温度分布

根据 2019 年 4 月 26～28 日该换流站平波电抗器套管专项红外精确测温结果，结合 4 月 27 日技术分析会议纪要，运维单位经批准将极Ⅱ负荷降至 600MW，截至设备检修消缺时，极Ⅱ平波电抗器直流侧套管表面温度分界面两侧温差未再达到 5.0K。

5. 综合分析

该换流站平波电抗器，采用了干式 SF_6 充气套管，套管内部导电杆型式为铜铝过渡设计（上部为铝制导电杆，下部为铜质导电杆）。大量运行经验表明，该型套管内部因导电杆铜铝过渡接头接触不良引发过热缺陷的情况较为常见。2018 年 4 月，对侧换流站红外测温发现极 Ⅰ 平波电抗器直流侧套管表面温度分布从顶部开始呈逐渐降低趋势，同时在套管 1/3 位置存在较为明显的温度分界面，分界面两侧温差超过 5.0K，经解体检修，发现该套管内部存在导体铜铝过渡接头接触不良引起的烧蚀痕迹，避免了设备故障。

2019 年 3 月末 4 月初，运维单位通过红外测温发现该换流站极 Ⅰ 平波电抗器阀侧套管表面温度异常，红外热像特征与对侧换流站缺陷套管一致，套管表面温度分界面两侧温差为 3.4K，分析内部存在导体接触不良缺陷，建议对全站平波电抗器套管加强专项红外精确测温和 SF_6 气体压力监测，监视运行。2019 年 4 月 27 日，复测显示该套管红外热像特征与之前检测结果一致，套管表面温度分界面两侧温差为 2.8K，表明内部缺陷暂未进一步发展，继续监视运行。

2019 年 4 月 26 日 21 时 24 分，运维单位专项红外精确测温发现该换流站极 Ⅱ 平波电抗器（负荷 1400MW）直流侧套管表面温度异常，红外热像特征与对侧换流站缺陷套管一致，套管表面温度分界面两侧温差达 7.9K，表明内部存在明显的过热缺陷。为避免缺陷进一步发展威胁设备安全运行，该换流站极 Ⅱ 负荷降至 1000MW，经过约 5h，套管表面温度分界面两侧温差降至 2.0K 左右。2019 年 4 月 27 日，运维单位召开技术分析会讨论认为极 Ⅱ 平波电抗器直流侧套管内部导体存在接触不良缺陷引发过热，建议以对侧换流站缺陷处理经验为参考，一旦平波电抗器套管表面温度分界面两侧温差达到或超过 5.0K，就采取降低负荷或设备转检修等措施，消除设备故障隐患。2019 年 4 月 28 日 4～5 时，运维单位专项红外精确测温发现极 Ⅱ 平波电抗器直流侧套管表面温度分界面两侧温差最高达 6.0K，当日 6 时复测印证了之前检测结果。为避免缺陷进一步发展，极 Ⅱ 负荷再度降至 600MW，运维单位加强运行监视，截至设备检修消缺，套管温度分界面两侧温差未超过 5.0K。

该换流站平波电抗器所用的干式 SF_6 充气套管，平波电抗器套管内部结构如图 2－52 所示。在距离套管顶部约 1/3 处，内部是套管上部导电杆与电容芯导电棒连接部位，导体载流铜导电管插入上部载流铝导电管内，通过弹簧表带触指接触。由于设计原因，该型套管内部导体铜铝过渡接头载流能力无法满足设计运行要求，因此引发了导体接头过热。过热的长期存在，引发了接头的烧蚀、氧化，接头部位接触电阻进一步增大，过热也进一步加剧，形成恶性循环。内部导体接触不良引起的过热，产生了大量热量，热量通过热辐射等形式传导至套管表面，经过红外精确测温就发现了套管从顶部向下温度不断降低、1/3 位置处存在明显的温度分界面这一红外热像特征，而温度分界面两侧温差则一定程度体现了内部导体过热情况。

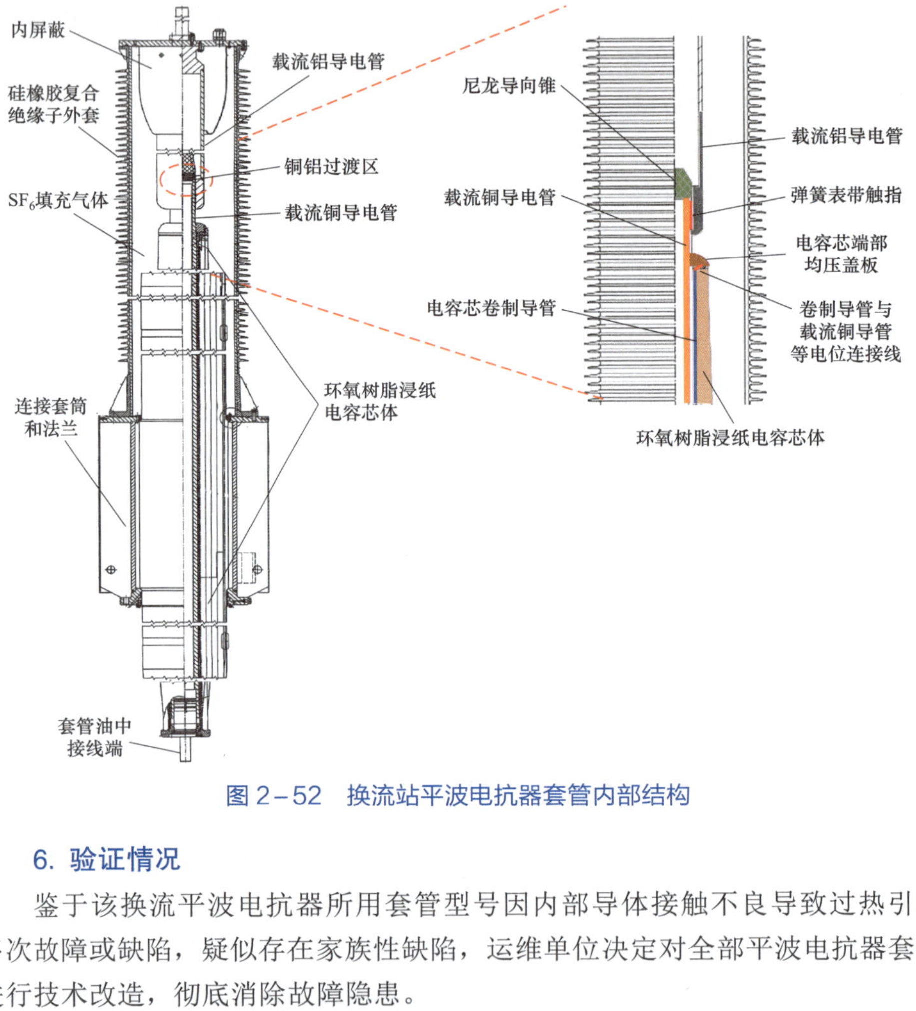

图 2-52　换流站平波电抗器套管内部结构

6. 验证情况

鉴于该换流平波电抗器所用套管型号因内部导体接触不良导致过热引发多次故障或缺陷，疑似存在家族性缺陷，运维单位决定对全部平波电抗器套管进行技术改造，彻底消除故障隐患。

该换流站平波电抗器套管内部导体刮擦、烧蚀痕迹如图 2-53 所示，根据套管解体结果，该换流站极Ⅱ平波电抗器直流侧套管内部导体铜铝过渡接头存在明显的刮擦和烧蚀痕迹，经分析为导体接头对中不良导致部分位置刮擦严重，套管内部导体接触不良导致的接触电阻增大也加剧了接头发热，过热产生的热量向上传导至套管表面，导致套管表面温度分布改变，红外图谱出现异常温度分界面。

(a) 视角1

(b) 视角2

图 2-53　该换流站平波电抗器套管内部导体刮擦、烧蚀痕迹

7. 结论与建议

（1）结论。通过红外精确测温，发现某±500kV 换流站平波电抗器套管表面温度分布异常，分析为内部导体铜铝表带触指位置存在接触不良缺陷引发异常过热，热量向上传导至套管表面所致。解体后发现套管内部导体铜铝过渡接头存在明显的刮擦和烧蚀痕迹，验证了带电检测结果。

（2）建议。对于类似结构的设备，在缺乏有效监测手段的情况下，对表面温度红外热像特征和变化趋势的分析，结合同类设备案例，有助于评价设备运行状态，及时发现设备隐患。

2.3.2　一些变压器温度异常检测分析案例

1. 变压器 110kV 侧套管末屏异常过热分析

环境温度为 7℃，使用 T640 型红外热像仪对变压器开展红外精确测温。变压器 110kV 侧套管整体红外图谱、变压器 110kV 侧 A 相套管整体红外图谱、变压器 110kV 侧 A 相套管末屏红外图谱、变压器 110kV 侧 A 相套管末屏多点温度分别如图 2-54～图 2-57 所示。其中 A 相套管本体温度分布均匀，最高为 9.57℃，最低为 8.97℃，而 A 相套管末屏存在异常发热现象，其中丝口接地帽温度为 23.6℃、丝口座温度为 16.9℃、丝口座法兰温度为 12.2℃。变压器 110kV 侧 B 相套管末屏红外图谱（比对）如图 2-58 所示，末屏温度为 11.6℃。

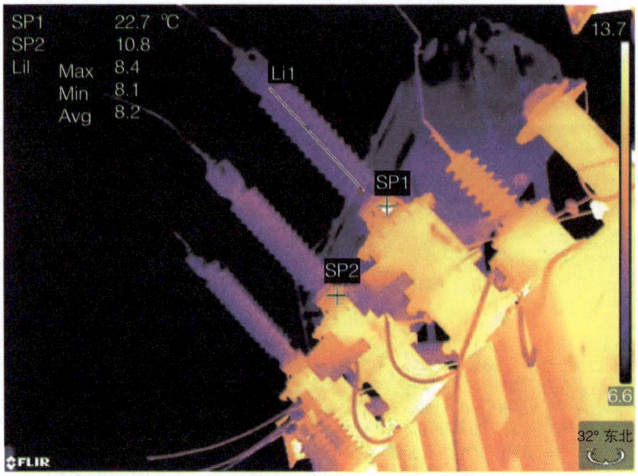

图 2-54　变压器 110kV 侧套管整体红外图谱

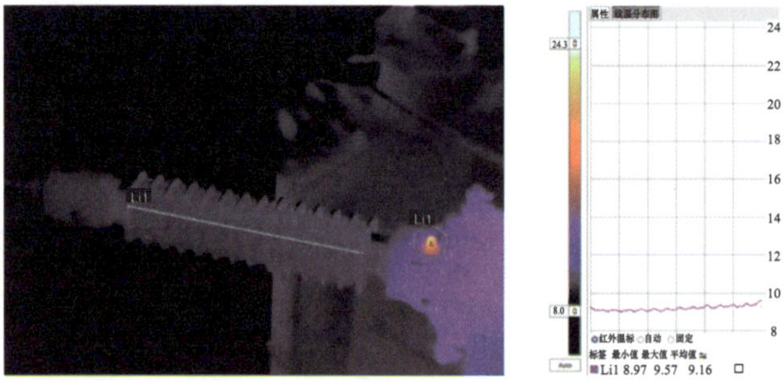

图 2-55　变压器 110kV 侧 A 相套管整体红外图谱

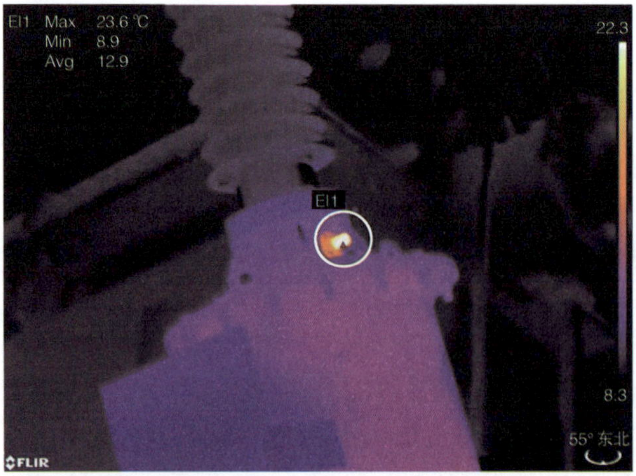

图 2-56　变压器 110kV 侧 A 相套管末屏红外图谱

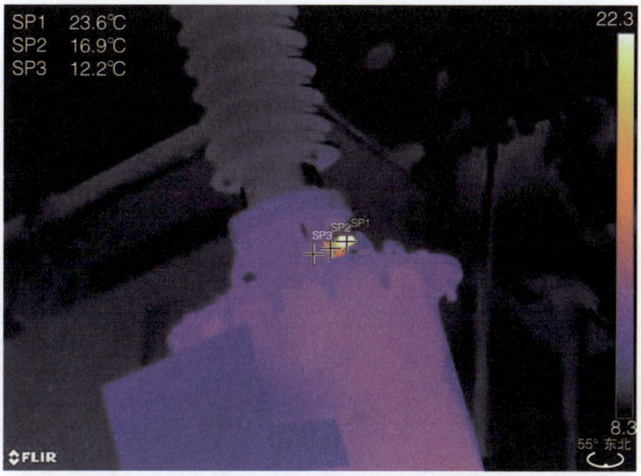

图 2－57　变压器 110kV 侧 A 相套管末屏多点温度

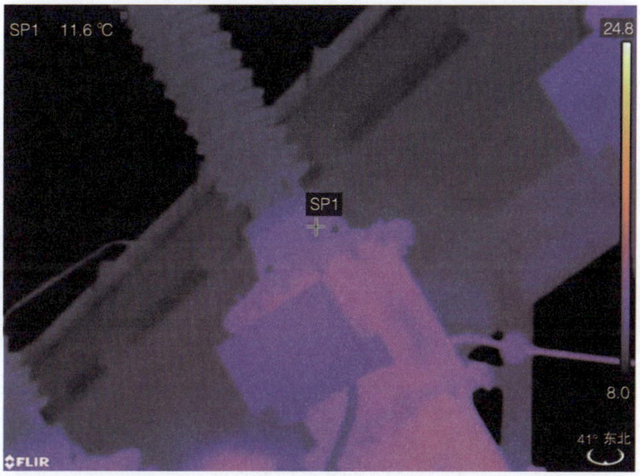

图 2－58　变压器 110kV 侧 B 相套管末屏红外图谱（比对）

对主变压器进行停电检查，发现 110kV 侧 A 相套管末屏丝口接地帽卡涩严重，很难拆卸。存在缺陷的套管末屏如图 2－59 所示，110kV 侧 A 相套管末屏铜棒、丝口接地帽内部均受潮氧化生卤，丝口接地帽内弹簧已卡死，胶垫老化发脆。

主变压器 110kV 侧 A 相套管末屏试验数据如表 2－5 所示，环境温度为 6℃、相对湿度为 67%，110kV 侧 A 相套管主绝缘电容量较上次试验值稍有下降，主绝缘介损较上次试验值有所增长，而正常的 B 相主绝缘介损较上次试验值略微下降。A 相套管末屏介损达 2.618%（超过 1.5%），不满足规程要求，末屏绝缘电阻为 19600MΩ，虽满足规程要求，但较上次试验值 200000MΩ 明显下降。

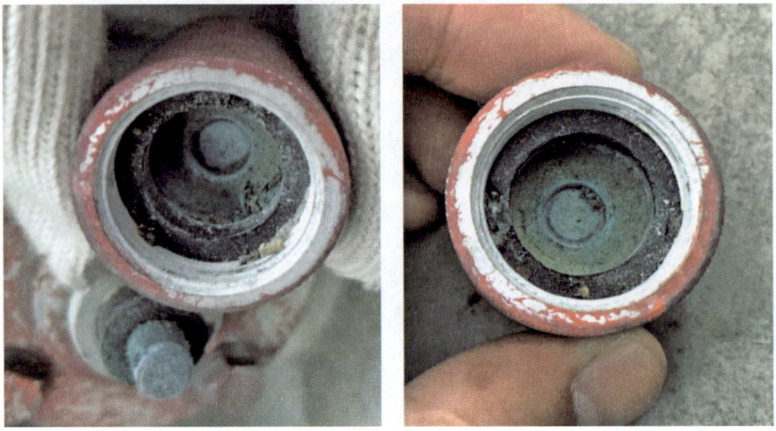

(a) 视角 1　　(b) 视角 2

图 2-59　存在缺陷的套管末屏

表 2-5　主变压器 110kV 侧 A 相套管末屏试验数据

相序	A			B		
标准电容量（pF）	376			375		
测试时间	2013-07-30	2018-12-26		2013-07-30	2018-12-26	
主绝缘电容量（pF）	370.5	367.6 ↓		370.7	367.8 ↓	
主绝缘介质损耗 tanδ	0.300%	0.325% ↑		0.320%	0.301% ↓	
末屏电容量（pF）	—	877.4	508.8	—	861.0	492.6
末屏介质损耗	—	1.664%	2.618%	—	1.003%	1.407%
末屏绝缘电阻（MΩ）	200000	19600 ↓		200000	200000	
备注	—	高压端末屏蔽	高压端屏蔽	—	高压端末屏蔽	高压端屏蔽

综合分析，该主变压器 110kV 侧 A 相套管末屏存在受潮或局部放电缺陷，末屏绝缘劣化趋势明显，鉴于套管属于主变压器重要设备，一旦绝缘进一步劣化将导致设备故障，故认为该套管不再满足运行条件，已进行更换。

2. 变压器储油柜缺油异常分析

环境温度为 27℃、相对湿度为 63%。存在异常的主变压器储油柜红外图谱、存在异常的主变压器储油柜各点温度分别如图 2-60 和图 2-61 所示，使用 T640 型红外热像仪测得主变压器储油柜温度分布存在异常，储油柜整体温度分布不均匀，储油柜底部和油管与储油柜连接处周围温度较高，其余绝大部分部位温度均较低，整个储油柜油面界限不清晰，储油柜整体各部分最大温差超过 7K。

(a) 视角1　　　　(b) 视角2

图 2-60　存在异常的主变压器储油柜红外图谱

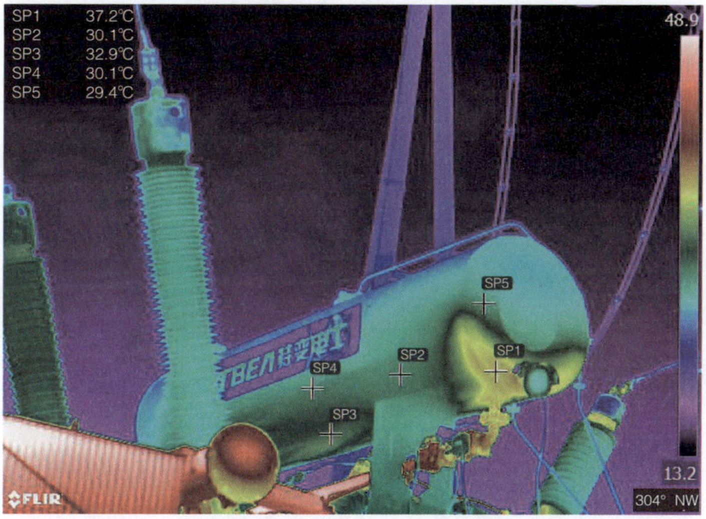

图 2-61　存在异常的主变压器储油柜各点温度

如图 2-62 所示为正常的主变压器储油柜红外图谱，储油柜油面界限清晰，且胶囊部分较储油部分温度高，最大温差为 5K。

胶囊式真空有载储油柜结构图如图 2-63 所示，主变压器储油柜为胶囊式真空有载储油柜，结合正常的主变压器储油柜红外图谱，分析认为，正常情况下主变压器储油量正常，油管中的绝缘油流入储油柜后能够充分混合，故不存在异常的局部发热现象，且油中热量均匀传递给胶囊部分，胶囊部分比热容比绝缘油低，故胶囊部分整体温度较储油部分高。而缺陷主变压器因油面严重降低，致使胶囊几乎完全充满整个储油柜，只有储油柜底部和侧面的弧形空间存在较小的储油空间，致使整个储油柜油面界限不清晰，从油管流入的绝缘油在侧面弧形空间局部聚集，由于绝缘油流动受限、绝缘油混合不充分，导致油管与储油柜连接处周围温度明显较高，同时，由于绝缘油体积少且储存空间有限，并无大量热量传递给胶囊，故胶囊部分温度较储油部分低。根据异常的主变压器储油柜红外图谱，预测实际油位如图 2-63 所示，油位计指示零位可能为真实指示，但不排除存在故障的可能。

图 2-62　正常的主变压器储油柜红外图谱

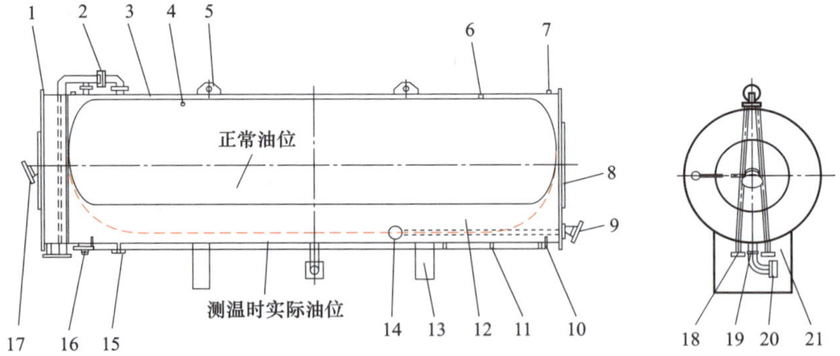

图 2-63　胶囊式真空有载储油柜结构图

1—开关储油柜；2—蝶阀；3—变压器储油柜；4—胶囊；5—储油柜吊攀；6—胶囊挂钩；7—放气塞；8—人孔；9—指针式油位；10—安全杆；11—电缆挂线钩；12—连杆；13—柜脚；14—浮球；15—注、放油管；16—排污管；17—指针式油位；18—接开关储油柜吸湿器连管；19—接开关气体继电器联管；20—主联管、蝶阀；21—接变压器储油柜吸湿器联管运维单位对存在缺陷的主变压器进行紧急停电检查，排查确认是充氮排油灭火装置管道阀门存在渗漏（见图 2－64），予以更换。同时，补油 1t 后发现油位计仍在零位，判定油位计存在故障，在进行更换时发现油位计连杆末端浮球断裂脱落导致油位计指示不正确。

(a) 全景视角　　(b) 特写视角

图 2－64　充氮排油灭火装置内漏情况

3. 变压器套管少油异常分析

环境温度为 22.0℃、相对湿度为 55%，设置目标辐射系数为 0.95，设置仪器补偿参数目标距离为 6m，使用 T330 型红外热像仪对变压器开展红外精确测温。异常主变压器套管红外图谱及漏油情况如图 2－65 所示，主变压器 110kV 侧 C 相套管温度分布异常，套管上部靠引流线侧温度为 26℃，下部靠主变压器侧温度为 28℃，温差为 2K，红外图谱上可见明显的温度分界面，现场可见主变压器套管漏油严重。异常主变压器套管温度分布如图 2－66 所示，通过软件分析缺陷相套管整体温度分布，明显可见套管上下部分温差明显，平均温差为 2.3K。

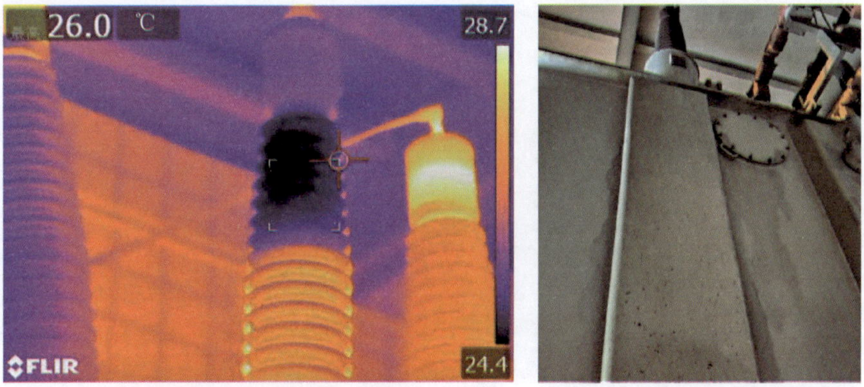

(a) 异常的主变压器套管红外图谱　　(b) 主变压器存在漏油缺陷

图 2－65　异常主变压器套管红外图谱及漏油情况

(a) 红外测温图谱

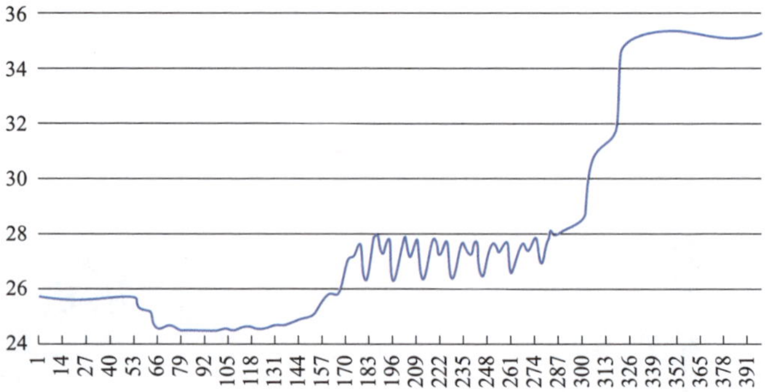

(b) 温度分布曲线

图 2-66 异常主变压器套管温度分布

根据红外图谱和现场检查情况分析缺陷原因，套管下端与升高座连接螺栓松动、密封不良，造成套管漏油，油位面即为红外图谱的色彩分界面，由于套管上半部分缺少绝缘油，导致内部导体的热量不能通过绝缘油向外传导至套管外壳，所以呈现出更低的温度。根据《国家电网公司变电检测管理规定（试行）第 1 分册 红外热像检测细则》，判定该缺陷为危急缺陷。

该缺陷上报后，当日立即安排了紧急停电处理，并于次日完成了套管验收、更换及相关试验，试验结果合格。设备重新投运后工况良好。

3 开关柜带电检测及典型缺陷分析

3.1 开关柜带电检测及异常分析方法

3.1.1 开关柜结构

交流金属封闭开关设备是除外部连接外全部装配完成并封闭在接地的金属壳体内的开关设备，也称为开关柜，电压等级通常为 3.6～40.5kV。开关柜内部可包含断路器、隔离开关（隔离手车）、电流互感器、电压互感器、避雷器、母线、连接件等设备或部件，按“隔室”划分了设备功能区，“隔室”之间通过金属板隔开。常用开关柜内部结构如图 3－1 所示，根据隔离开关分合方式的不同，目前常用的开关柜主要有手车式开关柜和固定式开关柜，内部结构有所差异。开关柜在电力系统中起到接受与分配电能的作用，与用电客户紧密相连。随着电力系统规模日益扩大、负荷日益增加，作为变电设备中到用户的“最后一关”的开关柜数量也越来越多，现有规模极其庞大。开展开关柜生产、安装和调试等业务的企业为数众多，质量参差不齐，部分开关柜有不符合相关标准和技术条件要求投运的情况，并且随着智能化和小型化研究的推进，开关柜内部结构愈发紧凑、内部空间愈发狭小，面临的安全压力日益增大。运行开关柜随用户一起分布也非常广泛，在许多情况下存在潮湿、脏污等运行环境不佳的情况，这也加剧了设备缺陷多发的情况。

3.1.2 开关柜主要缺陷类型

根据大量开关柜缺陷和故障情况统计，绝缘类缺陷和由此引发的故障所占比例很大。相比完全封闭的电气设备，开关柜设有散热孔、柜门也有缝隙，受

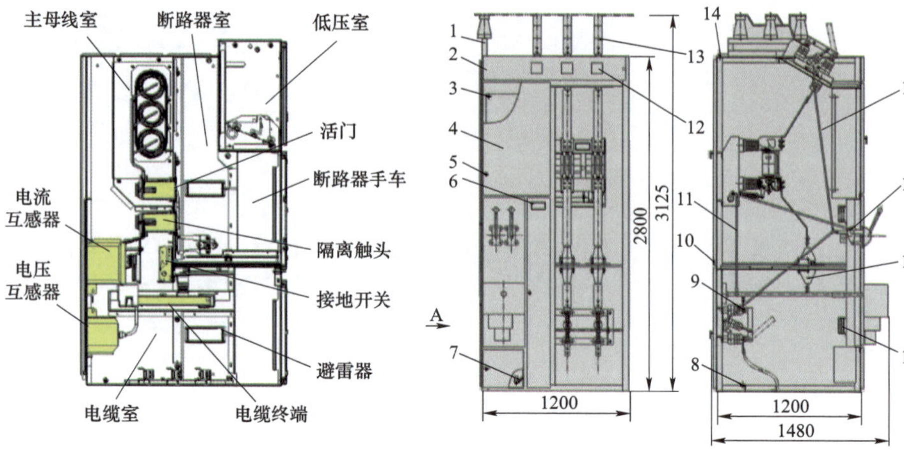

(a) 手车式开关柜　　(b) 固定式开关柜

图 3－1　常用开关柜内部结构

1—瓷瓶及支撑架装配；2—挡板焊接；3—仪表安装板；4—柜体焊接；5—塑料滚花头螺钉；6—铭牌；7—接地软铜绞线装配；8—接地母线装配；9—下隔离装置装配；10—程序锁装配；11—断路器及操动装置装配；12—玻璃穿装配；13—支母线装配；14—顶板；15—上隔离装置装配；16—机械联锁装置；17—电流互感器装配；18—照明灯装配

外部环境影响较大，绝缘缺陷的发展可能更加迅速。但许多情况下，开关柜内部绝缘缺陷仍然会从局部放电开始发展。因此，对开关柜局部放电的带电检测和缺陷定位，是及时发现开关柜内部缺陷、掌握开关柜运行状态的重要手段。

开关柜机械类缺陷和内部载流回路接触不良导致异常过热也是常见的设备缺陷，造成了许多设备故障。但现有的带电检测技术对这两类缺陷检测能力非常有限，更多是依靠停电试验发现和诊断。

3.1.3　开关柜局部放电缺陷带电检测及分析方法

根据现场检测统计和设备结构、运行环境分析，开关柜局部放电主要有尖端放电、悬浮电位放电、固体绝缘内部放电和固体绝缘表面放电等几种类型。不同类型的开关柜局部放电缺陷，引发原因、发展趋势、对设备的危害和检测手段均有所不同，本书介绍基于暂态地电压局部放电检测法、特高频局部放电检测法和超声波局部放电检测法的开关柜局部放电缺陷带电检测及分析方法。

1. 开关柜局部放电带电检测法

开关柜内部发生局部放电时，交变的电场与磁场相互激发向外传输，形成的电磁波往往先聚集在与接地点相邻的接地金属部位，形成对地电流在金属壳体传输，若电流经不连续处传输到金属壳体外表面并沿着金属壳体外表面继续传输，则会对地产生一定的暂态电压脉冲信号，称为暂态地电压（TEV）。开关柜暂态地电压局部放电带电检测原理图如图 3－2 所示，暂态地电压局部放电检测法利用 TEV 传感器对局部放电激发并传输到金属壳体外表面的 3～100MHz 频率范围内的暂态地电压信号进行检测，通过信号特征分析和幅值比较定位，可实现开关柜局部放电缺陷检测和诊断。在现场检测中，TEV 传感器检测面紧贴开关柜金属壳体外表面检测局部放电激发的暂态地电压信号，但对于不同连接情况和柜体情况的开关柜，暂态地电压局部放电检测法检测灵敏度存在差异。根据现场检测经验，开关柜内的电气连接会造成 TEV 信号一定程度的衰减，但开关柜内电气连接对 TEV 信号频谱的分布影响较小，放电源、柜型和信号传输方向相同的情况下，柜体缝隙越小，TEV 信号衰减相对较大，柜体缝隙越大，TEV 信号衰减相对较小，但开关柜柜体缝隙对 TEV 信号频谱的分布影响较小，开关柜柜体厚度增加，会一定程度加剧 TEV 信号衰减，但开关柜柜体厚度对 TEV 信号频谱的分布影响较小。

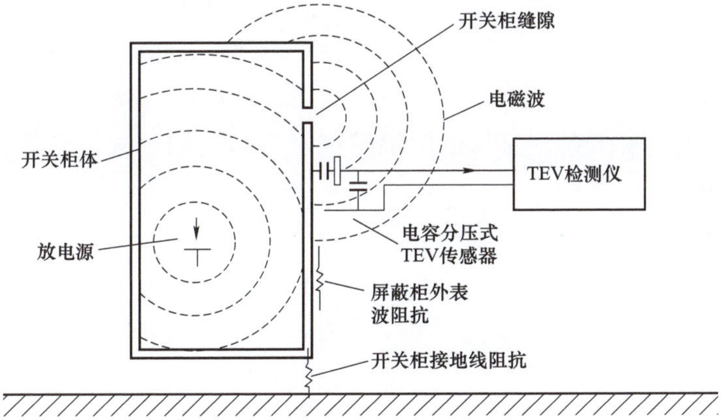

图 3－2　开关柜暂态地电压局部放电带电检测原理图

超声波局部放电检测法利用超声波传感器检测开关柜局部放电激发的频率超过 20kHz 的超声波信号，通过信号特征分析和幅值比较定位，可实现设备局部放电缺陷检测和类型识别。开关柜超声波局部放电带电检测原理图如图 3－3 所示，在现场检测中，有两种超声波传感器可用于开关柜局部放电检测，一种是接触式超声波传感器，其检测面紧贴设备金属壳体外表面检测传输到金属壳体的超声波；另一种是非接触式超声波传感器，工作频率一般在 20～60kHz，在柜门缝隙处检测空间中传输的超声波。

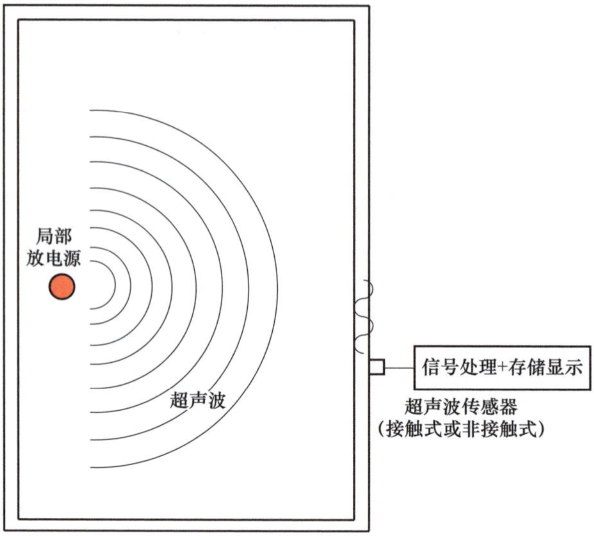

图 3-3　开关柜超声波局部放电带电检测原理图

特高频局部放电检测法利用特高频传感器检测开关柜局部放电激发的频率超过 300MHz 的特高频信号，通过信号特征分析和缺陷精确定位，可实现设备局部放电缺陷检测和类型识别。开关柜特高频局部放电带电检测原理图如图 3-4 所示，在现场检测中，由于开关柜金属柜体对特高频电磁波的屏蔽作用，特高频传感器只能在观察窗和柜门缝隙位置尝试检测开关柜内部传出的特高

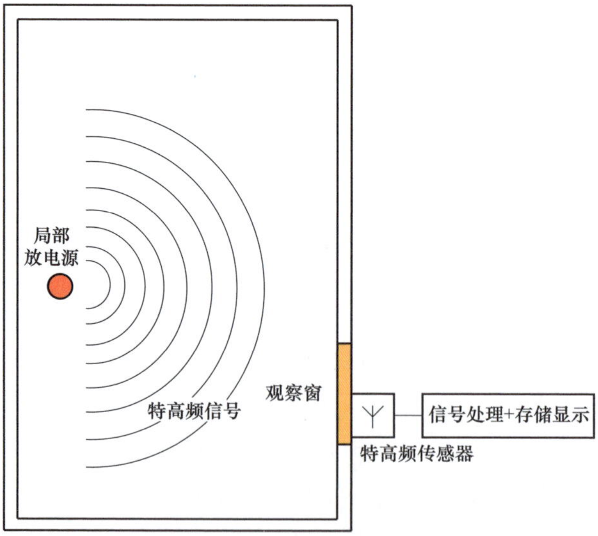

图 3-4　开关柜特高频局部放电带电检测原理图

频电磁波，若特高频电磁波在观察窗金属屏蔽网、柜门缝隙位置衰减殆尽，则无法被传感器检测到。

2. 开关柜内部尖端放电缺陷带电检测及分析方法

开关柜内部尖端放电主要原因是内部导体外表面存在异常凸起或污秽受潮引发电场畸变，在气体介质中产生电晕放电。根据大量现场检测结果，随着设备制造安装水平的提升和试验验收体系的不断完善，开关柜内部导体外表面存在毛刺或异物引发尖端放电的情况相对较少，因为运行环境恶劣、开关柜防潮除湿措施不到位导致的内部导体污秽受潮引发尖端放电的情况相对较多。超声波局部放电检测法和特高频局部放电检测法对开关柜内部尖端放电缺陷有一定的检出率，暂态地电压局部放电检测法对此类缺陷检测灵敏度相对较低。从现场检测结果看，因污秽受潮引起的开关柜内部导体尖端放电往往伴随着相邻固体绝缘的表面放电，激发的超声波信号和特高频电磁波呈显著的 50Hz 频率相关性，放电脉冲幅值较大。污秽受潮引发的内部尖端放电，在同一变电站同一运行环境的开关柜中可能多处发生，许多变电站的开关柜甚至长期伴随此类放电缺陷运行。尽管内部尖端放电缺陷在开关柜内多发，且许多情况下长时间运行也未导致开关柜击穿闪络，但缺陷会降低开关柜的绝缘水平，对设备长期运行带来隐患，并且一旦出现过电压等情况会增大设备故障概率，因此，运维单位应利用停电检修机会及时消除缺陷，并通过综合治理改善开关柜运行环境，杜绝缺陷隐患。

3. 开关柜内部悬浮电位放电缺陷带电检测及分析方法

开关柜内部悬浮电位放电的常见原因是触头、螺栓、连接等部位接触不良或紧固不到位，高压导体对处于高压和低压之间的部位放电。总体而言，数量庞大、分布广泛的开关柜，其制造、安装和调试水平存在差异，并且能够引起悬浮电位放电的接触不良情况，很多时候通过回路电阻测试等试验检查手段无法发现，再加上大部分悬浮电位放电缺陷都是开关柜运行相当一段时间后发生的，因此，开关柜内部悬浮电位放电缺陷呈多发态势。特高频局部放电检测法和超声波局部放电检测法对开关柜内部悬浮电位放电缺陷都有较好的检出率，两种方法测得的信号特征也基本一致，暂态地电压局部放电检测法对此类缺陷检测灵敏度相对较低。开关柜内部悬浮电位放电实测特高频 PRPS 图谱如图 3－5 所示，开关柜悬浮电位放电信号特征具有显著的 100Hz 频率相关性，正负半周的放电脉冲幅值、时间间隔和相位分布分散性较小，但从实测情况看，接触不良部位可能会有不止一处放电源，因此测得的图谱会显示出两个甚至更多信号的叠加。尽管与 GIS、变压器、电抗器等设备相比开关柜内部悬浮电位放电缺陷对绝缘的影响更小、更慢，但放电对导体、绝缘的持续烧蚀会显著影响设备的载流能力、机械性能和绝缘性能，长期持续仍然会导致设备故障概率的显著增加。因此，一旦确认开关柜内部存在悬浮电位放电缺陷，特别是触头位置存在缺陷，应尽快安排停电检修消除缺陷，在消缺之前，应对缺陷进行持续的特高频/超声波局部放电带电检测，及时掌握设备状态，采取针对性运维措施，避免设备故障。

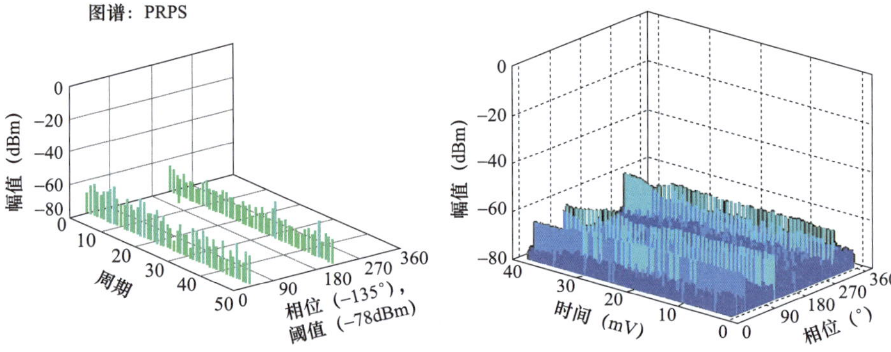

(a) 触头接触不良激发的超声波信号　　(b) 螺栓未紧固激发的超声波信号

图 3－5　开关柜内部悬浮电位放电实测特高频 PRPS 图谱

4. 开关柜固体绝缘表面放电缺陷带电检测及分析方法

开关柜固体绝缘表面放电主要原因是电缆接头、绝缘护套、支柱绝缘子、连接线外包绝缘等固体绝缘表面污秽受潮，会引起电场畸变，产生局部放电。开关柜固体绝缘表面放电主要是设备运行期间产生的缺陷，与运行环境密切相关，总体而言，此类缺陷呈多发态势。超声波局部放电检测法和特高频局部放电检测法对开关柜固体绝缘表面放电缺陷都有一定的检出率，暂态地电压局部放电检测法对此类缺陷检测灵敏度相对较低。开关柜固体绝缘表面放电实测特高频 PRPS 图谱如图 3－6 所示。开关柜固体绝缘表面放电信号特征具有显著的 100Hz 频率相关性，是否具有极性效应则根据不同设备、不同部位和不同环境的放电有所不同，许多情况下放电信号特征与悬浮电位放电信号相似，正负半周的放电脉冲幅值、放电脉冲数量和时间间隔分散性较小，相位分布较为稳定。开关柜固体绝缘表面放电的发生，一方面持续危害设备绝缘性能、严重影响设备绝缘水平，大大增加了设备击穿闪络的概率；另一方面表明设备内部环境不佳，存在引发缺陷的隐患。因此，一旦确认开关柜内部存在固体绝缘表面放电，运维单位应尽快安排停电检修消除缺陷，避免设备突发故障，同时对开关柜开展综合治理，改善设备运行环境，杜绝缺陷隐患。

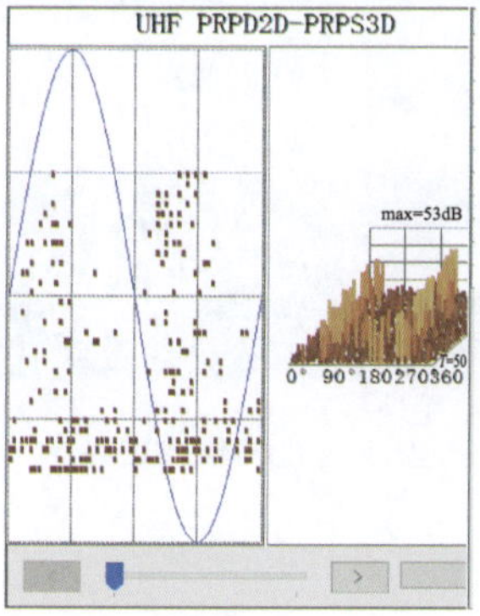

(a) 触头盒表面放电激发的特高频信号

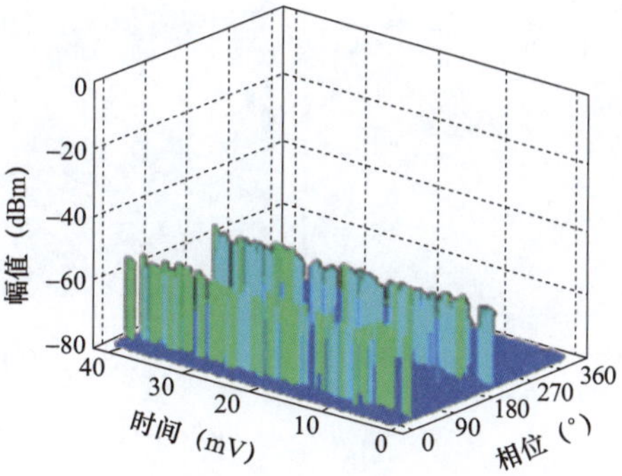

(b) 电缆接头表面放电激发的特高频信号

图 3-6　开关柜固体绝缘表面放电实测特高频 PRPS 图谱

5. 开关柜固体绝缘内部放电缺陷带电检测及分析方法

开关柜固体绝缘内部放电主要原因是电缆接头、绝缘护套、支柱绝缘子、连接线外包绝缘等固体绝缘运行期间内部电场畸变，产生局部放电。从设备运维和带电检测经验看，引起开关柜固体绝缘内部放电主要有以下原因：① 生产期间材质或工艺存在问题导致固体绝缘内部出现气隙或裂纹；② 安装或运行期间固体绝缘所受应力过大导致固体绝缘内部出现气隙或裂纹；③ 安装期间电缆接头制作不当导致运行期间内部电场畸变；④ 安装或运行期间绝缘距离不足，例如电缆接头相间距离不足、外包绝缘的连接线与绝缘隔板距离不足。暂态地电压局部放电检测法、超声波局部放电检测法和特高频局部放电检测法对开关柜固体绝缘内部放电缺陷都有一定的检出率。开关柜固体绝缘内部放电信号特征具有显著的 100Hz 频率相关性，是否具有极性效应则根据不同设备、不同部位和不同环境的放电有所不同，开关柜固体绝缘内部放电实测图谱如图 3-7 所示，实测的电缆接头相间放电、外包绝缘的连接线对外放电信号特征与悬浮电位放电信号相似，正负半周的放电脉冲幅值、放电脉冲数量和时间间隔分散性较小，相位分布较为稳定。根据大量检测统计，电缆接头内部放电、电缆接头相间放电和外包绝缘的连接线对外放电是出现最多的固体绝缘内部放电类型，上述放电所在位置对设备绝缘性能影响较大且随着放电的发展缺陷会越来越严重，一旦确认电缆接头、连接线等位置存在局部放电后，运维单位应尽快安排停电检修消除缺陷，避免设备突发故障。

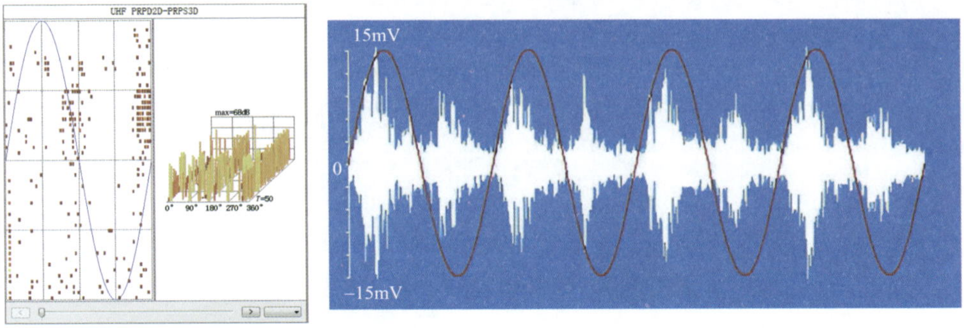

(a) 电缆接头相间放电特高频PRPS图谱　　(b) 电缆接头相间放电超声波时域图谱

图 3-7　开关柜固体绝缘内部放电实测图谱

6. 开关柜局部放电缺陷定位方法

从实测的大量开关柜内部局部放电信号看，不同类型、不同部位的放电信号特征可能非常相似，仅通过信号特征分析缺陷类型、实现缺陷诊断非常困难。因此，准确找到缺陷所在位置，结合开关柜内部结构综合判断局部放电类型及严重程度，是开关柜局部放电带电检测的必要内容。目前大部分用于开关柜局部放电检测的 TEV 传感器和超声波传感器，无法接入并将检测的信号传输到高速采集装置，因此，对于检测到暂态地电压信号和超声波信号的情况，通常采用幅值比较定位法查找局部放电缺陷，信号幅值最大点所在“隔室”可认为是局部放电缺陷所在“隔室”，根据如图 3-1 所示开关柜内部结构、信号特征、运行环境和历史缺陷情况，综合分析缺陷位置、缺陷类型及严重程度，为运维检修提供依据。开关柜三维坐标定位示意图如图 3-8 所示，对于柜门缝隙处检测到特高频电磁波的情况，根据开关柜结构特点，可采用前文所述的双通道信号时延定位法或平分面法分别确定局部放电缺陷在 x 轴、y 轴和 z 轴上的坐标，从而精确计算局部放电缺陷三维空间坐标。

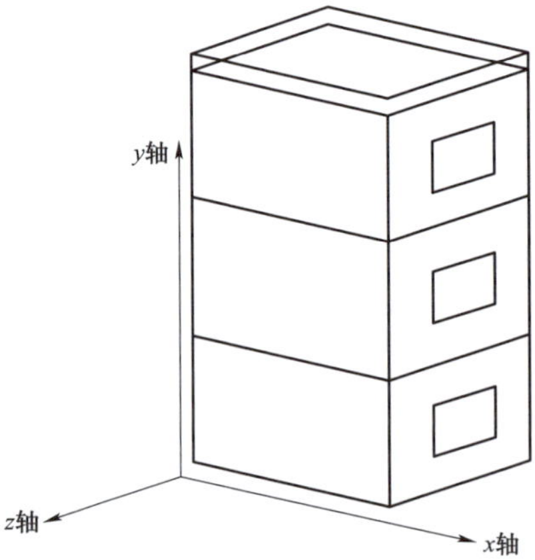

图 3-8　开关柜三维坐标定位示意图

3.2 开关柜内部悬浮电位放电典型缺陷分析

3.2.1 基于声电联合检测的 35kV 开关柜触头侧悬浮电位放电缺陷检测及停电检查

2018 年 5 月 10 日，运维单位在某 110kV 变电站进行 35kV 开关柜局部放电带电检测时，发现 35kV 主变压器 501 开关柜超声波信号异常，最大值出现在后柜门下部右边的缝隙距离下边缘约 40cm 处，幅值为 32dBμV，远大于空气背景 3dBμV，放电图谱信号集中表现为两簇周期性脉冲，具有较强的对称性，呈现非常强的 100Hz 相关性，人耳能够持续听见明显异常放电声音。

2018 年 5 月 11 日 14 时，运维单位对该开关柜进行复测，发现异常超声波信号依然存在，最大值仍出现在后柜门下部右边，放电图谱类型和初测时基本保持一致，幅值大小也基本一致，人耳仍然能够持续听见明显异常放电声音。复测过程中，还采用了暂态地电压法和特高频法进行验证。暂态地电压法检测幅值较大，但与相邻柜和金属背景相差很小。特高频信号存在明显异常，放电信号在工频的正、负半波均出现，具有一定对称性，放电信号幅值稳定且较大，放电相位较窄，100Hz 相关性较强。

经综合分析判断该开关柜内部存在放电缺陷，放电图谱具有典型的悬浮电位放电特征，并且通过特高频进行定位，初步判断放电源可能位于 501 开关柜断路器 A 相上、下触头之间位置附近，疑似存在金属部件松动缺陷。

1. 检测对象及项目

检测对象：某 110kV 变电站 35kV 主变压器 501 开关柜。

型号：KYN44A－40.5－22（G）。

额定电压：40.5kV。

检测项目：超声波局部放电检测、暂态地电压局部放电检测、特高频局部放电检测。

2. 检测仪器及装置

超声波局部放电检测：HR1300 型局部放电检测仪。

特高频局部放电检测：PDS－T90 型局部放电检测仪。

暂态地电压局部放电检测：UTP1 型暂态地电压局部放电检测仪。

定位及综合诊断：KEYSIGHT DSOX 3104T 型示波器、HQG－300 型特高频传感器。

3. 检测数据

（1）超声波检测。2018 年 5 月 10 日 9 时，温度为 20℃、湿度为 65%，室外小雨。对某 110kV 变电站 35kV 主变压器 501 开关柜进行超声波局部放电检测时，发现超声波信号异常。35kV 主变压器 501 开关柜超声波测试区域如图 3－9 所示。由于非接触式超声波法检测的是通过空气泄漏出的信号，开关柜后柜测点选择如图 3－9 所示的所有柜门缝隙，检测背景为该被测开关柜后柜门附近区域空气。在 501 开关柜所有柜门缝隙中均能检测到较大的超声波信号，图谱特征完全类似，只是幅值存在差异，每个区域幅值最大位置如图 3－9 中红点所示，其最大值测点与背景的超声波图谱（初测）如表 3－1 所示（Q_p 为信号幅值、Q_m 为信号有效值、F_1 为信号 50Hz 频率相关性，F_2 为信号 100Hz 频率相关性），各图谱特征基本保持一致，幅值均远大于背景值，呈现两簇信号，具有较强的 100Hz 相关性，具有相位聚集性，与典型的悬浮电位放电特征十分相似，且通过人耳能够持续听见明显异常放电声音。测点 1 位置为整个后柜门幅值最大点，距离地面 40cm 左右，各测点的幅值大小除了与距离放电源的远近，还与波的折反射叠加以及测点缝隙的大小等因素有关，因此，幅值大小仅能作为放电源定位的一个参考，不能完全确定放电源离幅值最大点距离最近。人耳靠近 501 后柜门缝隙，能直接听到较为清晰的异常放电声音。

前柜门同样选择柜门缝隙作为测试点，但均未能检测到超声波异常信号。

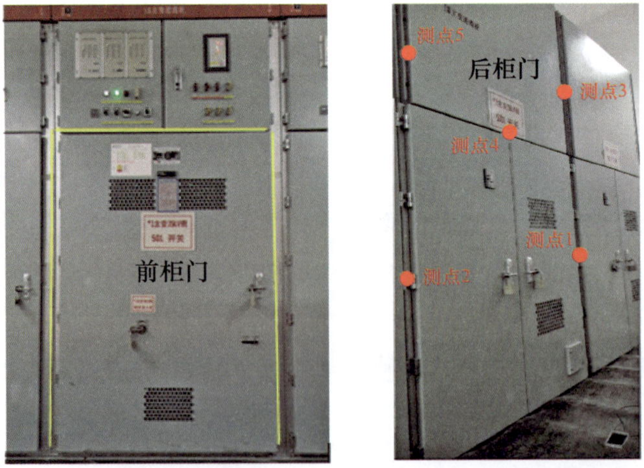

(a) 前柜门测点布置　　(b) 后柜门测点布置

图 3－9　35kV 主变压器 501 开关柜超声波测试区域

表 3-1　501 开关柜最大值测点与背景的超声波图谱（初测）

<table>
<tr><th>项目</th><th>PRPS 图谱</th><th>PRPD 图谱</th><th>连续检测图谱</th></tr>
<tr><td>背景</td><td>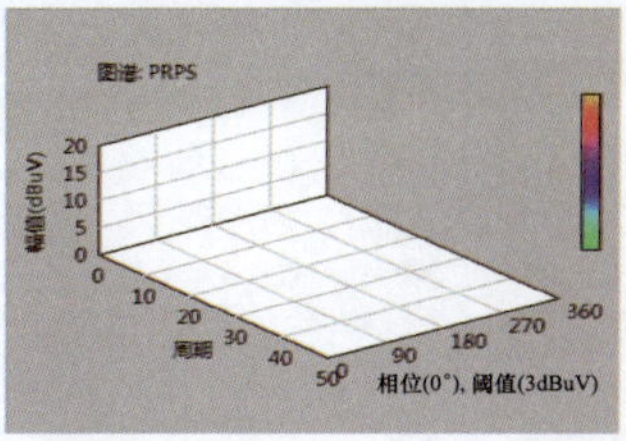
</td><td>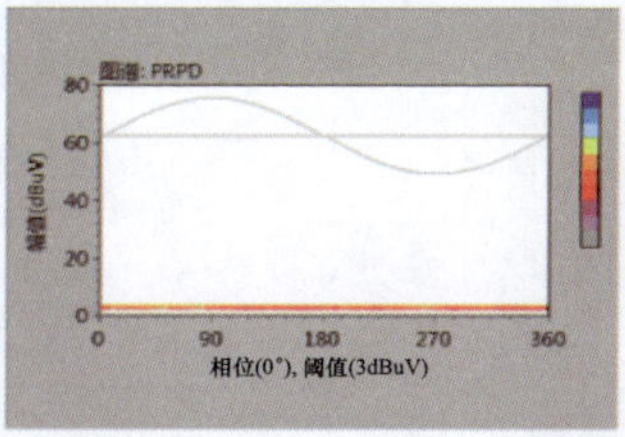
</td><td>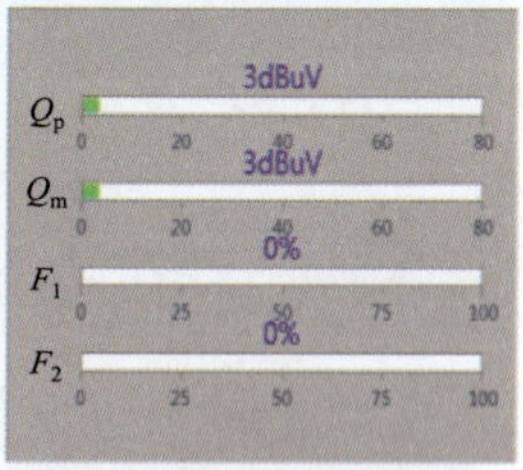
</td></tr>
<tr><td>测点1</td><td>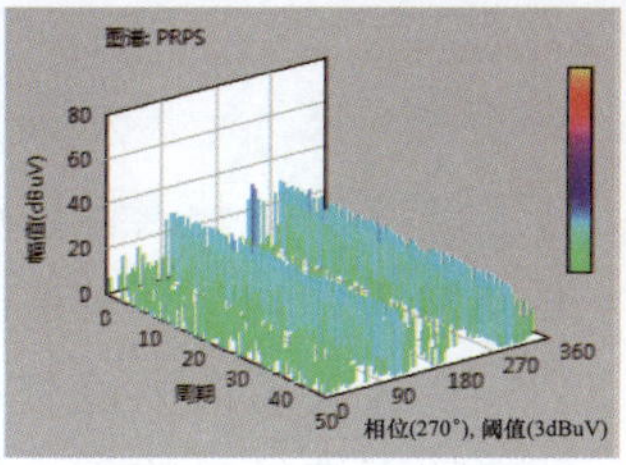
</td><td>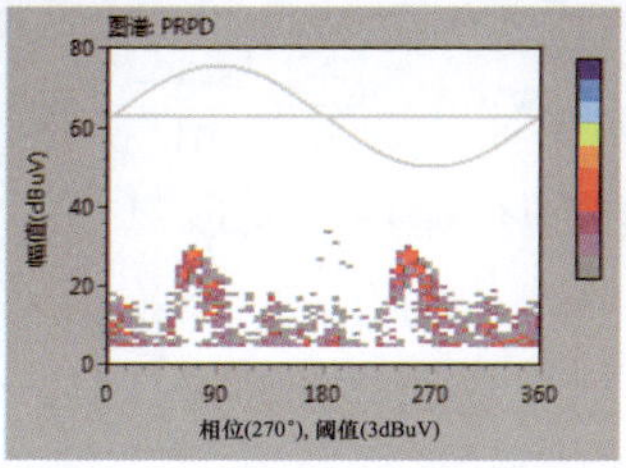
</td><td>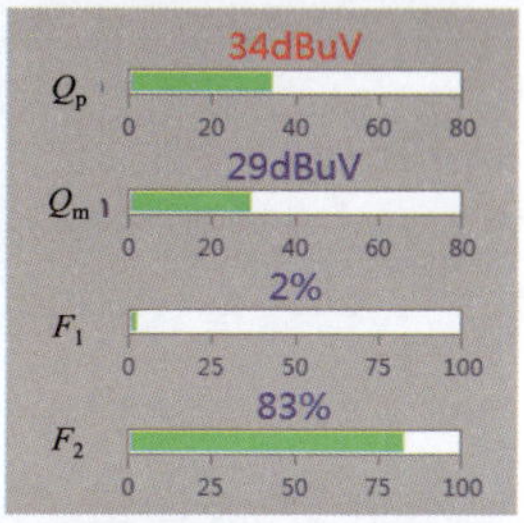
</td></tr>
<tr><td>测点2</td><td>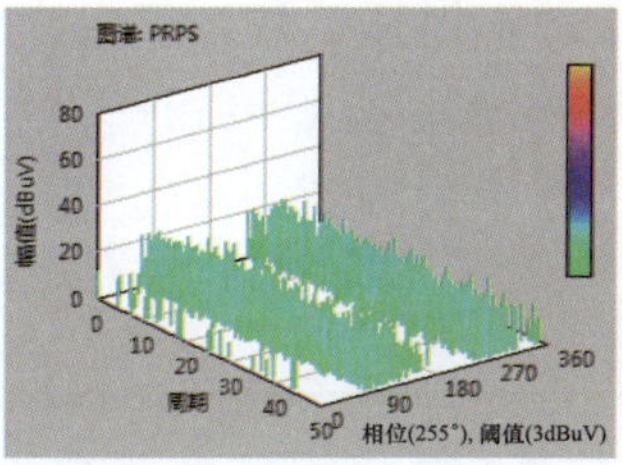
</td><td>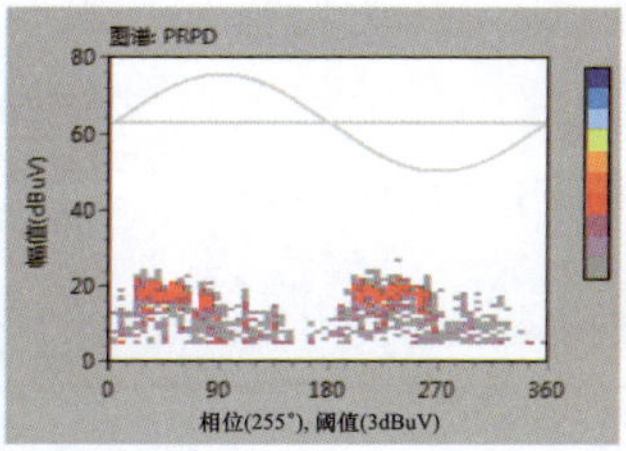
</td><td>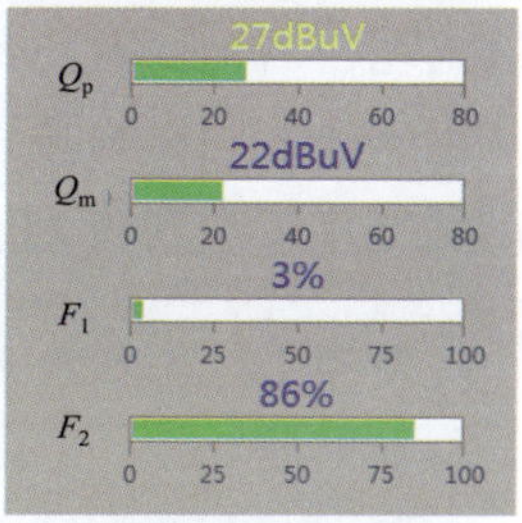
</td></tr>
<tr><td>测点3</td><td>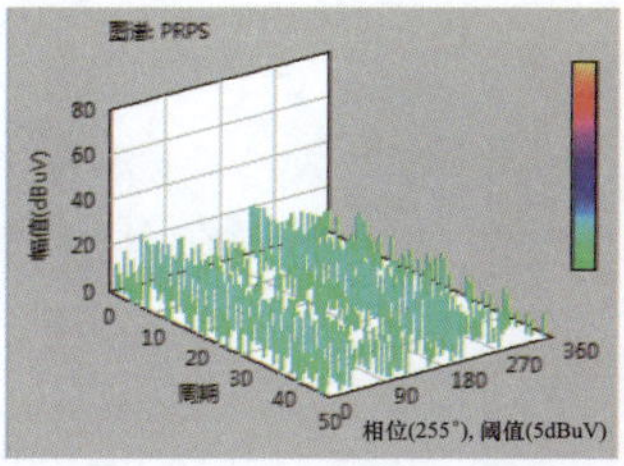
</td><td>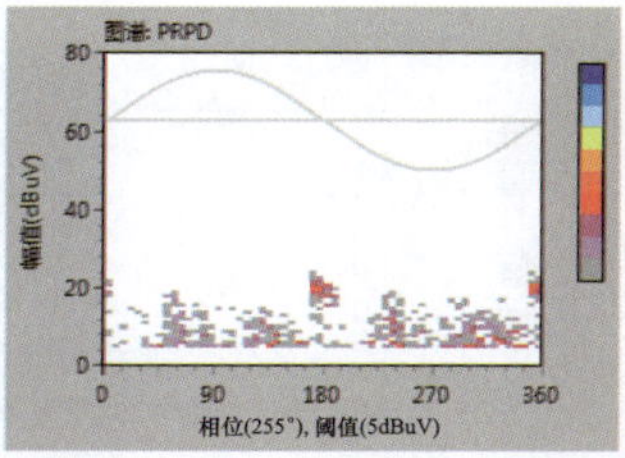
</td><td>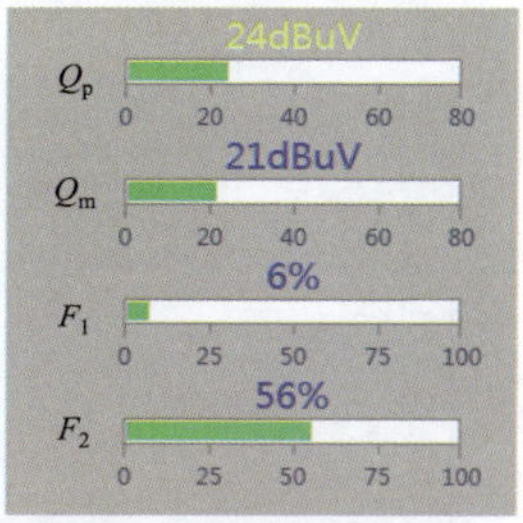
</td></tr>
<tr><td>测点4</td><td>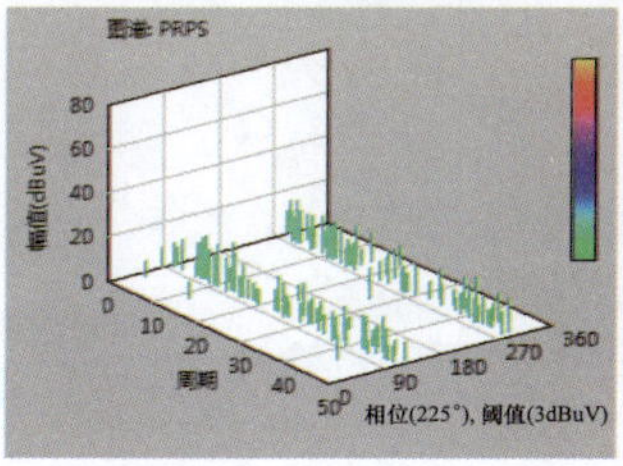
</td><td>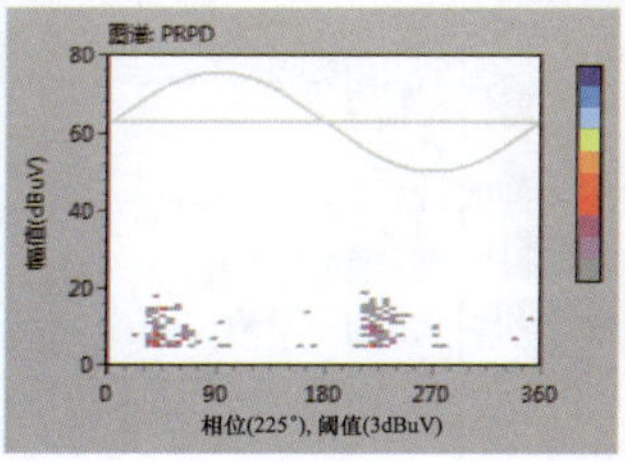
</td><td>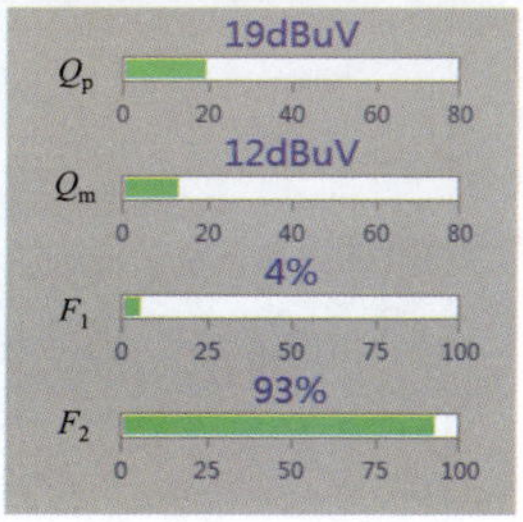
</td></tr>
</table>

续表

项目	PRPS 图谱	PRPD 图谱	连续检测图谱
测点5	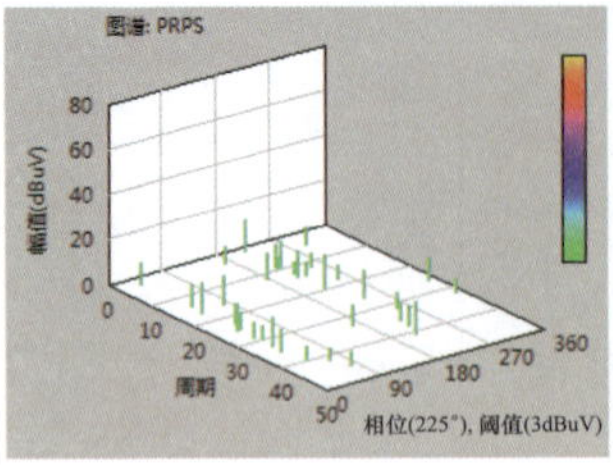	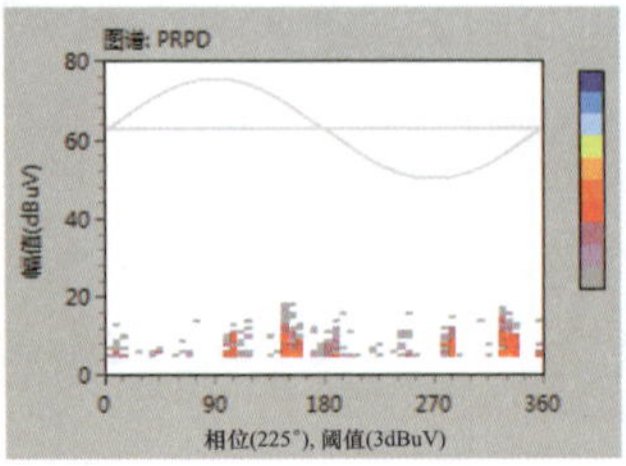	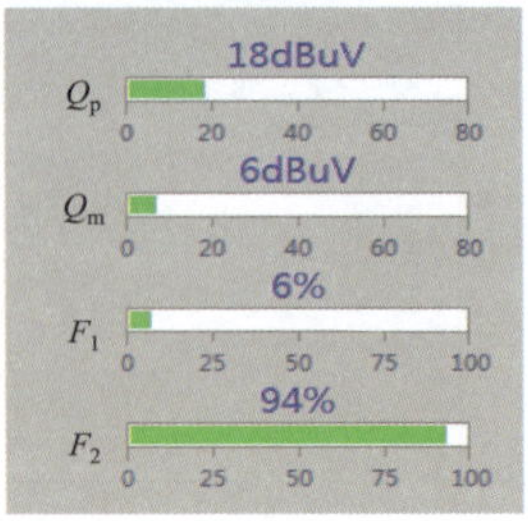

2018 年 5 月 11 日 14 时，温度为 20℃、湿度为 51%，天气晴。对该变电站全部在运 35kV 开关柜进行超声波局放复测，发现初测时 501 开关柜存在的异常超声波信号及放电声音依然存在。本次检测背景仍然选择为该开关柜附近区域空气，柜体超声波测点选择与初测时保持一致，501 开关柜最大值测点与背景的超声波图谱（复测）如表 3－2 所示。开关柜异常超声波信号的最大值仍然出现在后柜门右下部，放电图谱特征和初测时的基本保持一致，放电幅值也基本一致，同样与典型悬浮电位放电图谱十分相似，人耳靠近 501 开关柜，也仍然能直接听到较为清晰的异常声音，前柜门也仍然未检测到异常信号。

表 3－2　501 开关柜最大值测点与背景的超声波图谱（复测）

项目	PRPS 图谱	PRPD 图谱	连续检测图谱
背景	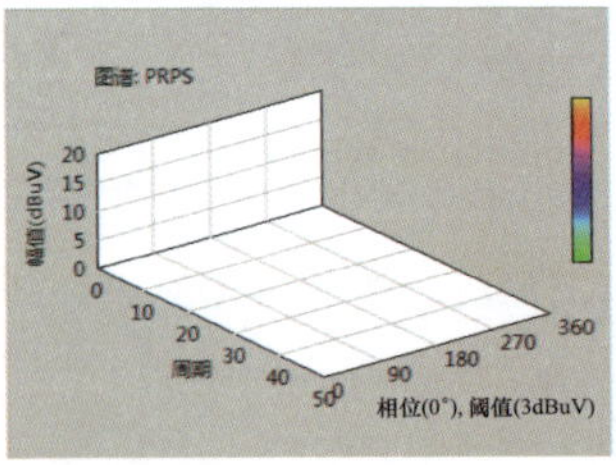	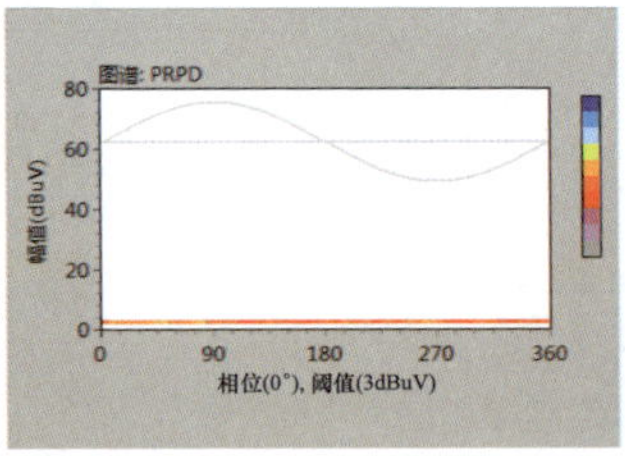	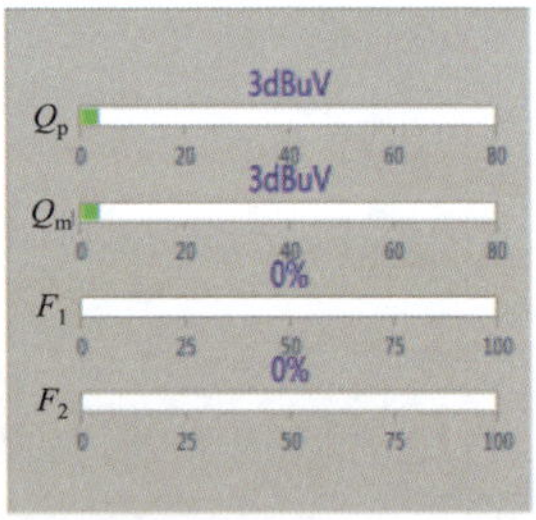
测点1	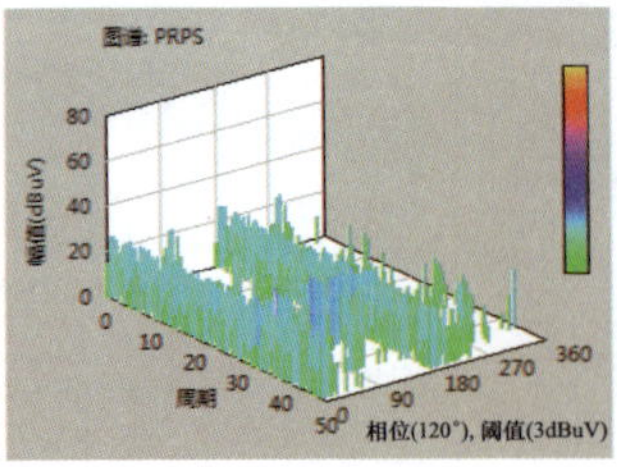	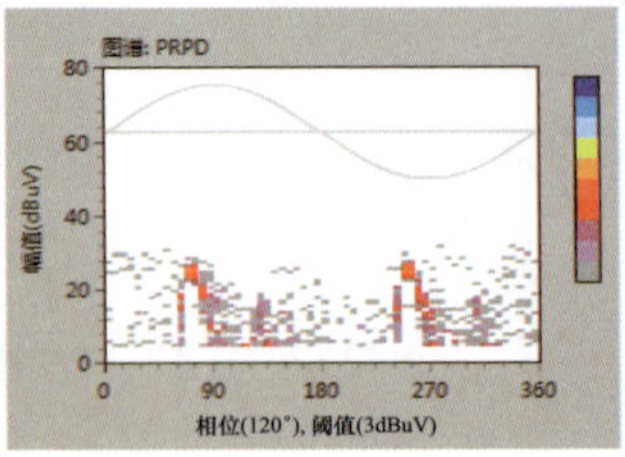	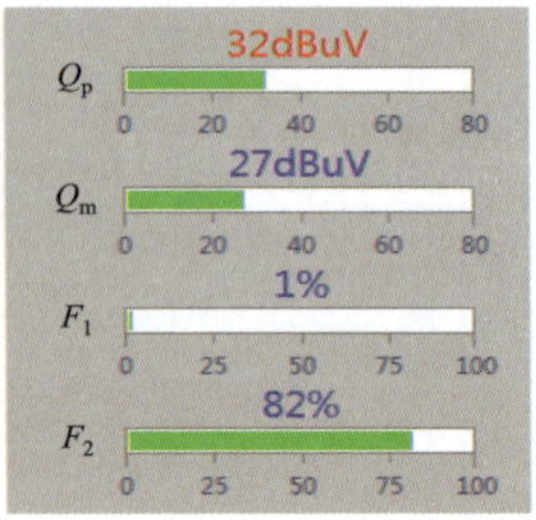

续表

项目	PRPS 图谱	PRPD 图谱	连续检测图谱
测点2	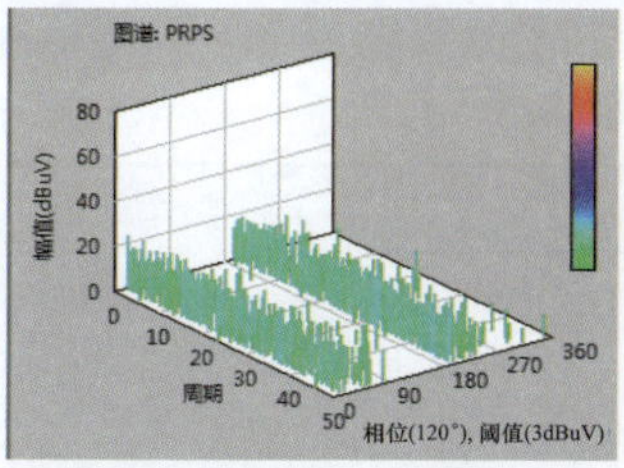	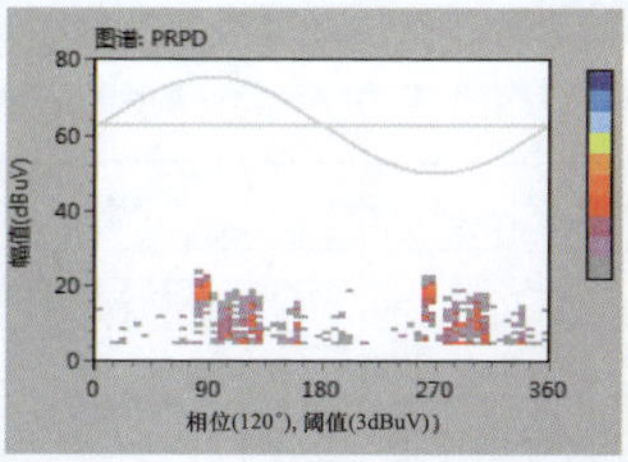	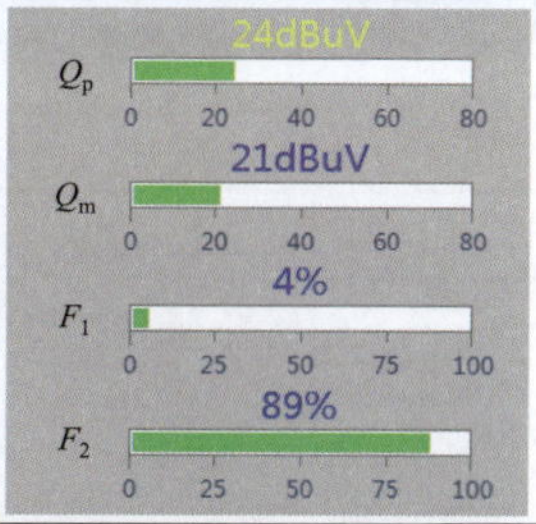
测点3	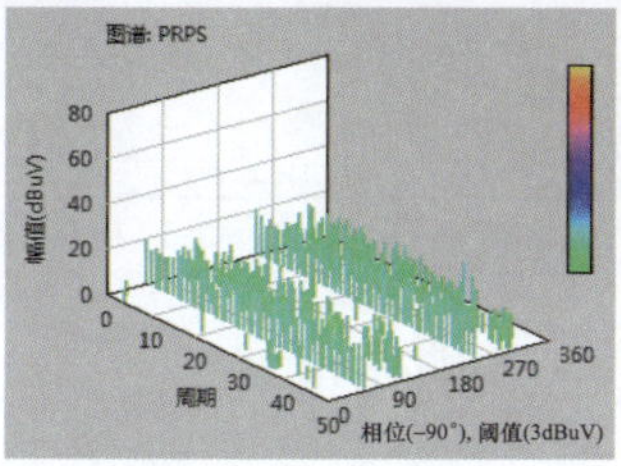	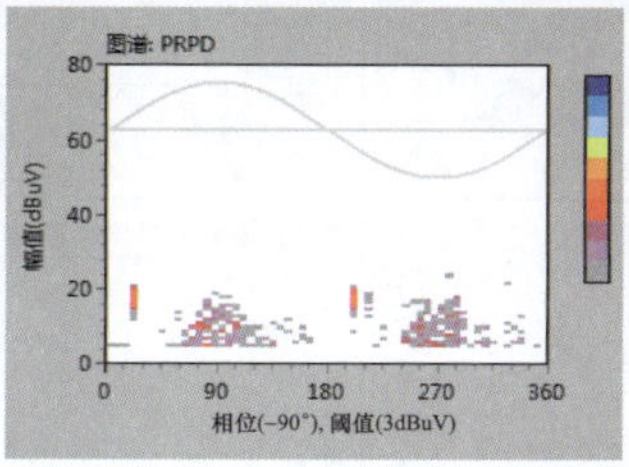	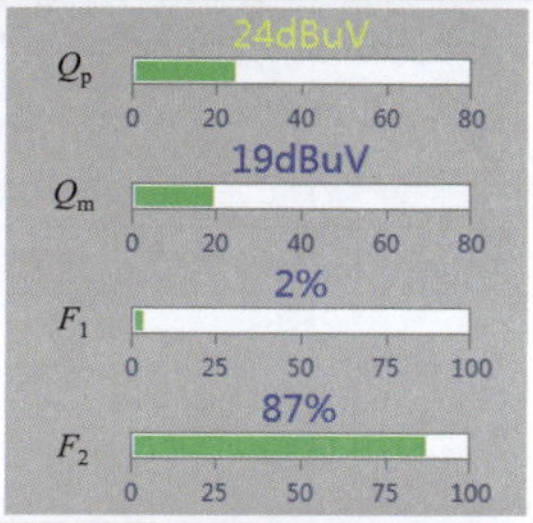
测点4	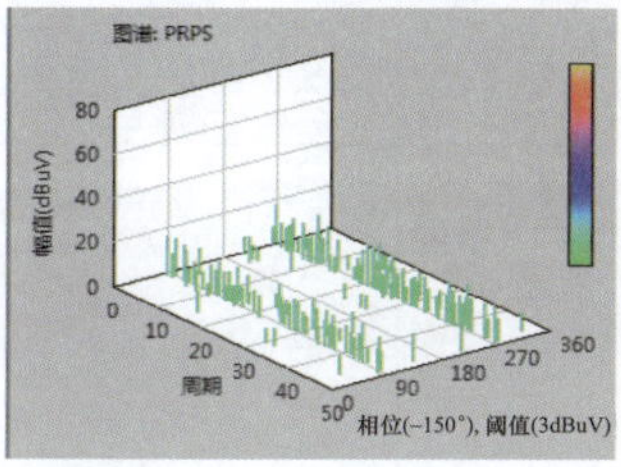	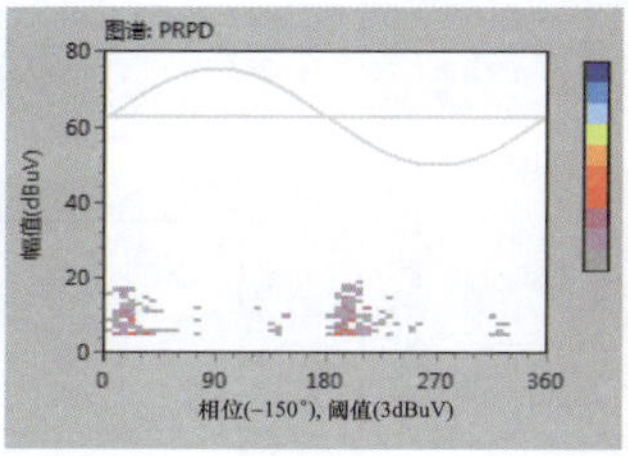	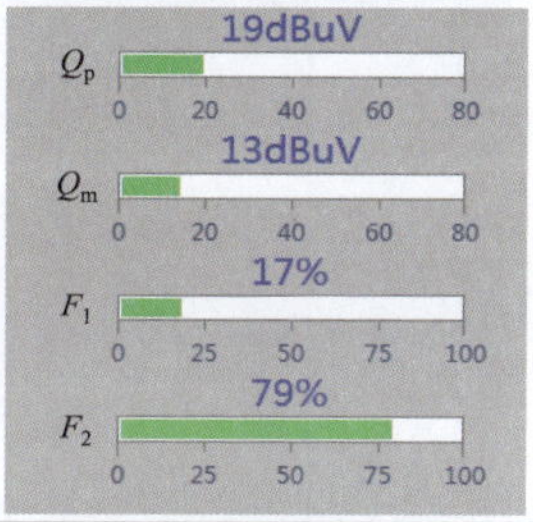
测点5	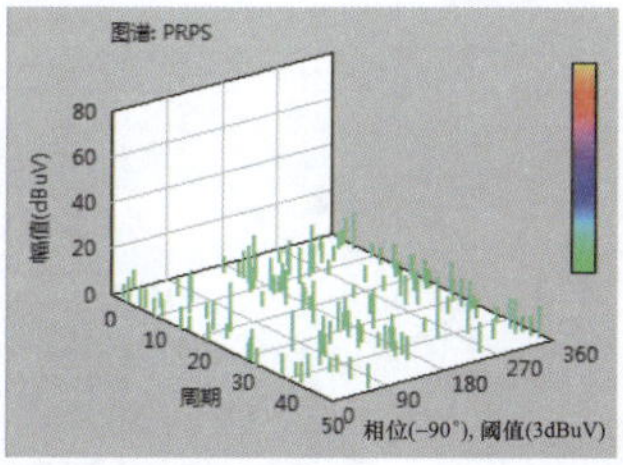	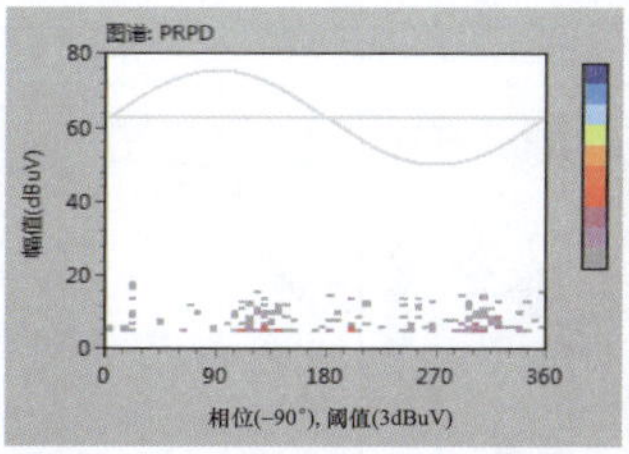	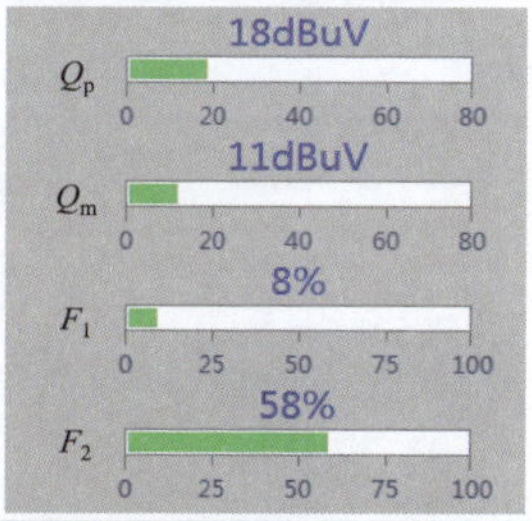

（2）特高频检测。测试时，由于开关柜的观察窗为金属屏蔽，选择在柜子的缝隙处进行特高频局放检测，整个开关柜前后缝隙都检测到特高频信号，且幅值变化很小，图谱特征相似，放电信号在工频的正、负半周均出现，具有一定对称性，放电信号幅值较大，放电相位较窄且具有相关性，放电次数少，与典型的悬浮电位放电图谱特征十分相似。在Ⅰ段其他开关柜上柜门母排位置缝隙处，也都检测到特高频信号，图谱特征与501开关柜相似，但幅值稍小。同

时，将传感器置于空气中，面向 501 开关柜也检测到特高频信号，图谱特征也与 501 开关柜相似，背向并逐步远离 501 开关柜特高频信号幅值大幅减少乃至完全消失。501 开关柜特高频检测图谱如表 3－3 所示。

表 3－3　　501 开关柜特高频检测图谱

开关柜编号	PRPS 图谱	PRPD 图谱	连续检测模式
501 开关柜	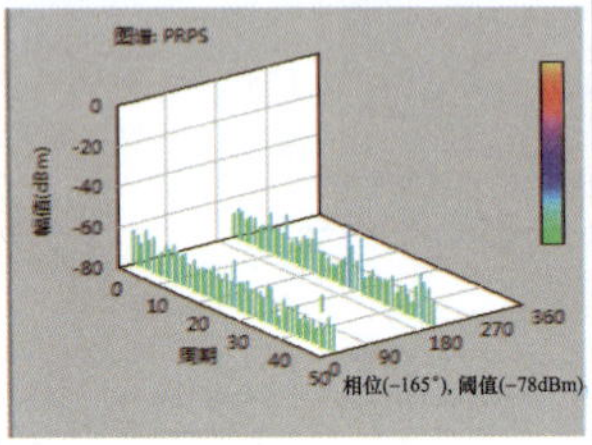	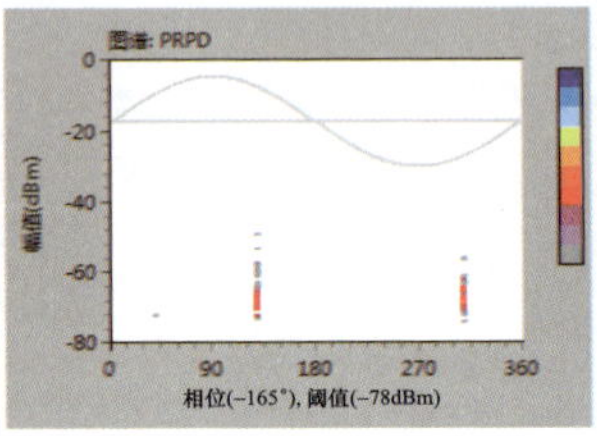	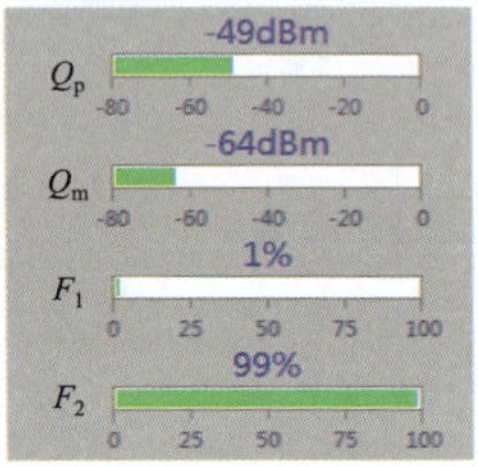
I 段母线其他开关柜	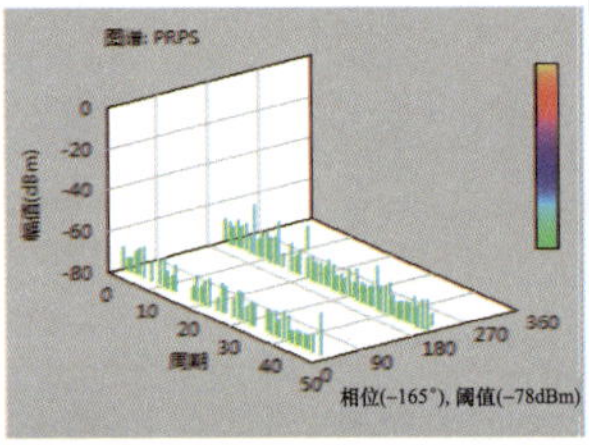	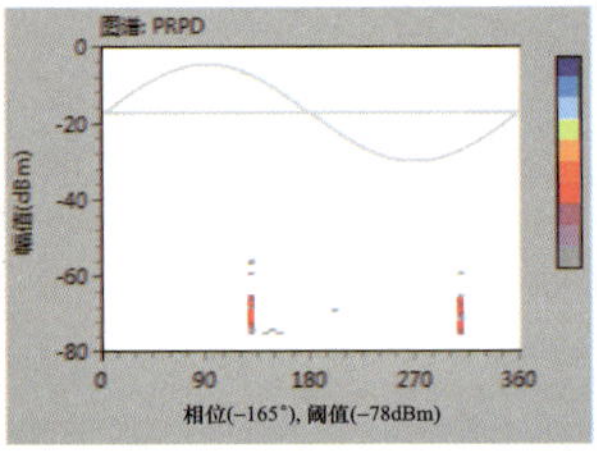	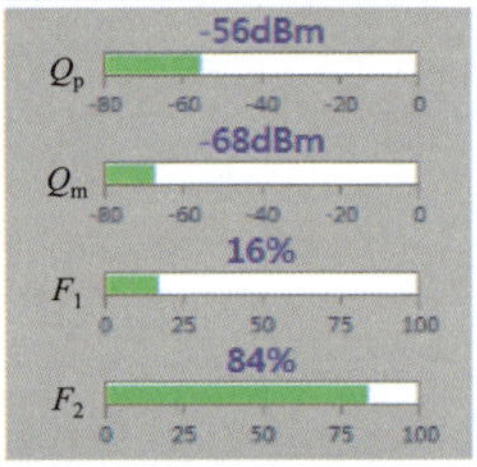
面向 501 开关柜	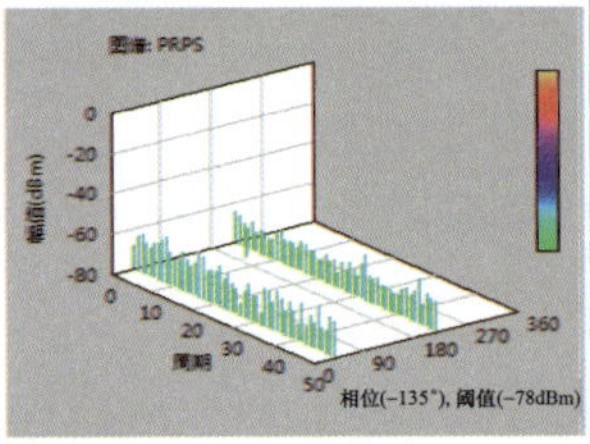	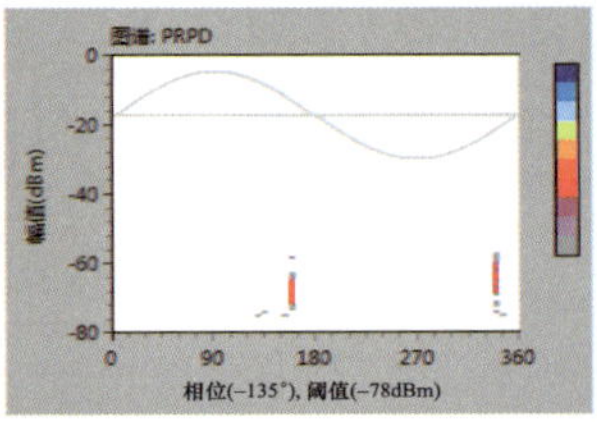	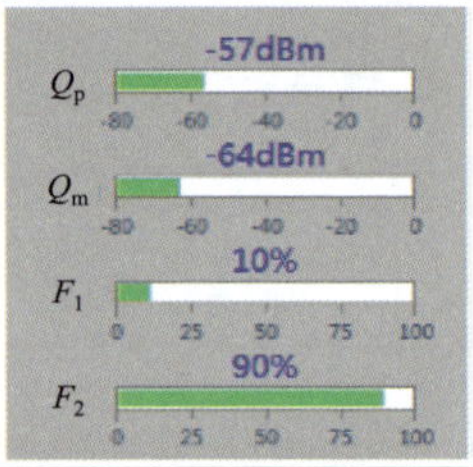
背向 501 开关柜	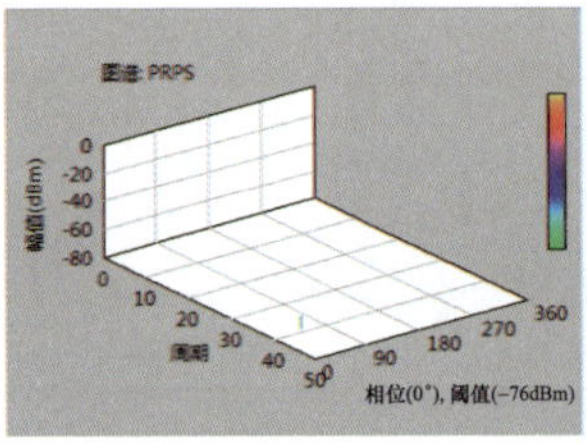	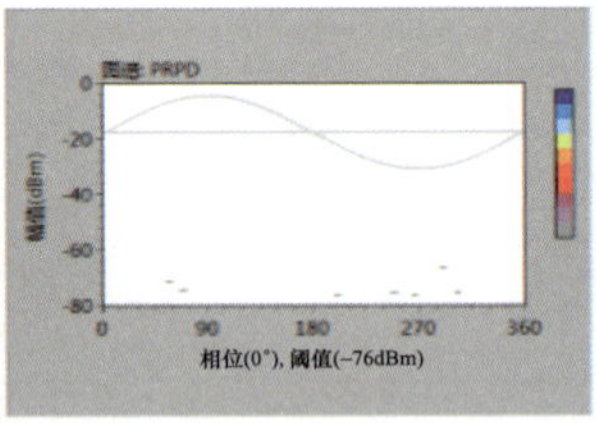	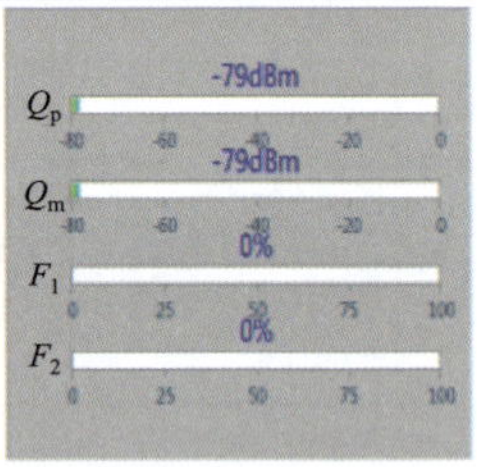

（3）暂态地电压检测。暂态地电压检测选择金属门窗和小车作为背景，大小为 33dBmV。前柜门分别选取中、下检测点，后柜门分别选取上、中、下检测点，侧面无法检测。为了排除干扰，还对 501 开关柜邻近的 5017、511、512 开关柜进行了检测比对，501 开关柜与邻近开关柜暂态地电压检测结果如表 3－4 所示。可以看出，背景值较大，环境中存在较大噪声信号，通过横向对

比、纵向对比，暂态地电压信号无明显异常。

表 3-4　　501 开关柜与邻近开关柜暂态地电压　　单位：dBmV

序号	开关柜编号		前中	前下	后上	后中	后下	侧上	侧中	侧下
1	5017	初测	35	34	34	33	35	33	34	33
		复测	35	35	34	34	35	34	33	35
2	501	初测	34	33	35	34	35	—	—	—
		复测	35	34	35	34	34	—	—	—
3	511	初测	33	33	34	34	35	—	—	—
		复测	34	34	34	35	35	—	—	—
4	512	初测	34	33	34	35	34	—	—	—
		复测	34	34	35	35	34	—	—	—
金属背景		31								

4. 综合分析

（1）超声波检测数据横向比对。110kV 变电站 35kV 开关柜主接线图如图 3-10 所示。

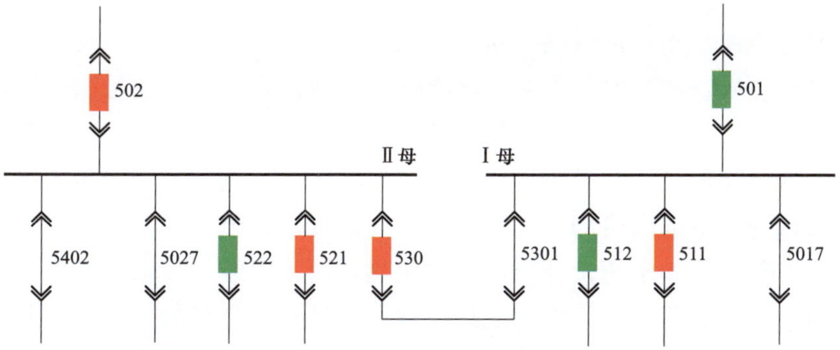

图 3-10　110kV 变电站 35kV 开关柜主接线图

为了进一步确定 501 开关柜存在放电缺陷，检测了其他柜门缝隙信号，空气背景信号幅值为 3dBμV。在Ⅰ段母线后柜门上方均检测到超声波异常信号，远大于背景信号，且随着远离 501 开关柜幅值减小，除了相邻 511 开关柜和 5017 隔离开关柜，其余下柜门均未检测到异常信号，图谱特征与 501 开关柜具有极高相似度，可初步判断为与 501 是同一个放电源；此外，在Ⅱ段母线上 521 开关柜也检测到了超声异常信号，但图谱特征与 501 开关柜存在较大差异，其他开关柜基本未检测到异常信号。所有前柜门均未能检测到超声波异常信号。

35kV 开关柜超声波检测异常点及幅值如图 3-11 所示。人耳靠近 501 开关柜和 521 开关柜后柜门缝隙，都能直接听到较为清晰的异常声音，但两个柜门处声音存在差异，其他开关柜后柜门未能听见异常声音。综合以上分析可初步判断，501 开关柜内存在局部放电，Ⅰ段母线其他开关柜母排处信号与 501 开关柜检测到信号为同源信号，是通过母排的穿柜套管缝隙传到其他开关柜；521 开关柜存在另一个异常信号，与 501 开关柜为两个不同信号源。

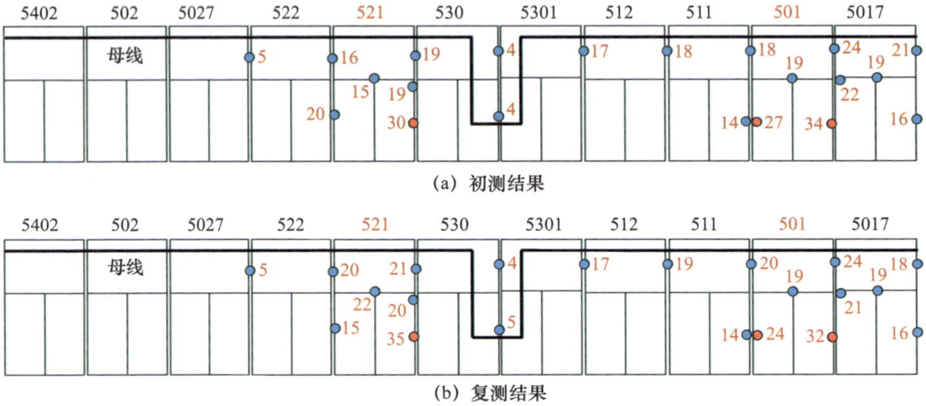

图 3-11　35kV 开关柜超声波检测异常点及幅值

（2）超声波检测数据纵向比对。对比图 3-11 中各测点初测与复测数据，初测与复测结果基本一致，没有太大变化，说明该异常超声信号源较稳定。微小差异可能是天气以及人为检测等偶然因素带来的误差。

（3）放电源初步分析。501 开关柜和Ⅰ段母线其他开关柜母排处检测的特高频图谱特征一个周期内均会在正、负半周出现，放电脉冲数较少，幅值较为稳定，且 PRPD 图放电相位都很窄，聚集呈现两条竖线，图谱特征完全相似，只有幅值存在一定差异，可能是远离放电源信号发生衰减的原因。因此，初步判断Ⅰ段母线其他开关柜与 501 开关柜检测到的特高频信号为同源信号。

将两个特高频传感器分别置于 501 开关柜和Ⅰ段母线其他开关柜能检测到异常信号的位置，用示波器捕捉时域信号，特高频时域信号测试如图 3-12 所示。通道 1 为Ⅰ母其他开关柜信号，通道 2 为 501 开关柜信号，对比两个信号，一个工频周期内，放电信号均表现为两簇，特征图谱基本保持一致，仅幅值有所差异，其中Ⅰ母其他开关柜的信号幅值明显小于 501 开关柜的信号，这是因为Ⅰ母其他开关柜的信号来源于 501 开关柜，而在传播过程中信号发生了衰减的缘故，这也进一步说明了Ⅰ段母线其他开关柜与 501 开关柜检测到的特高频信号为同源信号。

(a) 传感器放置图

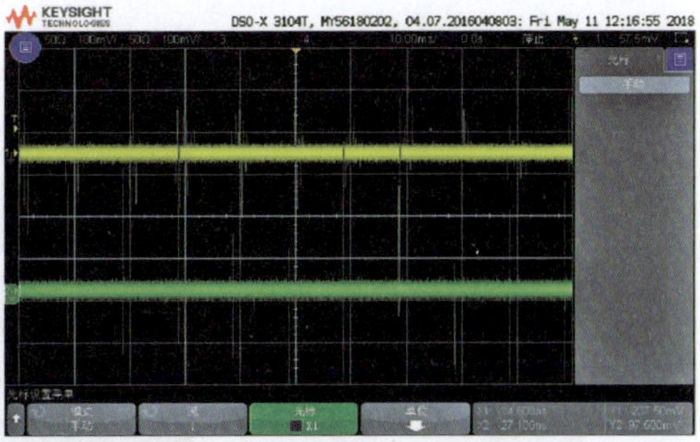

(b) 测试结果

图 3-12　特高频时域信号测试

（4）多通道特高频信号时延定位。双通道特高频信号时延横向定位如图 3-13 所示。为进一步确定 501 开关柜的疑似局部放电源所在位置，由于特高频信号较强，开关柜周围缝隙都能检测到较大信号，采用平分面法对 501 开关柜放电源进行定位。首先，水平面横向定位，左右移动两个传感器，当传感器布置如图 3-13 所示，示波器检测到两个通道信号起始上升沿重叠（每次重复检测多次，保证两通道时间差稳定），确定信号源位于两个传感器垂直平分面上，同理，确定两个传感器纵向和前后垂直平分面，双通道特高频信号时延纵向定位、双通道特高频信号时延前后定位分别如图 3-14 和图 3-15 所示。

(a) 传感器横向布置

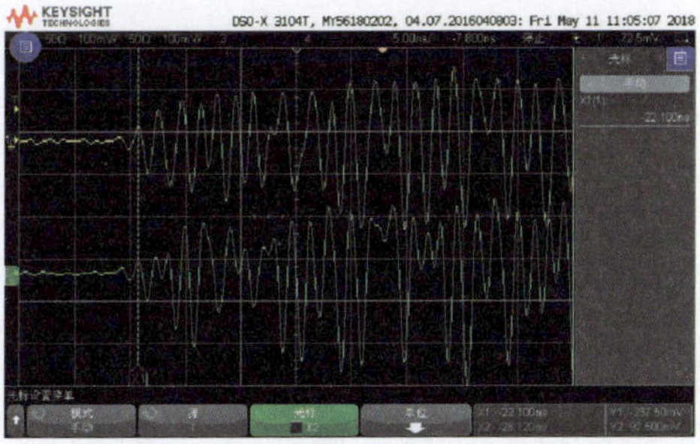

(b) 时域信号

图 3-13　双通道特高频信号时延横向定位

三个垂直平分面交于一点，该点即为放电信号源，定位结果显示放电源在后柜门平面上的投影如图 3-16 红点所示，前后方向定位到前后柜门中间平分面靠前柜门方向 10cm 处的位置。该开关柜为 KYN44A-40.5 型开关柜，在既无法看清柜内又无法停电开柜门的情况下，只能查阅该开关柜手册分析其内部结构。结合该开关柜内部结构，定位的放电源位置为开关 A 相上、下触头之间附近位置。由于 501 开关柜断开，且 1 号主变压器另外两侧开关也都处于断开位置，501 开关柜只有连接母线的上触头带电，下触头不带电，所以可以进一步推测该放电源可能位于上触头附近位置。

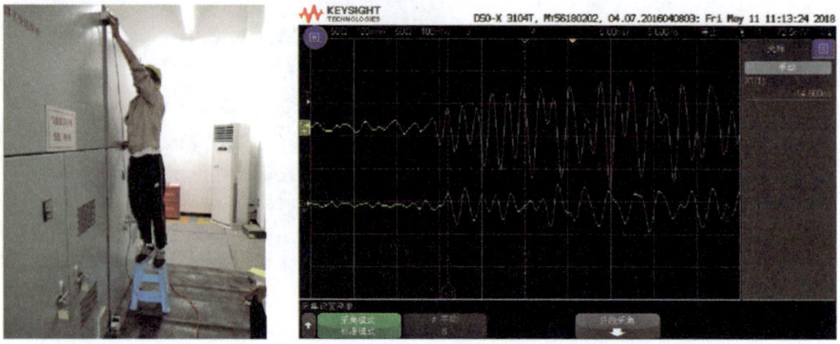

(a) 传感器纵向布置　　(b) 时域信号

图 3-14　双通道特高频信号时延纵向定位

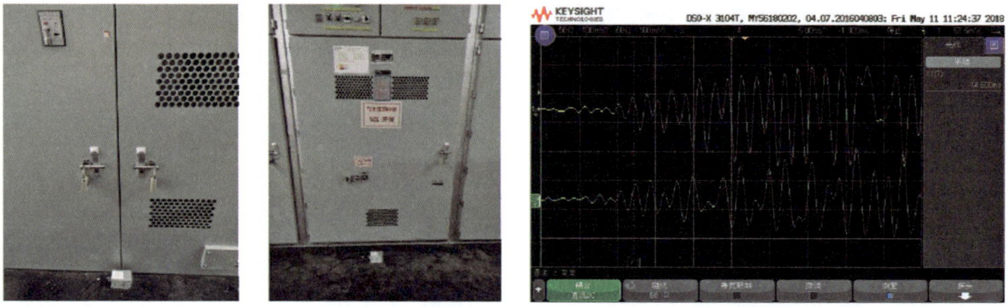

(a) 后柜门传感器布置　　(b) 前柜门传感器布置　　(c) 时域信号

图 3-15　双通道特高频信号时延前后定位

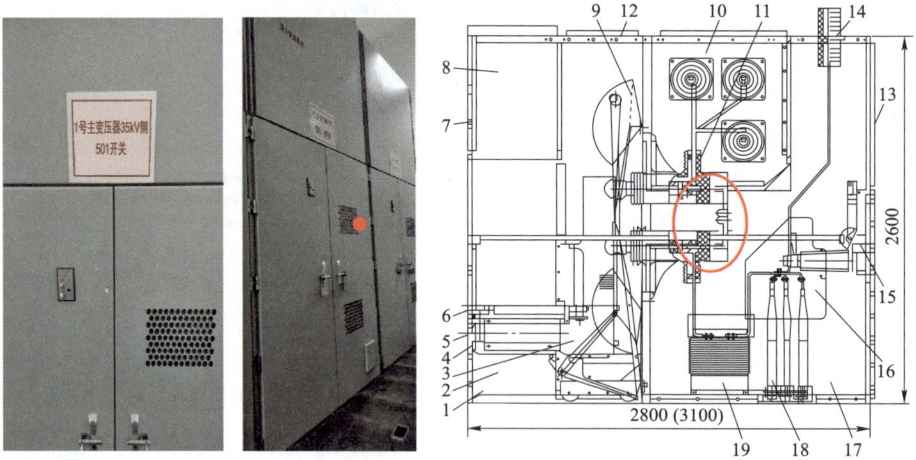

(a) 实测位置标识1　　(b) 实测位置标识2　　(c) 结构图位置标识

图 3-16　特高频局部放电定位结果

1—柜体；2—断路器室；3—断路器手车；4—航空插头；5—断路器室门；6—丝杆螺母推进机构；7—仪表室门；8—仪表室；9—活门；10—主母线室；11—触头盒；12—泄压装置；13—后上盖板；14—架空进出线穿墙套管；15—接地开关；16—绝缘隔板；17—电缆室；18—电缆；19—电流互感器

（5）检测结论。该变电站35kV主变压器501开关柜检测到超声波、特高频异常信号，经过图谱特征对比、干扰源排除、定位等综合分析，判断该开关柜内存在疑似悬浮电位放电，放电源位置可能为开关A相上、下触头之间附近，可能存在金属部件连接松动，且放电幅值较大，存在异常声响，属于严重缺陷。

当1号主变压器投运或母线电压波动时，501开关柜的该缺陷可能会加剧发展，易发展成更为严重的缺陷或导致击穿，因此建议运维单位对其进行密切监测，缩短检测周期。

针对本次检测发现的缺陷建议如下检查处理：

（1）设备运维管理单位应派专人定期复测，缩短检测周期，跟踪信号幅值变化做趋势分析。

（2）由于该信号疑似悬浮电位放电且放电幅值较大，异常声音明显，属于较严重缺陷，建议尽快对该开关柜进行停电检修，及时消缺，否则该缺陷进一步发展，将导致击穿，造成非计划停电。

5. 验证情况

2018年9月12日，运维单位将521线路按计划停电检修，断开521开关柜断路器后，出现Ⅰ、Ⅱ母电压异常，$U_{AB}=U_{BC}=U_{CA}=37kV$，$U_A=12kV$，$U_B=U_C=27kV$，且501开关柜局部放电异常信号仍然存在，2号主变压器高低压侧电流三相平衡。运行人员断开530开关柜开关，Ⅱ母电压恢复正常，$U_{AB}=U_{BC}=U_{CA}=37kV$，$U_A=U_B=U_C=21kV$，Ⅰ母不带电，电压为0，判断Ⅱ母TV正常，二次人员经过检查，排除二次交流回路故障可能性，同时，也排除主变压器中压侧空载安匝不平衡导致的母线电压异常。

合上530开关柜断路器，Ⅰ段母线带电，将501开关柜手车拉出，发现A相整个触臂严重发热，Ⅱ母电压恢复正常，501开关柜局部放电信号消失。且501开关柜断路器A相断口耐压试验不合格，回路电阻超标。因此，判断该故障为处于热备用状态的501断路器A相在运行电压下处于导通状态，形成了类似于B、C相断线的故障。

530开关柜断路器断开后，Ⅱ母电压恢复正常，且Ⅰ段母线不带出线，大致确定故障位于Ⅰ段母线。前期带电检测Ⅰ段上501开关柜存在局部放电异常信号，且特高频定位结果为断路器A相，猜测Ⅱ母电压异常与501开关柜局部放电相关，可能为同一缺陷。501开关柜断路器如图3－17所示。拉出501断路器后，发现断路器A相触头如图3－17所示黄色框内部分都存在严重发热。此时，Ⅰ段母线仍然带电，在后柜门进行局部放电带电检测，局部放电异常信号消失，后台监控微机显示Ⅱ母电压恢复正常。因此，判断导致母线电压异常的故障位置为501开关柜断路器，且与501开关柜局部放电信号异常为同一缺陷。

图3-17 501开关柜断路器

断开530开关柜断路器，后台监控微机显示35kV Ⅱ母电压正常，监控微机显示35kV Ⅱ母正常电压（530开关柜断路器断开）如图3-18所示。

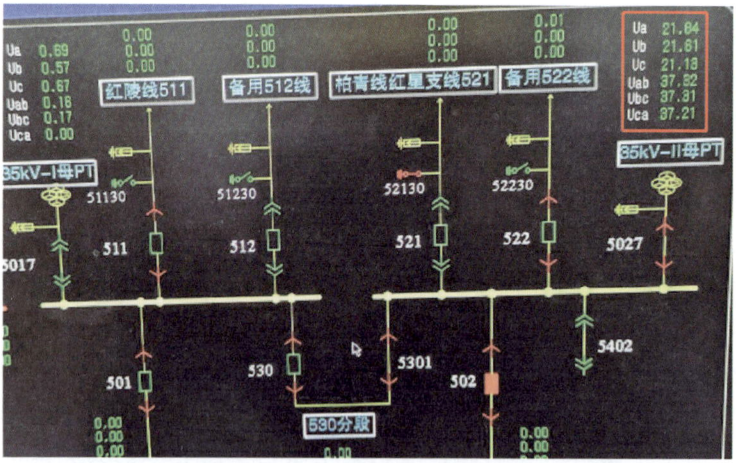

图3-18 监控微机显示35kV Ⅱ母正常电压（530开关柜断路器断开）

合上530开关柜断路器，监控微机显示35kV Ⅱ母异常电压（530开关柜断路器合闸）如图3-19所示。

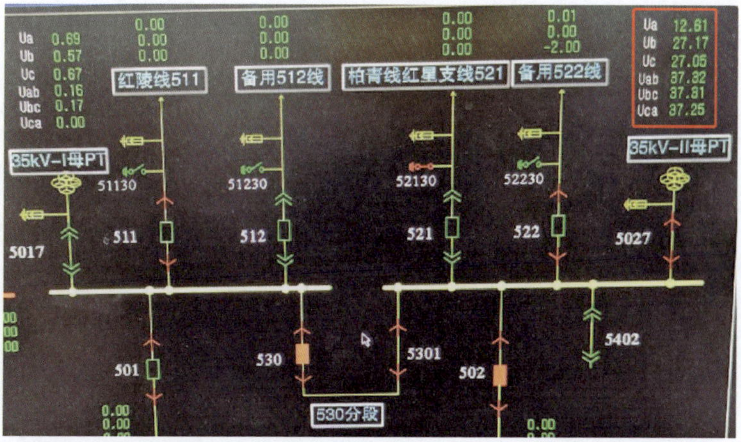

图 3-19　监控微机显示 35kV Ⅱ母异常电压（530 开关柜断路器合闸）

上述分析已经确定导致 35kV Ⅱ母电压异常的故障设备为 501 开关柜断路器，且该故障与 501 开关柜局部放电信号异常为同一缺陷。因为 501 开关柜断路器一直处于热备用状态，结合局部放电和 35kV Ⅱ母异常电压特征，初步判断 501 开关柜断路器故障类型存在两种可能，一种是 A 相对地放电形成非金属接地故障，另一种是真空包绝缘劣化导致断开的 A 相导通，形成类似于 B、C 两相断线的故障。

（1）假设发生单相接地故障。该 35kV 系统为中性点不接地系统，A 相接地故障等效电路如图 3-20 所示，根据节点电压法可计算中性点对地电压 $\dot{U}_O$ 为

$$\dot{U}_O = -\frac{\dot{U}_{AO}Y_A + \dot{U}_{BO}Y_B + \dot{U}_{CO}Y_C}{Y_A + Y_B + Y_C} \tag{3-1}$$

式（3-1）中，$\dot{U}_{AO}$、$\dot{U}_{BO}$、$\dot{U}_{CO}$ 分别为各相对中性点电压；Y_A、Y_B、Y_C 为各相对地导纳，主要包括对地电容。

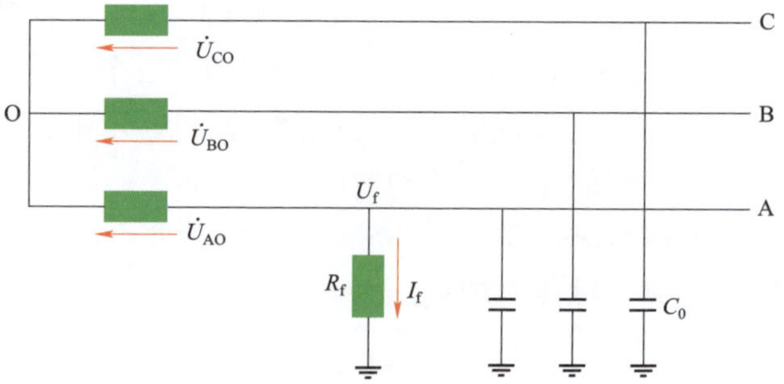

图 3-20　A 相接地故障等效电路图

R_f为接地过渡电阻，I_f为故障接地电流，ω为角频率，C_0为相对地电容，则

$$\left.\begin{aligned} Y_A &= \frac{1}{R_f} + j\omega C_0 \\ Y_B &= Y_C = j\omega C_0 \end{aligned}\right\} \tag{3-2}$$

将式（3-2）代入式（3-1）可得

$$\dot{U}_O = -\frac{\dot{U}_{AO}\left(\frac{1}{R_f} + j\omega C_0\right) + \dot{U}_{BO} \cdot j\omega C_0 + \dot{U}_{CO} \cdot j\omega C_0}{\frac{1}{R_f} + 3j\omega C_0} = -\frac{\dot{U}_{AO}}{1 + 3j\omega C_0 R_f} \tag{3-3}$$

进一步变化可得

$$-\dot{U}_{AO} = \dot{U}_O + 3j\omega C_0 R_f \dot{U}_O \tag{3-4}$$

分析上式可知，A 相接地故障相量图如图 3-21 所示，$3j\omega C_0 R_f \dot{U}_O$ 比 $\dot{U}_O$ 超前 90°，当 R_f 变化时，$\dot{U}_O$ 始端的轨迹是以 A 相对中性点电压 $\dot{U}_{AO}$ 为直径的位于其右侧的半圆。当发生金属接地，即过渡电阻 $R_f=0$，$\dot{U}_O=-\dot{U}_{AO}$；当未发生接地，即 $R_f=\infty$，$\dot{U}_O=0$；当发生非金属接地，即 $R_f=0\sim\infty$，$U_O=-U_{AO}\sim 0$。假设 A 相发生非金属接地故障，则各相对地电压为

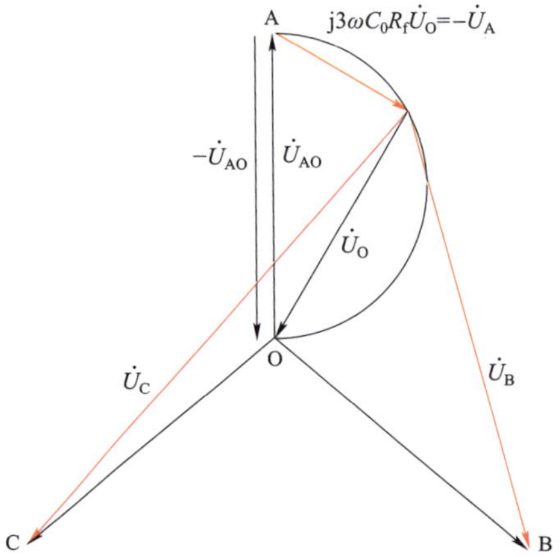

图 3-21　A 相接地故障相量图

$$\left.\begin{aligned} \dot{U}_A &= \dot{U}_{AO} + \dot{U}_O \\ \dot{U}_B &= \dot{U}_{BO} + \dot{U}_O \\ \dot{U}_C &= \dot{U}_{CO} + \dot{U}_O \end{aligned}\right\} \tag{3-5}$$

根据式（3-5），A 相接地故障相量图如图 3-21 所示，在相量图中可以画出 $\dot{U}_A$、$\dot{U}_B$、$\dot{U}_C$ 三个相量，根据相量图可知，非故障相 B、C 两相电压不相等，与后台监控机显示 B、C 两相电压相等特征不符，故该故障不可能是单相接地故障。

（2）假设两相断线故障。B、C 两相断线故障等效电路如图 3-22 所示，根据节点电压法可计算中性点对地电压为

$$\dot{U}_O = -\frac{\dot{U}_{AO}Y_A + \dot{U}_{BO}Y_B + \dot{U}_{CO}Y_C}{Y_A + Y_B + Y_C} \tag{3-6}$$

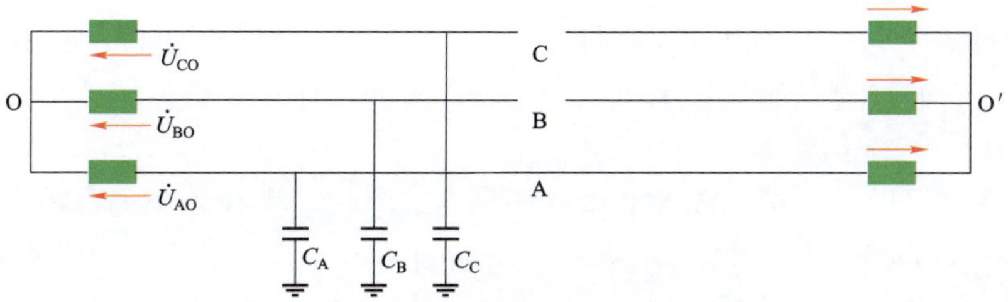

图 3-22　B、C 两相断线故障等效电路图

式（3-6）中，各参数与上述分析接地故障相同，B、C 两相断线位置为相同的断路器位置，则

$$\left.\begin{aligned}Y_A &= j\omega C_A\\ Y_B = Y_C &= j\omega C_0\end{aligned}\right\}\qquad(3-7)$$

由于 A 相导线长度更长，且 501 开关柜断路器出线是 1 号主变压器中压侧绕组，绕组也存在对地电容，所以 B、C 相断线情况下 A 相对地电容 $C_A \geqslant 3.25C_0$，令 $C_0/C_A = m$（$0 \leqslant m \leqslant 1$），则

$$\dot{U}_O = -\frac{\dot{U}_{AO}\cdot j\omega C_A + \dot{U}_{BO}\cdot j\omega mC_A + \dot{U}_{CO}\cdot j\omega mC_A}{j\omega C_A + j\omega mC_A + j\omega mC_A} = -\frac{(1-m)\cdot\dot{U}_{AO}}{2m+1}\qquad(3-8)$$

由于$(1-m)\geqslant 0$，因此 $\dot{U}_O$ 与 $\dot{U}_{AO}$ 反向，B、C 两相断线故障相量图如图 3-23 所示，当各种断线使 m 在 0～1 变化，$\dot{U}_O$ 的起始点轨迹在 O 到 A 上变化。

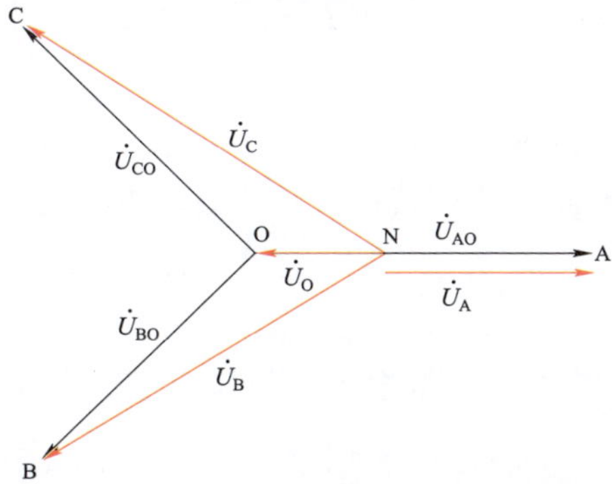

图 3-23　B、C 两相断线故障相量图

从后台监控微机可知，$\dot{U}_{AB} = \dot{U}_{BC} = \dot{U}_{CA} = 37\text{kV}$，$\dot{U}_B = \dot{U}_C = 27\text{kV}$，$\dot{U}_A = 12\text{kV}$。若故障为两相断线故障，故障后中性点对地电压 $\dot{U}_O = \dot{U}_A - \dot{U}_{AO} = 12\text{kV} - 21\text{kV} = -9\text{kV}$，与 $\dot{U}_{AO}$ 反向，中性点电压发生偏移。将 $\dot{U}_O$ 代入式（3-8），可算出 $m=4/13$，即 $C_A = 3.25C_0$。通过余弦定理计算有，故障后 C 相对地电压

$U_C=27kV$，同理可计算出B相对地电压 $U_B=27kV$，计算出的B、C两相对地电压与后台监视显示的异常电压完全吻合，且线电压也一致，说明假设的B、C两相断线故障正确。

上述已经验证分析，35kVⅡ母电压异常缺陷与前期检测到局部放电异常缺陷存在较大关联，很可能为同一缺陷。检测到501开关柜局部放电异常到35kVⅡ母电压异常相距4个月时间，缺陷存在逐渐严重的可能性，但是35kV Ⅱ母电压异常恰好发生在521开关柜断路器分闸操作后，该故障可能与521开关柜断路器分闸操作相关。501开关柜断路器A相位置存在局部放电信号，A相绝缘存在薄弱处。通过咨询调控部门了解到，521开关柜这条T型线路是先断开对侧两处开关后，再断开521开关柜断路器，操作过程是切除空载线路，通过断路器的电流基本是电容电流，电弧的重燃将产生过电压，过电压幅值最高可达3倍最大运行相电压幅值，持续时间在0.5～1个工频周期以上。切除空载线路过电压是220kV及以下系统确定绝缘水平的主要依据，该过电压将加剧501开关柜A相触头位置局部放电，甚至击穿A相绝缘薄弱处，造成了不可恢复的绝缘劣化，导致处于热备用状态的501开关柜断路器在运行电压下处于导通状态，而B、C相断口绝缘良好，仍处于分开状态，系统形成了类似于两相断线故障，并一直存在，最终造成35kV Ⅱ母电压异常情况。

拉出501开关柜断路器后，对501开关柜断路器进行了机械特性试验、断口绝缘电阻测试、回路电阻测试和交流耐压试验，对501开关柜进行局部放电带电检测。同时，断开530开关柜断路器，对35kV Ⅰ段母线进行交流耐压试验。

501开关柜断路器诊断试验结果如表3－5所示。试验结果表明：

（1）501开关柜断路器机械特性试验、断口绝缘电阻测试、Ⅰ段母线交流耐压试验合格，501开关柜带电检测发现局部放电异常信号消失。

（2）501开关柜断路器A相回路电阻明显增大，可能是因为长期的局部放电对触头烧蚀，造成接触电阻增大，与拉出501开关柜断路器后检验情况吻合。

（3）501开关柜断路器A相断口耐压到22kV击穿，B、C两相交流耐压试验通过。501开关柜断路器A相断口交流耐压未通过，说明断路器A相真空包存在绝缘问题，绝缘强度大幅降低，在运行电压下，处于热备用的501开关柜断路器A相处于导通状态，而B、C相处于断开状态，进一步验证了501开关柜断路器A相的故障最终在系统中形成的是类似于B、C两相断线故障，进而出现后台监控微机显示的异常电压。

表 3-5　　　　501 开关柜断路器诊断试验结果

试验相别	A 相	B 相	C 相
机械特性试验	合格	合格	合格
断口绝缘电阻（MΩ）	27000	28000	28000
回路电阻（μΩ）	875	32	34
断口交流耐压试验	不合格	合格	合格
501 开关柜局部放电带电检测		正常	
Ⅰ段母线交流耐压试验	合格	合格	合格

出现本次母线电压异常前几个月，对当时处于热备用的 501 开关柜进行了带电检测，超声波法、特高频法都测得严重的局部放电信号，人耳靠近开关柜，能听到较为清晰的放电声音，已处于比较严重的状态。超声波、特高频信号图谱与典型悬浮电位放电特征极为相似，且通过特高频平分面法定位到 A 相上触头和下触头之间附近。断路器的动静触头一端带电，另一端不带电，当动静触头两个电极间真空绝缘强度不够，不带电一侧触头感应出悬浮电位，进而产生悬浮电位放电，真空绝缘进一步劣化，断开的动静触头间导通。造成真空包绝缘问题的原因有很多种，有可能是出厂生产质量、工艺、运输等原因造成在投运前已经存在微弱的绝缘劣化，也可能是分、合闸不能正常灭弧造成绝缘逐步损伤和真空度降低，也可能是系统过电压对真空包绝缘的逐步损伤。具体是什么原因造成的 501 开关柜断路器 A 相真空包绝缘问题，现在已经无从考证。接下来需要做的是进一步解体，对断路器真空度、触头内部损伤程度以及绝缘损伤程度进行检测，并全面综合评估断路器状态，从而采取合适的方法消除缺陷并总结检测成果。

6. 结论与建议

经过上述过程分析可知，发生本次故障的表现形式是母线电压异常，其根本原因是 501 开关柜断路器 A 相真空包绝缘劣化，前期症状是 501 开关柜局部放电信号异常，诱发该故障的导火线是 521 开关柜断路器切除空载线路，这一过程产生操作过电压，加剧了 A 相局部放电绝缘缺陷，从而使处于热备用状态的 501 开关柜断路器 A 相从悬浮电位放电发展为导通，形成了类似于 B、C 两相断线的故障，从而最终出现后台监控机显示的异常母线电压。

501 开关柜断路器缺陷确定为危急缺陷，处理前不能投入运行，必须隔离故障。为保证电网安全稳定运行须尽快处理，建议联系制造厂联合对真空包做进一步检查分析，并对症下药，完全消除缺陷。同时，检查其他同制造厂、同型号和同批次设备，看是否存在家族性缺陷。

3.2.2 基于声电联合检测和红外精确测温的 10kV 开关柜接触不良缺陷检测及停电检查

1. 异常概况描述

2018 年 11 月 20 日，运维单位对某 110kV 变电站 10kV 开关柜进行局放带电检测，在 676 开关柜后柜测得异常超声波、暂态地电压、特高频局部放电信号，经现场分析判断信号源位于开关柜内，缺陷为严重缺陷。10kV 变电站 676 开关柜及邻近开关柜布置如图 3－24 所示。

图 3－24　110kV 变电站 676 开关柜及邻近开关柜布置

2. 检测对象及项目

检测对象：某 110kV 变电站 10kV 开关柜。

设备型号：GG－1A－27。

额定电压：12kV。

出厂日期：2000 年 8 月 31 日。

检测项目：超声波局部放电检测、暂态地电压局部放电检测、特高频局部放电检测、红外精确测温。

3. 检测仪器及装置

特高频、超声波、暂态地电压局部放电检测：PDS－T90 型局部放电检测仪。

红外热像检测：T630 型红外热像仪。

4. 检测数据

（1）超声波检测。10kV 开关室内超声波背景噪声如图 3－25 所示，现场超声波测试背景噪声幅值为－7dB。

在 676 开关柜后柜门上部测得异常超声波信号，幅值为 23dB，676 开关柜后柜门测得异常超声波信号如图 3－26 所示。该放电信号稳定、幅值强，具备明显的相位分布特征，100Hz 频率相关性大于 50Hz 频率相关性，从原始波形能够发现该信号放电次数较少、上升沿陡，具备典型的悬浮电位放电特征。

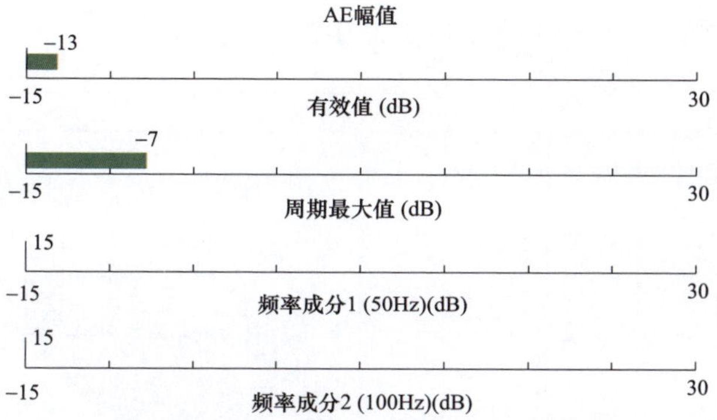

图 3-25 10kV 开关室内超声波背景噪声

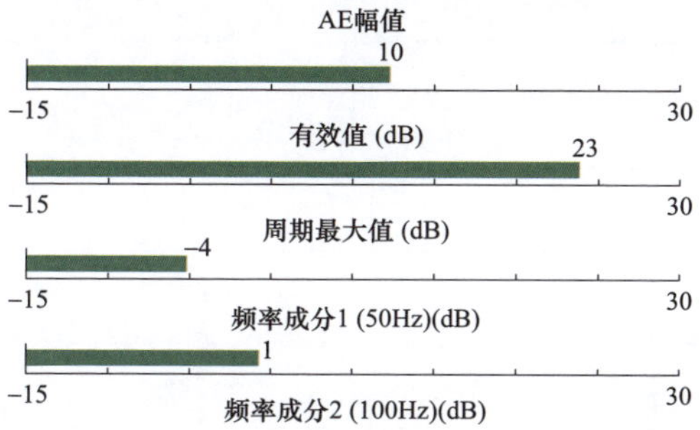

(a) 连续图谱

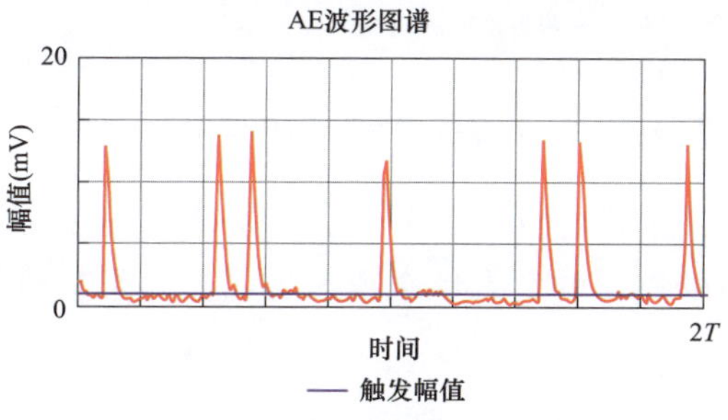

(b) 波形图谱

(c) 检测部位

图 3-26 676 开关柜后柜门测得异常超声波信号

（2）特高频检测。在 676 开关柜后柜门上部测得异常特高频信号（同超声波异常测试位置），最大幅值为 54dB，676 开关柜后柜门测得异常特高频信号如图 3-27 所示。

特高频图谱中可以发现放电信号分为两部分：一部分信号很强且十分稳定，一个周期内呈两簇分布，放电次数较少，为典型的悬浮电位放电信号；另一部分信号较弱，幅值并不稳定，且在各个相位上均有分布，怀疑是悬浮电位放电产生的金属粉尘附着在绝缘体上产生的放电。

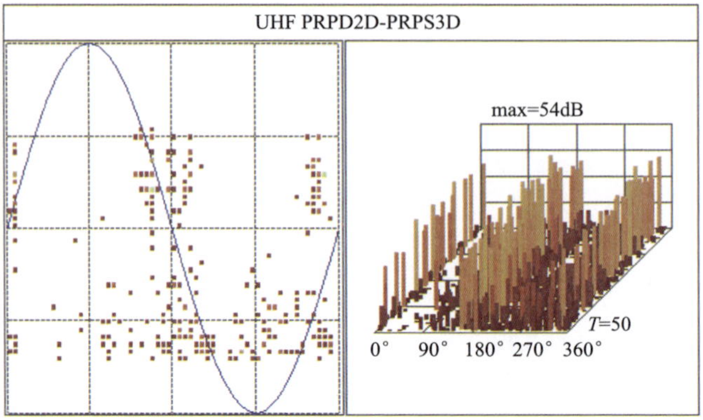

(a) 图谱1

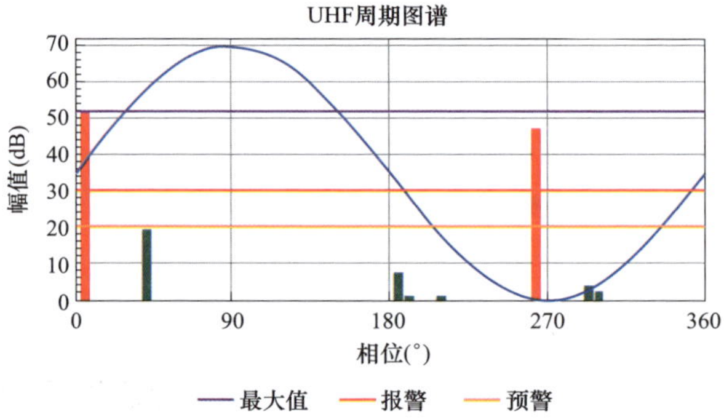

(b) 图谱2

图 3-27　676 开关柜后柜门测得异常特高频信号

（3）暂态地电压检测。676 开关柜及邻近开关柜暂态地电压检测数据如表 3-6 所示。可见，676 开关柜处测得的暂态地电压信号明显高于其他开关柜，信号源应位于 676 开关柜内。

表 3-6　676 开关柜及邻近开关柜暂态地电压检测数据　单位：dB

开关柜编号	前中部	前下部	后上部	后中部	后下部
674 开关柜	32	25	58	55	53
675 开关柜	40	29	58	55	55
676 开关柜	51	50	59	57	57
677 开关柜	43	29	55	55	56
678 开关柜	26	26	55	57	52
金属背景	20		空气背景	9	

（4）红外精确测温。为验证676开关柜内部缺陷，使用红外热像仪从开关柜侧后方上部对开关柜内部进行测温，676开关柜后部红外图谱如图3－28所示（因柜内很暗，现场拍摄角度受带电部位所限，无法拍得清晰可见光图片）。可见，开关柜下部C相隔离开关套管为中心的热像，热点明显，热点温度为27.9℃，环境温度为16.4℃，相对温差为90.4%，以开关柜下部C相隔离开关连接板为中心的热像，热点明显，热点温度为23.5℃，环境温度为16.5℃，相对温差为87.1%。

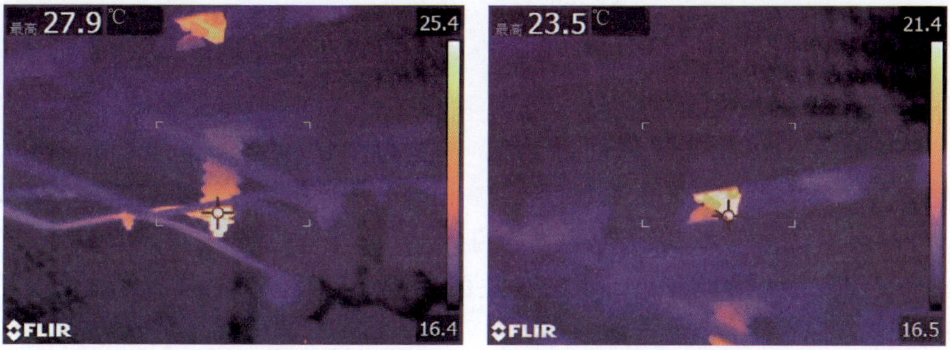

(a) 视角1　　(b) 视角2

图3－28　676开关柜后部红外图谱

5. 综合分析

综合超声波、暂态地电压、特高频局部放电带电检测和红外精确测温结果，分析认为该变电站1676开关柜内存在两处因接触不良产生的悬浮电位放电，并可能存在因悬浮电位放电产生金属粉尘附着在绝缘体上产生的绝缘放电，放电位置分别为开关柜下部C相隔离开关套管和C相隔离开关连接板处，接触不良处同时伴随着发热。

6. 停电解体验证

2018年12月7日，该变电站676开关柜退出运行，运维单位对该开关柜进行了回路电阻测试并对接触不良处进行了处理，676开关柜停电试验结果如表3－7所示。

表3－7　676开关柜停电试验结果　单位：μΩ

位置	处理前测试值	处理后测试值
A相隔离开关TA侧接头	63	63
B相隔离开关TA侧接头	160	45
C相隔离开关TA侧接头	664	39

续表

位置	处理前测试值	处理后测试值
A 相隔离开关动触头到出线侧套管接线板	146	146
B 相隔离开关动触头到出线侧套管接线板	112	112
C 相隔离开关动触头到出线侧套管接线板	1460	140

可见 C 相隔离开关 TA 侧接头及 C 相隔离开关动触头到出线侧套管接线板处接触不良，造成了发热及悬浮电位放电，与带电检测结果判断一致。

7. 结论与建议

对于老旧的非封闭式 GG 型开关柜，由于信号之间互相干扰，精确定位较为困难，但通过特高频、非接触式超声波和暂态地电压局部放电检测等手段，仍能有助于发现设备潜伏性放电缺陷。该变电站 676 开关柜内部 C 相隔离开关 TA 侧接头及 C 相隔离开关动触头到出线侧套管接线板处接触不良，形成悬浮电位放电，通过局部放电带电检测手段测得并及时消缺，保障了设备安全运行。此外，对于非封闭式 GG 型开关柜，红外精确测温也是发现设备缺陷的重要手段。

3.2.3 基于特高频法的 10kV 开关柜母线软连接悬浮电位放电缺陷检测及停电检查

1. 异常概况描述

运维单位运行人员在例行巡视期间，听见某 110kV 变电站 929 开关柜上方与跨接母线连接处有类似放电的异响，随后对该开关柜进行局部放电带电检测，测得异常特高频和异常超声波信号，经过幅值定位，初步判断局部放电缺陷在该开关柜上方的跨接母线处。2019 年 3 月 5 日，对该变电站 929 开关柜进行局部放电带电检测复核，通过定位诊断，分析母线软连接氧化锈蚀且结构松散，通电后在电场力作用下发生振动，导体之间存在电位差从而形成局部放电并导致异响。

2. 检测对象及项目

检测对象：某 110kV 变电站 929 开关柜。

型号：KYN 28A－12。

生产日期：2009 年 8 月。

检测项目：特高频局部放电带电检测。

3. 检测仪器及装置

检测仪器及装置如下：

（1）仪器名称为特高频传感器，仪器型号为 HQ6－300。

（2）仪器名称为数字示波器，仪器型号为 DSOX6004A。

4. 检测数据

运维单位对该变电站 929 开关柜与跨接母线连接处进行特高频局部放电带电检测及定位诊断，由于金属柜体对特高频信号有一定屏蔽作用，因此特高频传感器被布置在 929 开关柜上方与跨接母线连接位置，并将传感器检测面朝向连接缝隙位置，在排除了背景噪声干扰后，从 x、y、z 三个轴向分别进行双通道特高频信号时延定位。

（1）x 轴向时延定位分析。在 x 轴方向进行双通道特高频信号时延定位分析，该轴向开关柜长度为 110cm，x 轴向双通道信号时延定位传感器位置示意图如图 3－29 所示，红圈处为传感器安放位置。

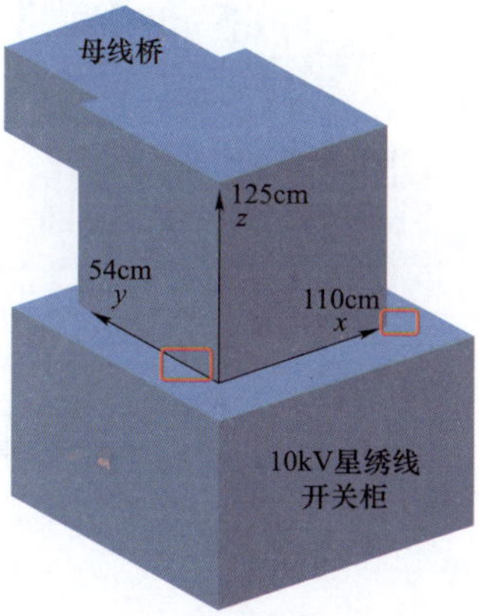

(a) 传感器布置示意图

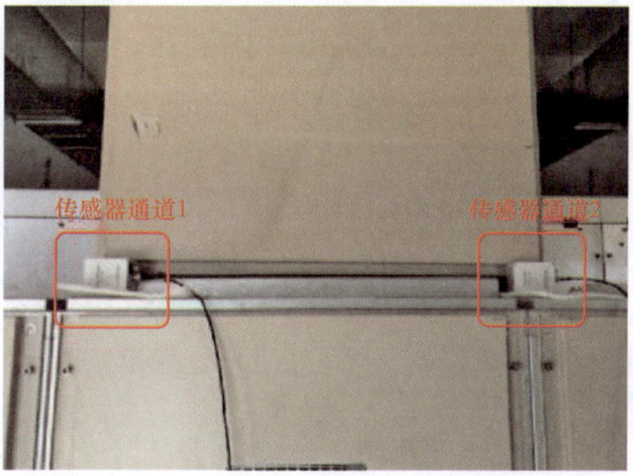

(b) 传感器布置实拍图

图 3－29 x 轴向双通道信号时延定位传感器位置示意图

母排负荷电流在 400A 左右时，可以测得多个异常信号，x 轴向双通道波形图 1（母排负荷电流为 400A）如图 3－30 所示。对该异常信号进行双通道时延定位，测得传感器 2 较传感器 1 先接收到信号且时延约为 1.45ns，可计算出异常信号在 x 轴向靠近传感器 2 约 54cm 处。x 轴向双通道波形图 2（母排负荷电流 400A）如图 3－31 所示，另有多次异常信号因时延不稳定，难以据此定位，但初步判断异常信号源大于两处。

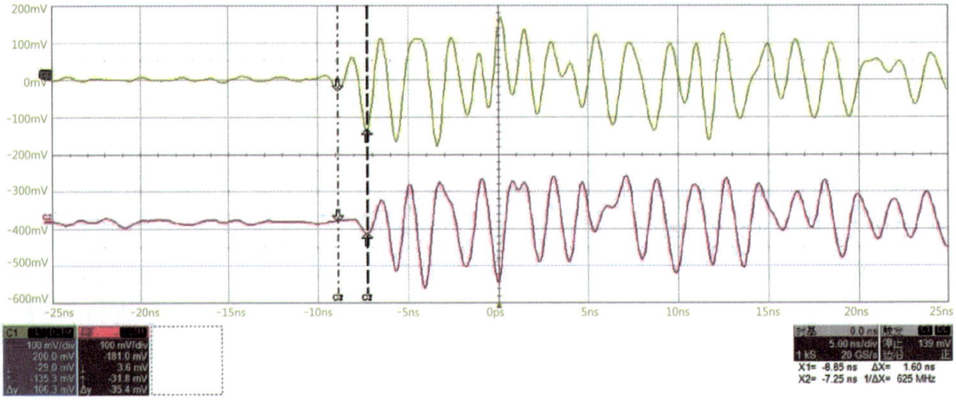

图 3-30　x 轴向双通道波形图 1（母排负荷电流为 400A）

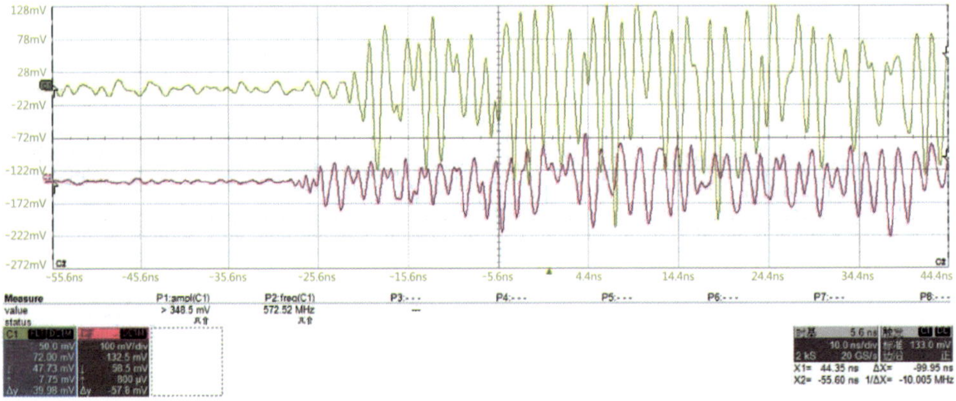

图 3-31　x 轴向双通道波形图 2（母排负荷电流 400A）

母排负荷电流在 800A 左右时，可以听到疑似局部放电或振动造成的异响。经过多次对异常信号的双通道时延定位，发现大部分情况下传感器 2 较传感器 1 先接收到异常信号，少有传感器 1 较传感器 2 先接收到或者几乎同时接收到异常信号的情况，x 轴向双通道波形图 3（母排负荷电流 800A）、x 轴向双通道波形图 4（母排负荷电流 800A）分别如图 3-32 和图 3-33 所示，初步判断在 800A 负荷电流下，异常信号源大于两处。

（2）y 轴向时延定位分析。在 y 轴方向进行双通道特高频信号时延定位分析，该轴向开关柜长度为 54cm，y 轴向双通道信号时延定位传感器位置示意图如图 3-34 所示，红圈处为传感器安放位置。

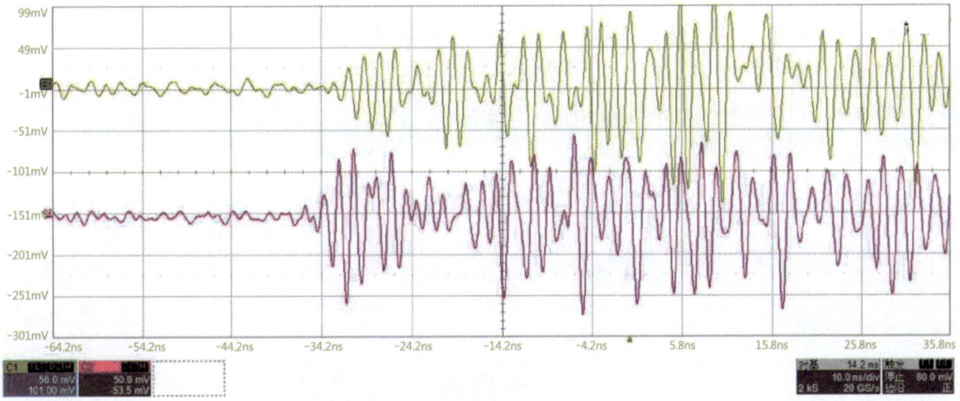

图 3－32　*x* 轴向双通道波形图 3（母排负荷电流 800A）

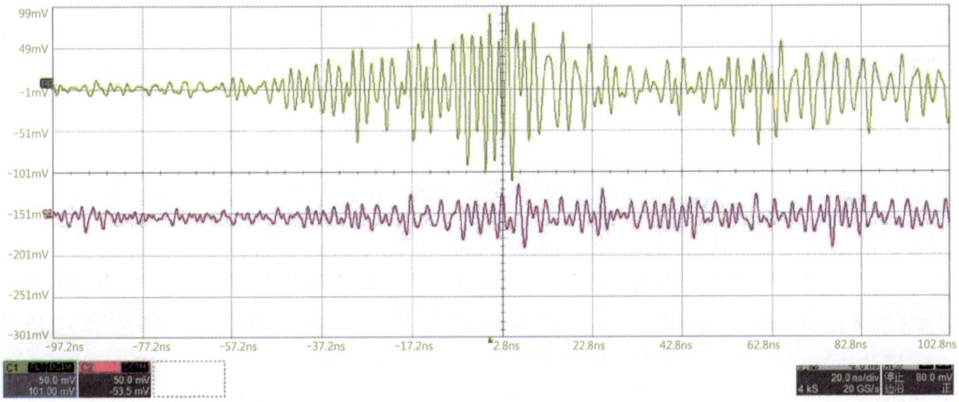

图 3－33　*x* 轴向双通道波形图 4（母排负荷电流 800A）

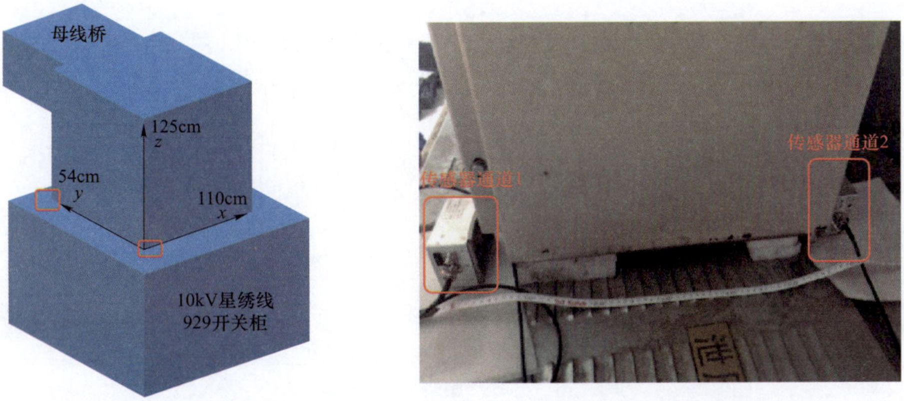

(a) 传感器布置示意图　　　　(b) 传感器布置实拍图

图 3－34　*y* 轴向双通道信号时延定位传感器位置示意图

母排负荷电流在 400A 左右时，y 轴向双通道波形图 1（母排负荷电流 400A）如图 3－35 所示，可见两个传感器接收到异常信号的时间非常接近，初步判断异常信号源位于 y 轴方向中间位置，异常信号源大于两处。

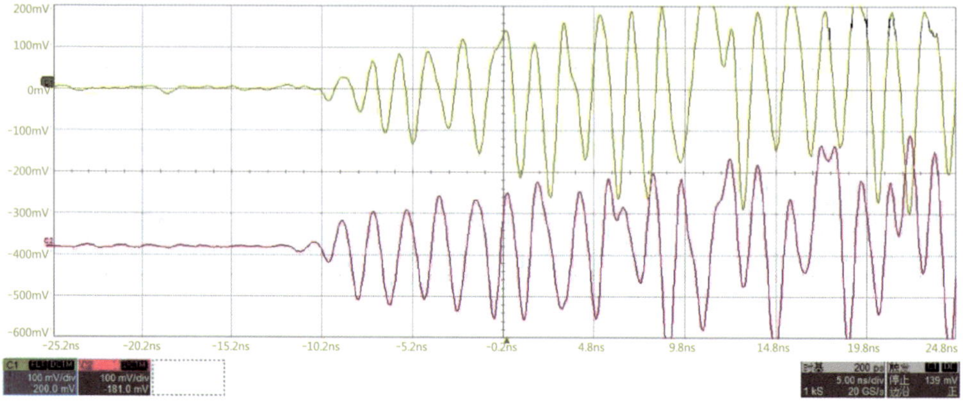

图 3－35　y 轴向双通道波形图 1（母排负荷电流 400A）

母排负荷电流 800A 左右时，可以听到疑似局部放电或振动造成的异响。经过多次对异常信号的双通道时延定位，发现两个传感器接收到异常信号的时间相近，y 轴向双通道波形图 2（母排负荷电流 800A）如图 3－36 所示，初步判断在 800A 负荷电流下，异常信号均来自 y 轴中间位置，异常信号源大于两处。

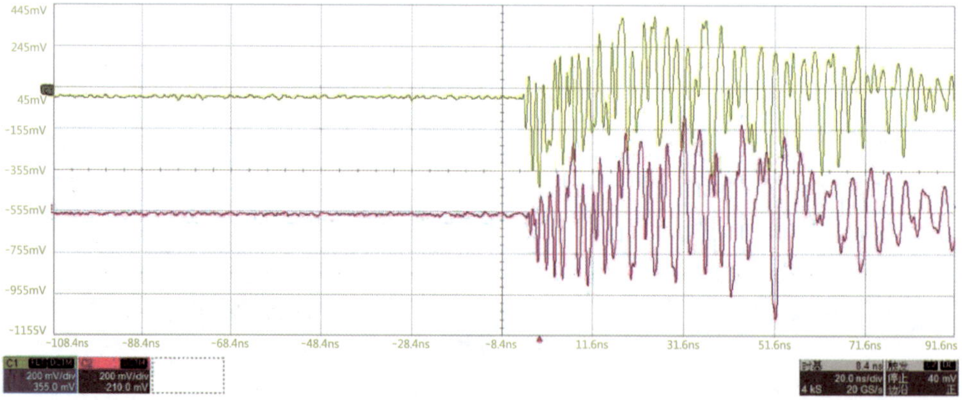

图 3－36　y 轴向双通道波形图 2（母排负荷电流 800A）

（3）z 轴向时延定位分析。在 z 轴方向进行双通道特高频信号时延定位分析，该轴向开关柜长度为 125cm，z 轴向双通道信号时延定位传感器位置示意图如图 3－37 所示，红圈处为传感器安放位置。

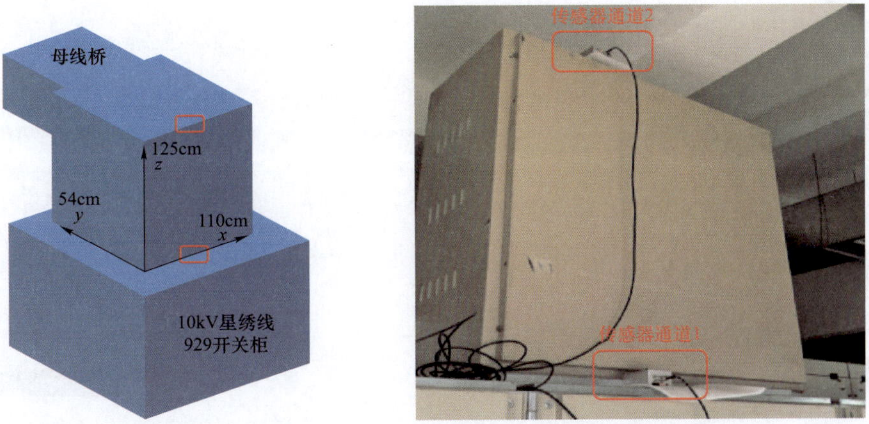

(a) 传感器布置示意图　　(b) 传感器布置实拍图

图 3－37　*z* 轴向双通道信号时延定位传感器位置示意图

母排负荷电流 400A 左右时，对异常信号进行双通道时延定位，*z* 轴向双通道波形图 1（母排负荷电流 400A）如图 3－38 所示，绝大多数时间测得传感器 1 较传感器 2 先接收到信号，但每次时延有所不同，初步判断异常信号源大于两处，且靠近下部接缝处。

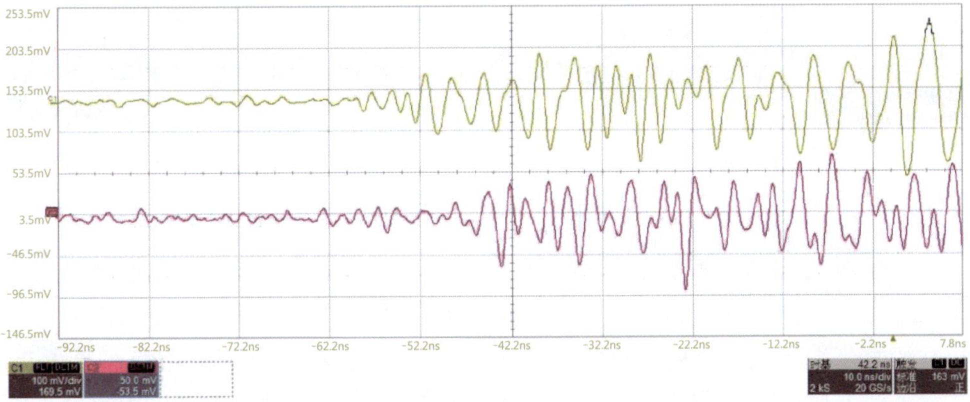

图 3－38　*z* 轴向双通道波形图 1（母排负荷电流 400A）

母排负荷电流 800A 左右时，可以听到疑似局部放电或振动造成的异响。经过多次对异常信号的双通道时延定位，发现绝大部分情况下传感器 1 较传感器 2 先接收到异常信号，*z* 轴向双通道波形图 2（母排负荷电流 800A）、*z* 轴向双通道波形图 3（母排负荷电流 800A）分别如图 3－39 和图 3－40 所示，初步判断在 800A 负荷电流下，异常信号均来自 *z* 轴靠近接缝处方向，异常信号源大于两处。

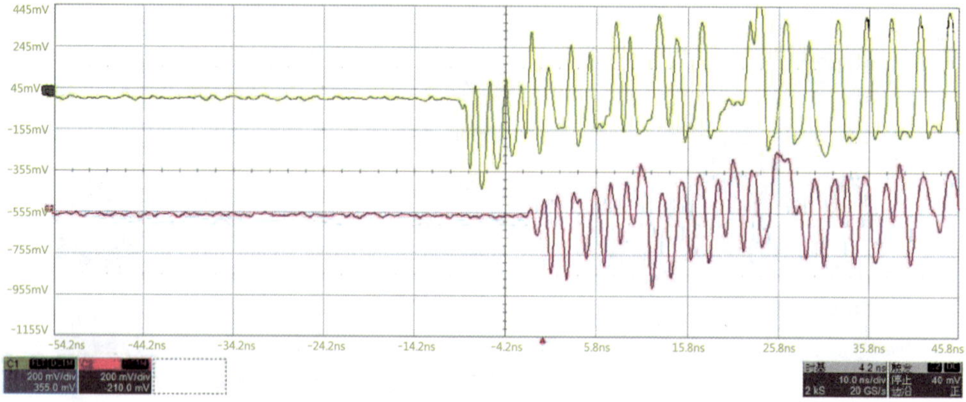

图 3-39　*z* 轴向双通道波形图 2（母排负荷电流 800A）

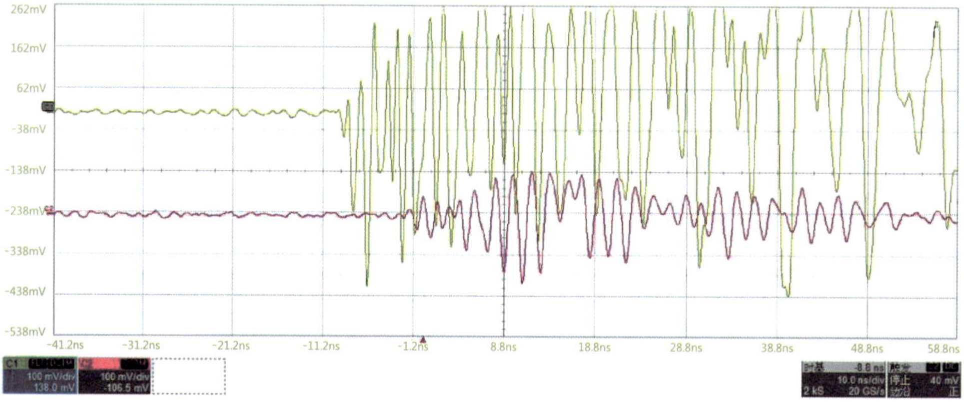

图 3-40　*z* 轴向双通道波形图 3（母排负荷电流 800A）

5. 综合分析

经过对 929 开关柜进行 *x*、*y*、*z* 三个轴向的局部放电信号定位诊断，得知在三个轴向不同端部测得的局部放电信号时延均有差异，从各通道局部放电信号到达时延统计来看，局部放电信号在 *x* 轴向多集中于偏右侧（靠近传感器 2）位置，在 *y* 轴向则多集中于两个传感器中间位置，在 *z* 轴向则多集中于偏下侧（靠近传感器 1）位置。929 开关柜跨接母线与开关柜连接部内部结构如图 3-41 所示，经分析，初步判断局部放电发生于母排软连接位置（图中红色框）。929 开关柜母排软连接为细密导体压合而成，由于该软连接结构松散，导致通电后容易在电场力作用下发生震动，在长期作用下将使得软连接内部紧致程度进一步降低，另一方面软连接各层表面由于长时间运行发生了氧化锈蚀，使得导体之间存在电位差从而形成局部放电，在大电流情况下软连接振动加剧，由此造成的局部放电现象以及异响会更明显。

图 3-41　929 开关柜跨接母线与开关柜连接部内部结构

6. 验证情况

2019 年 4 月 2 日，运维单位对该变电站 929 开关柜进行了停电检修，对母排软连接进行了更换，将原来由细密导体压合而成的母排软连接更换为铜制整体母排（见图 3-42）。检修完毕后 929 开关柜重新投入运行，运维单位对 929 开关柜进行特高频、超声波局部放电带电检测，未发现异常，缺陷消除。

(a) 视角 1

(b) 视角 2

图 3-42　929 开关柜更换铜制整体母排后的结构

7. 结论与建议

（1）结论。该 110kV 变电站 929 开关柜母排软连接因松散、锈蚀氧化等原因导致出现局部放电和大电流工况下异响的问题，通过特高频局部放电带电检测手段进行了检测和定位诊断，运维单位消除了缺陷。

（2）建议。开关柜型号众多、结构型式各异，特高频法用于开关柜局部放电带电检测会不同程度受到柜体屏蔽效应影响，并且，目前开关柜特高频局部放电带电检测缺乏标准或规范的指导，也影响到了检测效果。检测人员在使用特高频法对开关柜开展带电检测和缺陷诊断时，应充分考虑现场和设备情况，针对性选取测点，制订行之有效的定位方案，不断积累检测经验，形成并完善检测规范。

由细密铜丝编压而成的软连接相对整体铜排而言有两个劣势，一是本身结构较为松散，在长期工作情况下由于电场力造成的振动将会使得编压结构内部紧致程度进一步降低，振动进一步加剧；二是编压导体表面结构复杂，长时间运行编压结构内部各表层会发生一定程度的氧化锈蚀从而增加发生局部放电的概率。因此，在开关柜中，软连接的使用应考虑到上述问题对设备安全运行的影响。

3.2.4 基于声电联合检测的 10kV 开关柜母线螺栓松动缺陷检测及停电检查

1. 异常概况描述

2019 年 5 月 16 日，运维单位对某 110kV 变电站 10kV 开关柜进行局部放电带电检测，约 14 时发现 10kV Ⅱ段全部开关柜存在异常超声波信号，整段开关柜后上柜门母排位置超声波信号幅值较大，通过耳机能听见明显的放电声，其中 930 开关柜、943 开关柜和 9027 隔离开关柜母排超声波信号幅值最大，超出仪器检测上限，远大于空气背景 –6dBμV，且人耳能听见开关柜母排位置明显的异常放电声。

2019 年 5 月 17 日 9 时，对该变电站 10kV Ⅱ段开关柜复测过程中发现异常超声波信号依然存在，检测情况与初测结果相同，各个测点的超声波信号幅值也基本保持一致，人耳仍然能够持续听见 930 开关柜、943 开关柜和 9027 隔离开关柜母排明显异常放电声。复测过程中，开展了暂态地电压和特高频局部放电带电检测。经检测，930 开关柜、943 开关柜和 9027 隔离开关柜暂态地电压信号幅值较大，930 开关柜、943 开关柜和 9027 隔离开关柜均测得异常特高频信号，放电脉冲在一个工频周期的正、负半周均有出现，具有显著的 100Hz

频率相关性，脉冲分布相位较窄，具有一定对称性，且放电脉冲数量较多，放电信号幅值稳定且较大，具有悬浮放电特征。同时，930 开关柜在黑暗环境下能看见母排支柱绝缘子的金属连接处存在放电火花。

2019 年 6 月 1 日，运维单位对 10kV Ⅱ段全部开关柜进行缺陷排查，发现 930 开关柜、943 开关柜和 9027 隔离开关柜母排位置存在多个支柱绝缘子金属固定螺栓明显松动现象，有的螺栓甚至完全松动，仅倚靠在母排表面。对各开关柜母排支柱绝缘子螺栓进行紧固处理后重新投入运行，带电检测未再测得异常信号。

2. 检测对象及项目

检测对象：某 110kV 变电站 10kV Ⅱ段开关柜。

设备型号：XGN2－12。

检测项目：超声波、特高频、暂态地电压局部放电带电检测。

3. 检测仪器及装置

检测仪器及装置如下：

（1）仪器名称：暂态地电压/超声波局部放电带电检测仪；仪器型号：UTP1。

（2）仪器名称：特高频局部放电带电检测仪；仪器型号：EC4000。

（3）仪器名称：数字示波器；仪器型号：DSOX 3104T。

（4）仪器名称：定位用特高频传感器；仪器型号：HQG－300。

4. 检测数据

（1）超声波检测数据。2019 年 5 月 16 日，温度为 28℃、相对湿度为 65%，天气晴。运维单位对某 110kV 变电站 10kV 开关柜进行超声波局部放电带电检测时，发现 10kV Ⅱ段开关柜存在异常超声波信号。10kV Ⅱ段开关柜非接触式超声波测试区域如图 3－43 所示。由于非接触式超声波传感器检测的是通过空气泄漏到开关柜外的信号，因此开关柜后柜测点选择如图 3－43 所示柜门缝隙和散热窗，非接触式超声波检测背景为被测开关柜后柜门附近区域空间中。在 10kV Ⅱ段开关柜所有后上柜门缝隙和散热窗中均能检测到较大的超声波信号，其中 930 开关柜、943 开关柜和 9027 隔离开关柜上柜门散热窗位置检测到的信号幅值最大。人耳靠近 10kV Ⅱ段 930 开关柜、943 开关柜和 9027 隔离开关柜后上柜门散热窗，能直接听到较为清晰的异常放电声。10kV Ⅱ段开关柜前柜门同样选择柜门缝隙作为非接触式超声波测点，但除了 930 开关柜外均未能检测到异常超声波信号。

(a) 前柜门测试区域　　(b) 后柜门测试区域

图 3-43　10kV Ⅱ段开关柜非接触式超声波测试区域

2019 年 5 月 17 日，温度为 28℃、相对湿度为 65%，天气晴。再次对该变电站 10kV Ⅱ段开关柜进行超声波局部放电带电检测，发现该段开关柜异常超声波信号及放电声仍然存在。本次复测背景仍然选择为该段开关柜附近区域空间中，非接触式超声波测点与初测时保持一致。复测发现，该段开关柜异常超声波信号幅值与初测基本一致，最大幅值仍然出现在后柜门上部，人耳靠近 930 开关柜、943 开关柜和 9027 隔离开关柜，仍然能直接听到较为清晰的异常放电声，除了 930 开关柜外该段其他开关柜前柜门也仍然未检测到异常信号。

10kV Ⅱ段开关柜初测和复测超声波局部放电带电检测数据如表 3-8 所示，满偏表示检测信号幅值超过测试仪器上限 30dBμV，因 946、947 和 948 开关柜母排与Ⅱ段其他开关柜母排未连接，检测信号幅值相对较小。

表 3-8　10kV Ⅱ段开关柜初测和复测超声波局部放电带电检测数据

单位：dBμV

序号	开关柜编号	检测时段	检测信号幅值							
			前中	前下	后上	后中	后下	侧上	侧中	侧下
1	9301	初测	-6	-5	-5	-5	-4	—	—	—
		复测	-6	-6	-5	-5	-5	—	—	—
2	930	初测	14	14	满偏	11	5	—	—	—
		复测	15	14	满偏	12	5	—	—	—
3	941	初测	-6	-5	23	-2	-4	—	—	—
		复测	-6	-6	21	-1	-5	—	—	—

续表

序号	开关柜编号	检测时段	检测信号幅值							
			前中	前下	后上	后中	后下	侧上	侧中	侧下
4	942	初测	−6	−6	22	3	−4	—	—	—
		复测	−6	−6	21	2	−4	—	—	—
5	943	初测	−6	−6	满偏	2	−4	—	—	—
		复测	−6	−6	满偏	4	−5	—	—	—
6	944	初测	−6	−5	16	2	−2	—	—	—
		复测	−6	−6	15	3	−2	—	—	—
7	945	初测	−6	−6	18	−1	−6	—	—	—
		复测	−6	−5	16	−2	−6	—	—	—
8	9027	初测	−6	−6	满偏	2	−3	—	—	—
		复测	−6	−5	满偏	3	−3	—	—	—
9	902	初测	−6	−4	11	2	−2	—	—	—
		复测	−6	−5	12	4	−2	—	—	—
10	946	初测	−6	−5	6	−5	−6	—	—	—
		复测	−6	−5	7	−6	−6	—	—	—
11	947	初测	−6	−6	1	−1	−5	—	—	—
		复测	−6	−4	2	−1	−4	—	—	—
12	948	初测	−6	−5	3	−1	−5	−6	−6	−6
		复测	−6	−5	4	−1	−5	−6	−6	−6
背景		初测	−6							
		复测	−6							

（2）暂态地电压检测数据。暂态地电压局部放电带电检测选择金属门窗和手车推车作为背景测点，背景信号幅值分别为21dBmV和30dBmV，10kV Ⅱ段开关柜检测结果如表3－9所示，通过横向对比和纵向对比，930开关柜、943开关柜和9027隔离开关柜暂态地电压信号幅值较大，但其他开关柜也有个别信号幅值较大的测点存在。

表 3-9　　10kV Ⅱ段开关柜检测结果　　单位：dBmV

序号	开关柜编号	检测时段	检测信号幅值							
			前中	前下	后上	后中	后下	侧上	侧中	侧下
1	9301	初测	36	35	47	35	34	—	—	—
		复测	37	35	46	36	34	—	—	—
2	930	初测	50	51	53	46	49	—	—	—
		复测	51	51	52	44	45	—	—	—
3	941	初测	46	48	48	44	51	—	—	—
		复测	46	46	47	45	49	—	—	—
4	942	初测	36	35	46	36	37	—	—	—
		复测	36	36	45	34	36	—	—	—
5	943	初测	36	38	48	36	34	—	—	—
		复测	36	37	48	34	34	—	—	—
6	944	初测	34	36	36	32	34	—	—	—
		复测	34	34	36	32	32	—	—	—
7	945	初测	32	34	34	32	32	—	—	—
		复测	34	35	36	32	34	—	—	—
8	9027	初测	42	42	48	34	34	—	—	—
		复测	42	43	45	33	34	—	—	—
9	902	初测	42	36	34	32	32	—	—	—
		复测	42	38	34	34	32	—	—	—
10	946	初测	42	38	30	34	30	—	—	—
		复测	40	38	31	33	30	—	—	—
11	947	初测	30	32	32	32	30	—	—	—
		复测	30	34	31	34	30	—	—	—
12	948	初测	32	27	30	30	32	36	34	36
		复测	32	28	29	30	31	34	34	35

（3）特高频检测数据。在开关柜的观察窗和柜门缝隙处进行特高频局部放电带电检测，10kV Ⅱ段开关柜前后柜门缝隙均检测到异常特高频信号，幅值大小趋势与超声波局部放电带电检测结果相同，930 开关柜、943 开关柜和 9027 隔离开关柜后柜门上方信号幅值最大，从异常特高频信号图谱分析，放电脉冲在一个工频周期的正、负半周均出现，具有显著的 100Hz 频率相关性，放电脉冲相位分布较窄，具有一定对称性，放电脉冲数量较多，放电信号幅值较大，

放电次数多，具有典型的悬浮放电特征。在 10kV Ⅱ段开关柜后柜门通道上，将传感器检测面面向后柜门置于空间中，也检测到异常特高频信号，信号特征与柜门缝隙处检测到的信号特征相似，将传感器检测面背向后柜门置于空间中，检测到的信号幅值变小，逐步远离后柜门，特高频信号幅值大幅度减小直至完全消失。10kV Ⅱ段开关柜各个位置特高频局部放电带电检测图谱如表 3-10 所示。

表 3-10　10kV Ⅱ段开关柜各个位置特高频局部放电带电检测图谱

开关柜编号	PRPS 图谱
930 开关柜	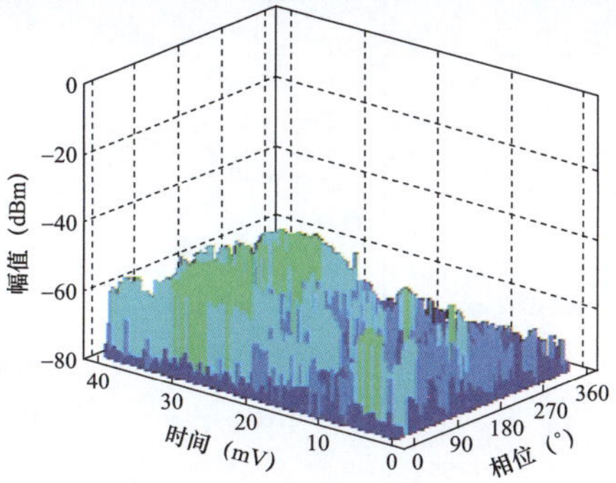
943 开关柜	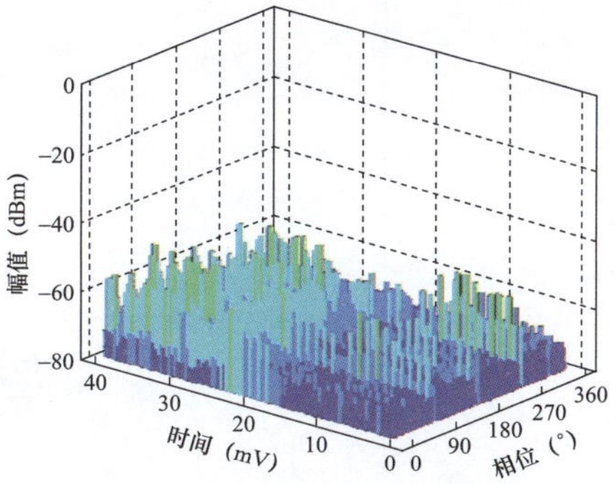
9027 隔离开关柜	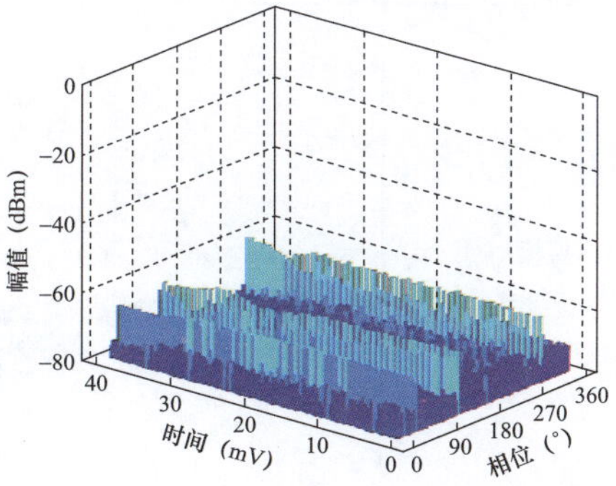

续表

开关柜编号	PRPS 图谱
10kV Ⅱ段其他开关柜	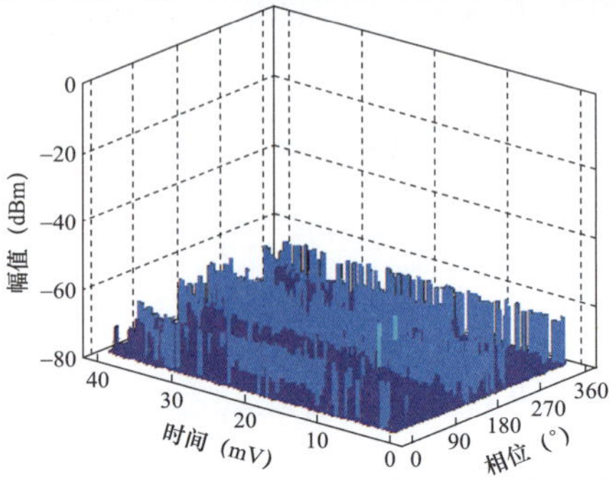
面向后柜门	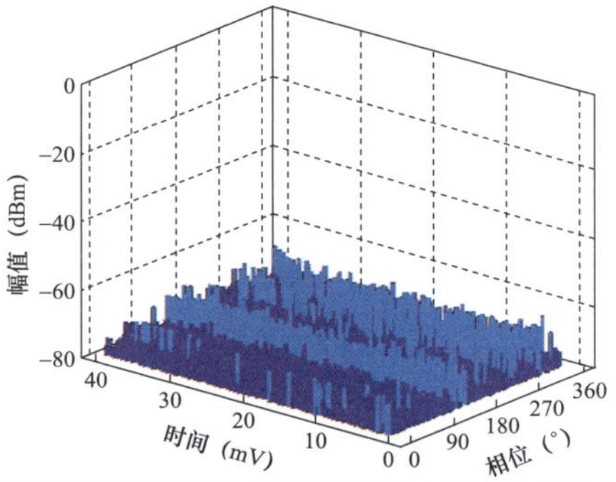
背向后柜门	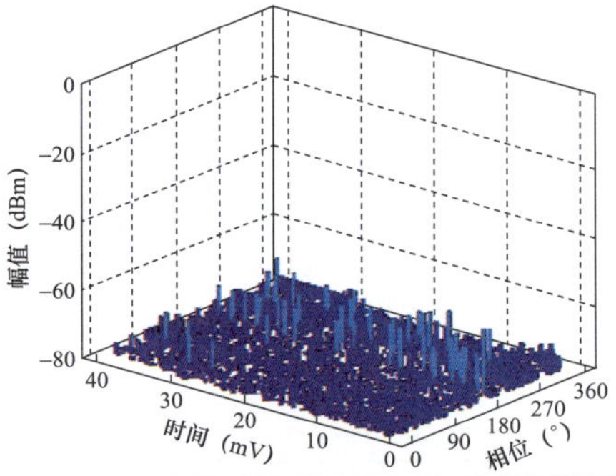
背向远离后柜门	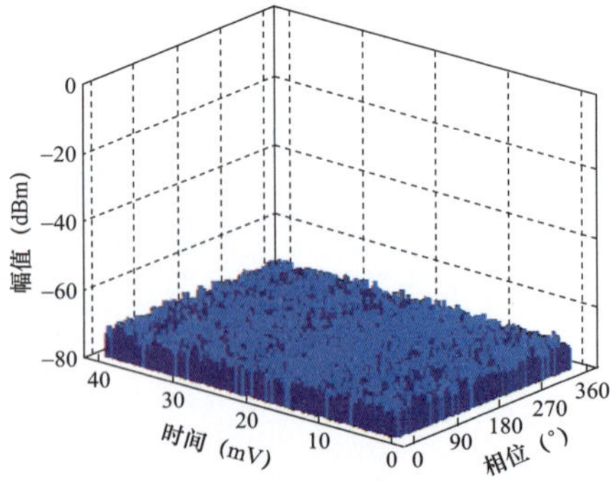

5. 综合分析

（1）异常信号源分析。对 10kV Ⅱ段开关柜各测点带电检测结果进行分析，除 930 开关柜外其他开关柜前柜门均未检测到异常信号，而每面开关柜在后柜门位置都是上柜门处检测信号幅值大于下柜门处，其中，930 开关柜、943 开关柜和 9027 隔离开关柜上柜门处检测信号幅值最大，其他开关柜信号幅值相对较小，初步推测 930 开关柜、943 开关柜和 9027 隔离开关柜内母排均存在局部放电缺陷，即存在多源放电情况。

根据上述 10kV Ⅱ段开关柜存在多源放电的猜测，将两个特高频传感器分别置于 930 开关柜、943 开关柜和 9027 隔离开关柜后上柜门任意两个点。将示波器触发电平较为调高，过滤掉触发通道传感器检测到的幅值较小的信号（尽量采集到触发通道传感器所在开关柜内的异常信号并以此作为触发），多次采集，始终是触发通道传感器检测到的信号幅值较大，且始终触发通道传感器检测到的信号先于另一个传感器检测到的信号，表明采集到的信号为触发通道传感器所在开关柜内的局部放电信号。接下来，将示波器触发电平调低，多次采集，采集到信号有两种情况，第一种情况是触发通道传感器检测到的信号幅值较大，且信号先于另一通道传感器信号，该信号与触发电平较高时采集到的是同一个信号；第二种情况是触发通道传感器检测到的信号幅值较小，且信号后于另一通道传感器信号，该信号是其他开关柜内局部放电信号。

综上所述，证明 930 开关柜、943 开关柜和 9027 隔离开关柜内存在多处局部放电源。

（2）缺陷定位诊断。通过幅值定位法，基本确定了 10kV Ⅱ段开关柜局部放电信号来自后上柜门的母排位置。利用双通道特高频时延定位方法对 10kV Ⅱ段开关柜内局部放电源进行定位，由于很可能存在多个局部放电源，因此，尽可能调高示波器触发电平，只采集触发通道传感器所在开关柜内的放电信号。930 开关柜双通道特高频时延定位如图 3－44 所示，传感器布置在 930 开关柜，示波器两个通道特高频信号到达时延几乎为 0，确定放电源位于两个传感器之间的垂直平分面上。同理，943 开关柜双通道特高频时延定位、9027 隔离开关柜双通道特高频时延定位分别如图 3－45 和图 3－46 所示，传感器布置在 943 开关柜和 9027 隔离开关柜，获得双通道特高频信号。经计算并结合散热窗观察到的开关柜内母排结构，最终确定 930 开关柜、943 开关柜和 9027 隔离开关柜内放电源均位于母排支柱绝缘子处，930 和 943 开关柜放电源位于 A 相母排支柱绝缘子处，9027 隔离开关柜放电源位于 B 相母排支柱绝缘子处。

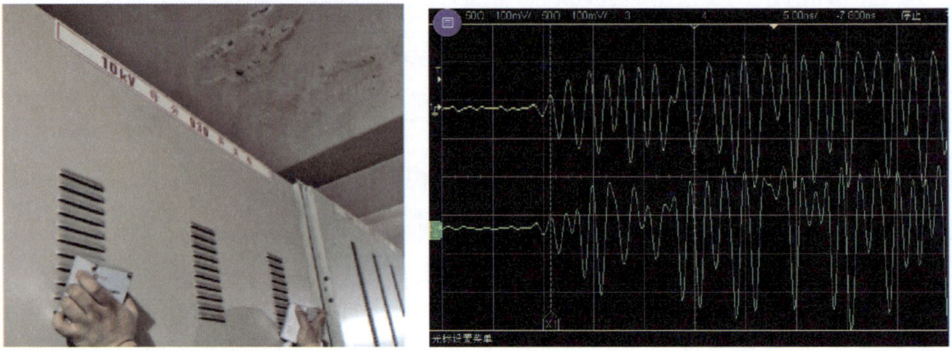

（a）传感器布置　　（b）双通道特高频信号

图 3-44　930 开关柜双通道特高频时延定位

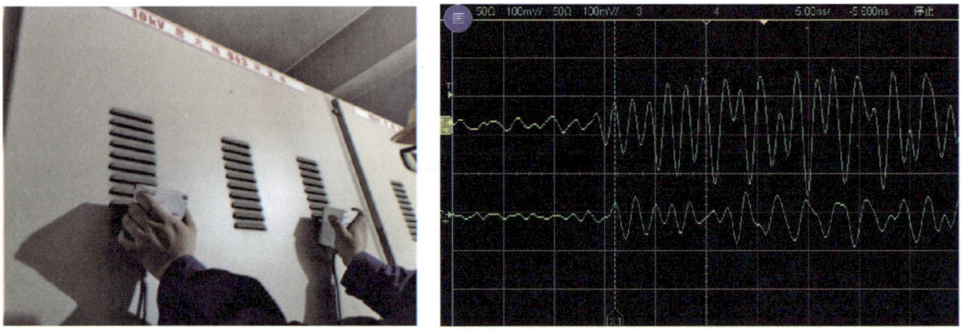

（a）传感器布置　　（b）双通道特高频信号

图 3-45　943 开关柜双通道特高频时延定位

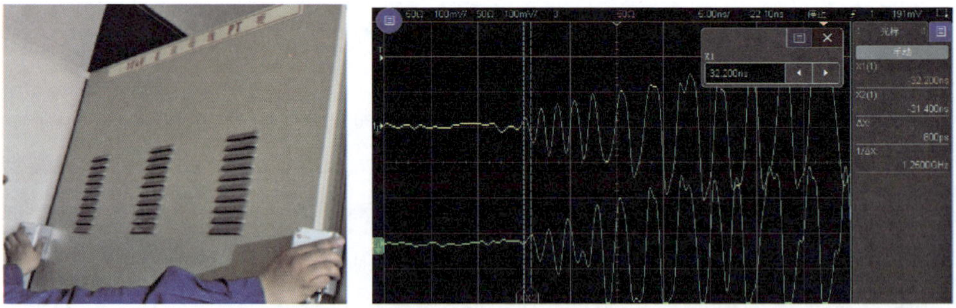

（a）传感器布置　　（b）双通道特高频信号

图 3-46　9027 隔离开关柜双通道特高频时延定位

6. 验证情况

930 开关柜后上柜门观察窗可见母排支柱绝缘子放电火花如图 3－47 所示，关闭 10kV 开关室所有照明电源，在黑暗环境下透过开关柜上柜门散热窗观察，发现 930 开光柜母排 A 相支柱绝缘子与母排连接处有放电火花。

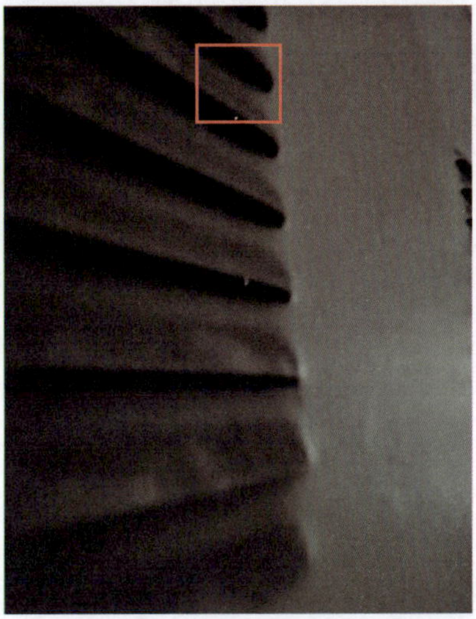

图 3－47　930 开关柜后上柜门观察窗可见母排支柱绝缘子放电火花

2019 年 6 月 1 日，运维单位对 10kV Ⅱ段开关柜母排进行缺陷排查，开关柜母排支柱绝缘子紧固螺栓松动如图 3－48 所示，在 930 开关柜、943 开关柜和 9027 隔离开关柜内分别发现母排支柱绝缘子的紧固螺栓明显松动，手轻轻触碰就能将支柱绝缘子的固定连接片滑动，存在螺栓松动的相别、部位与带电检测定位诊断结果相同。同时，在多个支柱绝缘子表面和柜壁内发现明显黑色灰尘脏污，而其他开关柜内母排位置未发现明显放电痕迹和螺栓松动情况。

(a) 930 开关柜　(b) 943 开关柜　(c) 9027 隔离开关柜

图 3－48　开关柜母排支柱绝缘子紧固螺栓松动

检修人员对 10kV Ⅱ段全部开关柜母排支柱绝缘子紧固螺栓进行了紧固处理，对支柱绝缘子表面和母排进行了清洁处理。处理后，对 10kV Ⅱ段开关柜母排进行了耐压试验，试验合格，同时，通过耐压试验仪器，对 10kV Ⅱ段开关柜三相母排分别施加 5.77kV 运行电压，在开关柜后上柜门进行超声波局部放电带电检测，未发现异常信号。10kV Ⅱ段开关柜投运后，再次进行局部放电带电检测，未检测到异常放电信号，缺陷消除。

7. 结论及建议

（1）结论。某 110kV 变电站 10kV Ⅱ段所有开关柜后上柜门都检测到异常超声波放电信号，但 930 开关柜、943 开关柜和 9027 隔离开关柜处信号幅值最大，特高频局部放电带电检测情况与超声波局部放电带电检测情况类似，经过异常特高频信号特征分析、干扰源排除、双通道特高频信号时延定位、停电排查等综合分析和验证，发现 930 开关柜、943 开关柜和 9027 隔离开关柜内母排支柱绝缘子紧固螺栓松动进而导致柜内发生悬浮放电，放电幅值较大且存在异常声响，930 开关柜后上柜门观察窗肉眼可见放电火花，属于严重缺陷。

该变电站 10kV Ⅱ段开关柜支柱绝缘子紧固螺栓松动且表面黑色脏污明显，可能是地震所致，也可能是 10kV Ⅰ段和 10kV Ⅱ段在过去一年先后两次发生开关柜爆炸，震松了紧固螺栓。同时，通过图 3－48 所示的紧固螺栓图片可以看出，两颗紧固螺栓在母排外侧，缺少了一个支点，紧固设计方案不合理，可能是导致发生支柱绝缘子紧固螺栓松动的家族性缺陷。

（2）建议。

1）通过带电检测发现严重缺陷，应派专人定期复测，缩短检测周期，跟踪信号幅值变化做趋势分析，并结合停电进行消缺处理。

2）若放电信号较大，异常声音明显，属于较严重缺陷，建议尽快进行停电排查，及时消缺，否则缺陷进一步发展可能导致设备故障，造成非计划停电。

3）该变电站开关柜母排支柱绝缘子紧固螺栓设计方式不合理，对同一厂家生产的同批次的其他变电站开关柜开展排查。

4）需要特别注意的是，目前在运开关柜防护水平参差不齐，对存在缺陷的开关柜开展带电检测，应首先注意人身安全，一旦发现开关柜运行异常，应立即撤离开关柜室。

3.3 开关柜固体绝缘表面放电典型缺陷分析

3.3.1 基于特高频法的 35kV 开关柜触头盒表面放电缺陷检测及停电检查

1. 异常概况描述

2019 年 3 月 11 日 9 时，运维单位在对某 110kV 变电站 35kV 开关柜进行局部放电带电检测时，在 353 开关柜前柜门和后柜门位置均检测到异常特高频信号，超声波、暂态地电压带电检测数据未发现异常。

2019 年 3 月 12 日 14 时，运维单位对该开关柜开展带电检测复核，发现异常特高频信号依然存在。对信号源进行定位，确认信号来自开关柜内部，大致位于 B 相触头盒位置。根据带电检测和缺陷定位结果，结合 353 开关柜内部结构，综合分析，认为该开关柜内部疑似存在触头盒表面放电。

2. 检测对象及项目

检测对象：某 110kV 变电站 35kV 开关柜。

型号：KYN－40.5。

生产日期：2012 年 6 月。

检测项目：特高频、超声波、暂态地电压局部放电带电检测。

3. 检测仪器及装置

检测仪器及装置如下：

（1）仪器名称：局部放电检测仪；仪器型号：PDS T－90。

（2）仪器名称：局部放电定位系统；仪器型号：PDCD－101。

（3）仪器名称：超声波局部放电检测仪；仪器型号：PD－208。

4. 检测数据

（1）初测数据。2019 年 3 月 11 日 10 时，温度为 15℃、相对湿度为 42%，天气晴。采用 PDS T－90 型局部放电检测仪对某 110kV 变电站 35V 开关柜设备进行特高频局部放电带电检测，353 开关柜特高频测点如图 3－49 所示，在 353 开关柜前柜门和后柜门玻璃观察窗位置（测点 1～4）均检测到异常特高频信号。背景测点特高频信号及 353 开关柜部分测点特高频信号如图 3－50 所示，背景测点在开关柜附近空间中。

可见，353 开关柜前柜门测点 1 和后柜门测点 3 处测得的异常信号，幅值可达 57dBm，明显大于背景噪声幅值 37dBm，且一个周期内有两簇聚集脉冲，

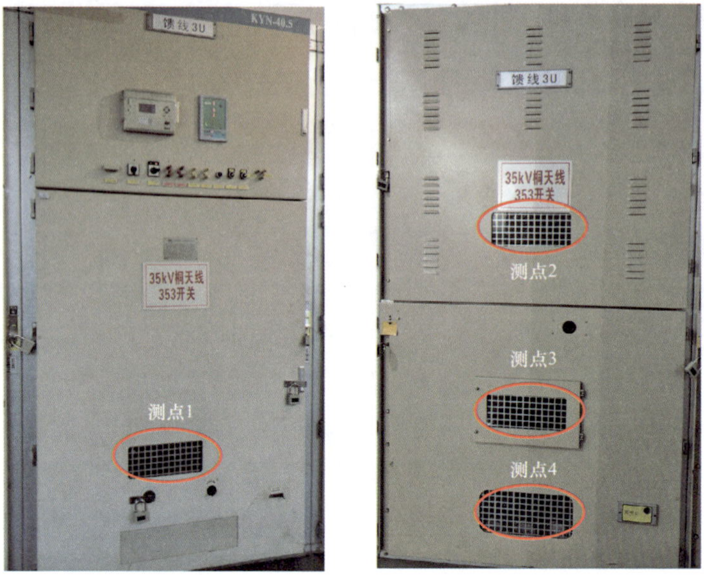

(a) 前柜门测点　　(b) 后柜门测点

图 3-49　353 开关柜特高频测点

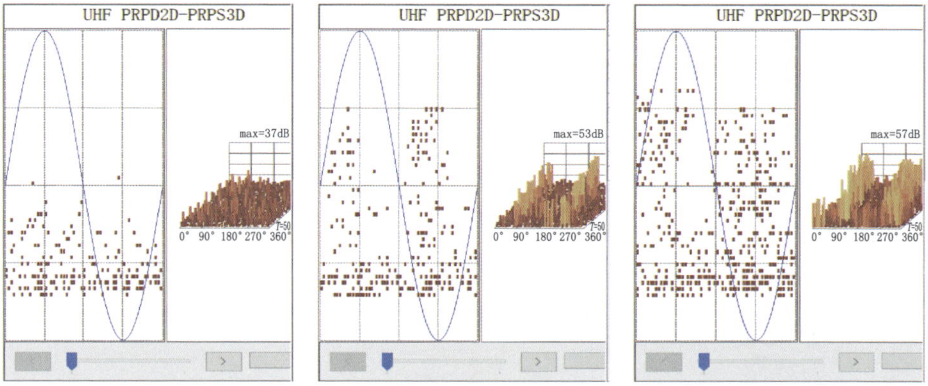

(a) 背景测点　　(b) 测点1　　(c) 测点3

图 3-50　背景测点特高频信号及 353 开关柜部分测点特高频信号

呈现明显的100Hz频率相关性，初步判断该开关柜内部疑似存在局部放电情况。

进一步验证异常特高频信号来源，将特高频传感器检测面背对 353 开关柜前、后柜门的玻璃观察窗，无法检测到异常特高频信号。相邻的 35kV 备用一线 352 开关柜、35kV 母联 312 开关柜相同位置也均未检测到异常特高频信号，初步判断异常特高频信号来自 353 开关柜内部。传感器检测面背对 353 开关柜观察窗和相邻开关柜测得的特高频信号如图 3－51 所示。353 开关柜及相邻开关柜特高频检测结果如表 3－11 所示。

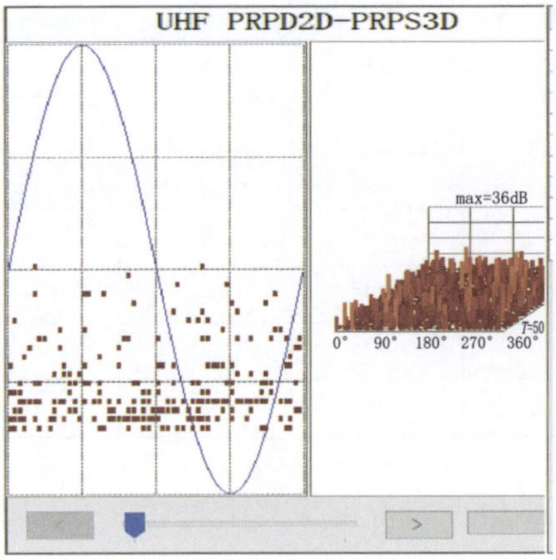

(a) 传感器检测面背对前柜门

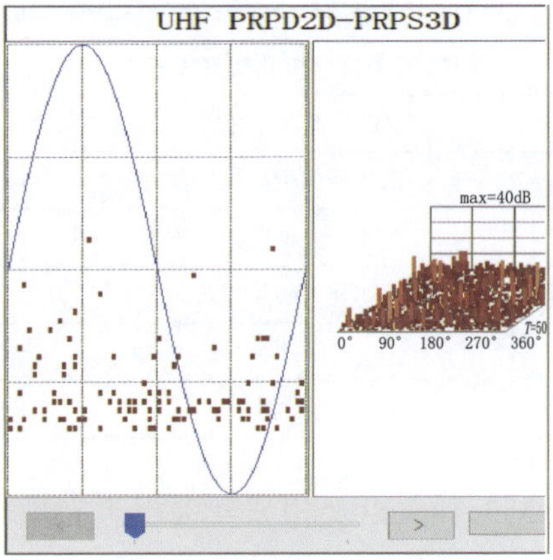

(b) 传感器检测面背对后柜门

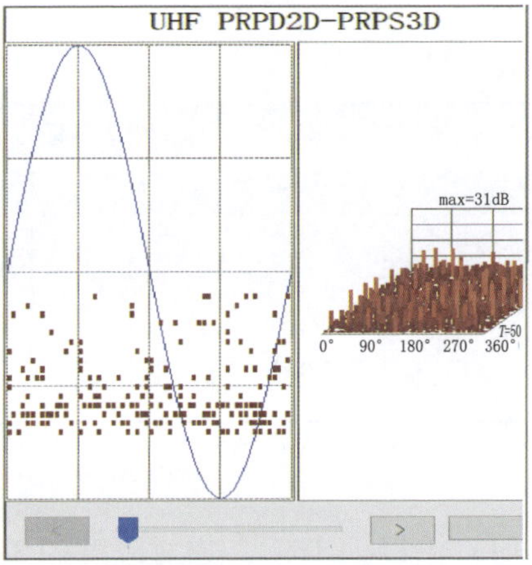

(c) 备用一线352开关柜柜门

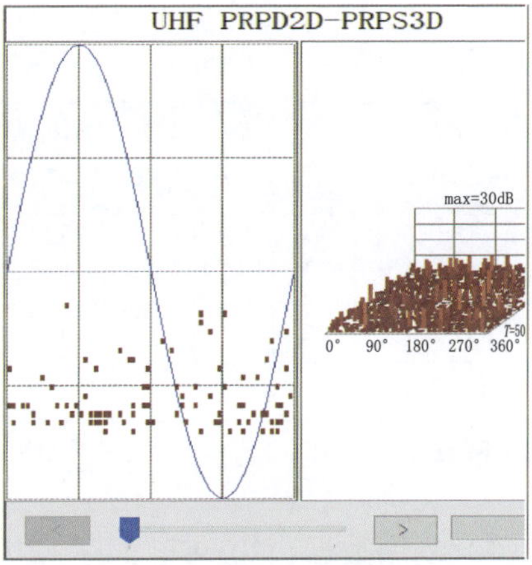

(d) 母联312开关柜柜门

图 3－51　传感器检测面背对 353 开关柜观察窗和相邻开关柜测得的特高频信号

表 3－11　353 开关柜及相邻开关柜特高频检测结果

序号	测试位置	幅值（dBm）	有效值（dBm）	50Hz 相关性	100Hz 相关性
1	传感器背对 353 开关柜后柜	40	35	1	2
2	传感器背对 353 开关柜前柜	36	33	0	1
3	353 开关柜后柜上观察窗（测点 2）	59	55	3	24
4	353 开关柜后柜中观察窗（测点 3）	57	53	4	28

续表

序号	测试位置	幅值（dBm）	有效值（dBm）	50Hz相关性	100Hz相关性
5	353 开关柜后柜下观察窗（测点 4）	55	50	2	22
6	353 开关柜前柜观察窗（测点 1）	53	51	1	16
7	352 开关柜前柜观察窗	33	29	0	0
8	352 开关柜后柜观察窗	36	30	0	0
9	312 开关柜前柜观察窗	34	29	0	0
10	312 开关柜后柜观察窗	33	29	0	0
11	背景 1	37	33	0	1
12	背景 2	32	28	0	0

353 开关柜及相邻开关柜暂态地电压和超声波带电检测结果如表 3－12 所示，353 开关柜未测得异常暂态地电压和超声波信号。

表 3－12　353 开关柜及相邻开关柜暂态地电压和超声波带电检测结果

序号	开关柜编号	暂态地电压检测结果（dB）								超声波检测结果（dB）	负荷（A）	备注
		前中	前下	后上	后中	后下	侧上	侧中	侧下			
1	352 开关柜	14	13	21	25	22	—	—	—	－6	—	未投运
2	353 开关柜	22	20	20	19	21	—	—	—	－4	4.08	
3	312 开关柜	20	21	18	22	21	18	21	19	－3	11.05	

注　环境暂态地电压：21dB；空气暂态地电压：0dB；空气超声波：－7dB。

（2）复测数据。2019 年 3 月 12 日 10 时，温度为 16℃、相对湿度为 30%，天气晴。运维单位用特高频法对该变电站 353 开关柜进行带电检测缺陷复测，复测的特高频信号 PRPS 图谱和 PRPD 图谱与初测结果基本一致。

为了进一步确认信号来自于 353 开关柜内部还是外部，分别在如图 3－49 所示的测点 1 和测点 3 及其邻近位置布置特高频传感器进行信号时延分析。测点 1 附近两个传感器双通道特高频信号时延定位如图 3－52 所示。在测点 1 处，紧贴玻璃观察窗布置 1 个特高频传感器，正对测点 1 距离前柜门 1m 左右处再布置 1 个传感器，可见异常特高频信号先到达紧贴玻璃观察窗的特高频传感器（绿色信号通道），后到达距离前柜门 1m 的特高频传感器（红色信号通道），两个通道信号时延约为 4.2ns，与两个特高频传感器距离大致一致，表明信号从

353 开关柜内部或后柜门外传来。在测点 3 处，紧贴玻璃观察窗布置 1 个特高频传感器，正对测点 3 距离后柜门 1m 左右处再布置 1 个传感器，异常特高频信号先到达紧贴玻璃观察窗的特高频传感器，后到达距离后柜门 1m 的特高频传感器，两个通道信号时延约为 2.8ns，与两个特高频传感器距离大致一致，表明信号从 353 开关柜内部或前柜门外传来。综上分析，异常特高频信号确认来自 353 开关柜内部。

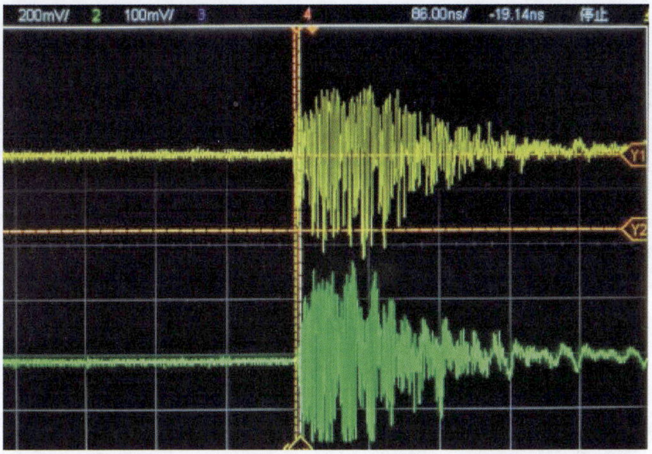

图 3－52　测点 1 附近两个传感双通道特高频信号时延定位

测点 1 和测点 3 处双通道特高频信号时延定位结果如图 3－53 所示。在 353 开关柜测点 1 和测点 3 处，分别紧贴玻璃观察窗布置特高频传感器，测点 1 处的传感器先于测点 3 处的传感器接收到异常信号，两个通道信号时延约为 1.74ns。经计算，如图 3－53 所示，局部放电源位于 353 开关柜内距离前柜门 11.4cm 的垂直 *Y* 平面上。

测点 5 和测点 6 处双通道特高频信号时延定位结果如图 3－54 所示。在 353 开关柜后柜门两侧设置测点 5 和测点 6，紧贴柜门边沿同时布置特高频传感器，两个通道信号几乎同时到达，时延约为 140ps。测点 5 与测点 6 之间水平距离约为 120cm，经计算，如图 3－54 所示，局部放电源位于 353 开关柜内距离测点 5 约 60cm 垂直 *X* 平面上。

测点 2 和测点 4 处双通道特高频信号时延定位结果如图 3－55 所示。在如图 3－49 所示的 353 开关柜测点 2 和测点 4 处，分别紧贴玻璃观察窗布置特高频传感器，测点 4 处的传感器先于测点 2 处的传感器接收到异常信号，两个通道信号时延为 2.00ns。经计算，如图 3－55 所示，局部放电源位于 353 开关柜内距离测点 5 约 25cm 垂直面 *Z* 平面上。

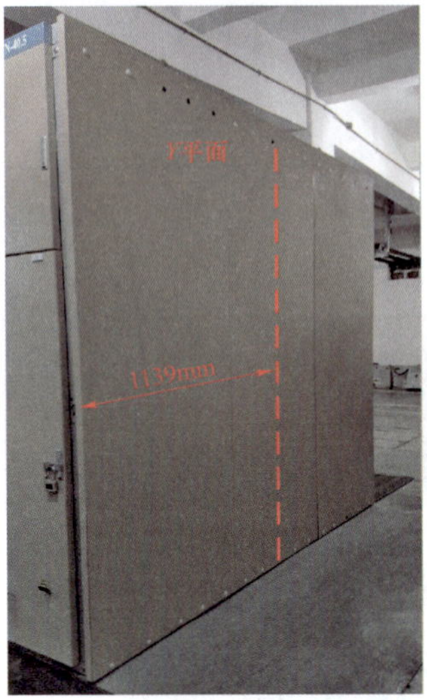

图 3－53　测点 1 和测点 3 处双通道特高频信号时延定位结果

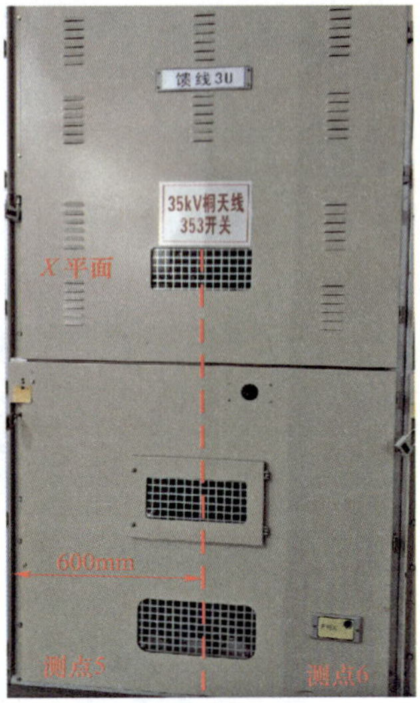

图 3－54　测点 5 和测点 6 处双通道特高频信号时延结果

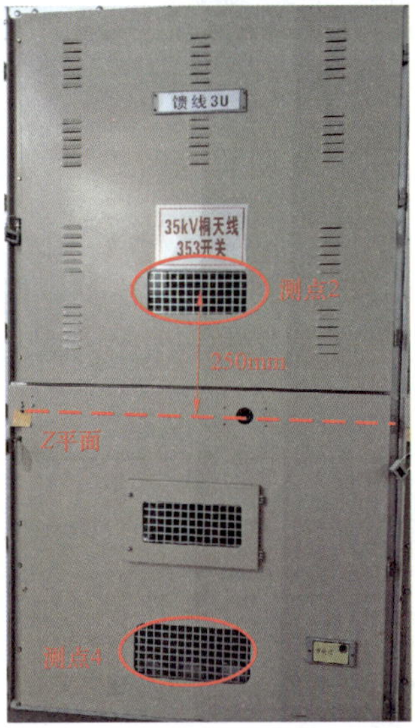

图 3－55　测点 2 和测点 4 处双通道特高频信号时延定位结果

经定位分析确定 353 开关柜内局部放电源所在的 X、Y、Z 三个平面交界点，结合 353 开关柜内部结构图，判断局部放电源大致位于 B 相触头盒位置，放电原因分析为 B 相触头盒内潮湿及积灰导致表面放电。

5. 综合分析

（1）缺陷类型分析。根据检测到的 353 开关柜异常特高频信号 PRPD 图谱和 PRPS 图谱可以看出，异常特高频信号在一个周期内有两簇脉冲，幅值大小不一致，存在明显极性，放电脉冲次数较少，具有明显的 100Hz 频率相关性，超声波及暂态地电压带电检测未测得异常信号。经定位，放电缺陷位于 B 相触头盒位置。综合分析，判断 353 开关柜内放电缺陷为 B 相触头盒表面放电。

（2）缺陷原因分析。通过现场环境观察，353 开关柜上方楼面存在渗水情况如图 3－56 所示，发现 353 开关柜上方楼面存在渗水情况，综合带电检测结果，判断 353 开关柜内放电缺陷为 B 相触头盒潮湿及积灰导致的表面放电。

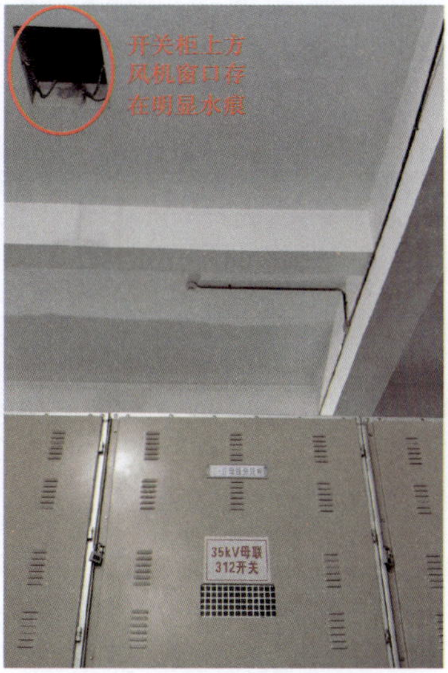

图 3－56　353 开关柜上方楼面存在渗水情况

（3）验证情况。2019 年 10 月 16 日，运维单位对 353 开关柜内触头盒进行检查、更换，353 开关柜内触头盒表面存在大量放电后的白色粉末如图 3－57 所示，发现 B 相和 C 相触头盒表面存在大量表面放电后形成的白色粉末，验证了前期带电检测的结论。

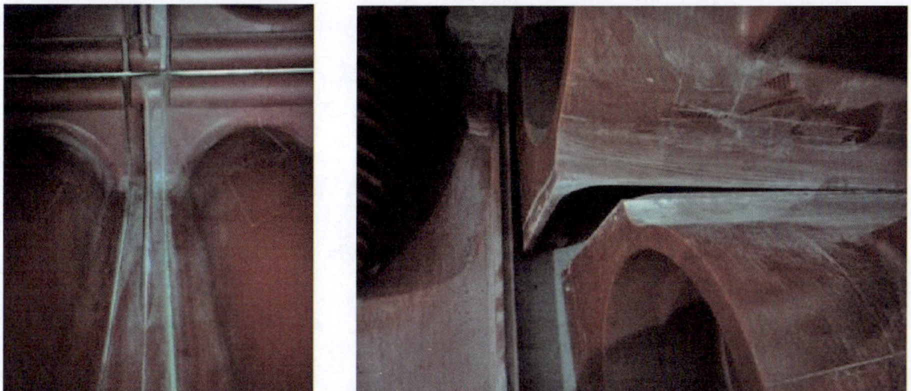

(a) B 相触头盒表面粉末　　(b) C 相触头盒表面粉末

图 3－57　353 开关柜内触头盒表面存在大量放电后的白色粉末

6. 结论与建议

（1）结论。通过特高频局部放电带电检测手段发现 353 开关柜内存在异常信号，经信号特征分析及定位诊断，判断 353 开关柜内部 B 相触头盒潮湿及积灰导致表面放电。停电检修后，发现353开关柜内B相和C相触头盒表面存在大量表面放电后形成的白色粉末，验证了带电检测结果。

（2）建议。开关柜室顶部楼面渗水导致的开关柜内受潮放电缺陷时有发生，一方面通过局部放电带电检测手段可以有效检测出此类缺陷并进行定位，指导运维检修工作；另一方面应重视对房间顶部渗水、漏水问题的彻底解决，消除缺陷隐患。

3.3.2 基于超声波法的35kV开关柜触头盒表面放电缺陷检测及停电检查

1. 异常概况描述

2020年10月22日，运维单位通过超声波法测得某110kV变电站35kV备用353开关柜、分段313开关柜后上柜存在异常超声波信号，未测得异常暂态地电压信号和异常特高频信号。

经停电检查，该变电站35kV开关柜普遍存在导体与绝缘件空气距离不足、内部受潮严重等情况，35kV备用353开关柜、分段313开关柜因此出现导体对绝缘件放电的情况。

2. 检测对象及项目

检测对象：某110kV变电站35kV开关柜。

型号：KYN61－40.5。

检测项目：超声波、特高频、暂态地电压局部放电带电检测。

3. 检测仪器及装置

超声波局部放电带电检测：PDS－T35型局部放电检测仪。

暂态地电压局部放电带电检测：PDS－T35型局部放电检测仪。

特高频局部放电带电检测：PDS－T35型局部放电检测仪。

4. 检测数据

（1）超声波局部放电带电检测。2020年10月22日，天气阴，温度为25℃、湿度为70%，运维单位对某110kV变电站35kV开关柜开展局部放电带电检测。35kV开关柜测得异常超声波信号位置如图3－58所示，检测发现35kV备用353开关柜、分段313开关柜后柜上部存在异常超声波信号，人耳可听到微弱的异常声响。35kV开关柜超声波信号如图3－59所示，根据一段时间的检测结果，在较大区域范围内都可测得异常超声波信号，信号幅值并不稳定，在10～20mV变动，具有明显的50Hz频率相关性和一定的100Hz频率相关性。

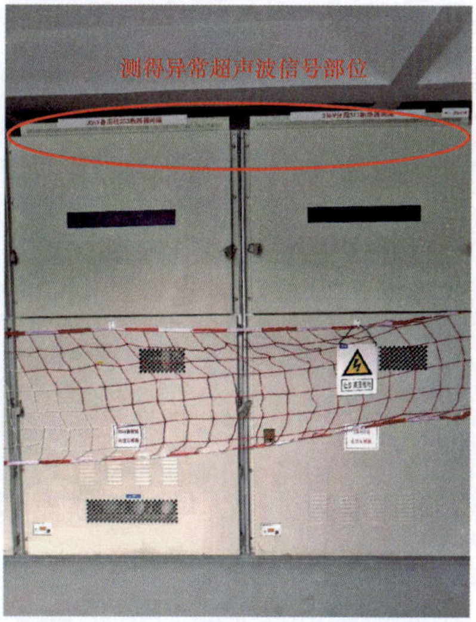

图 3－58 35kV 开关柜测得异常超声波信号位置

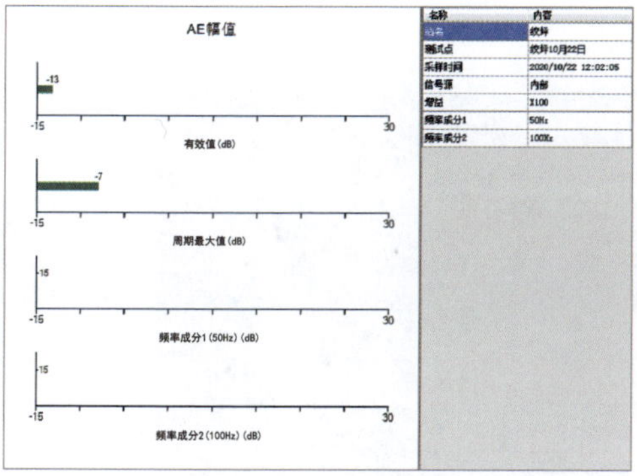

(a) 背景信号

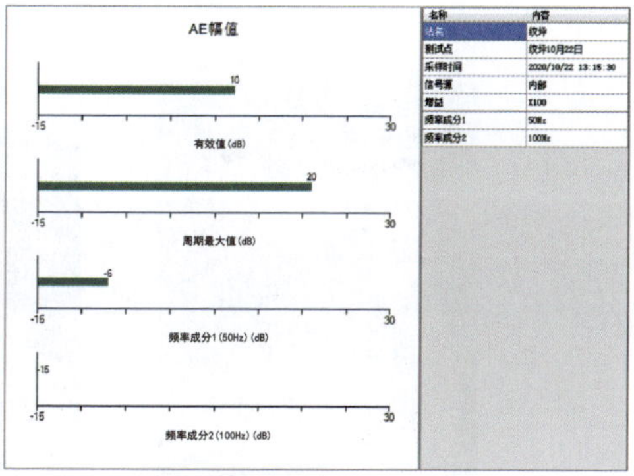

(b) 353 开关柜信号

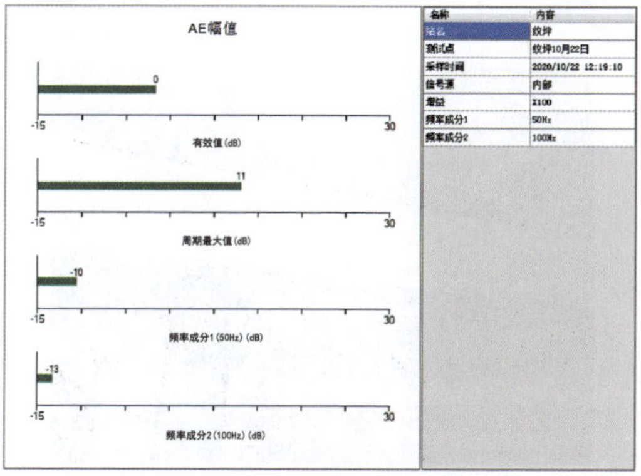

(c) 313开关柜信号

图 3－59 35kV 开关柜超声波信号

（2）暂态地电压检测数据。未测得异常暂态地电压信号。

（3）特高频检测数据。未测得异常特高频信号。

5. 综合分析

运维单位利用超声波法测得某 110kV 变电站 35kV 备用 353 开关柜、分段 313 开关柜后上柜存在异常超声波信号，未测得异常暂态地电压信号和异常特高频信号。综合带电检测数据、设备历时运行情况、设备运行环境等信息进行分析，运维单位认为该变电站 35kV 备用 353 开关柜、分段 313 开关柜等设备母线绝缘件存在表面放电缺陷，应尽快停电消缺。

6. 验证情况

（1）停电检查情况及缺陷原因分析。母排与穿柜套管、绝缘隔板间可见放电痕迹如图 3-60 所示，运维单位对该变电站 35kV 开关柜进行停电检修，检查发现 35kV 备用 353 开关柜、分段 313 开关柜母线室绝缘隔板、母排绝缘封装、柜体内部均有不同程度的凝露，母排与绝缘隔板和穿柜套管间可见放电痕迹。

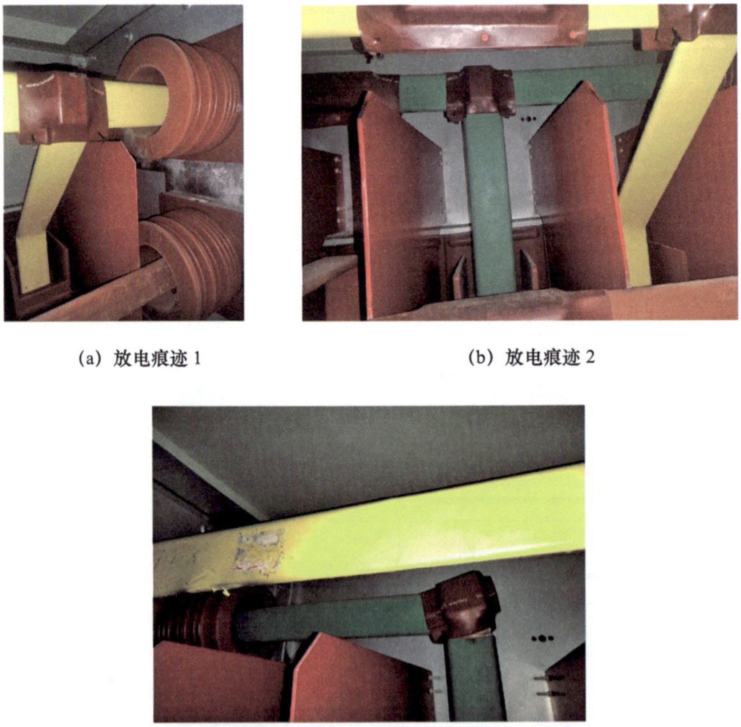

(a) 放电痕迹 1　　(b) 放电痕迹 2

(c) 放电痕迹 3

图 3-60　母排与穿柜套管、绝缘隔板间可见放电痕迹

进一步检查发现，35kV 备用 353 开关柜、分段 313 开关柜、分段 3133 隔离开关柜、2 号主变压器 302 开关柜和 35kV 3MPT 避雷器柜的母线室存在凝露现象。此外，还发现 35kV 备用 352 开关柜、备用 353 开关柜、备用 354 开关柜、备用 355 开关柜静触头盒内镀银铜排氧化且严重变色（备用开关柜静触头盒内镀银铜排氧化严重如图 3-61 所示），作为无负荷的备用开关柜，镀银铜排发生氧化变色表明现场湿度很大。

(a) 镀银铜排氧化情况 1

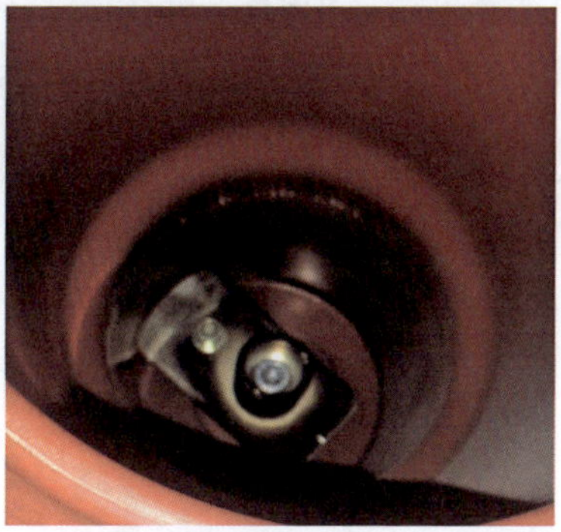
(b) 镀银铜排氧化情况 2

图 3-61　备用开关柜静触头盒内镀银铜排氧化严重

在 35kV 高压开关室进行检查，电缆沟、屋顶进线均未见漏水痕迹，开关柜柜顶也未发现水迹，只在部分靠窗墙壁发现水浸痕迹。35kV 高压开关室屋顶设有 6 组抽风机，经检查抽风机工作正常，抽风孔未见水迹。

综合分析，雨水通过窗户进入室内后蒸发，水蒸气密度比空气小，加上 35kV 高压开关室内底部进风口封闭，室内抽风机和空调运行中无法形成空气对流，造成高压室内湿度分布不均，局部湿度较大。空气中的潮气进入开关柜母线室，在门窗关闭、抽风机运行情况下，造成母线室内存在负压，使母线室内湿度增大，导致母线室内绝缘件表面更易凝露，绝缘隔板表面凝露后绝缘降低，带电导体与绝缘件之间形成局部放电。

（2）缺陷处理措施。KYN61-40.5 型开关柜结构如图 3-62 所示，该变电站所用的 KYN61-40.5 型开关柜分为 4 个独立的隔室，主母线是贯穿每面开关柜柜体后拼接的连接方式，通过每面开关柜的载流排和穿柜套管固定。主母线和联络母线为矩形截面的铜排，表面均有绝缘热缩护套封装，载流排搭接面用不同规格、大小的热缩套管包裹住，母线室和电缆室的相间均设有 4 块 SMC 绝缘隔板（片状塑料隔板），主母线相间、对柜壁、对绝缘隔板距离如图 3-63 所示。

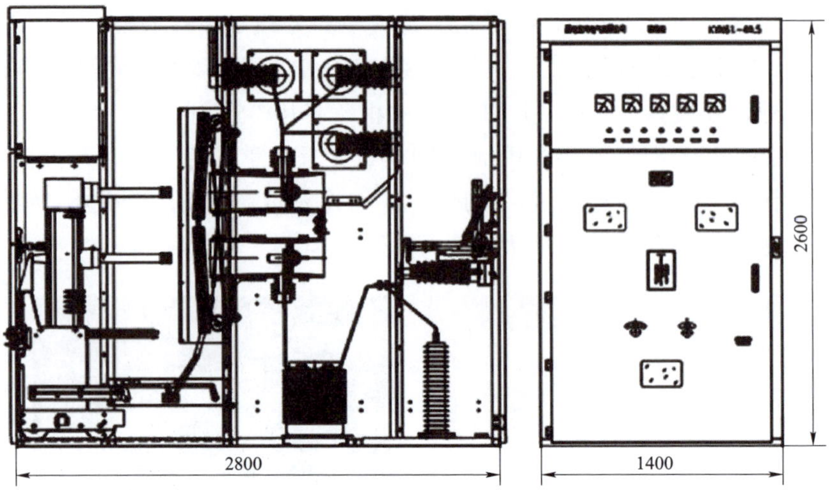

图 3-62　KYN61-40.5 型开关柜结构

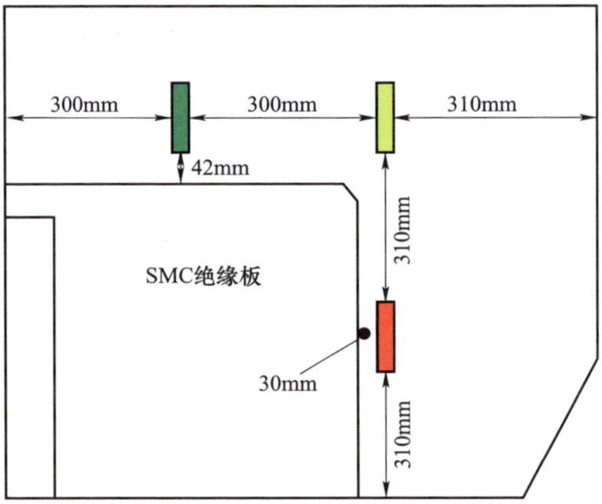

图 3-63　主母线相间、对柜壁、对绝缘隔板距离

经测量，该变电站所用的 KYN61-40.5 型开关柜 B 相、C 相导体与绝缘隔板之间的距离不满足 DL/T 404—2018《3.6kV～40.5kV 交流金属封闭开关设备和控制设备》中对最小空气间隙的要求（以空气和绝缘板组成的复合绝缘作为绝缘介质的金属封闭开关设备和控制设备，带电体与绝缘板之间的最小空气间隙应满足下述要求：对 40.5kV 设备不应小于 60mm），运行中可能因空气绝缘距离较小造成带电体与受潮老化的绝缘板之间放电。为此，运维单位将该变电站不满足要求的 12 面 35kV 开关柜中的 SMC 绝缘隔板尺寸减小，保证了带电体与绝缘板之间的最小空气间隙满足 60mm 的要求。同时，已制订除湿措施，对照 $100m^2$ 的面积应装设 2～3 台工业抽湿机的要求，对 35kV 高压开关室和

10kV 高压开关室进行面积测量后安装相应数量的工业抽湿机，并根据工业抽湿机数量在百叶窗处增加风机，通过温湿度控制器进行控制，除风机外将多余的百叶窗改为完全封堵，以避免灰尘进入，确保高压开关室内的环境清洁。计划购买两套远程温湿度监测装置，对相应变电站的高压开关室湿度进行实时监控，对湿度长期大于 60%的高压开关室缩短开关柜局部放电带电检测周期，并加装适量的工业除湿装置。

7. 结论及建议

（1）结论。运维单位通过超声波法测得某 110kV 变电站 35kV 备用 353 开关柜、分段 313 开关柜后上柜存在异常信号，综合分析判断母线室存在局部放电缺陷。经停电检查，多面 35kV 开关柜存在导体与绝缘隔板距离过近、内部受潮导致绝缘件凝露等情况，35kV 备用 353 开关柜、分段 313 开关柜因此产生导体对绝缘件放电的缺陷。运维单位经检修更换了缺陷部件，将带电体与绝缘件的空气距离调整合格，后续将提升除湿控温措施，彻底消除该站 35kV 开关柜缺陷隐患。

（2）建议。许多开关柜内局部放电缺陷均是由于绝缘距离不足和受潮引起的。运维单位应加强基建移交设备的验收，确保设备各项指标符合技术规范要求，杜绝后期运行隐患。对于开关柜运行环境不佳的情况，除加强带电检测工作，及时发现设备故障隐患外，切实改善运行环境才是提升开关柜安全运行水平的根本保障。

3.3.3 基于声电联合检测的 10kV 开关柜主回路表面放电缺陷检测及停电检查

1. 异常概况描述

2018 年 9 月 27 日，运维单位在对某 110kV 变电站 10kV 开关柜设备进行带电检测时，发现 922 开关柜超声波与特高频信号异常，暂态地电压检测数据正常。超声波信号最大值位于后中柜开关触头处，幅值为 39dBμV，检测时背景噪声为 –3dBμV。特高频信号最大值为 34dB，位于前中柜左侧缝隙处，一周期出现一簇信号，信号幅值存在分散性与间歇性，同时具有电晕放电与表面放电的特征，检测时背景噪声为 0dB。

2. 检测对象及项目

检测对象：某 110kV 变电站 10kV 开关柜。

型号：KYN28A – 12。

额定电压：12kV。

额定电流：600A。

出厂日期：2010 年 7 月。

投运日期：2013 年 1 月。

检测项目：超声波局部放电检测、暂态地电压局部放电检测、特高频局部放电检测。

3. 检测仪器及装置

超声波局部放电检测：PDS－T90 型局部放电检测仪。

特高频局部放电检测：PDS－T90 型局部放电检测仪。

暂态地电压局部放电检测：UTP1 型暂态地电压局部放电检测仪。

4. 检测数据

（1）超声波检测。2018 年 9 月 27 日，天气晴，温度为 20℃，相对湿度为 70%。某 110kV 变电站 922 开关柜前后柜缝隙均存在异常超声波信号，通过测试仪器耳机能听见明显放电声，922 开关柜各点超声波检测结果如图 3－64 所示。信号最大值位于后中柜开关触头处，幅值为 39dBμV，背景噪声为－3dBμV。但从后柜超声波信号变化规律来看，从上到下数据变化规律为“小—大—小—大”，不满足单放电源数据逐渐衰减的规律，说明该开关柜可能存在多放电源，而后中柜开关柜触头处放电最为剧烈。

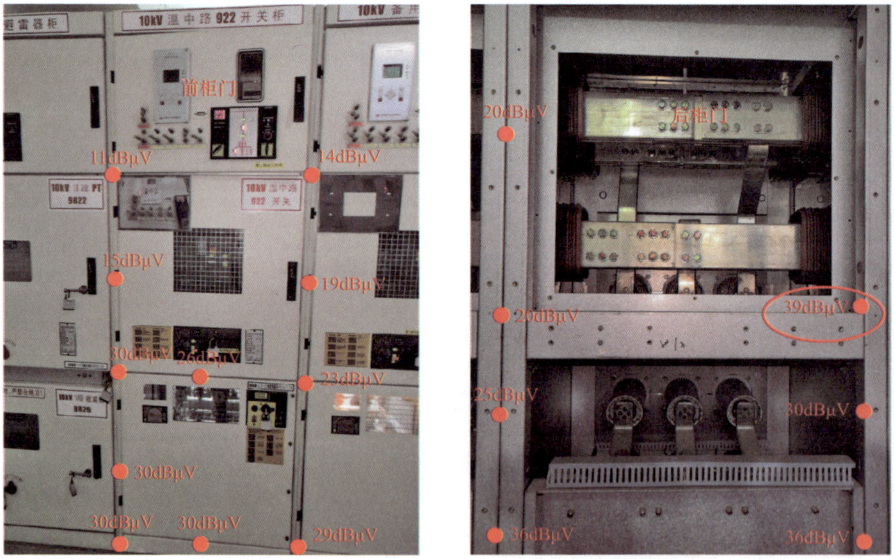

(a) 前柜门　　(b) 后柜门

图 3－64　922 开关柜各点超声波检测结果

（2）特高频检测。922 开关柜特高频信号异常，最大值达 34dB，位于前中柜左侧缝隙处，检测时背景噪声为 0dB。特高频信号相位相关性明显，脉冲呈现稳定的相位聚集特征，一周期出现一簇信号，具有 50Hz 频率相关性，信号幅值存在分散性与间歇性，同时具有电晕放电与表面放电的特征，922 开关柜特高频检测结果如图 3－65 所示。

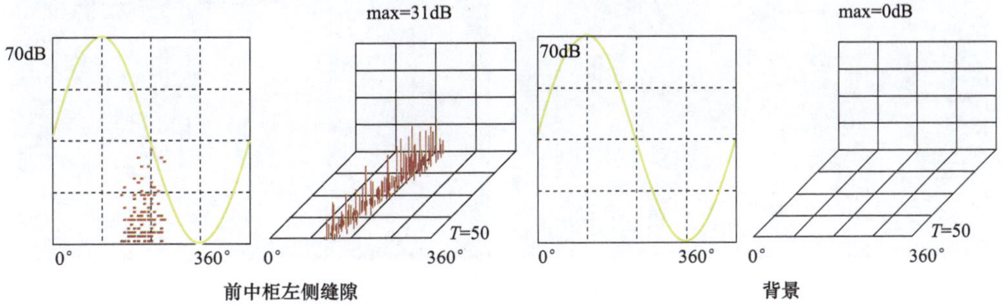

图 3－65　922 开关柜特高频检测结果

（3）暂态地电压检测。该开关柜暂态地电压数据正常，922 开关柜各点暂态地电压检测结果如表 3－13 所示，空气和金属背景检测值均为 6dB。

表 3－13　922 开关柜各点暂态地电压检测结果

位置	前中	前下	后上	后中	后下
检测值	7dB	7dB	8dB	7dB	7dB

5. 综合分析

综上所述，该变电站 922 开关柜超声波和特高频信号异常，根据超声波检测结果，推断放电源位于后中柜开关触头处，根据特高频信号特征，推断放电类型可能为电晕放电或表面放电。

针对本次检测发现的缺陷建议如下检查处理：带电检测人员定期复测，缩短检测周期，跟踪信号幅值变化做趋势分析，一旦发现幅值持续增大，尽快安排停电计划，对缺陷进行处理。

6. 验证情况

2018 年 9 月 30 日，开关柜停电后发现，922 开关柜 A 相下部静触头受潮及放电痕迹最为严重（靠近 10kV Ⅱ母 TV 9822 开关柜侧）。922 开关柜 A 相出线侧静触头受潮放电如图 3－66 所示。A 相开关下部静触头处分支母排、紧固螺母与静触头盒表面存在黑色放电痕迹。同时发现静触头端部金属和紧固螺栓放电痕迹处存在铁锈，分支母排端部以及绝缘盒内表面存在较多“铜绿”粉末，绝缘盒外表面存在较多灰尘。而B、C相及相邻间隔下部静触头处无铁锈、铜绿与放电痕迹。

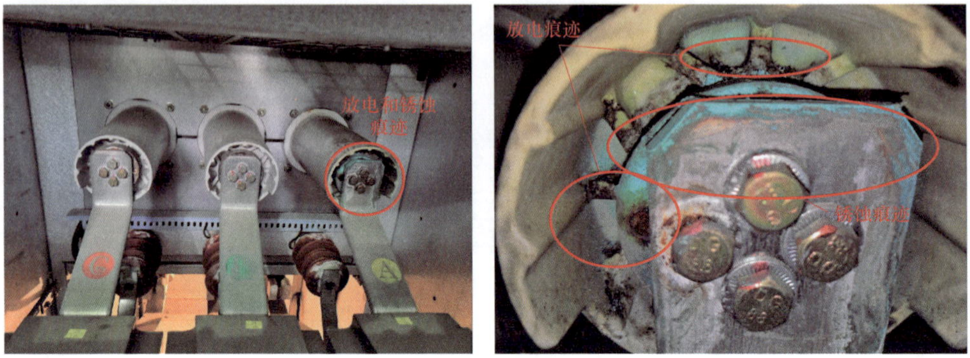

图 3-66　922 开关柜 A 相出线侧静触头受潮放电

静触头盒表面存在黑色放电痕迹，说明此处绝缘材料在表面放电作用下发生碳化而生成黑色物质。分支母排端部产生“铜绿”，且边缘较锋利，说明此处发生过电晕放电。静触头端部紧固螺母材质为铁，与铜排接触面已经严重锈蚀，生成较多铁锈，螺母锈蚀处表面粗糙，说明此处发生过电晕放电。

同时发现开关A相上部触头同样存在铜绿、铁锈与放电痕迹，但受潮与放电严重程度弱于下部静触头。922开关柜A相母线侧静触头受潮放电如图3-67所示。

图 3-67　922 开关柜 A 相母线侧静触头受潮放电

922 开关柜与 10kV Ⅱ母 TV 9822 开关柜（即 10kV Ⅱ段硬联桥架位置）间穿板套管与母排接触处存在放电痕迹与铜绿，922 开关柜传板套管放电如图 3－68 所示，说明此处发生过表面放电。

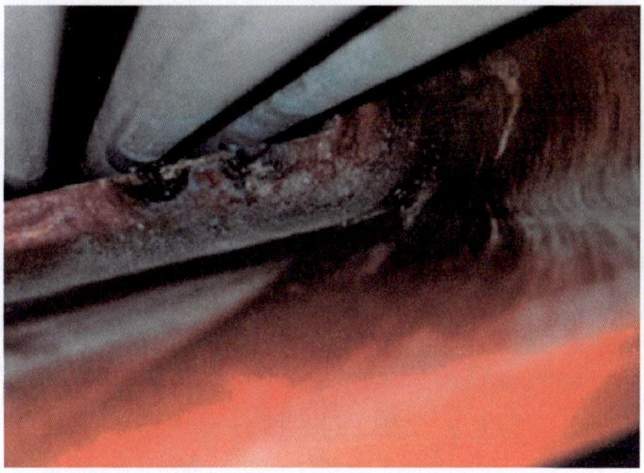

图 3－68　922 开关柜传板套管放电

922 开关柜 A、B、C 三相带电显示器支柱绝缘子存在明显受潮及放电痕迹，922 开关柜带电显示器支柱绝缘子受潮放电如图 3－69 所示。带电显示器材料为环氧树脂，其表面的白色粉末产生原因为绝缘材料在表面放电电弧作用下发生分解的产物。

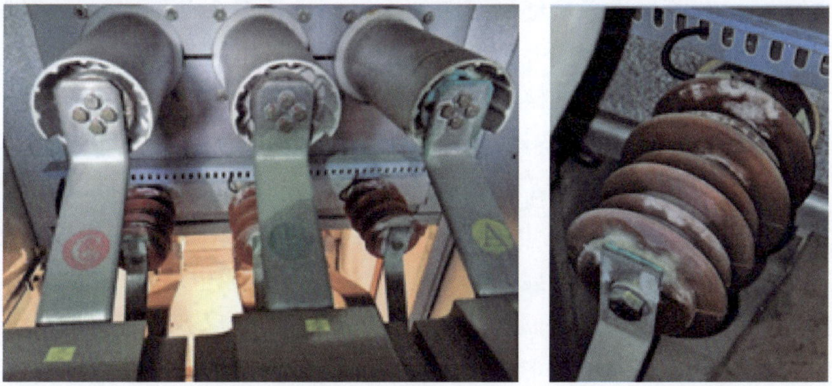

(a) 三相受潮　　(b) 绝缘子放电

图 3－69　922 开关柜带电显示器支柱绝缘子受潮放电

922 开关柜进线电缆处存在黑色放电痕迹，922 开关柜出线电缆放电如图 3－70 所示。三相电缆距离较近，同时受潮引起表面电场畸变，进而引起表面放电，电缆表面为硅橡胶材料，在放电作用下发生碳化而生成黑色放电痕迹。

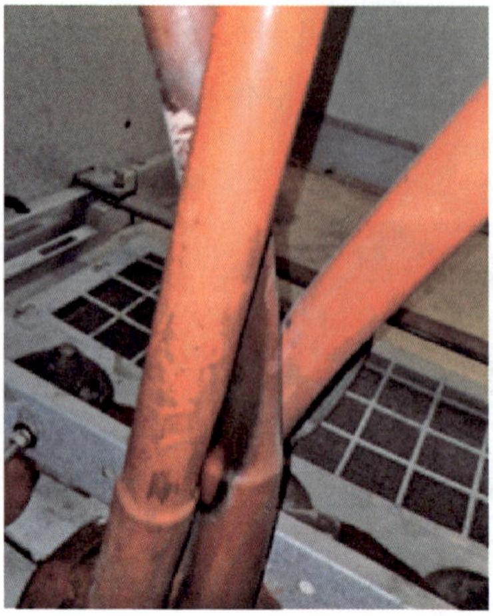

图 3-70　922 开关柜出线电缆放电

开关柜的穿板套管、带电显示器支柱绝缘子裙边、上下静触头盒、开关本体动触头盒、柜内其他地方均有较为严重的积灰。

同时，用热风枪对 922 开关柜上下静触头盒、穿板套管进行干燥处理时发现，绝缘材料内存在的微水从内部扩散至表面，手指触摸能明显发现凝结水分附于绝缘材料表面，说明该开关柜内已经严重受潮。

综上所述，开关柜后柜开关触头处、穿板套管、带电显示器与进线电缆处均存在放电痕迹，而开关触头处放电最为严重，开关柜内同时存在电晕放电与表面放电两种类型，解体结果验证了带电检测对放电源位置与放电类型的推断。

7. 结论与建议

（1）放电原因分析。电缆沟中潮气从开关柜底部侵入，由于 10kV Ⅱ母 TV 柜上方母线硬联桥架位置较高、水汽浓度较低，根据水汽从高浓度区域扩散到低浓度区域、同时更容易向高处通道扩散的“烟囱效应”，水汽将沿着 922 开关柜水汽扩散路径（如图 3-71 所示）扩散，依次途径带电显示器、下静触头、上静触头、穿板套管后进入母线硬联桥架仓，通过桥架仓缝隙扩散至空气中。水汽在上升过程中，首先冷凝并附着在位于底部的带电显示器上，导致其三相受潮并放电，水汽浓度有所下降；继续上升并依次通过下静触头、上静触头，使得其三相均受潮，所处位置不同受潮程度不同，靠近桥架仓 A 相下触头受潮最为严重，A 相上触头次之，A 相铜质分支母排与铁质固定螺栓两种材质的连接面在水分、电场作用下形成电化学腐蚀，铜质分支母排产生“铜绿”、铁质紧固螺栓生锈，呈“树状”发展的“铁锈”“铜绿”造成电场进一步畸变集中，通过绝缘已受潮的静触头盒表面对地“爬电”形成放电痕迹，畸变的电场进一步加剧了接触面电化学腐蚀，形成恶性循环；最后剩余水汽集中通过穿板套管进入桥架仓，使穿板套管绝缘受潮，在绝缘材料与铜质母排接触部分形成放电灼伤及“铜绿”。

（2）结论。通过带电检测手段（超声波法、特高频法）发现开关柜内部放电，通过幅值定位法确定放电源位置，通过放电脉冲波形特征确定放电类型。经停电解体验证了放电的存在，并找到放电原因为开关柜内受潮与积灰。

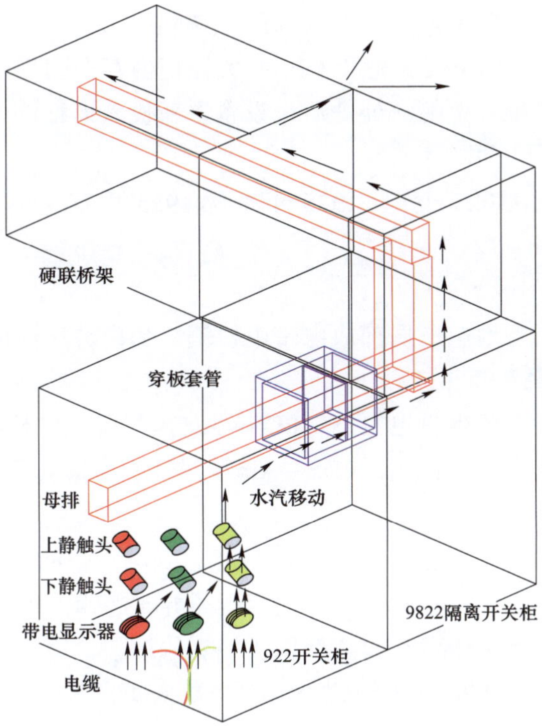

图 3-71　922 开关柜水汽扩散路径

（3）建议。

1）加强开关柜带电检测工作，充分利用超声波、特高频和暂态地电压等手段多参数进行综合诊断与分析，对重要开关柜或运行条件恶劣开关柜安装在线监测系统，实时掌握开关柜健康状态。

2）当采用幅值定位法确定放电源位置时，若不满足幅值逐渐衰减规律，应当怀疑可能有多放电源。

3）加强开关柜防潮、防尘措施，高压室加装空调、除湿器与新风系统，开关柜内加装自动除湿装置，起到降温、除湿、除尘的作用，防止因产生局部放电而导致闪络击穿事故。

3.3.4　基于超声波法的 10kV 开关柜主回路表面放电缺陷检测及停电检查

1. 异常概况描述

运维单位通过例行带电检测，发现某 110kV 变电站 925 开关柜和 926 开关柜存在异常超声波信号，且可听见柜内有轻微放电声，暂态地电压信号未见异常，据此判断两面开关柜内部存在局部放电缺陷。

停电检查发现，925 开关柜和 926 开关柜柜内存在因受潮、锈蚀引发的局部放电缺陷。经运维单位消缺处理后，设备重新投入运行。

2. 检测对象及项目

检测对象：某 110kV 变电站 925 开关柜、926 开关柜。

型号：KYN28－12。

生产日期：2010 年 4 月。

检测项目：暂态地电压局部放电带电检测、超声波局部放电带电检测。

3. 检测仪器及装置

暂态地电压局部放电带电检测：PDS－Air 型局部放电检测仪。

超声波局部放电带电检测：PDS－Air 型局部放电检测仪。

4. 检测数据

2020 年 9 月 21 日，运维单位对某 110kV 变电站 10kV 开关柜开展局部放电带电检测，在 925 开关柜和 926 开关柜测得异常超声波信号，信号幅值分别为 19dB 和 30dB，远大于背景噪声和同类设备检测值，同时可听见柜内有轻微放电声，925 开关柜、926 开关柜超声波检测数据如表 3－14 所示，暂态地电压检测数据未见异常。

表 3－14　　925 开关柜、926 开关柜超声波检测数据

设备名称	暂态地电压检测结果				超声波检测结果	
	幅值（dB）（前中/前下）	幅值（dB）（后上/后中/后下）	幅值（dB）（侧上/侧中/侧下）	结论	幅值（dB）	结论
911 开关柜	20/20	21/21/20	21/21/21	正常	≤8	正常
912 开关柜	20/19	21/21/21	—	正常	≤8	正常
913 开关柜	20/20	20/20/20	—	正常	≤8	正常
914 开关柜	20/20	21/19/20	—	正常	≤8	正常
915 开关柜	21/19	19/20/20	—	正常	≤8	正常
918 开关柜	19/20	21/19/20	—	正常	≤8	正常
919 开关柜	19/20	21/19/20	—	正常	≤8	正常
953 开关柜	20/20	20/20/20	20/20/20	正常	≤8	正常
991 开关柜	21/19	19/20/20	—	正常	≤8	正常
9018 刀闸柜	19/20	21/19/20	—	正常	≤8	正常
921 开关柜	22/21	23/22/22	—	正常	≤8	正常
923 开关柜	23/23	21/22/21	—	正常	≤8	正常

续表

设备名称	暂态地电压检测结果				超声波检测结果	
	幅值（dB）（前中/前下）	幅值（dB）（后上/后中/后下）	幅值（dB）（侧上/侧中/侧下）	结论	幅值（dB）	结论
924 开关柜	23/23	23/23/22	—	正常	≤8	正常
925 开关柜	23/23	21/22/21	21/22/21	正常	≥19	异常
926 开关柜	22/21	22/23/22	—	正常	≥30	异常
928 开关柜	23/22	23/23/22	—	正常	≤8	正常
929 开关柜	21/21	21/22/21	—	正常	≤8	正常
962 开关柜	22/21	22/23/22	—	正常	≤8	正常
992 开关柜	22/21	21/22/21	22/23/22	正常	≤8	正常
9028 刀闸柜	23/23	22/23/22	—	正常	≤8	正常

注　空气中暂态地电压背景噪声为 5dB，10kV 开关室内金属板暂态地电压背景噪声为 18dB。

5. 综合分析

2020 年 9 月 21 日，运维单位检测发现某 110kV 变电站 925 开关柜和 926 开关柜存在异常超声波信号，未测得异常暂态地电压信号。考虑到在 925 开关柜和 926 开关柜测得的异常超声波信号幅值远大于背景噪声和相邻同类设备，且可听见这两面开关柜内有轻微放电声，判断 925 开关柜和 926 开关柜存在局部放电缺陷。

6. 验证情况

2020 年 9 月 27 日，运维单位对该变电站 10kV Ⅱ段母线进行停电检修。925 开关柜内部受潮情况、926 开关柜柜内锈蚀情况分别如图 3－72 和图 3－73 所示，打开 925 开关柜和 926 开关柜后柜门，发现 925 开关柜内载流回路铜牌覆盖一层铜绿，连接螺栓锈蚀，926 开关柜后柜门、固定螺栓及 TA 底座锈蚀严重，母线有受潮痕迹。

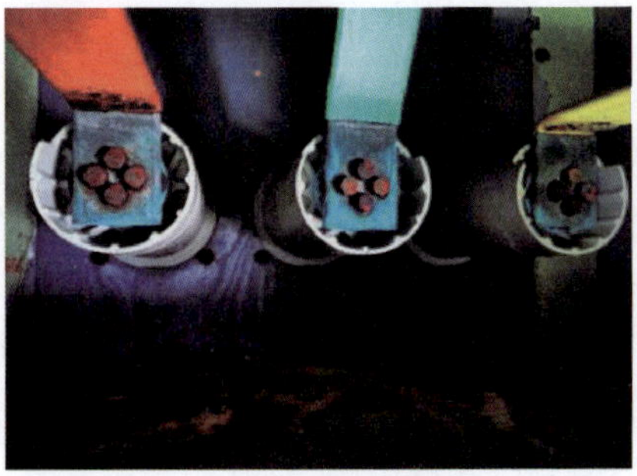

(a) 三相受潮 1

(a) 三相受潮 2

图 3－72　925 开关柜内部受潮情况

(a) 全景图　　(b) 局部图

图 3-73　926 开关柜柜内锈蚀情况

打开电缆沟盖板，发现电缆沟内部环境潮湿。接下来对 925 开关柜和 926 开关柜进行了试验，两面开关柜均未通过相对地交流耐压试验，在加压至 15kV 时两面开关柜母线穿柜套管、断路器触头和电流互感器等部位均出现明显放电现象，交流耐压试验后两面开关柜相对地绝缘电阻均未超过 0.4MΩ，表明 925 开关柜和 926 开关柜因受潮、锈蚀等原因绝缘严重下降，已难以支撑长时间可靠运行。

由于 925 开关柜和 926 开关柜涉及的用户较多，为了保证供电可靠性，运维单位采取最快速的消缺策略，将 10kV 备用 922 开关柜和 10kV 备用 961 开关柜的断路器静触头、电流互感器等设备在试验合格后拆下分别安装至 925 开关柜和 926 开关柜。同时，拆除 10kV Ⅱ段母排及穿柜套管进行干燥处理后再重新安装。

处理完毕后，对 925 开关柜和 926 开关柜进行相对地交流耐压试验和绝缘电阻测量，试验结果合格，缺陷消除，设备重新投入运行。

7. 结论与建议

（1）结论。某 110kV 变电站 925 开关柜和 926 开关柜测得异常超声波信号，经解体检查发现，两面开关柜内部存在因受潮、锈蚀引起的局部放电缺陷，威胁设备安全运行。

（2）建议。超声波法对开关柜局部放电缺陷有可观的检出率，配合暂态地电压法和特高频法能够有效发现开关柜内潜伏性缺陷。但就目前而言，还没有对缺陷严重程度和设备健康状态进行精确评估的方法，建议各单位综合设备重要程度、缺陷位置、缺陷性质、历时运行数据和运行环境综合分析，制定适宜的检修策略，保障电网安全运行。

3.4 开关柜固体绝缘内部放电典型缺陷分析

3.4.1 基于声电联合检测的 35kV 开关柜电缆放电缺陷检测及停电检查

1. 异常概况描述

2017 年 6 月 23 日，天气晴，环境温度为 27℃，环境相对湿度为 52%。运维单位对某 220kV 变电站 35kV 开关柜局部放电检测中，发现 2 号站用变压器 361 开关柜后柜及侧面下部存在异常超声波信号，缺陷柜体及测点位置如图 3－74 所示。测点 1 至测点 8 均存在异常超声波信号，周期最大值为 24dBmV（背景－10dBmV）；对该柜后部及侧面进行暂态地电压局部放电检测，最大值为 19dBmV（背景 5dBmV）；在观察孔（测点 7 和测点 8）处进行特高频局部放电检测，存在明显异常放电信号，最大值为 61dBmV（背景值为 0dBmV）。当天傍晚复测，放电信号依然存在。综合分析，2 号站用变压器 361 开关柜后柜下部存在明显悬浮放电缺陷。

图 3－74 缺陷柜体及测点位置

由于缺陷信号幅值较大，2017 年 6 月 26 日对该开关柜进行了再次复测。超声波周期最大值为 24dBmV（背景值为－10dBmV）；暂态地电压最大值为

22dBmV（背景值为 5dBmV）；特高频局部放电最大值为 70dBmV（背景值为 0dBmV），检测结果显示信号幅值明显增加，且出线电缆穿心电流互感器上部 A、B 相间发现肉眼可见的放电火花。2017 年 6 月 27 日运维单位对 35kV Ⅱ母及所属设备进行了停电处理，2 号站用变压器 361 开关柜出线仓发现多处绝缘放电痕迹。

2. 检测对象及项目

检测对象：某 220kV 变电站 35kV 开关柜。

设备型号：ASN1－40.5。

生产日期：2013 年 1 月。

检测项目：开关柜超声波局部放电检测，开关柜暂态地电压局部放电检测，开关柜特高频局部放电检测。

3. 检测仪器及装置

设备名称：手持式局部放电检测仪。

型号：PDS－T90。

有效期至 2018 年 3 月。

4. 检测数据

空气背景检测：超声波空气背景检测如图 3－75 所示。

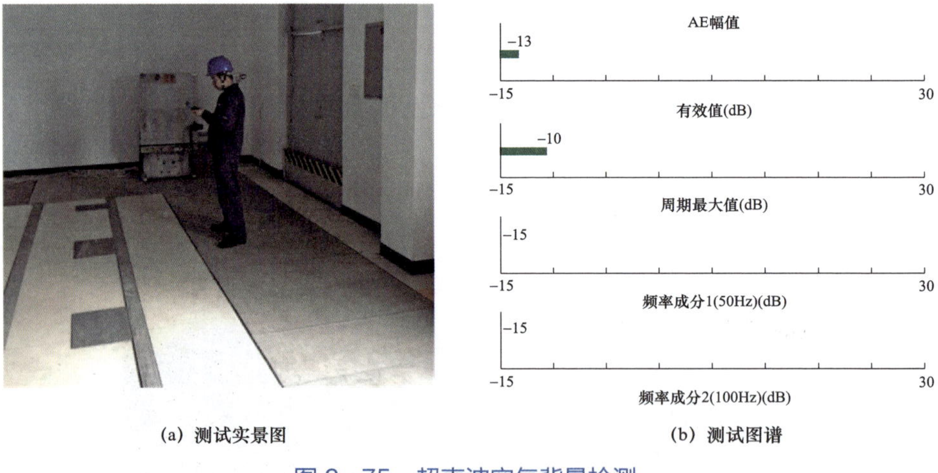

(a) 测试实景图　　(b) 测试图谱

图 3－75　超声波空气背景检测

金属背景检测：临近备用 362 开关柜，超声波金属背景检测如图 3－76 所示，周期最大值为－7dBmV。

对 2 号站用变压器 361 开关柜正面进行超声波测试，超声波正下观察窗检测如图 3－77 所示，超声波有效值和最大值相比临近设备有一定的增长，有效值为-4dBmV，周期最大值为3dBmV，无工频相关性。

(a) 测试实景图

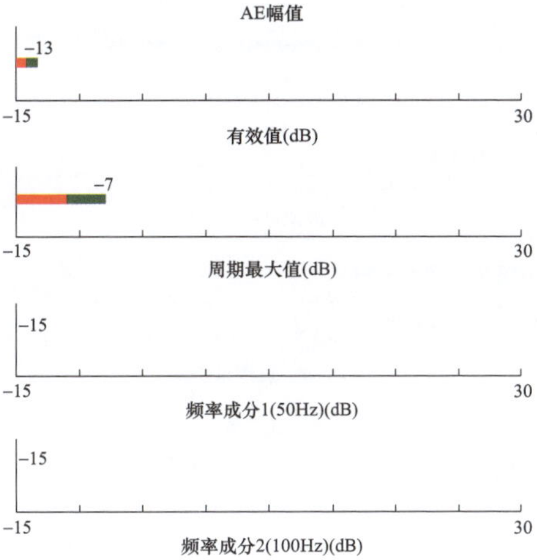

(b) 测试图谱

图3-76 超声波金属背景检测

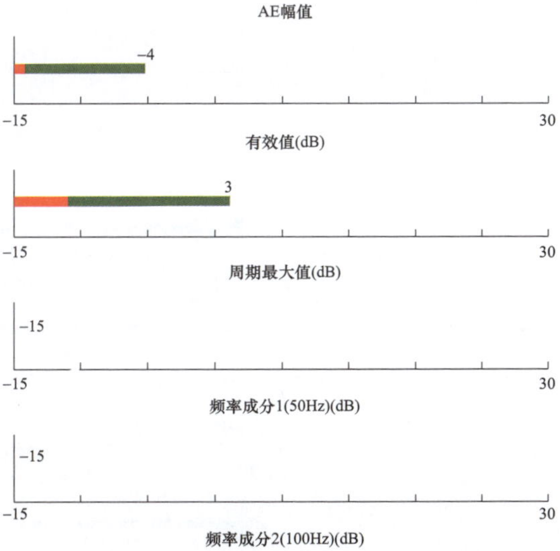

图3-77 超声波正下观察窗检测

361开关柜各测点超声波测试数据如图3-78所示。在如图3-78所示的测点1至8进行测试，得到相关测试图谱数据。

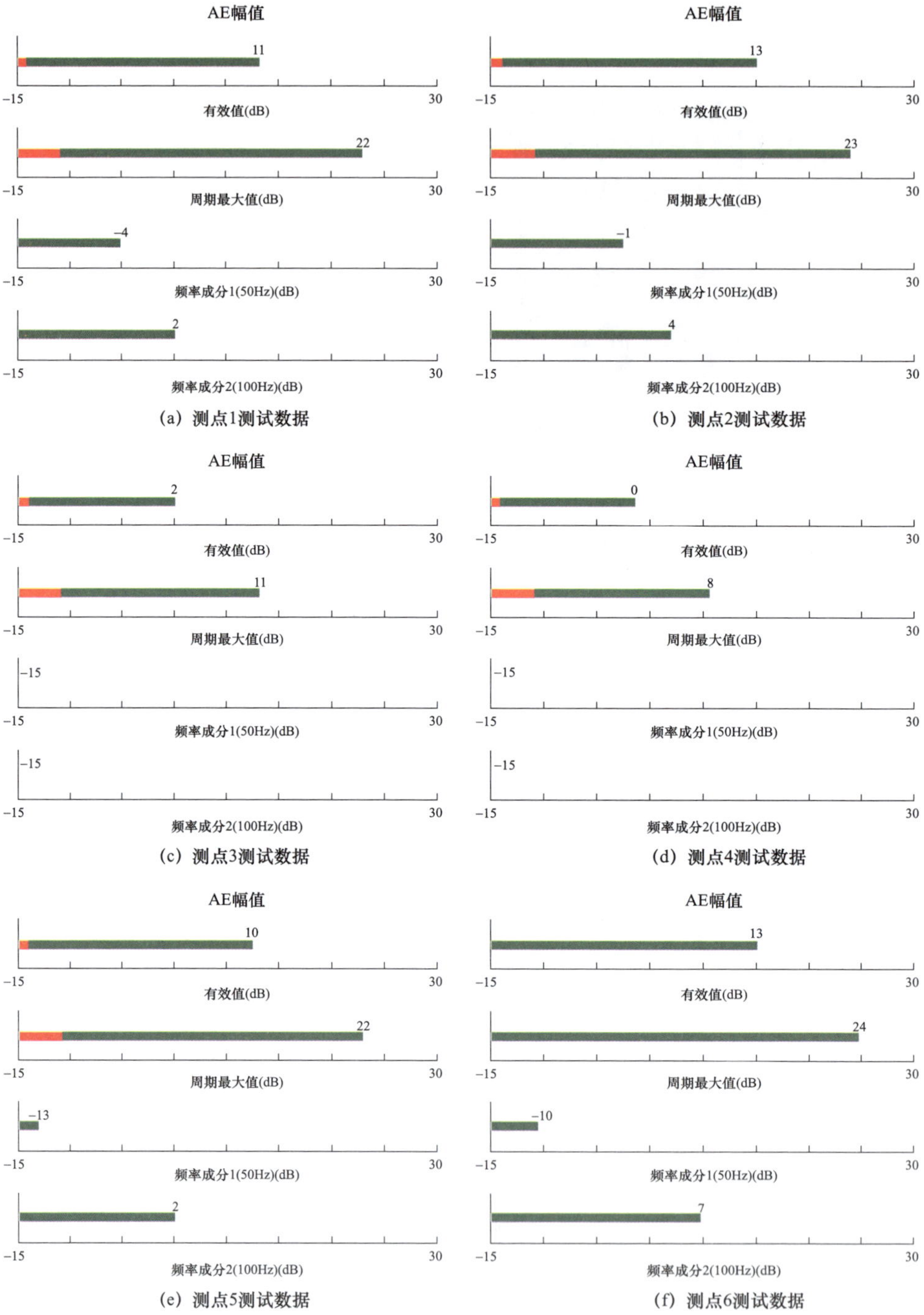

图 3-78　361 开关柜各测点超声波测试数据（一）

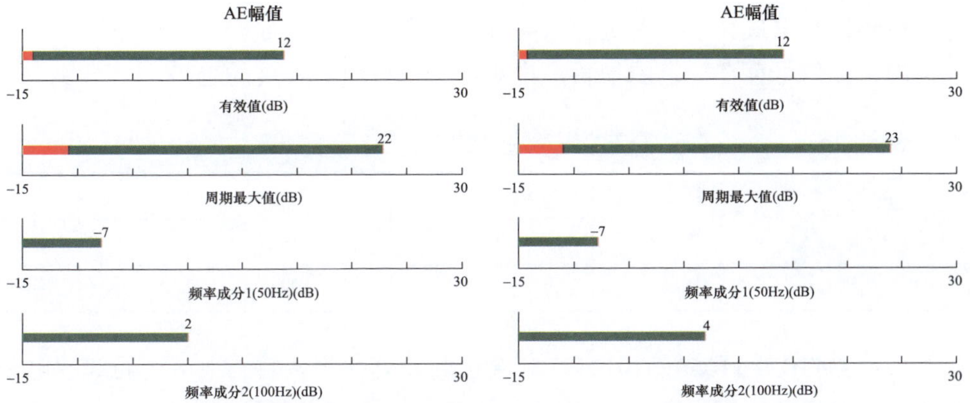

(g) 测点7测试数据　　(h) 测点8测试数据

图 3-78　361 开关柜各测点超声波测试数据（二）

对如图 3-78 所示超声波数据进行分析，可知 2 号站用变压器 361 开关柜前柜信号小于后柜信号；后下柜出线电缆仓超声波信号比上部信号大，信号在测点 5、6、7、8 处最大，周期最大值达到 24dBmV，且信号存在 50Hz 及 100Hz 相关性，100Hz 相关性大于 50Hz 相关性。由此推断 2 号站用变压器 361 开关柜后下柜出线电缆仓存在放电。

由于相邻开关柜为备用 362 开关柜且未运行，与运行的 2 号主变压器 302 开关柜（位于 35kV Ⅱ母）进行横向比较，两个开关柜超声波测试结果如表 3-15 所示。

表 3-15　两个开关柜超声波测试结果

测试值	测试位置			
	302 开关柜前柜下侧观察窗	302 开关柜后柜下侧观察窗	361 开关柜前柜下侧观察窗	361 开关柜后柜下侧观察窗
有效值	-12dBmV	-13dBmV	-4dBmV	12dBmV
周期最大值	-10dBmV	-10dBmV	3dBmV	22dBmV
50Hz 相关性	—	—	—	-7dBmV
100Hz 相关性	—	—	—	2dBmV

由表 3-15 中可以看出正常开关柜超声波信号有效值及周期最大值都很小，且无频率相关性，361 开关柜后柜下部超声波信号幅值及频率相关性大于正常开关柜，说明该柜存在局部放电缺陷。

根据运维单位提供的 35kV 开关柜 2017 年 5 月 4 日超声波检测数据，结合本次检测数据，选取相应位置检测数据最大值制成表 3-16（361 开关柜超声局部放电测试数据最大值）并进行纵向分析。通过对历史数据的比较分析，该开关柜超声波信号存在一定的增长，说明该仓位放电有发展的趋势。

表 3－16　　361 开关柜超声局部放电测试数据最大值　　单位：dBmV

数据类型	后上	后下	侧面	前下
历史数据	7	18	16	4
本次测试数据	11	24	22	3

根据 Q/GDW 11060—2013《交流金属封闭开关设备暂态地电压局部放电带电测试技术现场应用导则》标准中幅值大于 8dBmV，有明显声音信号，且 100Hz 相关性大于 50Hz 相关性，判断 361 开关柜出线电缆仓有局部放电现象。

5. 综合分析

（1）暂态地电压局部放电测试结果。2017 年 6 月 23 日下午对 35kV 高压室内进行暂态地电压测试，测量接地手车面板的背景值为 9dBmV。2017 年 6 月 26 日又对开关柜进行暂态地电压测试，测试背景值为 8dBmV。根据运维单位提供的 2017 年 5 月 4 日开关柜暂态地电压历史数据，背景值为 12dBmV。将历史数据和两次测试数据制作成表 3－17（暂态地电压测试数据），进行纵向分析及横向分析。

表 3－17　　暂态地电压测试数据　　单位：dBmV

位置		前中	前下	后上	后中	后下	侧上	侧中	侧下
2 号站用变压器 361 开关柜	历史数据	10	7	10	15	15	8	8	10
	23 日数据	11	7	11	18	19	11	14	8
	26 日数据	11	9	11	17	22	11	16	10
备用 362 开关柜	历史数据	9	8	10	15	15	—	—	—
	23 日数据	8	8	9	16	15	—	—	—
	26 日数据	8	9	10	15	16	—	—	—
2 号主变压器 302 开关柜	历史数据	11	9	10	10	11	—	—	—
	23 日数据	11	9	11	11	12	—	—	—
	26 日数据	10	10	11	10	11	—	—	—

通过表 3－17 可以看出 361 开关柜后柜门中部、下部的暂态地电压值比正常的 302 开关柜和备用 362 开关柜都要大，且比上次运维单位检测的数值都有明显的增长，说明缺陷在发展。

（2）特高频局部放电测试结果。此类开关柜前后下柜都设计了一个观察窗，并且后下观察窗上部还有一个小孔及如图 3－78 所示测点 8（有一层玻璃，没有金属网），能够进行特高频局部放电测试。23 日高压室内特高频背景如图 3－79 所示，背景值为 0dBmV。前下观察窗特高频信号图谱如 3－80 所示。

后下观察窗（如图 3－78 所示测点 7）特高频局部放电图谱如图 3－81 所示，最大值达到 58dBmV；小孔处（如图 3－78 所示测点 8）特高频局部放电图谱如图 3－82 所示，最大值达到 61dBmV。后下观察窗处的信号幅值远大于前下观察窗，说明特高频放电源在靠近后下观察窗。

综合三种局部放电检测数据，依据 Q/GDW 11060—2013《交流金属封闭开关设备暂态地电压局部放电带电测试技术现场应用导则》，判断该开关柜内存在明显悬浮放电缺陷。

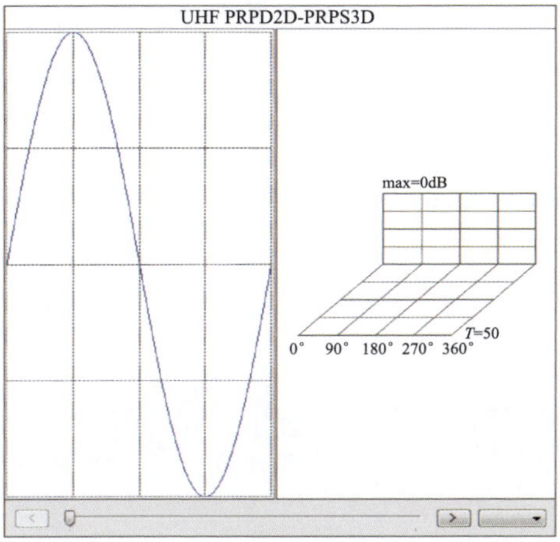

图 3－79 23 日高压室内特高频背景

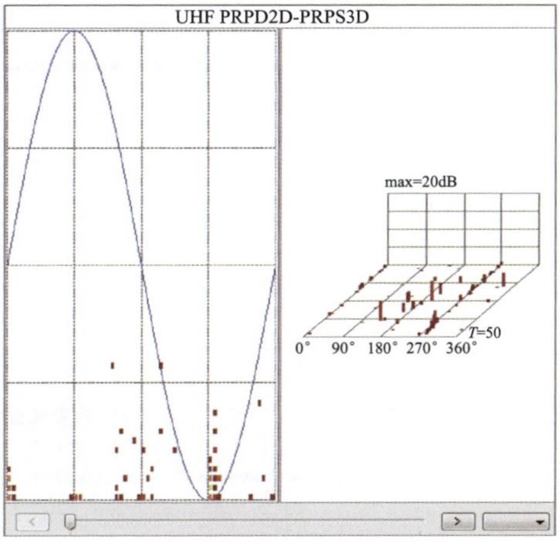

图 3－80 前下观察窗特高频信号图谱

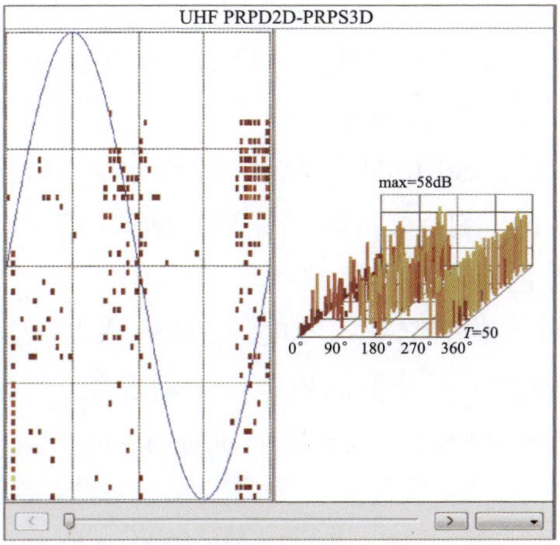

图 3－81 测点 7 特高频局部放电图谱

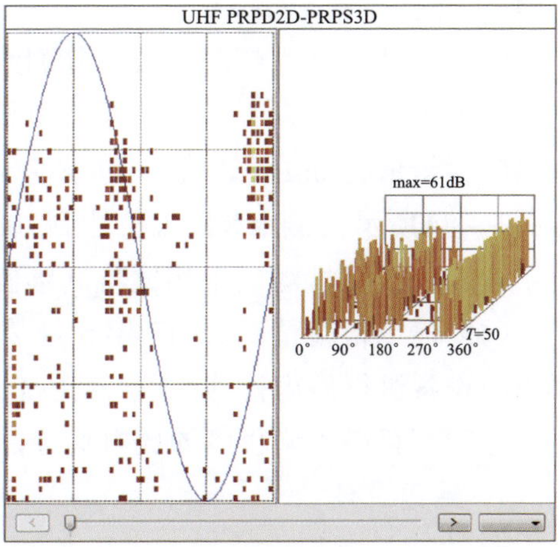

图 3－82 测点 8 特高频局部放电图谱

6. 验证情况

（1）超声波局部放电复测结果。2017 年 6 月 26 日上午，2 号站用变压器 361 开关柜出线电缆的穿心电流互感器上部 B 相与 A 相之间有肉眼可见的放电火花。复测时超声波背景有效值为 – 13dBmV，周期最大值为 – 10dBmV。后柜观察孔处（如图 3 – 78 所示测点 7）超声波信号如图 3 – 83 所示，最大值达到 24dBmV。

（2）暂态地电压局部放电复测结果。由表 3 – 17 可以看出 2 号站用变压器 361 开关柜后下柜处的暂态地电压最大值达到 22dBmV（背景值为 6dBmV），比 23 日测试数据大。

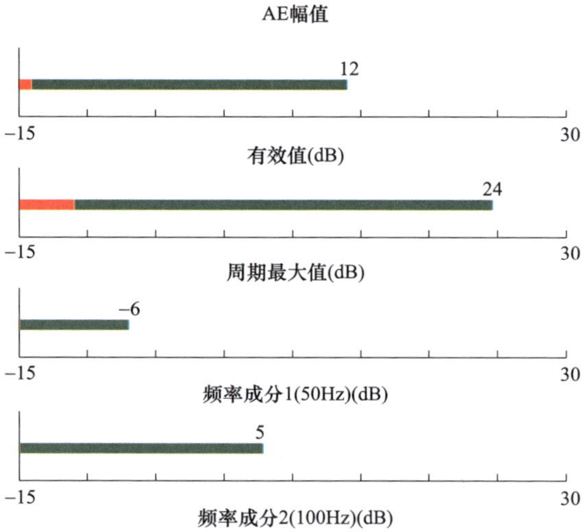

图 3 – 83　测点 7 超声波信号

（3）开关柜特高频局部放电复测结果。2017 年 6 月 26 日对后柜下部出线电缆仓位如图 3 – 78 所示的测点 7 和测点 8 进行特高频复测，复测时高压室内特高频背景值为 0dBmV。测点 7 最大值达到 68dBmV（测点 7 特高频复测数据如图 3 – 84 所示）；测点 8 最大值达到 70dBmV（测点 8 特高频复测数据如图 3 – 85 所示），与 23 日检测结果相比特高频信号也有明显增大。

（4）停电检查情况。2017 年 6 月 27 日运维单位对该变电站 35kV Ⅱ 母及所属出线设备进行停电检修。2 号站用变压器 361 开关柜后柜存在受潮现象，三相电缆之间都存在不同程度的放电痕迹，停电检修的开关柜照片如图 3 – 86 所示。

7. 结论及建议

通过开关柜超声波局部放电检测，结合暂态地电压及特高频局部放电检测，依据 Q/GDW 11060—2013《交流金属封闭开关设备暂态地电压局部放电带电测试技术现场应用导则》，通过检测数据纵横对比和幅值定位，及时、准确地判断出 2 号站用变压器 361 开关柜出线仓存在严重悬浮放电缺陷。

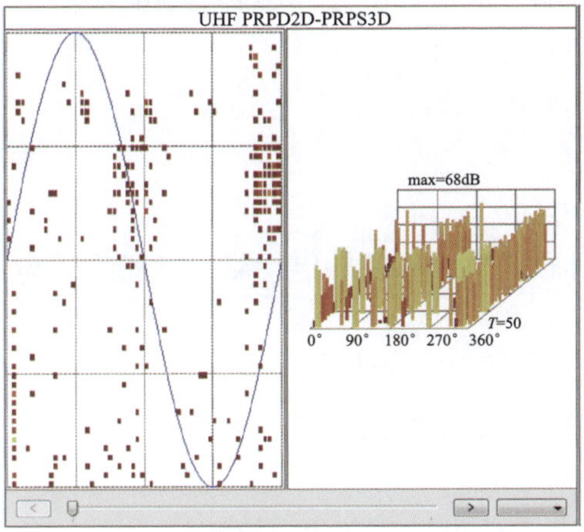

图 3-84 测点 7 特高频复测数据

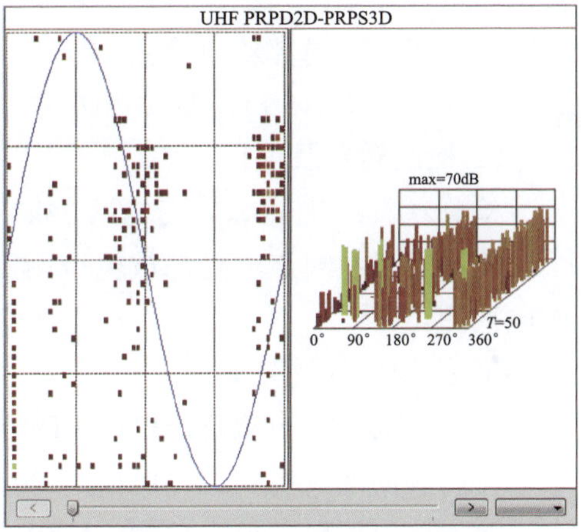

图 3-85 测点 8 特高频复测数据

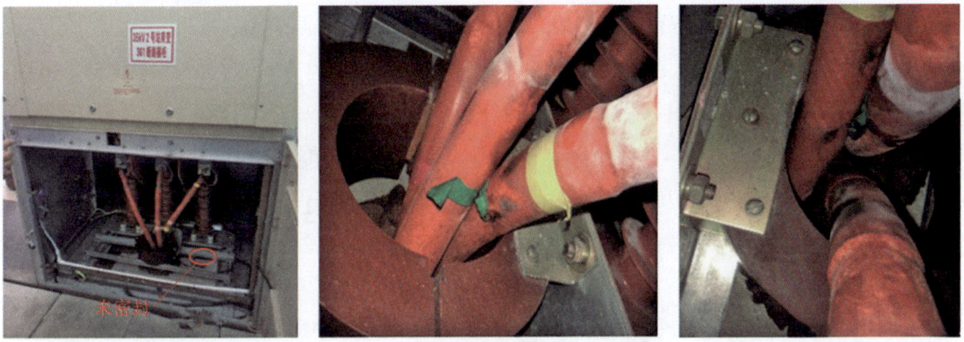

(a) 后柜门下部　　(b) 电缆放电痕迹 1　　(c) 电缆放电痕迹 2

图 3-86 停电检修的开关柜照片

停电检修发现该柜电缆相间有明显放电痕迹，出线仓受潮严重。建议加强开关柜除湿及封堵，开展定期带电局部放电检测，必要时缩短停电试验周期。

3.4.2 基于声电联合检测的 35kV 开关柜避雷器引线放电缺陷检测及停电检查

1. 异常概况描述

2018 年 5 月 14 日，运维单位在某 110kV 变电站带电检测过程中，对 35kV 开关柜进行超声波检测时，发现 331 开关柜后柜有异常超声波信号，幅值较大，呈 50Hz 和 100Hz 相关性，且 100Hz 相关性大于 50Hz 相关性。用耳机可听到明显“滋滋”声。人耳靠近时，可听到细微的间断性放电声。超声波信号幅值最大点位于该开关柜后下柜右侧缝隙处。用暂态地电压局部放电检测仪进行检测，后柜整体幅值大小较背景噪声有所增加，但增幅不大。对后下柜缝隙及观察窗进行特高频局部放电检测，未检测到异常信号。

2018 年 5 月 15 日，复测结果与初测结果一致，异常信号稳定存在。

2. 检测对象及项目

检测对象：某 110kV 变电站 35kV 开关柜。

检测项目：超声波局部放电检测、暂态地电压局部放电检测、特高频局部放电检测。

3. 检测仪器及装置

超声波局部放电检测：PDS－T90 型局部放电检测仪。

特高频局部放电检测：PDS－T90 型局部放电检测仪。

暂态地电压局部放电检测：UTP1 型暂态地电压局部放电检测仪。

4. 检测数据

（1）超声波检测。测试人员对 35kV 开关柜进行超声波局部放电普测时发现，331 开关间隔后柜门存在超声波异常信号，幅值远大于背景值，具有 50Hz、100Hz 相关性，100Hz 相关性大于 50Hz 相关性。331 开关柜后下柜超声测点与背景测试数据如图 3－87 所示。在测点附近空气能测到异常超声信号，但小于测点，且距离测点越远信号越小，初步认为 331 开关柜后下柜内有异常超声信号。

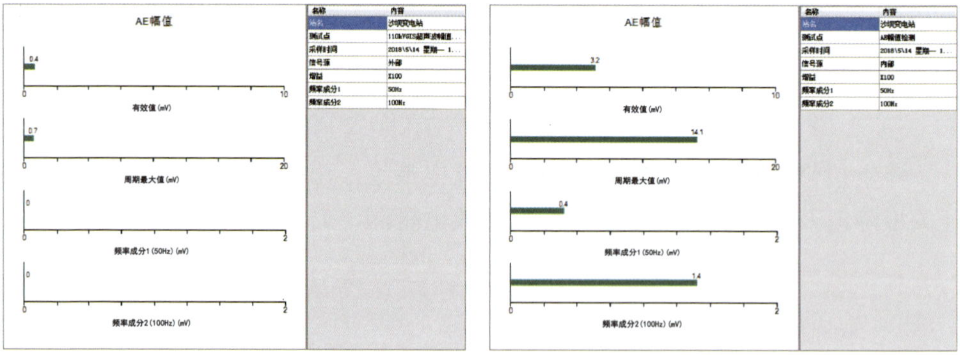

(a) 背景噪声　　(b) 后下柜检测数据

图 3－87　331 开关柜后下柜超声测点与背景测试数据

331 开关柜后下柜超声测点相位图谱和波形图谱如图 3－88 所示。测点原始信号波形两个周期内有四簇明显“凸起”，放电脉冲相位分布较宽，放电特征明显。相位分布显示明显，具有沿面或绝缘气隙放电特征，且检测各点附近空气中超声波信号明显小于测点，初步推断局部放电信号来自开关柜内部。

（2）特高频检测。未检测到异常特高频信号。

（3）暂态地电压检测。用暂态地电压对后柜门下部进行测试，测试值稍大于背景值（背景值为 6dB），进行多点检测，331 开关柜暂态地电压测点示意图如图 3－89 所示，各点暂态地电压检测幅值如表 3－18 所示。可以看出，虽然整体幅值较环境和左右两侧相同位置并不突出，但幅值最大点出现在测点 23 附近。

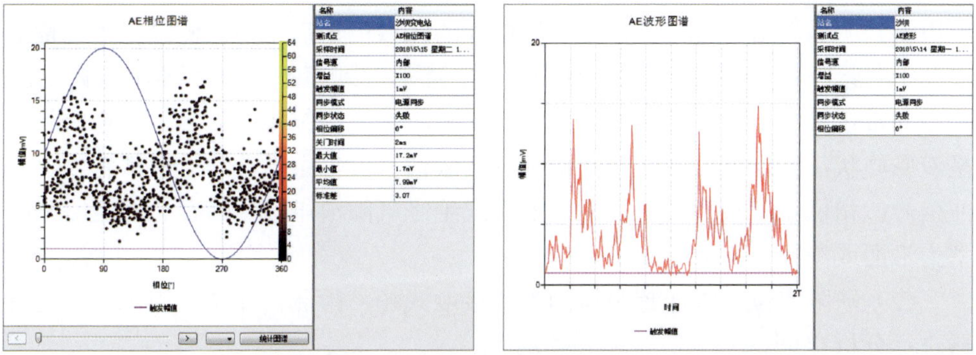

（a）相位图谱　　（b）波形图谱

图 3－88　331 开关柜后下柜超声测点相位图谱和波形图谱

图 3－89　331 开关柜暂态地电压测点示意图

表 3-18　　各点暂态地电压检测幅值　　单位：dB

测点	幅值	测点	幅值	测点	幅值	测点	幅值	测点	幅值	测点	幅值
1	12	7	13	13	11	19	16	25	15	31	11
2	12	8	11	14	13	20	14	26	13	32	12
3	14	9	14	15	14	21	15	27	12	33	11
4	14	10	16	16	17	22	17	28	13	34	11
5	13	11	12	17	18	23	19	29	15	35	14
6	14	12	13	18	16	24	17	30	14	36	14

5. 综合分析

（1）缺陷类型判断。根据 14 日和 15 日超声波检测结果，在 331 开关柜后柜检测到明显异常信号，且信号幅值最大的区域位于后下柜右侧缝隙处，幅值远高于背景噪声，100Hz 相关性明显，依距离从近到远超声信号逐渐衰减至无，确定异常信号源于开关柜内部。如图 3-88 所示，相位图谱显示每周期两簇、呈双驼峰状；波形图谱中一个周期内有两簇信号，每组脉冲信号中都有大小脉冲信号，相位宽度较宽，符合明显沿面或绝缘气隙放电信号特征。确定缺陷类型为沿面或绝缘气隙放电缺陷。

（2）缺陷定位。本次超声检测为非接触式超声检测，无法使用示波器传感器进行分析定位。

在后下柜缝隙及观察窗无法检测到特高频信号，因此尝试用幅值法对缺陷位置进行定位。

图 3-90　331 开关柜超声波测点示意图

超声波异常信号主要分布在后柜右下侧，331 开关柜超声波测点示意图如图 3-90 所示。横向选取点 1、2、3 三个测试点进行幅值比较，横向超声取点连续模式检测数据如表 3-19 所示，测点 2 幅值最大，确定放电源竖平面为 A 相位置。同样方法，纵向取点 2、4、5、6，纵向超声取点连续模式检测数据如表 3-20 所示，得到测 5 点幅值最大。由此初步确定放电信号最大点为如图 3-90 所示的 A 相出线电缆或避雷器引线位置附近。

此外，从表 3-18 暂态地电压检测数据可以看出，虽然整体幅值较其他开关柜相同位置并不突出，但从相对趋势可以看出点23处幅值最大，与超声波定位一致。

表 3－19　　横向超声取点连续模式检测数据　　单位：mV

位置	有效值	峰值	50Hz 相关性	100Hz 相关性
测点 1	1.5	3.9	0.1	0.2
测点 2	2.8	8.5	0.8	1.4
测点 3	4.8	14.8	1.2	1.8
背景	0.4	0.7	0	0

表 3－20　　纵向超声取点连续模式检测数据　　单位：mV

位置	有效值	峰值	50Hz 相关性	100Hz 相关性
测点 2	2.8	8.5	0.8	1.4
测点 4	3.2	14.1	0.4	1.4
测点 5	5.4	17.9	1.5	2.0
测点 6	2.7	13.1	0.8	0.9
背景	0.4	0.7	0	0

6. 验证情况

2018 年 5 月 16 日，运维单位对包括 331 开关间隔在内的多个开关柜进行停电检修，检测队伍趁此机会验证检测分析结果。打开 331 间隔后柜下柜门后发现 A 相避雷器引线与绝缘隔板之间间距太近，降低电缆引线外绝缘水平后引起放电，放电灼烧痕迹十分明显。331 开关柜解体检修如图 3－91 所示，验证了带电检测结果。

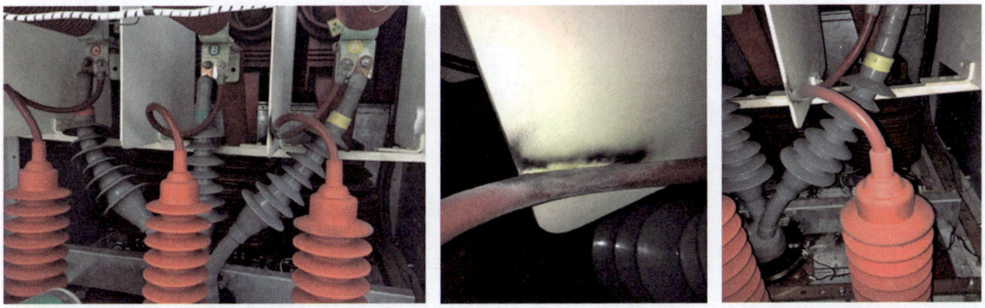

(a) 三相全景　　(b) 放电痕迹 1　　(c) 放电痕迹 2

图 3－91　331 开关柜解体检修

7. 结论与建议

根据检测数据分析及解体验证情况，331 开关间隔柜内 A 相避雷器引线过长且与绝缘隔板接触导致放电。根据相关规定，该类避雷器引线与隔板间距应该至少保持 6cm 以上。建议各单位扎实开展好开关柜带电检测工作，及时发现和处理类似问题。

3.4.3 基于声电联合检测的 10kV 开关柜电缆相间放电缺陷检测及停电检查

1. 异常概况描述

2020 年 3 月 12 日，运维单位通过带电检测发现某 110kV 变电站 914 开关柜存在异常特高频信号和异常超声波信号。经缺陷精确定位和综合分析，判定 914 开关柜 B 相出线电缆接头存在局部放电缺陷。

2020 年 3 月 13 日，运维单位对 914 开关柜 B 相出线电缆外绝缘护套进行更换后，设备重新投运。经检测，914 开关柜异常信号仍然存在，表明缺陷并未消除。

2020 年 3 月 29 日，运维单位对 914 开关柜 B 相出线电缆接头内部进行处理，确保主绝缘状况良好、应力锥安装正确。设备重新投运后，经检测，914 开关柜异常信号消失，缺陷消除。

2. 检测对象及项目

检测对象：某 110kV 变电站 10kV 开关柜。

设备型号：KYN28－12（Z）。

生产日期：2014 年 1 月。

检测项目：超声波局部放电带电检测、暂态地电压局部放电带电检测、特高频局部放电带电检测。

3. 检测仪器及装置

超声波局部放电带电检测：UTP1 型暂态地电压局部放电检测仪。

暂态地电压局部放电带电检测：UTP1 型暂态地电压局部放电检测仪。

特高频局部放电带电检测：DSOX3140T 型数字示波器。

4. 检测数据

（1）超声波局部放电带电检测。2020 年 3 月 12 日，运维单位对某 110kV 变电站 10kV 开关柜开展带电检测，发现 914 开关柜整个后柜门均可测得异常超声波信号。如表 3－21 所示为 914 开关柜及相邻开关柜超声波局部放电带电检测数据，其中，后柜门中部检测到超声波信号最大幅值为 18dBμV，后柜门下部检测到超声波信号最大幅值为 17dBμV。通过超声波局部放电带电检测仪耳机，能听见极强的具有放电特征的声音，远离后柜门一段距离，从仪器耳机仍然能清晰地听见具有放电特征的声音。肉眼可见的 914 开关柜后下柜电缆接头绝缘缺陷如图 3–92 所示，透过 914 开关柜后柜门，可见后下柜出线电缆 B 相外绝缘护套有明显放电痕迹，甚至可见电缆接头处放电火花。综上所述，初步判断 914 开关柜 B 相出线电缆外绝缘护套存在绝缘缺陷，由此引发开关柜内局部放电。

表 3–21 914 开关柜及相邻开关柜超声波局部放电带电检测数据 单位：dBμV

开关柜编号	前中幅值	前下幅值	后上幅值	后中幅值	后下幅值
912	–6	–6	–6	–6	–6
913	–6	–6	–6	–6	–6
914	–6	–6	–2	18	17
915	–6	–6	–6	–6	4
916	–6	–6	–6	–6	–6
背景噪声：–6					

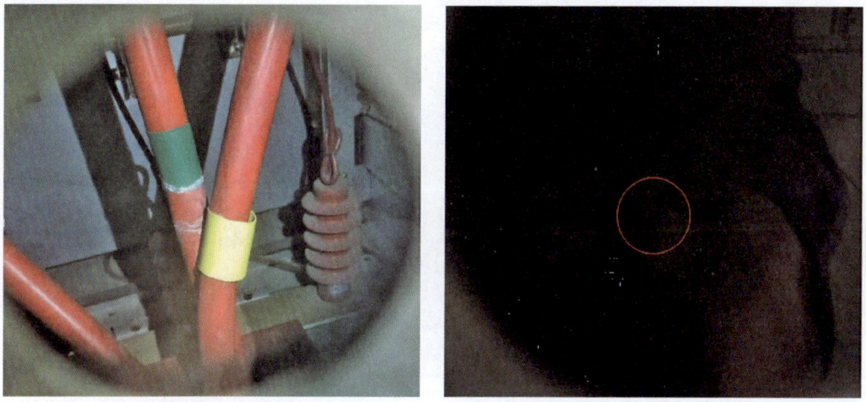

(a) B 相电缆接头放电痕迹　(b) B 相电缆接头放电火花

图 3–92 肉眼可见的 914 开关柜后下柜电缆接头绝缘缺陷

（2）暂态地电压局部放电带电检测。2020 年 3 月 12 日，对该变电站 10kV 开关柜开展暂态地电压局部放电带电检测。如表 3–22 所示为 914 开关柜及相邻开关柜暂态地电压局部放电带电检测数据，经横向比对和纵向比对，数据未见异常。

表 3–22 914 开关柜及相邻开关柜暂态地电压局部放电带电检测数据 单位：dBmV

开关柜编号	前中幅值	前下幅值	后上幅值	后中幅值	后下幅值
912	9	8	11	9	7
913	10	11	13	9	10

续表

开关柜编号	前中幅值	前下幅值	后上幅值	后中幅值	后下幅值
914	8	9	7	6	6
915	15	7	9	10	11
916	11	10	13	11	10
背景噪声：8dBmV（检测位置：10kV 开关室空气中）；7dBmV（检测位置：10kV 开关室内金属板）					

（3）特高频局部放电带电检测。2020 年 4 月 7 日，对存在局部放电缺陷的 914 开关柜进行多通道特高频信号时延定位。

首先在水平方向进行缺陷定位，水平方向缺陷定位特高频传感器检测位置如图 3－93 所示，将接入示波器通道 1 的特高频传感器放置于 914 开关柜左边缝隙底部位置（红线起点），将接入示波器通道 2 的特高频传感器放置于 914 开关柜右边缝隙底部位置（蓝线起点）。水平方向布置的两个特高频传感器采集的信号及其时延如图 3－94 所示，通道 1（黄色）采集的信号和通道 2（绿色）几乎同一时间到达，将接入示波器通道 1 的特高频传感器沿着图 3－93 中的红线进行移动，将接入示波器通道 2 的特高频传感器沿着图 3－93 中的蓝线进行移动，始终保持两个传感器在一个水平线上，两个通道采集的信号均是几乎同一时间到达，表明缺陷位于 914 开关柜正面的中心垂直线上。

图 3－93　水平方向缺陷定位特高频传感器检测位置

接下来在垂直方向进行缺陷定位，垂直方向缺陷定位特高频传感器检测位置如图 3－95 所示，将接入示波器通道 1 的特高频传感器放置于 914 开关柜后中柜和后下柜之间缝隙的中心位置（红圈位置），将接入示波器通道 2 的特高频传感器放置于 914 开关柜后下柜底部缝隙的中心位置（蓝圈位置）。垂直方向布置的两个特高频传感器采集的信号及其时延如图 3－96 所示，通道 1（黄色）采集的信号领先通道 2（绿色）约 760ps，两个特高频传感器距离约为 1m，已知缺陷在 914 开关柜正面的中心垂直线上，经计算，缺陷位于 B 相出线电缆接头位置，与之前目测结果一致。

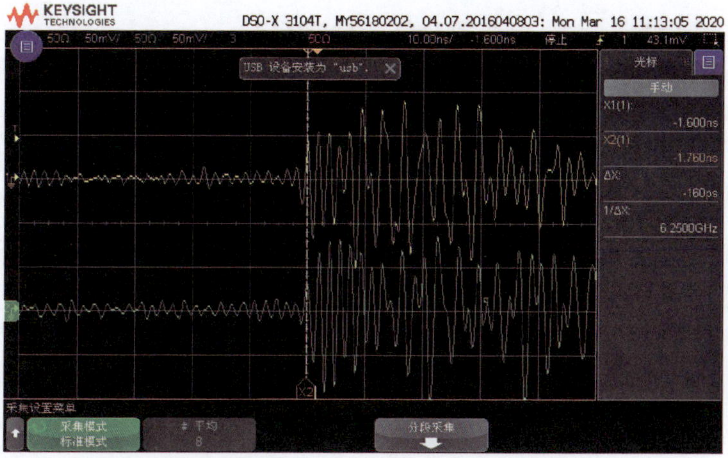

图 3-94 水平方向布置的两个特高频传感器采集的信号及其时延

图 3-95 垂直方向缺陷定位特高频传感器检测位置

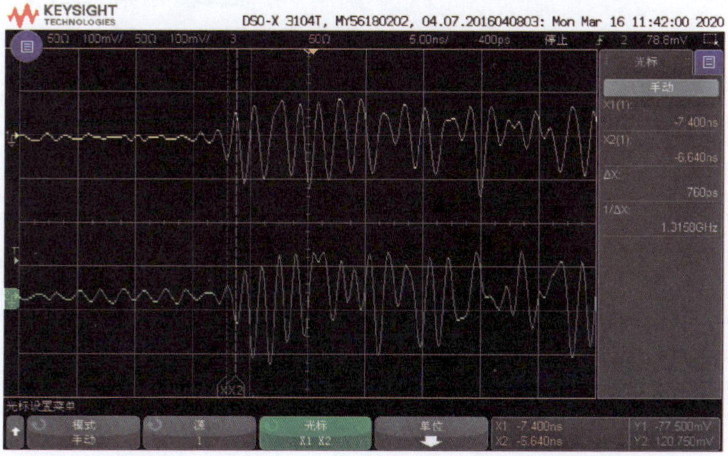

图 3-96 垂直方向布置的两个特高频传感器采集的信号及其时延

5. 综合分析

某 110kV 变电站 914 开关柜测得异常超声波信号和异常特高频信号，暂态地电压信号未见异常。通过超声波局部放电带电检测仪耳机，能听见极强的具有放电特征的声音，远离后柜门一段距离，从仪器耳机仍然能清晰地听见具有放电特征的声音。透过 914 开关柜后柜门可见后下柜出线电缆 B 相外绝缘护套有明显放电痕迹，甚至可见电缆接头处放电火花。经双通道特高频信号时延定位，放电源位于 B 相出线电缆接头位置。

综合分析，该变电站 914 开关柜 B 相出线电缆接头存在明显的局部放电缺陷，由于固体绝缘局部放电缺陷无法自恢复，会随着时间推移日益加剧，应尽快进行检修，消除缺陷。

6. 验证情况

2020 年 3 月 13 日，运维单位对该变电站 914 开关柜进行了停电检修，更换了 B 相出线电缆外绝缘护套。恢复送电后，首次停电检修重新投运后 914 开关柜各测点超声波信号幅值如图 3－97 所示，超声波局部放电带电检测仪仍能测得异常信号，表明缺陷仍未消除，分析缺陷很可能在电缆接头内部。

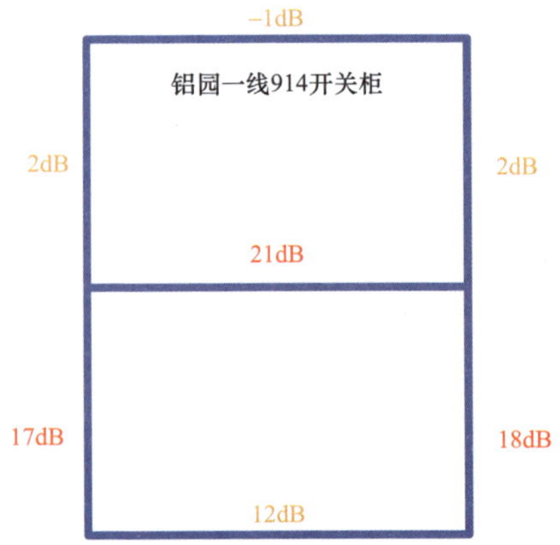

图 3－97　首次停电检修重新投运后 914 开关柜各测点超声波信号幅值

2020 年 3 月 29 日，运维单位对该变电站 914 开关柜再次进行停电检修，对 B 相电缆接头内部进行了处理，确保主绝缘状况良好、应力锥安装正确。914 开关柜 B 相出线电缆接头局部放电缺陷处理完毕如图 3－98 所示，处理完毕后设备重新投运，经检测异常超声波信号消失，缺陷消除。

7. 结论与建议

（1）结论。运维单位通过特高频法和超声波法测得某 110kV 变电站 914 开关柜存在异常信号，暂态地电压信号未见异常。经双通道特高频信号时延定位，914 开关柜 B 相出线电缆接头存在局部放电缺陷。经两次处理后，确保 914 开关柜 B 相出线电缆接头主绝缘状况良好、应力锥安装正确，缺陷消除。

图 3-98 914 开关柜 B 相出线电缆接头局部放电缺陷处理完毕

（2）建议。

1）从大量检测案例分析，超声波法和特高频法均是对开关柜电缆接头局部放电缺陷行之有效的检测手段，进行多通道信号时延计算，还可以准确定位缺陷位置，指导检修消缺。

2）从已有的检测案例看，电缆接头局部放电缺陷占了开关柜内部放电缺陷的一半以上，是威胁开关柜安全运行的重要问题，这其中的电缆材质工艺和所在环境都对电缆接头长期运行的安全状况带来着不可忽视的影响。因此，对于开关柜出线电缆运维而言，除了加强基建期间材质工艺的把控和运行期间局部放电带电检测，改善开关柜运行环境，最大限度减少脏污或受潮引起的缺陷，对维护开关柜安全运行至关重要。

3.4.4 基于超声波法的 10kV 开关柜电缆相间放电缺陷检测及停电检查

1. 异常概况描述

运维单位带电检测人员在某 110kV 变电站对 10kV 高压开关柜进行超声波、暂态地电压局部放电检测，发现 910 开关柜的超声波测试数据异常，幅值较大，具有典型的局部放电信号特征。经检测，异常超声信号稳定存在，910 开关柜超声波幅值最大的测点如图 3-99 所示，检测人员在后柜门可听见放电声音。

2. 检测对象及项目

检测对象：某 110kV 变电站 10kV 开关柜。

检测项目：超声波局部放电检测，暂态地电压局部放电检测，特高频局部

图 3-99　910 开关柜超声波幅值最大的测点

放电检测。

3. 检测仪器及装置

特高频局部放电检测：XD50 型局部放电检测仪。

超声波局部放电检测：XD50 型局部放电检测仪。

暂态地电压局部放电检测：XD50 型局部放电检测仪。

4. 检测数据

（1）超声波检测数据。在如图 3-99 所示的超声波测点处，910 开关柜超声波连续检测图谱如图 3-100 所示，910 开关柜超声波检测数据如表 3-23 所示。图 3-100 中可见 50Hz 相关性为 27.8dBuV，100Hz 相关性为 12.2dBuV，初步判断放电部位为柜体下部电缆处。三相电缆根部绝缘可以看到白点，910 开关柜放电处具体位置如图 3-101 所示。

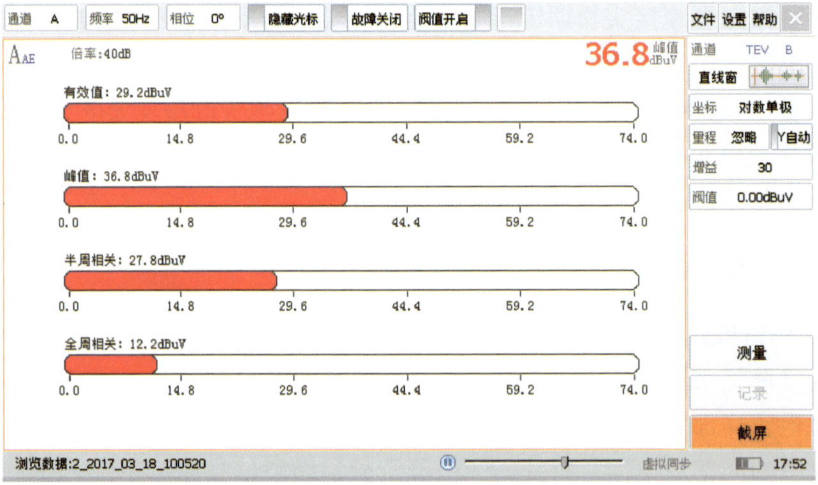

图 3-100　910 开关柜超声波连续检测图谱

表 3-23　910 开关柜超声波检测数据　单位：dBμV

开关柜编号	背景噪声值	测试值	结果
910 开关柜	20.1	36.5	异常

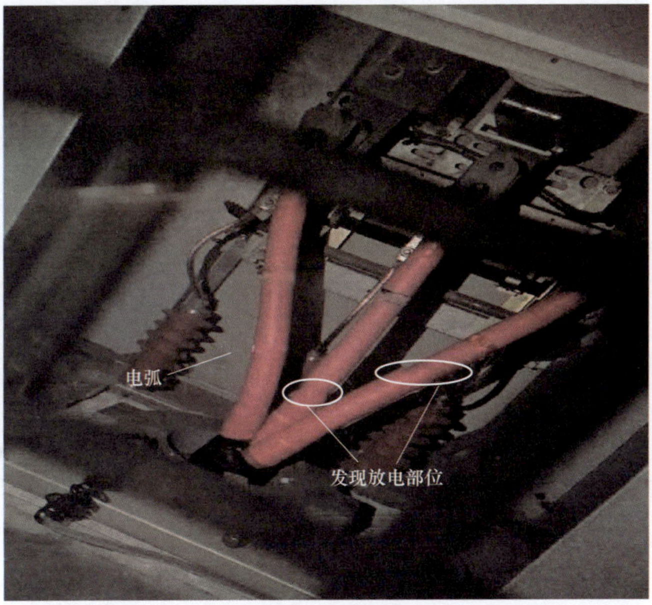

图 3－101　910 开关柜放电处具体位置

（2）暂态地电压检测数据。在同一检测点，以及在附近的背景测点采用 XD50 局部放电检测分析仪对 910 开关柜柜体下部进行暂态地电压局部放电检测，910 开关柜暂态地电压检测数据如表 3－24 所示。

表 3－24　910 开关柜暂态地电压检测数据　单位：dBmV

开关柜编号	前柜中部检测结果	前柜下部检测结果	后柜上部检测结果	后柜中部检测结果	后柜下部检测结果
910 开关柜	21.9	22.8	21.7	23.2	22.6
背景噪声：22.4dBmV（检测位置：10kV 开关室空气中）；20.5dBmV（检测位置：10kV 开关室内金属板）					

根据检测结果，可以看出，910 开关柜暂态地电压测试数据正常。910 开关柜暂态地电压 PRPS 图谱如图 3－102 所示。

（3）特高频检测数据。在同一检测点，以及在附近的背景测点采用 XD50 局部放电综合带电检测分析仪对 910 开关柜柜体下部进行特高频局部放电检测，910 开关柜特高频 PRPS 图谱如图 3－103 所示，未发现异常特高频信号。

5. 综合分析

910 开关柜中上部为开关设备，下部为电缆部分，使用超声波法、暂态地电压法、特高频法对开关柜进行局部放电检测。其中超声波测得异常信号，横

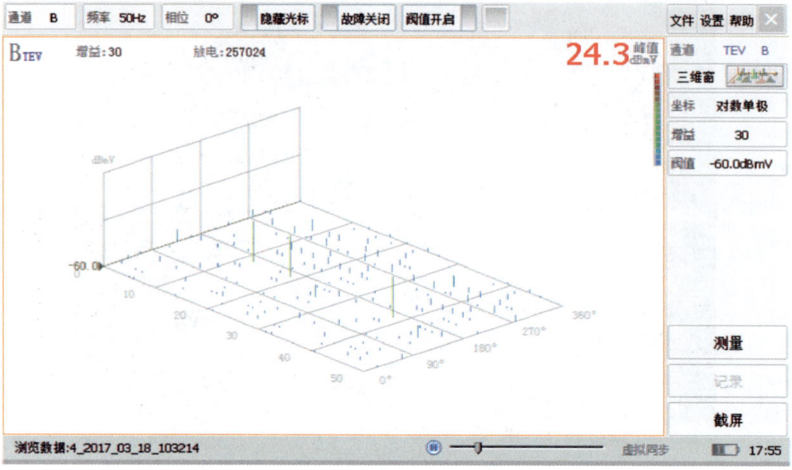

图 3-102　910 开关柜暂态电压 PRPS 图谱

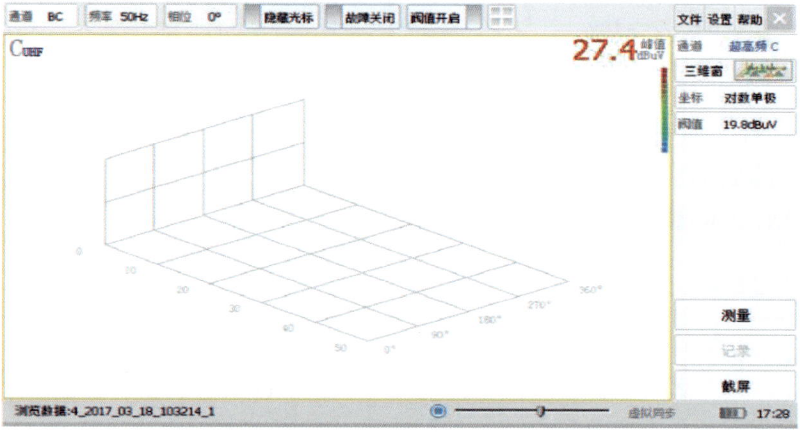

图 3-103　910 开关柜特高频 PRPS 图谱

向对比同一组开关柜，只有该面柜检测数据异常，故判断放电信号来源于柜体内部。由于 910 开关柜该柜下部结构较为简单，电缆头存在缺陷的可能性最大。

6. 验证情况

（1）放电痕迹检查。910 开关柜停电后，停电后放电点检查情况如图 3-104 所示。A、C 相热缩管中部各有一圈白色放电痕迹，而电缆三角叉根部放电点已由带电时观测的白点变成黑色，三角叉碳化痕迹如图 3-105 所示。

电缆靠开关柜后柜门侧，A 相热缩管上部发现的放电灼伤的黑色小洞如图 3-106 所示。由于开关柜结构的原因，带电时从后柜门观察不到电缆，停电后打开开关柜后柜门才能观察到。

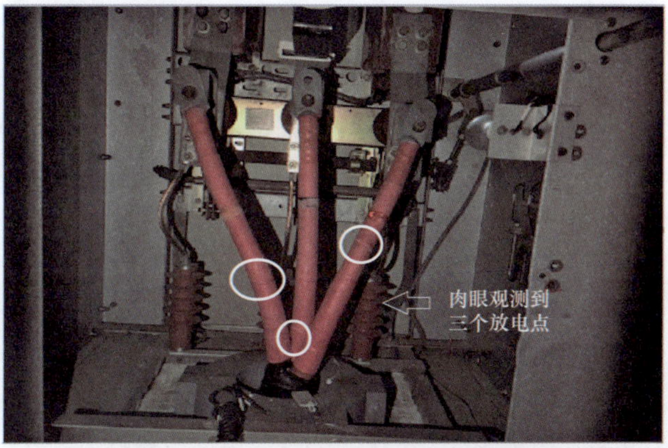

图 3－104　停电后放电点检查情况

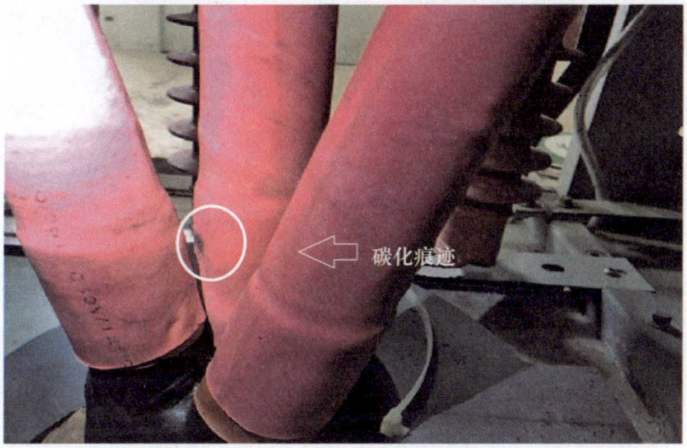

图 3－105　三角叉碳化痕迹

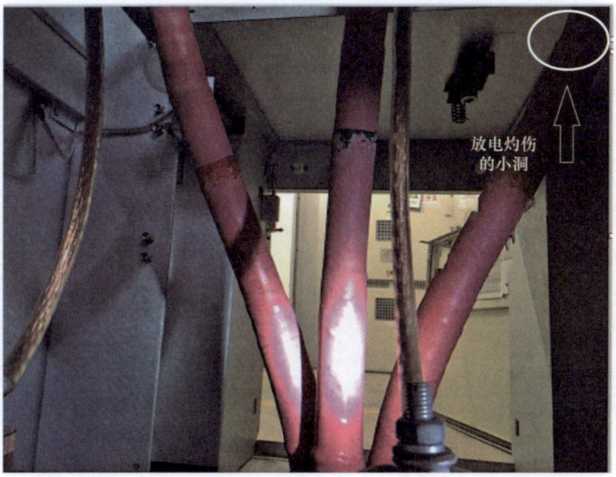

图 3－106　A 相热缩管上部发现的放电灼伤的黑色小洞

（2）电缆放电缺陷原因分析。

1）柜内设备受潮。打开 910 开关柜前柜门，发现前柜门左下角有个地方未进行封堵，电缆沟内的潮气不断进入开关柜出现凝露现象。电缆终端接线铜鼻子及连接铜排因长期暴露在潮湿的环境中，三相均出现不同程度的锈蚀，电缆铜鼻子及接线板锈蚀如图 3－107 所示。

图 3－107　电缆铜鼻子及接线板锈蚀

2）电缆终端制作工艺。检修现场对出线电缆进行柜内解体，发现三相分支的绝缘层制作工艺不符合要求。内层热缩管是符合 10kV 电缆终端要求的高压型，但三相热缩管上面均有数量较多的小孔，而外层热缩管是低压型。电缆热缩管如图 3－108 所示，图 3－108 中朱红色为内层高压型热缩管、粉红色为低压型热缩管。

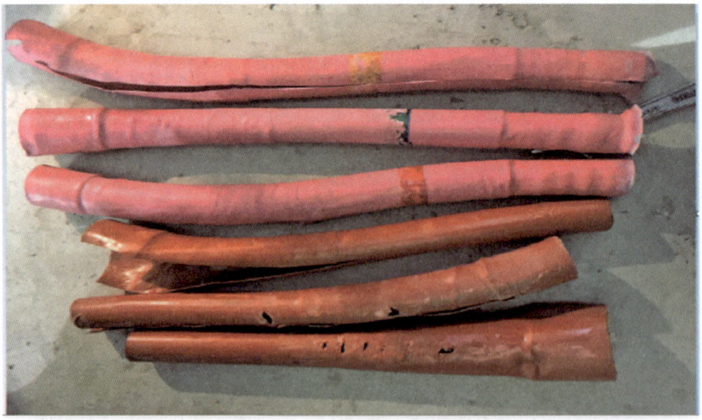

图 3－108　电缆热缩管

高压型热缩管质地较硬而低压型热缩管质地较软，造成了电缆终端密封不严实，在潮气的长期侵蚀下，三相导体白色绝缘层和根部的半导体层都出现了水珠，绝缘层及半导体层上的水珠如图 3－109 所示。两种不同材质的热缩管、高压型热缩管上面小孔构成电场环境，而且小孔里面空气和水分的进入致使小孔不断产生局部放电，最终在 A、C 相及三角叉附近产生几处绝缘放电点。

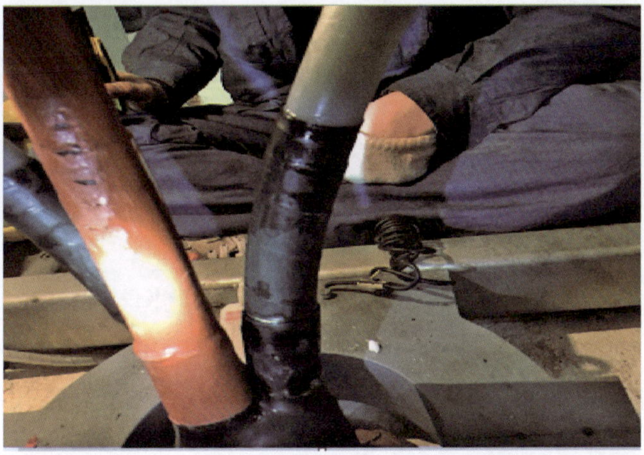

图 3－109　绝缘层及半导体层上的水珠

仔细检查电缆分支导体绝缘层、根部半导体及三角叉未发现有因放电击穿的地方。检修人员用酒精对电缆头进行清理后，重新用符合要求的热缩管进行了密封。

7. 结论及建议

开关柜局部放电超声波、暂态地电压及特高频三种带电检测方法，其中任一种方法检测到异常信号后，首先应对异常信号进行定位，然后通过观察孔观察柜内发生局放的设备情况。

经过勘查开关柜内情况和解体电缆，得出造成电缆终端局部放电的原因：一是 910 开关柜未进行严格密封，致使潮气进入开关柜内造成电缆头铜鼻子和接线板受潮锈蚀；二是出线电缆终端制作工艺不符合要求，高低压热缩管混用，且高压热缩管上出现空洞后未重新选择符合要求的热缩管进行密封。

4 其他设备带电检测及典型缺陷分析

4.1 其他设备带电检测及异常分析方法

在变电站中，除 GIS、线圈类设备和开关柜外，还有瓷柱式断路器、瓷柱式隔离开关、避雷器、电力电缆、电容器、绝缘子等诸多类型设备。红外精确测温和紫外成像检测是上述设备通用的带电检测手段，因电流致热型缺陷检测和紫外成像检测方法成熟，其他文献也多有介绍，这里不再赘述，主要介绍电压致热型缺陷和综合致热型缺陷的检测诊断。鉴于避雷器、电力电缆和绝缘子有针对性带电检测手段，本章着重就这三类设备的结构、缺陷类型及检测分析方法进行介绍。

4.1.1 避雷器、电力电缆、绝缘子结构

避雷器是用于保护其他电气设备免受高瞬态过电压危害并限制续流幅值和续流时间的一种设备，具有分阶段特殊的伏安特性曲线。因为与其他类型避雷器相比结构更简单、体积与质量更小、非线性伏安特性更好、动作时间更快、通流能力更强、残压低且基本无续流，现阶段，金属氧化物避雷器基本替代了其他各种类型成为电力系统中最常用的避雷器类型，本章主要介绍金属氧化物避雷器的带电检测方法及典型缺陷。金属氧化物避雷器内部主要由氧化锌阀片、弹簧和绝缘筒组成，阀片可以等效为一个电阻和一个电容组成的混联电路，金属氧化锌避雷器结构如图 4－1 所示，独立的金属氧化物避雷器根据结构型式的不同可分为瓷套型和复合型。

电力电缆用于输送和分配大功率电能，与架空线路相比，电缆具有绝缘和保护层，人员不会直接接触到高压导体，设备、构筑物等可缩小与电缆线路的

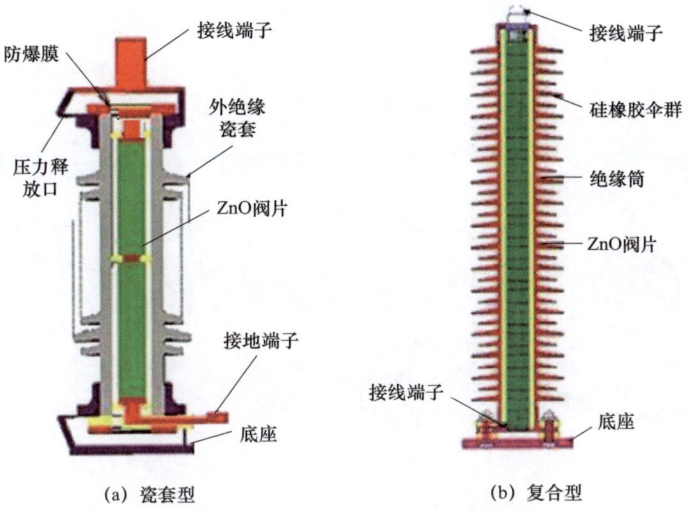

图 4–1 金属氧化锌避雷器结构

安全距离，因此在人口密集或空间有限的城市、变电站、发电厂、工矿企业等场合得到了广泛的应用。电缆线路的中间接头及终端是用于电缆段间的连接，或电缆线路与其他电气设备间连接的部件。在变电站内，电缆线路通常经 GIS 电缆终端由开关类设备引出电缆线路；在变电站出线处，通常由户外瓷套式充油终端或户外复合套式充油终端引接进入架空线。由于电缆中间接头及终端均采用现场安装的方式，故障率较高，而变电站内的中间接头一旦故障，对邻近设备的安全稳定运行影响巨大，因此随着变电站管理工作的加强，电缆中间接头已逐步移出到变电站外，站内运行的高压电缆类设备主要是 GIS 电缆终端、户外瓷套式充油终端和户外复合套式充油终端及电缆本体。高压输电电缆通常为单芯、交联聚乙烯绝缘电缆，高压单芯电缆结构如图 4–2 所示，由内向外分别为导体、半导电带、导体屏蔽、交联聚乙烯（XLPE）主绝缘、绝缘屏蔽、半导电缓冲阻水层（或金布）、波纹铝护套、沥青防腐涂层、外护套、导电涂层。GIS 电缆终端结构如图 4–3 所示，主要由电缆固定及密封部分、弹簧压力装置、硅橡胶（或三元乙丙橡胶）应力锥、环氧套管、导体连接器等部分构成。户外充油电缆终端根据外部套管的材料不同可分为瓷套式和复合套式，户外充油电缆终端结构如图 4–4 所示，主要由电缆固定及密封部分、支撑绝缘子、底板、应力锥、绝缘油、瓷套管或复合套管、机械接管、上端盖等部分构成。

绝缘子是用来支撑带电体，并将带电体与其他带电体或大地绝缘的电气设备。为满足隔绝电压、固定引线和支撑设备的用途，绝缘子不仅要求具有良好的电气性能，还要有足够的机械性能。本章主要介绍了非设备内部的独立绝缘

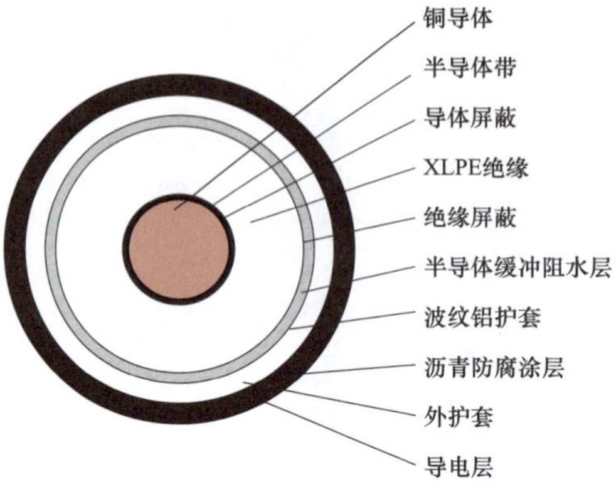

图 4-2　高压单芯电缆结构

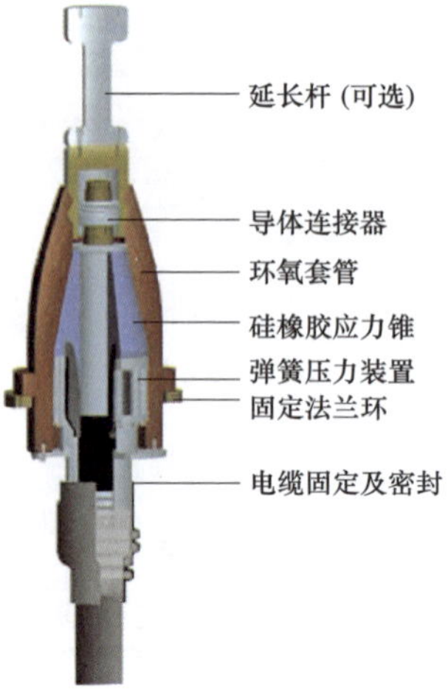

图 4-3　GIS 电缆终端结构

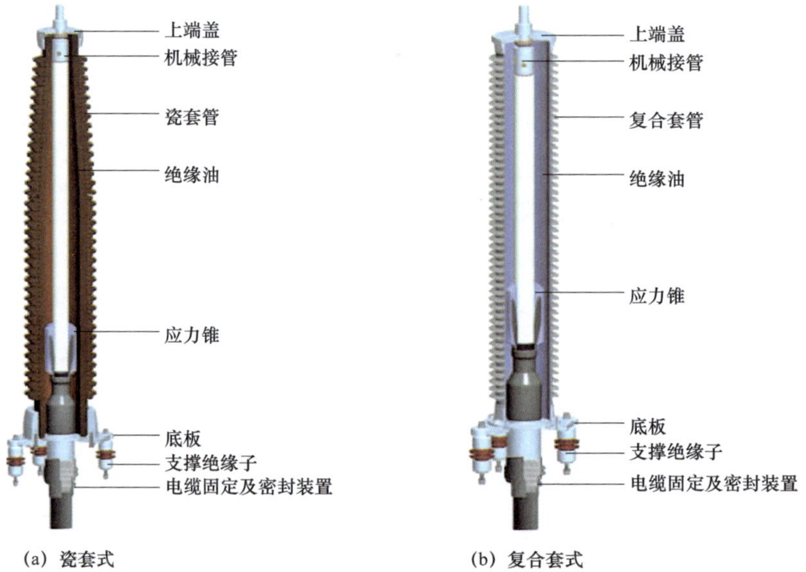

(a) 瓷套式　　(b) 复合套式

图 4-4　户外充油电缆终端结构

子的带电检测方法及典型缺陷。根据所用材质不同，绝缘子可分为瓷质绝缘子、玻璃绝缘子、半导体釉绝缘子和复合绝缘子；根据结构型式不同，绝缘子可分为盘形绝缘子和棒形绝缘子；根据安装方式不同，绝缘子可分为悬式绝缘子和支柱绝缘子。在变电站中，最常见的绝缘子有用于引出线的盘形悬式绝缘子和用于支撑电气设备的支柱绝缘子。如图 4-5 所示是盘形悬式绝缘子主要伞形和内部结构，除了伞形外，材质（瓷质或玻璃），最大公称直径，结构高度（短、中长、长或超长），联接方式（球头球窝联接或槽形联接），公称爬电距离，机电或机械破坏负荷等也是盘形悬式绝缘子的关键指标。部分支柱绝缘子材质结构及安装方式如图 4－6 所示，根据所在环境和应用场景，支柱绝缘子材质、结

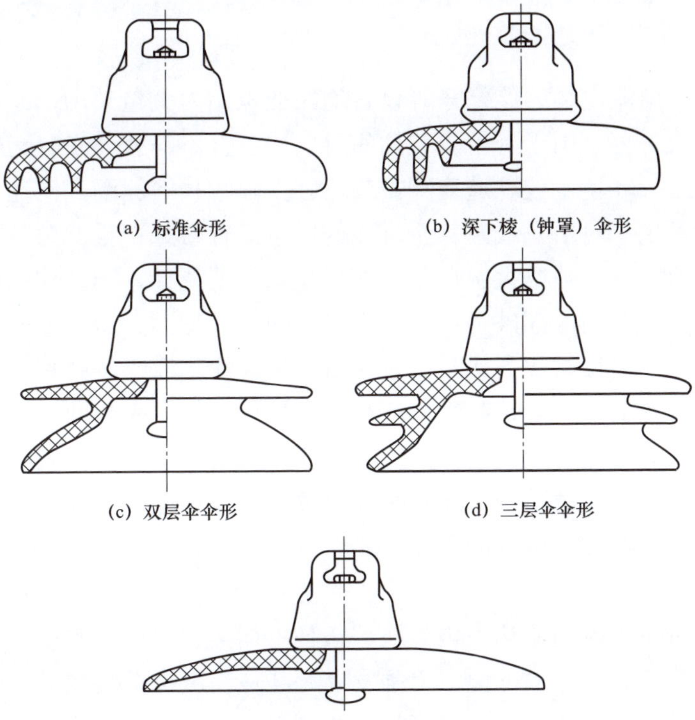

(a) 标准伞形　(b) 深下棱（钟罩）伞形

(c) 双层伞伞形　(d) 三层伞伞形

(e) 空气动力学（草帽）伞形

图 4－5　盘形悬式绝缘子主要伞形和内部结构

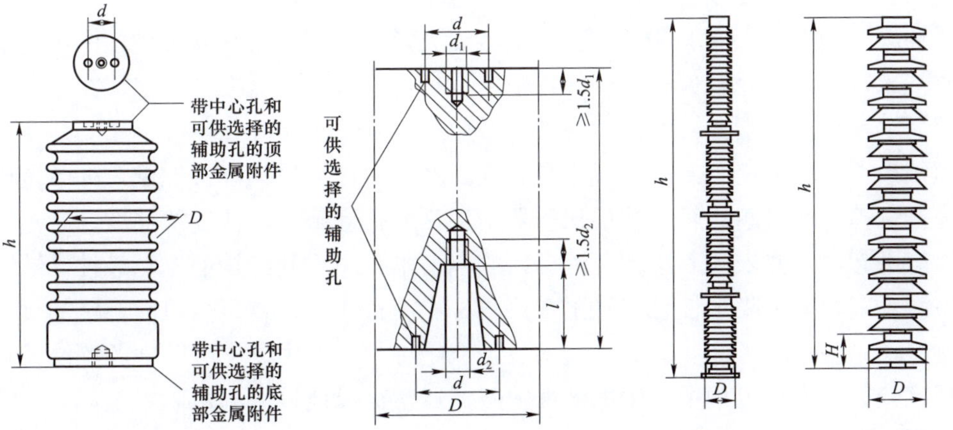

(a) 瓷质绝缘子　(b) 复合绝缘子　(c) 胶装绝缘子　(d) 针式绝缘子

图 4－6　部分支柱绝缘子材质结构及安装方式

构型式和安装方式类型较多，材质、型式、总高度、最大公称直径、机械强度等级、最小公称爬电距离（仅针对户外支柱绝缘子）等是支柱绝缘子的关键指标。

4.1.2 避雷器、电力电缆、绝缘子主要缺陷类型

避雷器、电流电缆、绝缘子等设备均在变电站内大量装用，是电力系统必不可少的组成部分。由于制造安装期间材质或工艺不符合要求、运输期间设备遭遇碰撞、运行环境不佳、遭受冲击或运行年限较长等原因，上述设备缺陷甚至故障时有发生，对所在线路甚至母线的安全运行带来严重威胁。

氧化锌避雷器的缺陷大部分都是阀片缺陷。据统计，制造期间阀片质量不佳、运输或安装期间内部破损松动、运行期间阀片受潮、运行期间外力导致外绝缘破损、长期运行阀片老化，是避雷器的主要缺陷原因。阀片存在问题可能导致避雷器参考电压下降、阻性电流和功率损耗增加，引起的异常过热又进一步加剧了阀片的老化劣化，设备温度的持续升高将带来设备失效甚至设备爆炸的严重隐患。因此，通过带电检测手段及时发现运行避雷器阀片劣化老化的缺陷，是保障避雷器安全运行的重要手段。

近年来，新建工程使用电缆的数量和范围均快速扩张，然而设计、运维、管理等人员对高压电缆的认识仍欠缺，超赶工期敷设电缆、不持证安装电缆附件等现象普遍存在，导致电缆故障频发。尤其是高压电缆终端及中间接头，已成为故障高发点，严重影响了电网的安全可靠运行，造成的经济损失巨大、社会影响严重。针对变电站内的高压电缆系统，主要缺陷包括电缆终端安装工艺不符合要求、电缆线路外护套破损、接地系统失效等。电缆终端的绝缘预制件对环境清洁度要求高、关键工艺控制难度大，使终端经常在安装过程中出现杂质混入、安装尺寸有偏移、绝缘屏蔽断口处理不合格等潜在性缺陷，在运行几年后逐渐形成终端异常发热、终端异常放电。电缆线路外护套破损主要是在电缆敷设过程中未使用专用放线工具、人工暴力拉扯导致的。接地系统失效是电缆接地箱进水受潮、箱内护层保护器击穿、外护套破损、接地线被盗、接地错误等引起，主要表现为接地环流异常。电力电缆由于其结构的全包裹性，缺陷检测难度较大、隐蔽性强，缺陷在终端、中间接头内通常需要 1～5 年的逐步发展，才会出现可检测的典型局部放电或绝缘故障。由于电缆附件的绝缘设计裕度较大，安装过程中产生的潜在缺陷，通常难以通过绝缘电阻、交流耐压等常规停电试验手段发现。因此，通过带电检测手段及时发现运行电缆本体及终端的缺陷，是保障变电站内电缆线路可靠运行的重要手段。

绝缘子面临的主要缺陷，是其绝缘水平或机械强度的下降甚至丧失。不同材质、不同安装方式和不同结构型式的绝缘子，引发缺陷的原因有所不同。对变电站内线路最常用的瓷质盘形悬式绝缘子而言，内部含有杂质、内部结构破坏、表面异物附着、表面积污受潮、外力破坏、老化劣化等是导致绝缘水平和机械强度下降的主要原因，严重情况下甚至会导致瓷质盘形悬式绝缘子炸裂。对于瓷质支柱绝缘子而言，内部含有杂质、瓷件和法兰密封不严、表面异物附着、表面积污受潮、外力破坏是导致绝缘水平和机械强度下降的主要原因，严重情况下甚至会导致瓷质支撑绝缘子断裂或击穿闪络。对于复合绝缘子而言，尽管具有良好的憎水性，但长期积污可能导致憎水性下降甚至丧失，也存在表面积污受潮导致绝缘下降的风险，此外，复合绝缘子在较大横向力作用下容易发生脆断，多个介质界面存在气泡或水分会在强电场作用下产生局部放电甚至击穿闪络。综合现有带电检测手段，利用红外精确测温及时发现绝缘子表面温度变化情况，判断内部绝缘下降、表面泄漏电流增大等缺陷，对保障绝缘子安全运行有显著效果。

4.1.3 避雷器、电力电缆、绝缘子带电检测及分析方法

1. 避雷器泄漏电流检测法

运行期间流过氧化锌避雷器的电流由流过内部绝缘材料的电流、流过电阻片的电流和流过外绝缘的电流组成，包含容性分量和阻性分量。额定运行电压下，流过金属氧化物避雷器的电流称为运行电压下的交流泄漏电流，也称为全电流，正常情况下电流值非常小，为微安级水平，阻性电流分量占比也非常少。但如果避雷器出现内部受潮、阀片老化劣化等缺陷，阻性泄漏电流会增加，同时全电流也相应增加，因此，通过检测避雷器泄漏电流可以判断避雷器是否存在内部缺陷。现阶段，主要的避雷器泄漏电流检测分析方法有全电流检测分析法和阻性电流检测分析法。

避雷器全电流检测原理图如图 4－7 所示，全电流检测分析法利用避雷器泄漏电流测试仪在动作计数器两侧检测避雷器的总泄漏电流进行分析，根据相关标准，判据如下：

（1）同一产品，在相同的环境条件下与前次或初始值比较，全电流初值差应不大于 20%。

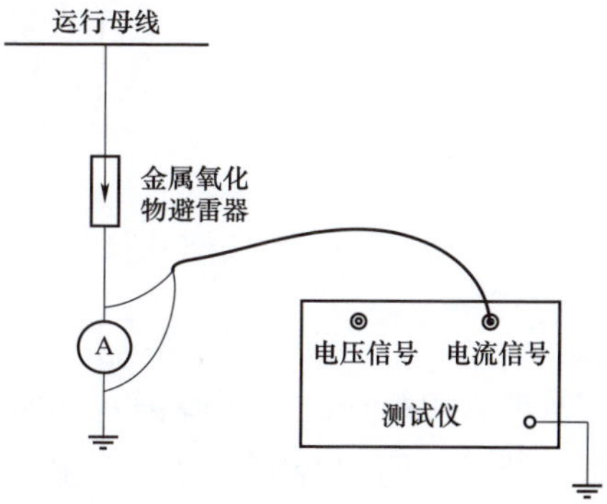

图 4－7 避雷器全电流检测原理图

（2）同一制造厂、同一批次、同相位的设备，全电流差别不应超过70%。全电流检测法操作相对简单、应用也最广泛，甚至可采用数字式万用表、交流毫安表等开展检测。但该方法的缺点是因为阻性电流在全电流中占比很小，阻性电流的变化对全电流影响不明显，导致全电流检测分析法灵敏度很低，只能检测出避雷器严重受潮或老化的情况，不利于设备早期缺陷的检测分析，通常用于避雷器运行情况初步判断。

如图4－8所示，阻性电流检测分析法利用避雷器泄漏电流测试仪在动作计数器两侧检测避雷器的总泄漏电流、在同相电容式电压互感器（CVT）二次侧同步采集参考电压，经计算得到避雷器阻性泄漏电流值（经过数字信号处理后得到基波或各次谐波电流、得到参考电压的幅值及相角，将基波电流投影到基波电压上就可以计算出阻性电流基波，通常由仪器自动完成计算）后进行分析诊断，根据相关标准，判据如下：

（1）同一产品，在相同的环境条件下与前次或初始值比较，阻性电流初值差应不大于50%，当阻性电流增加50%时应缩短试验周期并加强监测，阻性电流增加100%时应停电检查；

（2）同一制造厂、同一批次、同相位的设备，阻性电流差别不应超过70%。阻性电流检测分析法操作和分析相对复杂，但检测灵敏度高，有助于发现避雷器早期缺陷，可用于避雷器缺陷诊断。

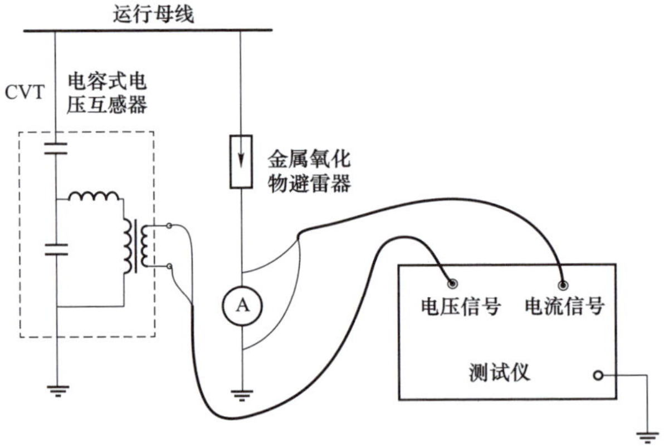

图4－8　避雷器阻性电流检测原理图

2. 电力电缆缺陷带电检测及分析方法

电力电缆在发生故障前，通常伴有电、热、声、光、水、气等多种特征信息。针对不同的特征信息，衍生出了红外精确测温、高频局部放电检测、接地环流检测、特高频局部放电检测、超声波局部放电检测、油中溶解气体分析、

SF_6 气体组分分析等多种带电检测技术。110kV 及以上交联聚乙烯高压电缆由于其结构的绝缘性、封闭性，在发生故障前特征量较少，主要通过电和热的信号变化来判断绝缘状态，常用的检测手段有红外精确测温、高频局部放电检测、接地电流检测等。

（1）电力电缆终端局部放电带电检测及分析方法。有效测量终端的局部放电水平是对在运的站内 GIS 电缆终端、户外充油终端进行质量控制及状态检测的主要手段。特高频局部放电检测法和超声波局部放电检测法主要针对 GIS 电缆终端，可参考高频局部放电检测法对 GIS 电缆终端、户外充油终端和中间接头均有较好的检测效果，是电力电缆较为通用的局部放电检测手段。

高频局部放电检测的原理是当电缆发生局部放电时，通常会在其接地引下线或其他的地线引接线上产生脉冲电流。通过高频电流传感器检测流过接地引下线或其他地线引接线上的高频脉冲电流信号，可实现对电缆终端及接头的局部放电带电检测。高频局部放电检测系统通常由高频电流传感器、工频相位单元、信号采集单元、信号采集分析单元等构成。高频电流传感器完成对局部放电信号的接收，一般使用钳式高频电流传感器；工频相位单元获取工频参考相位；信号采集单元将局部放电和工频相位的模拟信号进行调理并转化为数字信号；信号处理分析单元完成局部放电信号的处理、分析、展示以及人机交互。检测时可以在电缆终端接地线、中间接头接地线、电缆本体上安装高频局部放电传感器，在电缆单相本体上安装相位信息传感器。如果电缆终端接头无外接地线，高频局部放电传感器也可以安装在该段电缆本体上，电缆终端高频局部放电检测原理图如图 4-9 所示。

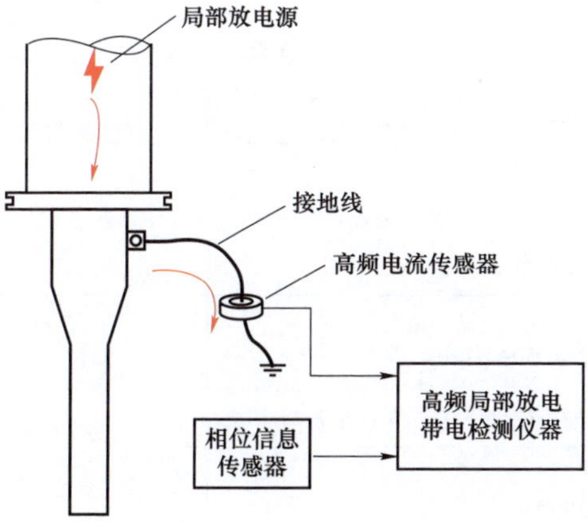

图 4-9 电缆终端高频局部放电检测原理图

若检测到有典型局部放电特征的信号，当放电幅值较小时，判定为异常信号；当放电特征明显，且幅值较大时，判定为缺陷信号。根据相关标准，电缆高频局部放电检测的指导判据见表 4-1。

表 4-1　电缆高频局部放电检测的指导判据

测试结果	图谱特征	放电幅值	结果判断	建议策略
无典型放电图谱	没有放电特征	没有放电波形	正常	按正常周期进行
具有局部放电特征且放电幅值较小	放电相位图谱工频（或半工频）相位分布特征不明显	小于 500mV 且大于 100mV，并参考放电频率	异常	异常情况缩短检测周期
具有典型局部放电的检测图谱且放电幅值较大	放电相位图谱具有明显的工频（或半工频）相位特征	大于 500mV，并参考放电频率	缺陷	缺陷应密切监视，观察其发展情况，必要时停电检修。通常频率越低，缺陷越严重

（2）电力电缆接地系统异常检测及分析方法。电力电缆的接地系统异常主要由接地箱进水、接地线被盗割、外护套破损等引起，接地系统异常会引起电缆金属铝护套上的感应电压发生变化，进而引起接地线上的感应环流发生变化。通过钳形电流表在电缆终端或中间接头的接地线上测试接地感应环流，根据环流与正常情况的对比，即可判断电缆接地系统的完整状况。

检测时，应确保钳型电流表处于正确挡位，量程由大至小调节。由于接地线上的感应环流会随电缆线路的负荷变化，因此测试接地电流的同时，应记录当时的负荷电流。对电缆金属护层接地电流测量数据的分析，也要结合电缆线路的负荷情况，综合分析金属护层接地电流异常的发展变化趋势。根据相关标准，电缆线路接地电流的检测诊断见表 4-2。

表 4-2　电缆线路接地电流的检测诊断

测试结果	结果判断	建议策略
满足下面全部条件： 1）接地电流绝对值小于 50A； 2）接地电流与负荷比值小于 20%； 3）单相接地电流最大值/最小值小于 3	正常	按正常周期进行
满足下面任一项条件时： 1）接地电流绝对值大于等于 50A 且小于等于 100A； 2）接地电流与负荷比值大于等于 20%且小于等于 50%； 3）单相接地电流最大值/最小值大于等于 3 且小于等于 5	注意	应加强监测，适当缩短检测周期
满足下面任一项条件时： 1）接地电流绝对值大于 100A； 2）接地电流与负荷比值大于 50%； 3）单相接地电流最大值/最小值大于 5	缺陷	应停电检查

3. 基于红外精确测温的设备缺陷检测及分析方法

避雷器、电力电缆和绝缘子等设备，其绝缘表面并不通过运行电流，因此正常情况下表面温度分布应符合 DL/T 664—2016《带电设备红外诊断应用规范》等相关标准要求。若设备存在表面积污受潮导致泄流电流增大、内部阀片异常导致泄漏电流增大、内部局部放电、介损值超标等缺陷，可能会在表面产生异常过热情况，尽管相比电流致热型缺陷温升不会太高，但通过图像特征进行分析有助于及时发现并诊断设备缺陷。此外，通过红外热像图特征分析和温度梯度计算，对因绝缘劣化导致的瓷质盘形悬式绝缘子成为低值绝缘子或零值绝缘子的缺陷有较好的检测和诊断效果。

绝缘表面积污受潮导致泄漏电流增大是各类设备常见的缺陷，表面积污受潮导致泄漏电流增大的绝缘子红外热像图如图 4-10 所示，该缺陷热像特征是以瓷盘（或玻璃盘、伞裙）为发热区，与同一设备正常同类部位温差超过 0.5K。

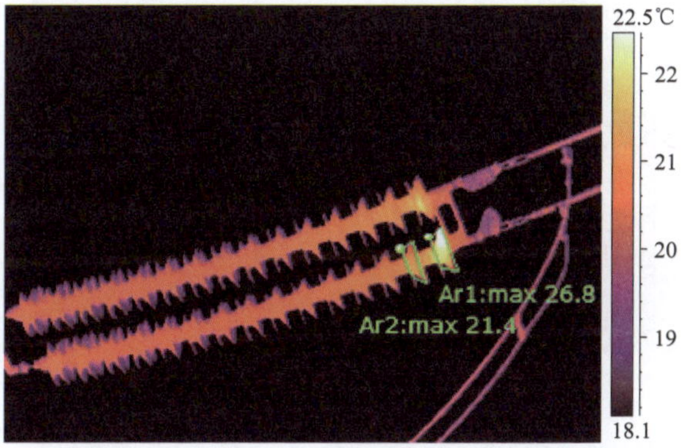

图 4-10　表面积污受潮导致泄漏电流增大的绝缘子红外热像图

对于设备内部受潮或老化劣化、内部存在局部放电、设备介损值超标等缺陷，从热像特征看是整体温升偏高或局部过热，与相邻正常相或同一设备同类正常部位温差超过 0.5～3K（根据 DL/T 664—2016《带电设备红外诊断应用规范》，对于不同设备类型，判断为缺陷的温差值不同）。设备内部缺陷红外热像图如图 4-11 所示。

基于红外精确测温的瓷质盘形悬式绝缘子低值或零值缺陷检测诊断方法相对复杂。对于悬式绝缘子串而言，悬式绝缘子串等效电路和电压分布如图 4-12 所示（图中 C_1 表示从接地横担开始第一片绝缘子电容、C_{E1} 表示从接地横担开始第一片绝缘子对地电容，C_{L1} 表示从接地横担开始第一片绝缘子对高压导体电容，以此类推，C_{n-1} 表示从接地横担开始第 $n-1$ 片绝缘子电容，

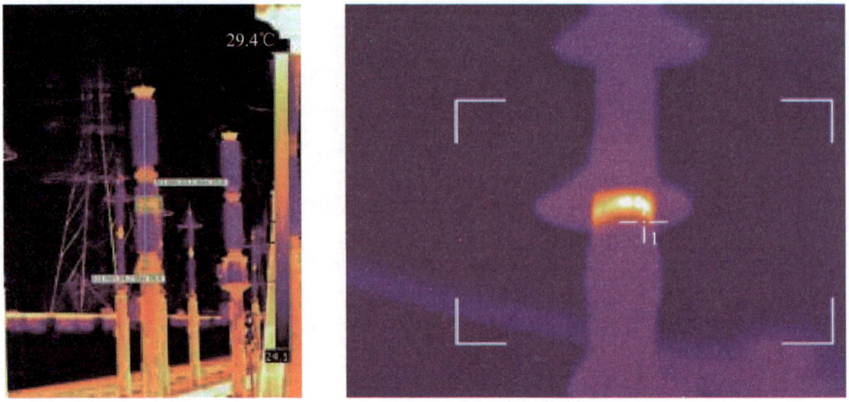

（a）耦合电容内部过热　　（b）电缆内部局部放电

图 4－11　设备内部缺陷红外热像图

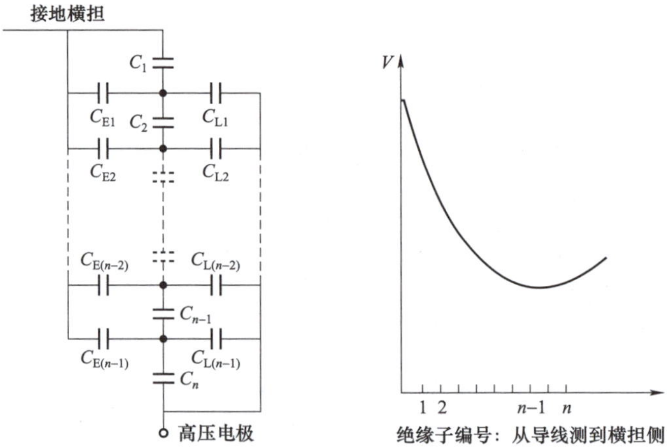

（a）等效电路　　（b）电压分布

图 4－12　悬式绝缘子串等效电路和电压分布

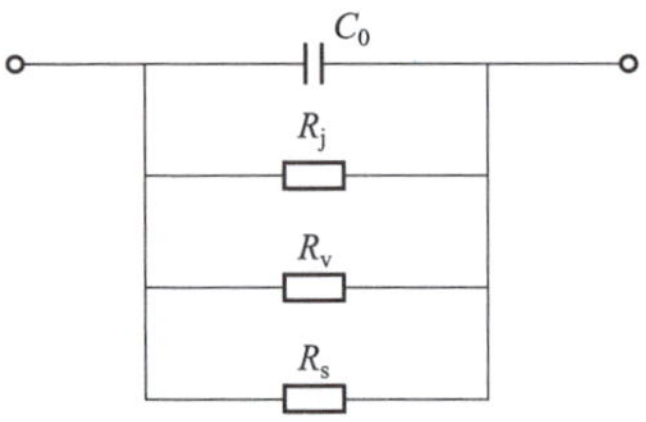

图 4－13　单个绝缘子等效电路图

$C_{E(n-1)}$表示从接地横担开始第 $n-1$ 片绝缘子对地电容，$C_{L(n-1)}$表示从接地横担开始第 $n-1$ 片绝缘子对高压导体电容），每个绝缘子的金具部分、接地的杆塔和带电的输电线路三者之间存在杂散电容，因此绝缘子串的电压分布并不均匀，总体而言呈不对称的马鞍形分布。如图4－13所示是单个绝缘子等效电路图，C_0表示极间电容（值通常为40～60pF），工频电压作用下容抗约为 53～79MΩ，R_j 表示极化电阻，R_v 表示体积电阻，R_s 表示表面电阻，R_{eq} 表示绝缘子电阻，ω表示系统电压角频率，δ表示绝缘子内流过的电流相量和电压相量之间的夹角的余角即介质损耗角。据此，可得到绝缘子等效阻抗计算公式（4－1）。对于瓷质盘形绝缘子，正常情况下介损为0.015～0.025，则 R_j 为 2550～4250MΩ。进一步推导，得到绝缘子发热功率计算公式（4－2），其中，P_k 表示绝缘子功率，X_D 表示绝缘子容抗，U_k 表示施加在绝缘子上的电压，n 表示绝缘子串的绝缘子片数。

$$\begin{cases} R_{eq}=\dfrac{1}{\dfrac{1}{R_j}+\dfrac{1}{R_v}+\dfrac{1}{R_s}} \\ R_j=\dfrac{1}{\omega C_0 \tan\delta} \end{cases} \tag{4-1}$$

$$\begin{cases} P_k=\dfrac{U_k^2 R_{eq}}{X_D^2+R_{eq}^2} \\ X_D=\dfrac{n-1}{n\omega C_0} \end{cases} \tag{4-2}$$

在绝缘子正常的情况下，绝缘电阻可达数百 G 欧，此时 R_{eq} 约等于 R_j，绝缘子发热主要是极化效应发热为主，发热功率很小，约为几十毫瓦。在绝缘子表面积污受潮的情况下，表面电阻 R_s 急剧下降，此时 R_{eq} 约等于 R_s，绝缘子发热主要是表面发热为主，发热功率为几百毫瓦。在绝缘子劣化的情况下，体积电阻 R_v 下降，当下降到 300MΩ 时即为低值绝缘子，此时 R_{eq} 约等于 R_v，泄漏电流从绝缘子内部流过，发热功率主要集中在铁帽内部，铁帽温度将明显升高。如图 4－14 所示为低值绝缘子红外热像图及绝缘子串温度梯度，可见以铁帽为发热中心，与相邻正常绝缘子铁帽温差超过 1K。单个绝缘子体积电阻变化对应的发热功率变化曲线如图 4－15 所示，随着低值绝缘子不断劣化，体积电阻

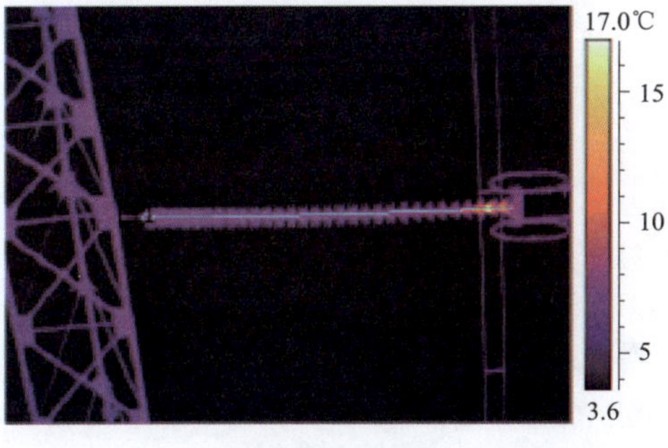

(a) 红外热像图

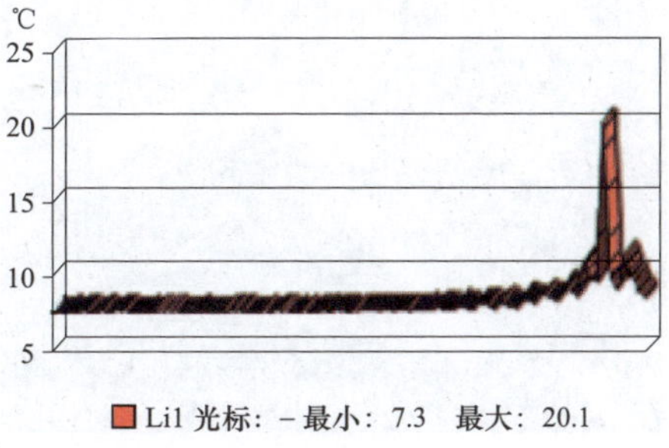

(b) 温度梯度

图 4－14 低值绝缘子红外热像图及绝缘子串温度梯度

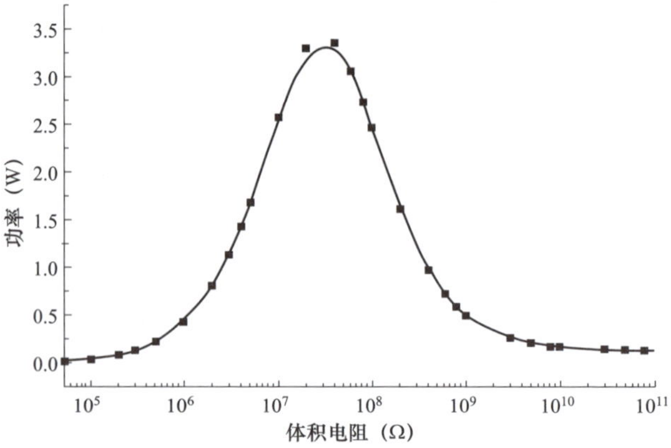

图 4-15　单个绝缘子体积电阻变化对应的发热功率变化曲线

R_v 继续下降，铁帽温度继续升高，但当 R_v 约等于 X_D 后，流过 R_v 的电流不再继续增大，发热功率呈下降趋势，直到低于正常绝缘子铁帽发热功率。当绝缘子体积电阻 R_v 降低到 10MΩ 左右甚至更低，此时为零值绝缘子，如图 4-16 所示为零值绝缘子红外热像图及绝缘子串温度梯度，可见铁帽部位温度较低，与相邻正常绝缘子铁帽温差超过 1K。根据低值、零值绝缘子发热功率计算方法，结合低值、零值绝缘子典型红外热像图，可以实现基于红外精确测温的低值、零值绝缘子检测。在现场检测中，应选用分辨率高的红外热像仪，在阴天或夜间开展工作，能够以最佳条件及时发现低值、零值绝缘子，需要注意的是，当绝缘子体积电阻与等效容抗相近时，低值绝缘子铁帽发热功率与正常绝缘子相近，此时属于“检测盲区”，存在遗漏低值绝缘子的可能。

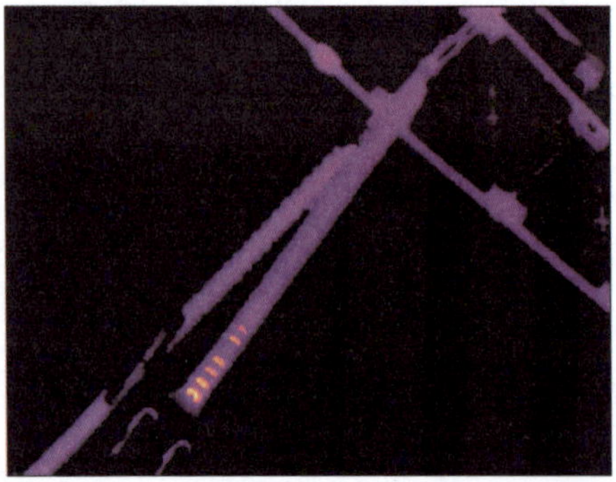

(a) 红外热像图

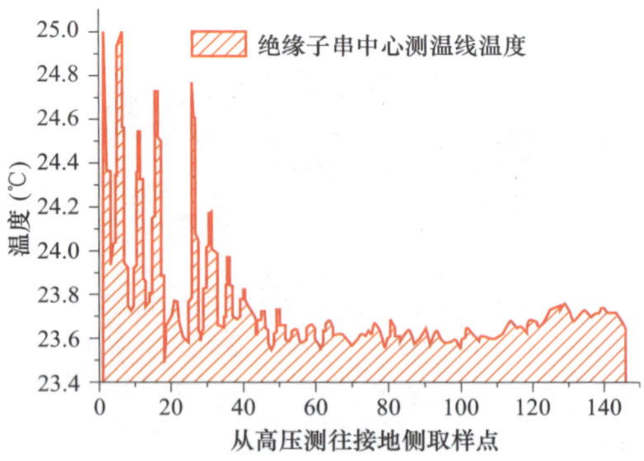

(b) 温度梯度

图 4-16　零值绝缘子红外热像图及绝缘子串温度梯度

4.2 电缆局部放电典型缺陷分析

4.2.1 110kV GIS 内部电缆终端局部放电缺陷检测及停电检查

1. 异常概况描述

110kV××线为纯电缆线路，起于某 110kV 变电站 181 开关，止于另一 110kV 变电站 138 开关，经 2009 年、2012 年两次迁改下地，线路全长为 5.367km。全线共有中间接头 8 组，其中，绝缘接头 6 组，直通接头 2 组，线路两侧变电站内终端均为 GIS 终端，全线构成三个完整的交叉互联单元。

2018 年 7 月，运维单位在带电检测普测中发现某 110kV 变电站 GIS 气室内存在异常放电信号。2018 年 8 月对该电缆终端进行了局部放电带电检测复核，判断异常放电信号存在于 GIS 终端的 B 相气室内。

2019 年 4 月 10～11 日、7 月 1 日，运维单位再次对该 GIS 电缆终端进行了局部放电缺陷复核，B 相 GIS 终端处测得的异常放电信号持续存在，根据放电信号的特征，初步判断了疑似放电类型和区域。

2. 检测对象及项目

检测对象：110kV××线某 110kV 变电站 GIS 终端。

电缆型号：YJLW03－64/110－1×00、YJLW02－64/110－1×400。

检测项目：高频局部放电带电检测、特高频局部放电带电检测、超声波局部放电带电检测。

3. 检测仪器及装置

高频局部放电带电检测：PD check 型高频局部放电检测仪。

特高频局部放电带电检测：HQMDA－CF5/4 型诊断型局部放电综合带电检测仪。

超声波局部放电带电检测：HR1300 型局部放电检测仪。

4. 检测数据

（1）高频局部放电带电检测数据。对 110kV××线电缆某变电站 GIS 终端进行了三次高频局部放电带电检测。

2018 年 8 月××线某变电站内 GIS 终端处异常高频信号 PRPD 图谱如图 4－17 所示，2018 年 8 月 30 日至 31 日，在 GIS 终端处采集到异常高频信号，可见，信号 PRPD 图谱具有典型的内部放电特征，A、B、C 三相的最大放电幅值依次为 148、312、175mV，放电信号的频谱分布主要在 8～11MHz。

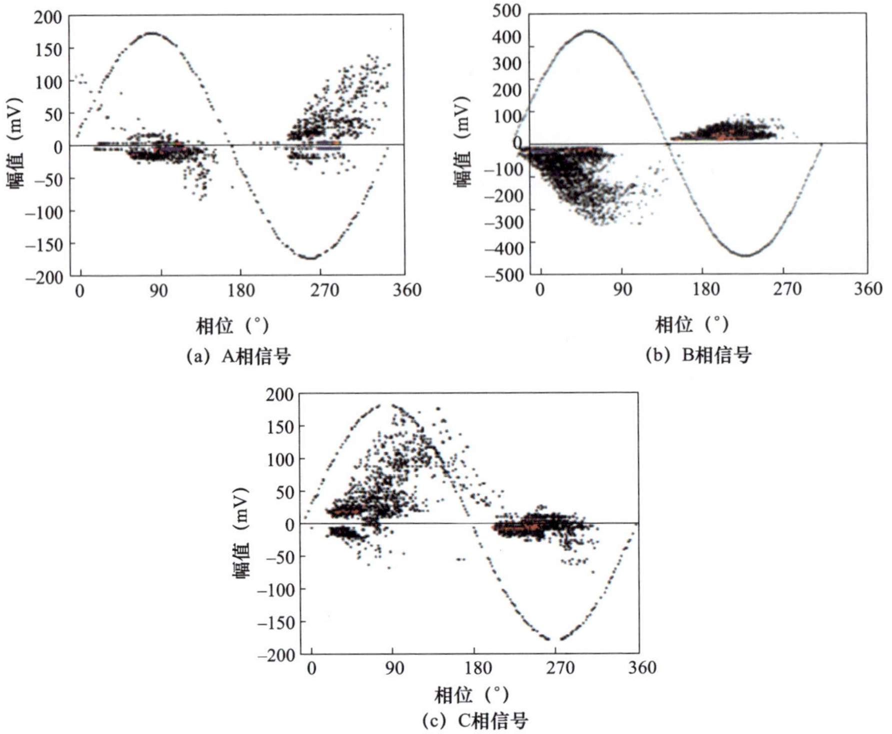

图 4－17　2018 年 8 月××线某变电站内 GIS 终端处异常高频信号 PRPD 图谱

2019 年 4 月××线某变电站内 GIS 终端处异常高频信号 PRPD 图谱如图 4－18 所示，2019 年 4 月 10 日，在 GIS 终端处采集到异常特高频信号，可见，信号 PRPD 图谱具有典型的内部放电特征，A、B、C 三相的最大放电幅值依次为 73、175、69mV，放电信号的频谱分布主要在 8～12MHz。

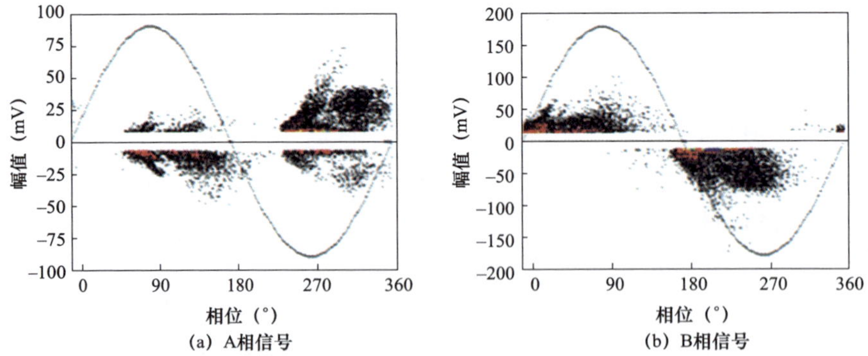

图 4－18　2019 年 4 月××线某变电站内 GIS 终端处异常高频信号 PRPD 图谱（一）

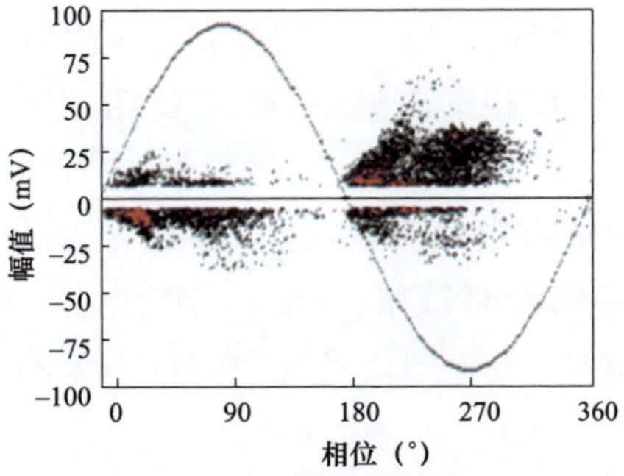

（c）C相信号

图 4－18　2019 年 4 月××线某变电站内 GIS 终端处异常高频信号 PRPD 图谱（二）

如图 4－19 所示，2019 年 7 月 1 日，在 GIS 终端处采集到异常特高频信号，可见，信号 PRPD 图谱具有典型的内部放电特征，A、B、C 三相的最大放电幅值依次为 133、324、145mV，放电信号的频谱分布主要在 8～12MHz。

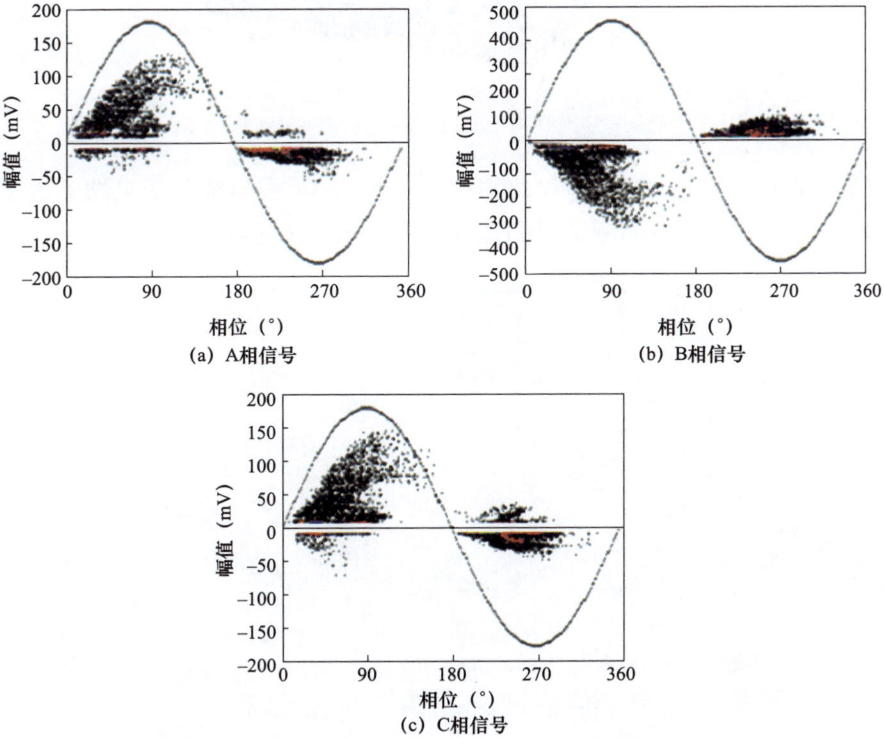

（a）A相信号　（b）B相信号　（c）C相信号

图 4－19　2019 年 7 月××线某变电站内 GIS 终端处异常高频信号 PRPD 图谱

三次高频局部放电带电检测，在 110kV××线电缆某变电站 GIS 终端处均测得图谱相似的疑似内部放电信号。每次检测，B 相电缆终端的放电信号幅值均明显大于 A、C 相，且 B 相图谱极性与 A、C 相相反，放电信号的频谱分布主要在 8～12M。

（2）特高频局部放电带电检测数据。110kV××线电缆某变电站 GIS 终端处特高频局部放电带电检测结果如图 4-20 所示，可见，信号幅值变化较大，最大幅值接近 500mV，放电图谱具有 100Hz 频率相关性，且有一定的极性特征。

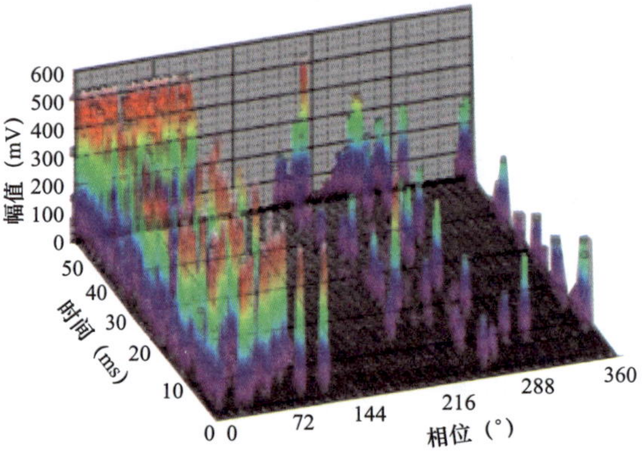

图 4-20　××线某变电站内 GIS 终端处异常特高频信号 PRPS 图谱

（3）超声波局部放电带电检测数据。110kV××线电缆某变电站 GIS 终端处超声波局部放电带电检测结果如图 4-21 所示，未见异常信号。

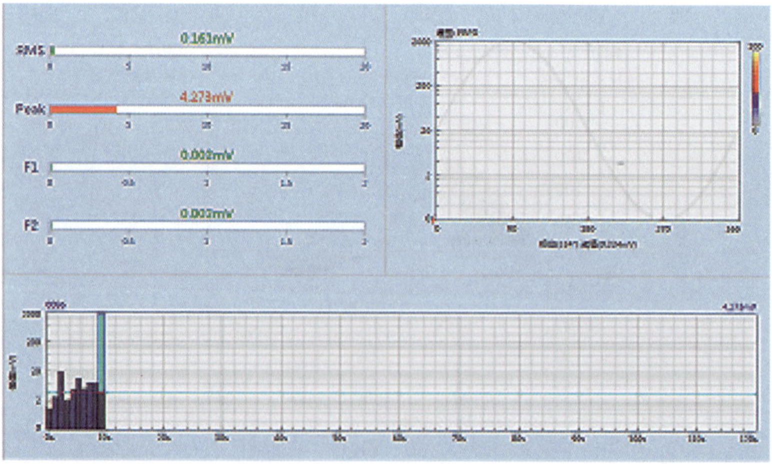

图 4-21　110kV××线电缆某变电站 GIS 终端处超声波局部放电带电检测结果

5. 综合分析

（1）高频信号定相分析。为进一步对 110kV××线电缆某变电站 GIS 终端异常进行判断和定位，采用高频传感器同时采集三相信号，××线某变电站内 GIS 终端处三相高频信号如图 4－22 所示，A 相与 C 相极性相同，B 相与 A、C 相极性相反，且 B 相幅值更大。结合高频信号图谱，推断异常信号来源于 B 相。

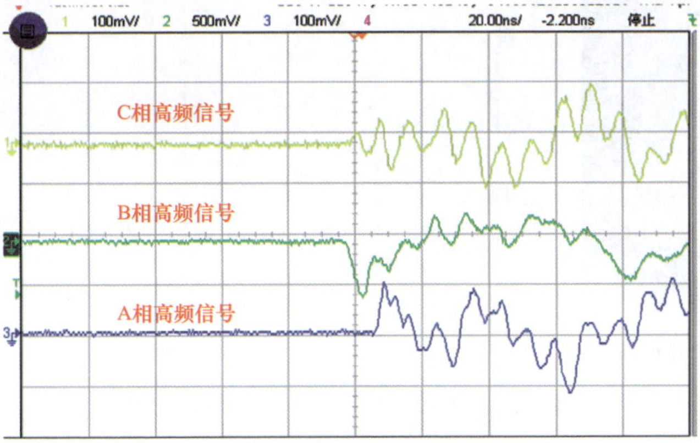

图 4－22　××线某变电站内 GIS 终端处三相高频信号

（2）多通道特高频信号时延定位。使用多通道特高频信号时延定位法对 110kV××线电缆某变电站 GIS 终端缺陷进行定位，传感器布置如图 4－23（a）所示，背景测点和 B 相测点信号如图 4－23（b）所示。可见，背景测点处信号到达时间明显滞后于 B 相传感器，且前者信号衰减严重。由此推断疑似缺陷信号更靠近 B 相测点。

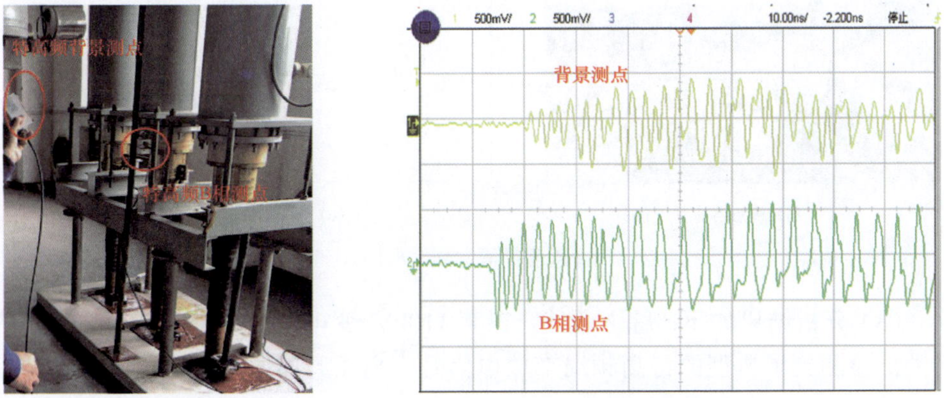

(a) 传感器布置　　(b) 背景测点和B相测点信号

图 4－23　背景测点和 B 相双通道特高频信号时延定位结果

变换传感器位置，传感器布置如图 4－24（a）所示，测点 1 和测点 2 信号如图 4－24（b）所示。可见，测点 2 信号到达时间先于测点 1 信号约 6.4ns，初步判断测点 1 检测到的信号是从测点 2 处辐射到空间中的。

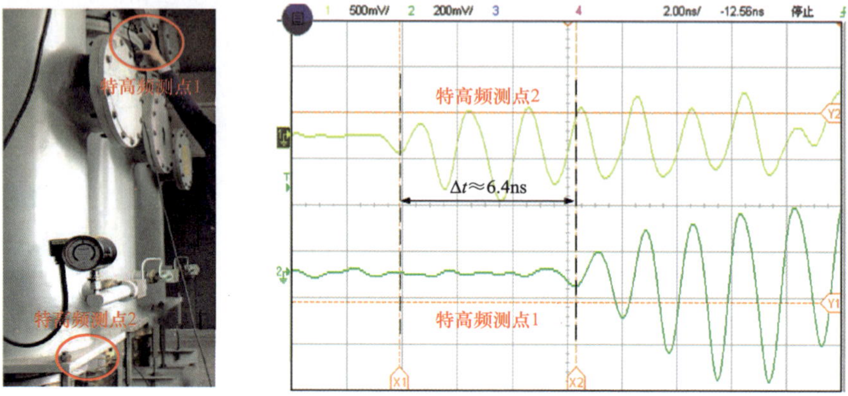

（a）传感器布置　　（b）测点1和测点2信号

图 4－24　双通道特高频信号时延定位结果 1

继续变换传感器位置，传感器布置如图 4－25（a）所示，测点 1 和测点 2 信号如图 4－25（b）所示。可见，测点 1 信号到达时间先于测点 2 信号约 1.0ns，初步判断疑似局部放电缺陷更靠近测点 1。

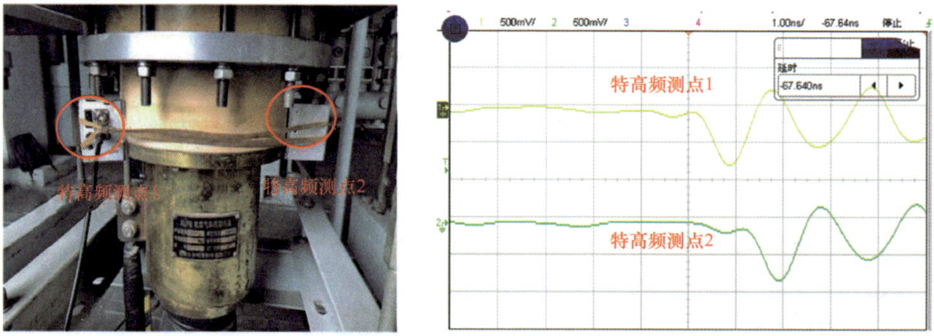

（a）传感器布置　　（b）测点1和测点2信号

图 4－25　双通道特高频信号时延定位结果 2

（3）分析结果如下：综上所述，在某 110kV 变电站内的 110kV××线电缆终端处检测到了典型的特高频局部放电信号、高频局部放电信号，而超声波信号未见明显异常。经综合诊断，该缺陷疑似为固体绝缘类缺陷，疑似缺陷位置如图 4－26 所示。

(a) GIS气室疑似缺陷位置

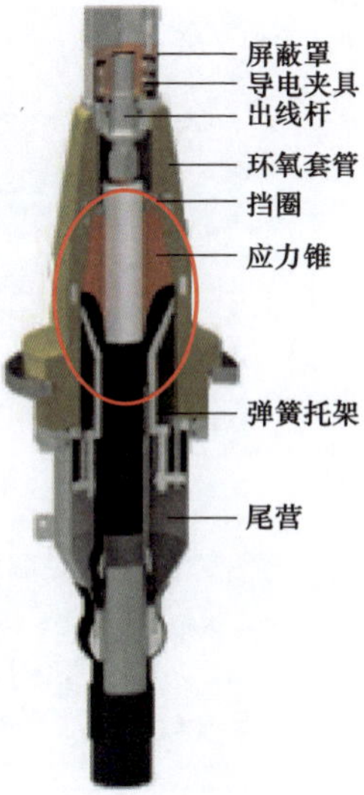

(b) GIS电缆终端对应位置

图 4-26　疑似缺陷位置

6. 验证情况

根据 Q/GDW 11400—2015《电力设备高频局部放电带电检测技术现场应用导则》，对具有局部放电特征、信号幅值小于 500mV 的信号，判定为异常状态且应缩短检测周期。运维单位加强了 110kV××线电缆终端的日常巡视与带电检测工作，缩短检测周期，若监测到的信号表明缺陷有持续恶化或发展迹象，则停电检修。110kV××线电缆某变电站 GIS 终端处的放电信号幅值小于 500mV，未出现明显增大趋势，但放电信号特征典型且稳定存在。运维单位考虑到站内电缆终端一旦发生故障影响较大，于 2019 年 7 月 2 日对该终端进行了停电检修。

环氧套管表面的油点和黑斑如图 4-27 所示，对某 110kV 变电站缺陷终端所在 GIS 罐体进行解体检查，发现电缆终端的环氧套管外表面存在大量小油点区域，用放大镜观察，可见油点呈淡黄色，油点中有黑色杂质，油点的分布区域与内部电缆应力锥位置对应。环氧套管外表面与应力锥外表面检查情况如图 4-28 所示，与定位的疑似放电区域相同，在油点的分布区域内，在环氧套管表面肉眼可见诸多小黑点，用放大镜观察，疑似为黑色或淡黄色放电烧蚀点。

GIS 电缆终端应力锥外表面检查情况、GIS 电缆终端应力锥内表面检查情况分别如图 4-29 和图 4-30 所示，在对电缆终端进行解体检查后，发现电缆应力锥内、外表面均有大量白斑和白色粉末杂质。

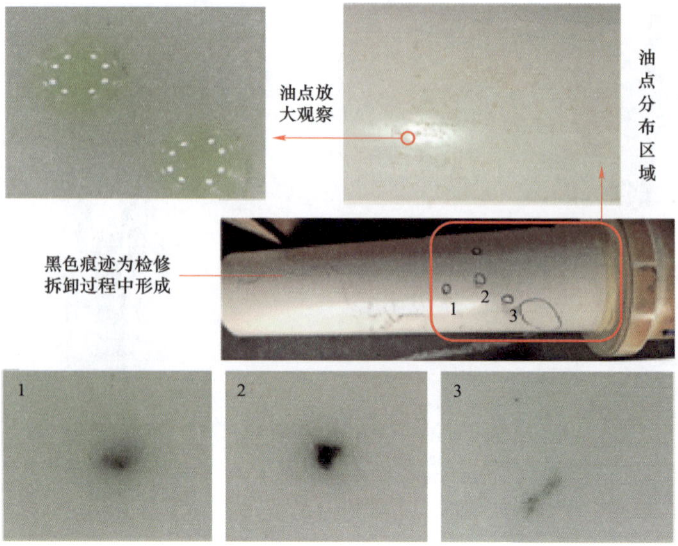

图 4-27　环氧套管表面的油点和黑斑

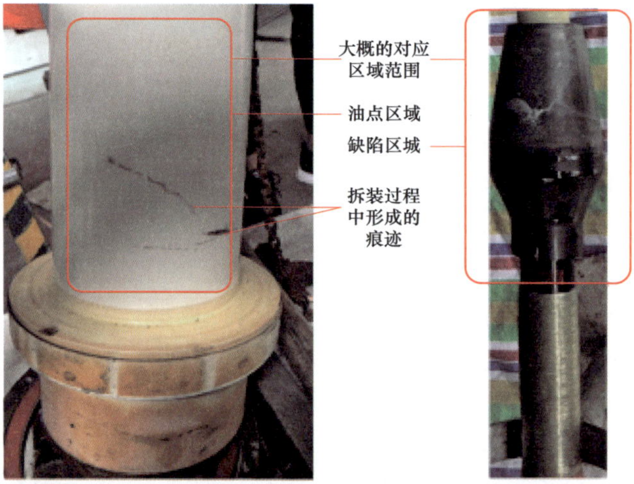

图 4-28　环氧套管外表面与应力锥外表面检查情况

图 4-29　GIS 电缆终端应力锥外表面检查情况

图 4－30　GIS 电缆终端应力锥内表面检查情况

靠近应力锥内侧白色痕迹的 XLPE 表面如图 4－31 所示，用放大镜观察，在电缆交联聚乙烯主绝缘靠近应力锥内表面的一侧，也有明显的聚块白斑。与如图 4－31（a）所示的 XLPE 的正常表面相比，应力锥下方的电缆表面不光滑，白斑区域如图 4－31（b）所示，有油类物质缓慢干结并形成白斑痕迹，初步判断白色痕迹为硅油干结引起，硅油在正常情况下，应保持液体油状，不应出现干结。

（a）正常表面区域

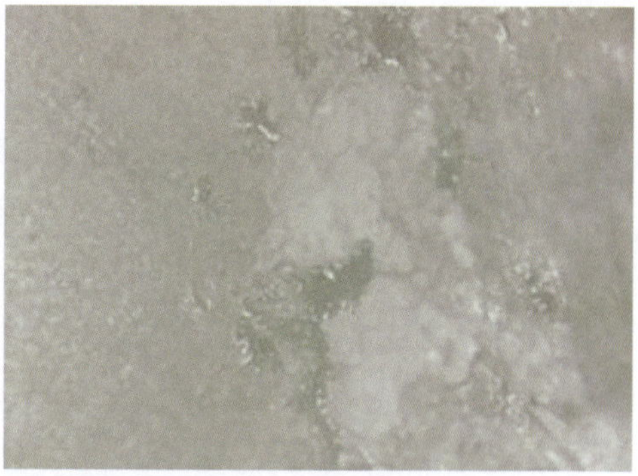

（b）白斑区域

图 4－31　靠近应力锥内侧白色痕迹的 XLPE 表面

合格的硅油在正常情况下，应长期保持液体油状，不应出现干结。绝缘件内硅油出现干结后，反而会成为内部杂质，使应力锥与 XLPE 表面不能紧密接触，形成电场畸变点，导致局部放电的产生，影响应力锥的绝缘效果。

7. 结论与建议

（1）经带电检测，某 110kV 变电站内的 110kV××线 B 相 GIS 终端处存在持续、稳定的典型高频局部放电信号、特高频局部放电信号，超声波信号未见明显异常。根据带电检测综合诊断结果，判断缺陷为固体绝缘类缺陷。

（2）根据该变电站内的 110kV××线 B 相 GIS 终端的解体分析情况，在电缆应力锥内、外表面，应力锥内侧的电缆交联聚乙烯表面，均发现有大量硅油干结形成的白斑和白色粉末杂质。干结的硅脂在绝缘件内部的存在类似于杂质，会引起局部放电的发生，并最终引起电缆应力锥绝缘强度的下降。

（3）在 GIS 开罐检查中发现电缆终端的环氧套管外表面存在大量小油点，且肉眼可见有诸多小黑点，疑似为放电形成的黑色或淡黄色烧蚀点。对于环氧套管外表面小油点的形成，目前尚未形成合理解释，怀疑为 GIS 气体抽真空处理过程中未按规定顺序关闭电源，由设备喷嘴带入。

（4）目前 110kV 及以上电压等级高压输电电缆附件内的局部放电信号特征与绝缘缺陷的对应关系尚不清楚，绝缘缺陷的劣化发展趋势与局部放电信号特征参数的关系尚未建立，硅油的检测方法和评价指标尚未引起行业内的重视，建议开展相关的技术储备工作。

4.2.2 110kV 主变压器 35kV 出线侧电缆接头部放电缺陷检测及停电检查

1. 异常概况描述

运维单位在某 110kV 变电站 2 号主变压器铁芯接地处和夹件接地处测得异常高频信号，未测得异常超声波信号。

经停电检查，2 号主变压器 35kV 侧 C 相出线电缆接头存在沿面放电缺陷。检修后 2 号主变压器重新投运，仍可测得幅值较小的异常高频信号，分析 2 号主变压器 35kV 侧其他出线电缆接头也可能存在轻微局部放电情况。为此，运维单位加强了该变电站 2 号主变压器及其 35kV 侧出线电缆的带电检测工作。

2. 检测对象及项目

检测对象：某 110kV 变电站 2 号主变压器及 35kV 出线侧电缆。

检测项目：超声波局部放电带电检测、高频局部放电带电检测。

3. 检测仪器及装置

超声波局部放电带电检测：PDS－T90 型局部放电检测仪。

高频局部放电带电检测：PDS－T90 型局部放电检测仪。

4. 检测数据

2020 年 1 月 11 日，运维单位对某 110kV 变电站开展带电检测，2 号主变压器高频局部放电图谱如图 4－32 所示，在 2 号主变压器铁芯接地处和夹件接地处均测得异常高频信号。从异常高频信号 PRPS 图谱看，信号幅值可达 32dB，具有显著的 100Hz 频率相关性，局部放电特征明显。

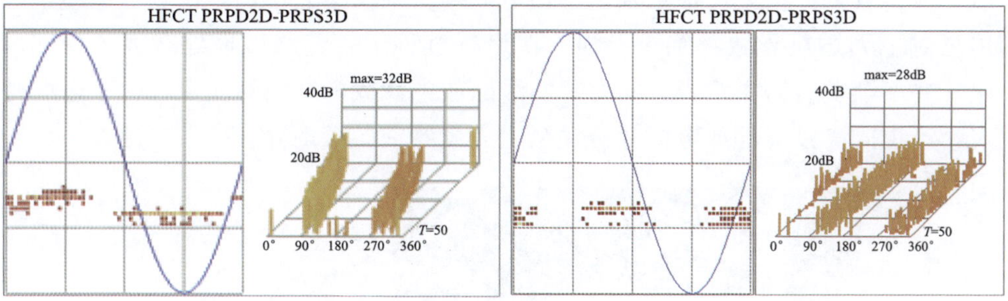

(a) 铁芯接地处信号　　(b) 夹件接地处信号

图 4－32　2 号主变压器高频局部放电图谱

对该变压器进行超声波局部放电带电检测，在壳体多个部位均未测得异常超声波信号。

5. 综合分析

运维单位通过高频法测得某 110kV 变电站 2 号主变压器铁芯接地处和夹件接地处存在异常信号，信号具有显著的 100Hz 频率相关性，局部放电特征明显。为保障设备安全运行，运维单位决定尽快对该主变压器进行停电试验、检查。

6. 验证情况

2020 年 4 月 1 日，运维单位对该变电站 2 号主变压器进行停电试验、检查。当日，该主变压器套管及本体各项试验数据未见异常。经检查，发现 2 号主变压器 35kV 侧 C 相出线电缆有明显的放电烧蚀痕迹（见图 4－33），放电痕迹起始点位于电缆伞裙上部，该处在结构上已无任何屏蔽层或应力管，只有电缆主绝缘，放电由上至下发展，情况已非常严重。分析放电原因，怀疑为电缆主绝缘受损从而对下方应力管沿面放电所致。

图 4－33　2 号主变压器 35kV 侧 C 相出线电缆接头放电烧蚀痕迹

随后，运维单位更换了 2 号主变压器 35kV 侧 C 相出线电缆，对取下的缺陷电缆接头进行解剖分析。2 号主变压器 35kV 侧 C 相出线电缆接头解体如图 4－34 所示，该电缆附件的安装尺寸是合格的，应力管也安装正确，起到均衡电场分布的作用，但是电缆主绝缘上有数道从头至尾的刮痕，刮痕上甚至因放电或过热析出了部分液体，而放电的起始点正好位于一道刮痕上，并向下发展至应力管处。据此可基本判定，该电缆接头制作工艺不佳，在剥去电缆半导体层时下刀过重导致主绝缘受损，在运行过程中主绝缘破损处产生了局部放电，并逐渐发展为主绝缘对应力管的沿面放电，放电产生的能量烧蚀了电缆外表，产生的高频局部放电信号传输至主变压器铁芯接地处和夹件接地处。

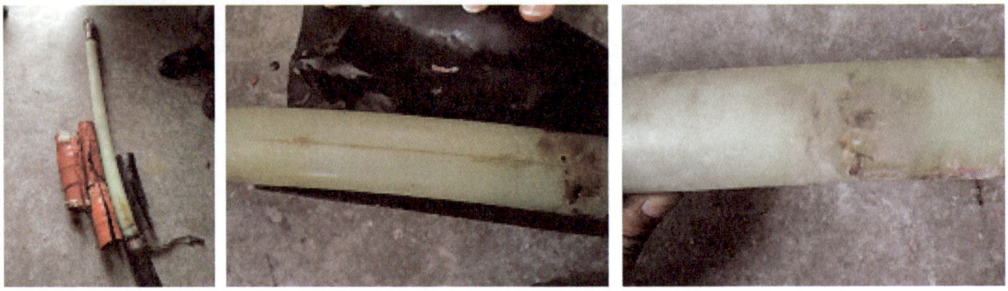

(a) 解体电缆全景　　(b) 放电痕迹 1　　(c) 放电痕迹 2

图 4－34　2 号主变压器 35kV 侧 C 相出线电缆接头解体

更换缺陷设备后，该变电站 2 号主变压器重新投运。2 号主变压器重新投运后高频局部放电图谱如图 4－35 所示，运维单位对 2 号主变压器再次开展高频局部放电带电检测，仍能测得异常信号，信号幅值约为 16dB，具有显著的 100Hz 频率相关性。检修后测得的 2 号主变压器异常高频信号幅值较小，表明之前产生较大幅值信号的缺陷已消除，当前仍然存在的异常信号可能来源于 2 号主变压器 35kV 侧未检修的出线电缆接头（与缺陷电缆接头同厂家、同时期、

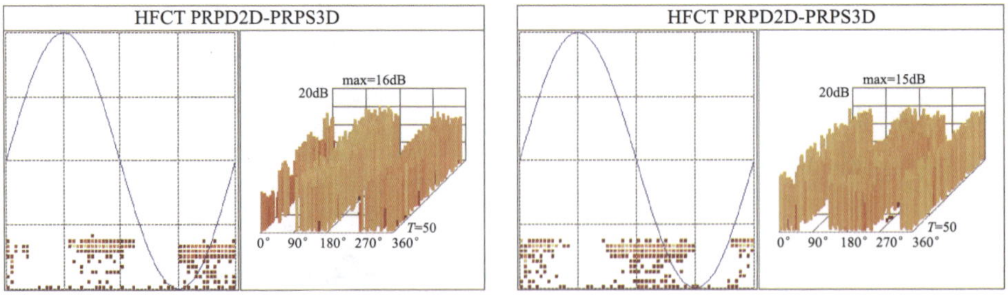

(a) 铁芯接地处信号　　(b) 夹件接地处信号

图 4－35　2 号主变压器重新投运后高频局部放电图谱

同型号、同制作工艺）。

7. 结论与建议

（1）结论。运维单位在某110kV变电站2号主变压器铁芯接地处和夹件接地处测得异常高频信号，停电试验、检查发现2号主变压器35kV侧C相出线电缆存在局部放电烧蚀痕迹。解体检查发现该电缆接头制作工艺不佳导致主绝缘受损，长期运行引发沿面放电缺陷。更换缺陷设备后2号主变压器压器重新投运，经检测仍然存在幅值较低的异常高频信号，分析为2号主变压器35kV侧未检修的出线电缆接头存在轻微放电所产生。

（2）建议。

1）该变电站2号主变压器铁芯接地处和夹件接地处检修后仍可测得异常高频信号，应增加特高频局部放电检测、高频局部放电检测和红外精确测温等带电检测项目开展频率，及时掌握异常信号变化趋势，防范设备风险。

2）高频局部放电带电检测法在现场抗干扰能力较差，再加上从变压器铁芯/夹件接地点进行检测，无法判断异常信号来源，更无法进行信号源精确定位，作为单一带电检测手段在现场效果有限。建议将高频局部放电带电检测法和其他带电检测手段共同使用、互相印证，才能最大限度提升检测灵敏度和准确性。

4.3 基于红外精确测温的设备缺陷检测分析

4.3.1 基于红外精确测温的110kV避雷器本体上部发热缺陷检测及解体检查

1. 异常概况描述

2019年9月24日，运维单位对某220kV变电站开展避雷器带电检测工作，对163开关间隔出线避雷器进行红外精准测温时，发现B、C相避雷器红外图谱显示本体上部有较为明显的异常发热现象。

163开关间隔出线避雷器A相本体最高温度为16.6℃，B相本体最高温度为18.9℃，C相本体最高温度为17.3℃，其中，B相避雷器本体上部最高温度位置与其他位置温差达1.5K，C相避雷器本体上部最高温度位置与其他位置温差达0.6K，A、B相避雷器本体相间最大温差为2.3K，A、C相避雷器本体相间最大温差为0.7K。

根据DL/T 664—2016《带电设备红外诊断应用规范》，氧化锌避雷器正常为整体轻微发热，分布均匀，较热点一般在靠近上部，多节组合从上到下各节温度递减，引起整体（或单节）发热或局部发热为异常，从163开关间隔B、C相出线避雷器红外图谱看，单节存在局部发热现象，温差超过0.5K，疑似存在阀片受潮或老化缺陷，判定为严重缺陷。

2. 检测对象及项目

检测对象：某220kV变电站163开关间隔出线氧化锌避雷器。

设备型号：Y10WZ－108/251。

额定电压：110kV。

持续运行电压：84kV。

出厂日期：2011年7月。

检测项目：红外精确测温。

3. 检测仪器及型号

检测仪器及型号如下：

（1）仪器名称：红外热像仪；仪器型号：T610。

（2）仪器名称：数字风速计；仪器型号：AS836。

（3）仪器名称：温湿度计；仪器型号：AR807。

4. 检测数据

2019年9月24日下午14时40分左右，环境温度为15℃、相对湿度为75%，天气阴，风速为0.2m/s，运维单位对某220kV变电站163开关间隔出线避雷器进行红外精确测温，仪器辐射率调至0.95，163开关间隔出线避雷器可见光图如图4－36所示。

图4－36　163开关间隔出线避雷器可见光图

163开关间隔A相出线避雷器红外图谱及温度分布如图4－37所示，A相避雷器本体最高温度为16.6℃，整体温度分布均匀，无明显整体或局部发热现象，本体各位置温差均小于 0.5K。163 开关间隔 B 相出线避雷器红外图谱及温度分布如图 4-38 所示，B 相避雷器红外图谱和温度分布显示该避雷器存在异常发热情况，其发热位置位于本体上端部位，红外图谱上热点明显，发热位置最高温度为 18.9℃，与其他位置温差达 1.5K。163 开关间隔 C 相出线避雷器红外图谱及温度分布如图 4-39 所示，C 相避雷器红外图谱和温度分布显示该避

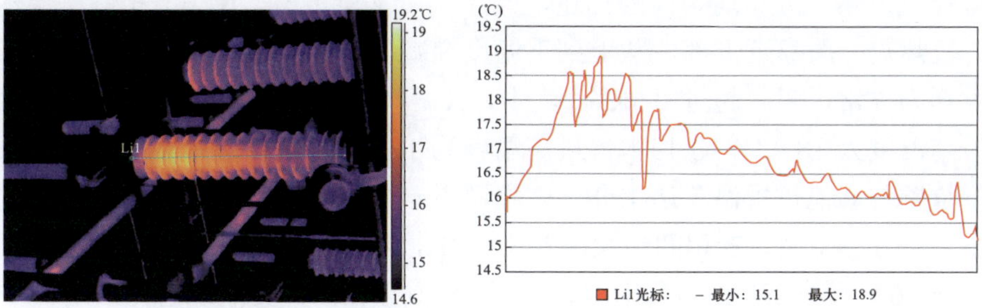

(a) 红外测温图谱　　(b) 各点温度分布

图 4-37　163 开关间隔 A 相出线避雷器红外图谱及温度分布

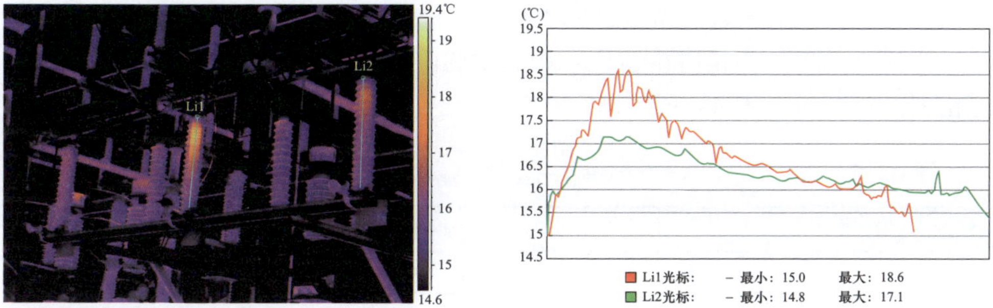

(a) 红外测温图谱　　(b) 各点温度分布

图 4-38　163 开关间隔 B 相出线避雷器红外图谱及温度分布

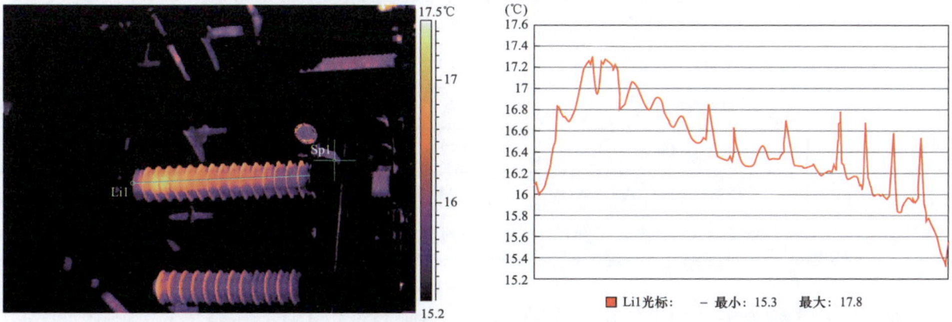

(a) 红外测温图谱　　(b) 各点温度分布

图 4-39　163 开关间隔 C 相出线避雷器红外图谱及温度分布

雷器存在异常发热情况，其发热位置位于本体上端部位，红外图谱上热点明显，发热位置最高温度为 17.3℃，与其他位置温差达 0.6K。

5. 综合分析

由 163 开关间隔 A、B、C 相出线避雷器红外图谱和温度分布可以看出，A 相避雷器本体符合 DL/T 664—2016《带电设备红外诊断应用规范》中“正常为整体轻微发热，分布均匀”的描述，判断为正常避雷器，B、C 相避雷器本体则“较热点一般靠近上部，从上到下温度递减，引起整体（或单节）发热或局部发热为异常，温差超过 0.5K”，其中，A 相本体最高温度为 16.6℃，B 相本体最高温度为 18.9℃，C 相本体最高温度为 17.3℃，B 相避雷器本体上部最高温度位置与其他位置温差达 1.5K，C 相避雷器本体上部最高温度位置与其他位置温差达 0.6K，A、B 相间最大温差为 2.3K，A、C 相间最大温差为 0.8K，据此判断 163 开关间隔 B、C 相出线避雷器疑似存在阀片受潮或老化缺陷。

6. 验证情况

（1）设备停电试验情况。2019 年 10 月 22 日，运维单位对该变电站 163 开关间隔 B、C 相出线避雷器进行停电更换，并在 2019 年 12 月 9 日组织相关人员对更换下的 B、C 相避雷器进行相关试验，并结合历次试验数据对以上两只避雷器进行分析。表 4－3 为 163 开关间隔出线避雷器历次试验数据。

表 4－3　　163 开关间隔出线避雷器历次试验数据

直流 U_{1mA} 及 75%U_{1mA} 泄漏电流测试				
2013.09.15	相别	A	B	C
	U_{1mA}（kV）	164.6	164	164
	75%U_{1mA}（μA）	9	14	9
2018.11.01	相别	A	B	C
	U_{1mA}（kV）	161.3	161.2	161.3
	75%U_{1mA}（μA）	17	16	16
2019.12.09	相别	A	B	C
	U_{1mA}（kV）	157.6	155.3	153.6
	75%U_{1mA}（μA）	21	85	82
直流 U_{1mA}：避雷器通过 1mA 直流泄漏电流时避雷器两端电压值				

从以上试验数据可以看出，163 开关间隔 B、C 相避雷器 U_{1mA} 测试值与上次停电试验测试值相比均发生较为明显的变化，参考电压均不满足“该型避雷器直流 1mA 参考电压不小于 157kV”的要求，同时，与 2013 年 U_{1mA} 测试初值

相比有明显差异，B 相避雷器此次测试值与初值差为 5.3%，C 相避雷器此次测试值与初值差为 6.3%。B、C 相避雷器此次 75%U_{1mA} 测试值均大于 50μA，不满足规程要求。通过此次停电试验，表明 163 开关间隔 B、C 相避雷器内部存在明显缺陷，可能的原因为避雷器阀片受潮或老化造成的避雷器性能降低，有效证明了红外精确测温结果的准确性。

由于氧化锌避雷器 U_{1mA} 测试值与初值差超过 5%且小于 157kV 的规定值。据此，判定 163 开关间隔 B、C 相避雷器均属于异常状态。

（2）解体检查情况。在对 163 开关间隔 B、C 相出线避雷器进行相关试验后，随即对以上两只避雷器进行了现场解体验证（由于 A 相避雷器上部硅胶伞裙检查中发现有轻微破损，无法继续使用，故本次一同对其进行解体，以做对比）。对 B 相避雷器进行解体验证，并对该避雷器内部阀片逐片进行绝缘电阻测试，163 开关间隔 B 相出线避雷器阀片绝缘电阻测试数据如表 4－4 所示（从高压端往绝缘底座依次编号），可见上端第 1～7 片阀片较其他阀片出现不同程度的绝缘电阻值降低现象。163 开关间隔 B 相出线避雷器解体情况如图 4－40 所示。图 4－40（a）和图 4－40（b）中可以看出，B 相避雷器上端与金属帽的密封硅胶面有明显不规则压痕，压紧弹簧下端密封胶环表面工艺极为粗糙，存在大量裂痕、破口，导致避雷器上端密封不良，避雷器内部受潮；图 4－40（c）和图 4－40（d）中可以看出，B 相避雷器上端金属密封帽内表面有明显受潮产生的白色水渍、结晶盐痕迹，压紧弹簧及等电位连接铜带由于受潮在表面产生明显锈蚀及铜绿；图 4－40（e）～图 4－40（h）中可以看出，B 相避雷器阀片护套表面及阀片均有明显水渍、结晶盐痕迹，同时部分阀片因受潮发热造成表面产生轻微

表 4－4　163 开关间隔 B 相出线避雷器阀片绝缘电阻测试数据

阀片编号	绝缘电阻（MΩ）	阀片编号	绝缘电阻（MΩ）	阀片编号	绝缘电阻（MΩ）
1	1100	13	4600	25	4700
2	94	14	4200	26	4700
3	1800	15	4300	27	4200
4	360	16	5000	28	4600
5	300	17	2900	29	3000
6	360	18	4500	30	3300
7	2700	19	4500	31	4400
8	4300	20	3800	32	5200
9	4300	21	3700	33	4000
10	3900	22	4100	34	4700
11	4400	23	3500		
12	4600	24	4200		

(a) 上端密封面压痕和凹坑

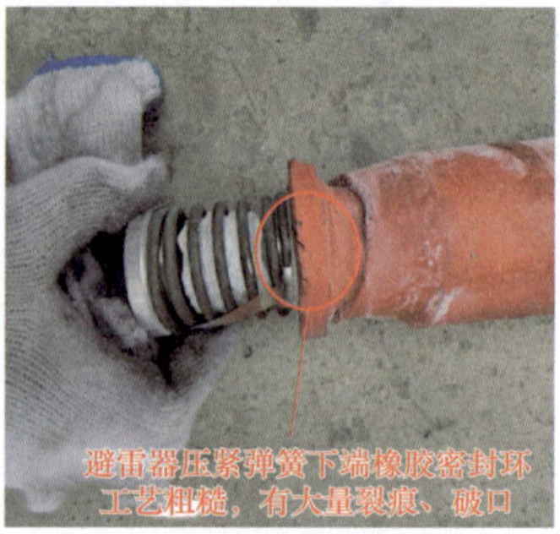

(b) 下端密封环裂痕、破口

(c) 上端金属盖水渍结晶盐

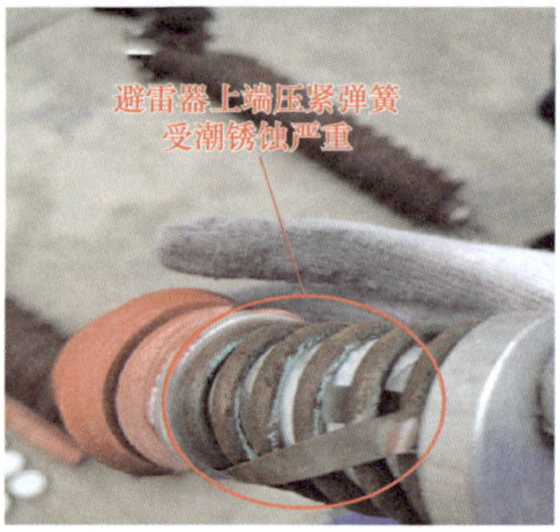

(d) 上端压紧弹簧受潮锈蚀

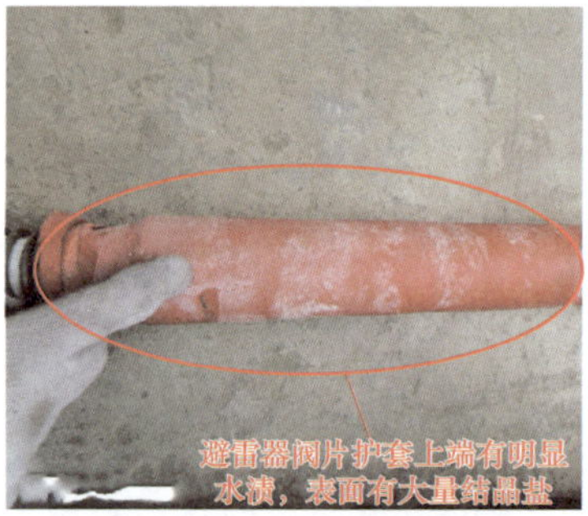

(e) 阀片护套水渍结晶盐

(f) 上端阀片水渍结晶盐1

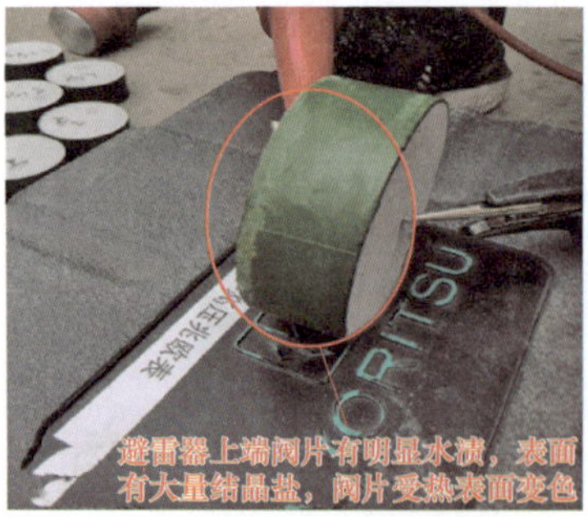

(g) 上端阀片水渍结晶盐2

(h) 上端阀片水渍结晶盐3

图 4-40　163 开关间隔 B 相出线避雷器解体情况

变色。

对C相避雷器进行解体验证，并对该避雷器内部阀片逐片进行绝缘电阻测试，163开关间隔C相出线避雷器阀片绝缘电阻测试数据如表4－5所示（从高压端往绝缘底座依次编号），可见上端第3～7片阀片较其他阀片出现不同程度的绝缘电阻值降低现象。163开关间隔C相出线避雷器解体情况如图4－41所示，图4－41（a）和图4－41（b）中可以看出，C相避雷器上端与金属帽的密封硅胶面有明显不规则压痕、凹坑，密封不良，同时压紧弹簧及等电位连接铜带上出现明显锈蚀及铜绿；图4－41（c）和图4－41（d）中可以看出，压紧弹簧下端密封胶环表面工艺极为粗糙，边沿突出、变形，压紧弹簧下端密封胶环与阀片密封面变位，密封不良，阀片护套由于受潮产生明显白色水渍、结晶盐痕迹；图4－41（e）和图4－41（f）中可以看出，C相避雷器阀片均有明显水渍、结晶盐痕迹，同时部分阀片因受潮发热造成表面轻微变色。

表4－5　163开关间隔C相出线避雷器阀片绝缘电阻测试数据

阀片编号	绝缘电阻（MΩ）	阀片编号	绝缘电阻（MΩ）	阀片编号	绝缘电阻（MΩ）
1	3300	13	4300	25	4900
2	4200	14	3200	26	4700
3	2700	15	5000	27	3900
4	2200	16	4200	28	3200
5	1500	17	4000	29	3300
6	2200	18	4000	30	3000
7	2300	19	3700	31	4500
8	4000	20	3400	32	4100
9	4000	21	3500	33	3900
10	4700	22	4800	34	3500
11	4100	23	3300		
12	4400	24	3900		

(a) 压紧弹簧锈蚀　(b) 破口和变形　(c) 密封环变形

图4－41　163开关间隔C相出线避雷器解体情况（一）

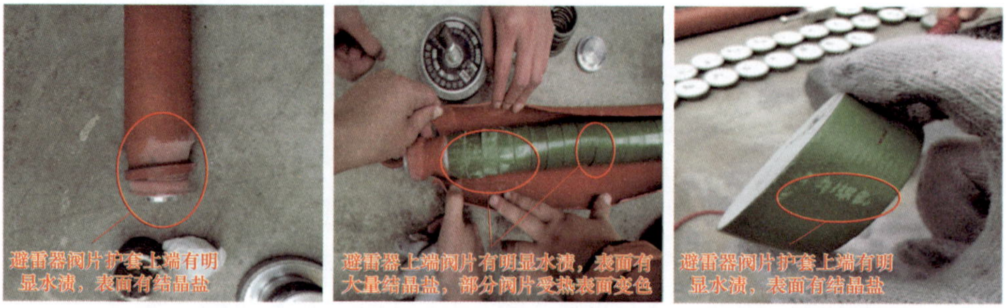

(d) 水渍和结晶盐1　　(e) 水渍和结晶盐2　　(f) 水渍和结晶盐3

图 4-41　163 开关间隔 C 相出线避雷器解体情况（二）

由于 A 相避雷器上部硅胶伞裙检查中发现有破损现象，为防止该缺陷导致设备故障，本次一同对其进行拆解，以做对比。163 开关间隔 A 相出线避雷器阀片绝缘电阻测试数据如表 4-6 所示（从高压端往绝缘底座依次编号），163 开关间隔 A 相出线避雷器解体情况如图 4-42 所示。可见 A 相避雷器各阀片绝缘电阻测试值均未见异常，避雷器内部压紧弹簧表面清洁光亮，无明显锈蚀痕迹，阀片护套表面及阀片表面清洁，无其他痕迹，与 B、C 相避雷器内部存在较为明显的差异。

表 4-6　　163 开关间隔 A 相出线避雷器阀片绝缘电阻测试数据

阀片编号	绝缘电阻（MΩ）	阀片编号	绝缘电阻（MΩ）	阀片编号	绝缘电阻（MΩ）
1	3500	13	4600	25	4700
2	4000	14	4200	26	4700
3	3800	15	4300	27	4200
4	4300	16	5000	28	4600
5	4300	17	2900	29	3500
6	4400	18	4500	30	3300
7	4300	19	4500	31	4400
8	4300	20	3800	32	5200
9	4300	21	3700	33	4000
10	3900	22	4100	34	4700
11	4400	23	3500		
12	4600	24	4200		

(a) 上部压紧弹簧正常

(b) 阀片及护套正常

图 4-42 163 开关间隔 A 相出线避雷器解体情况

7. 结论及建议

（1）结论。该变电站 163 开关间隔 B、C 相出线避雷器红外图谱显示本体存在异常发热情况，经停电试验及解体验证，确认 B、C 相避雷器上端密封面密封不良或失效，导致潮气进入避雷器内部，避雷器阀片受潮、绝缘电阻降低，运行期间避雷器本体上部局部发热。

（2）建议。

1）红外精确测温能够可靠发现并判断避雷器的阀片受潮或老化导致的电压致热型缺陷，可有效监控避雷器等设备的运行状态。

2）对易产生电压致热型缺陷的设备进行红外精确测温时，要设置正确的仪器测试参数，通过调节温宽达到最佳的成像效果，避免对温差较小的电压致热型缺陷产生漏判。

3）密封不良或失效是导致本次避雷器受潮、绝缘性能降低的主要原因，应严把设备出厂及验收质量关。同时，该变电站地处川西高原，昼夜温差较大，热胀冷缩现象加剧，如避雷器等设备密封不良或失效，潮气进入设备内部情况将更加严重，进而导致设备故障，因此，建议对高海拔地区避雷器选型提出相应特殊要求。

4.3.2 基于红外精确测温的低值、零值绝缘子异常检测分析案例

1. 220kV 变电站悬式绝缘子异常分析案例 1

2019 年 9 月 29 日，环境温度为 16℃、相对湿度为 57%。运维单位利用红

外精确测温方法对某 220kV 变电站悬式绝缘子进行低值、零值绝缘子专项排查。经检测，2011 隔离开关上方 220kV Ⅰ段母线 C 相绝缘子串红外图谱、2011 隔离开关上方 220kV Ⅰ段母线 C 相绝缘子串温度分布分别如图 4－43 和图 4－44 所示，发现 2011 隔离开关上方的 220kV Ⅰ段母线 C 相绝缘子串红外图谱存在异常，从高压侧开始第一、二、三片绝缘子铁帽温度明显偏高（分别为 16.7、17.7、16.9℃），其余绝缘子铁帽温度几乎趋于一致（在 15.3℃左右），以第四片绝缘子铁帽温度为 15.5℃为参考，第四片绝缘子铁帽与第一、二、三片绝缘子铁帽的温差分别为 1.2、2.2、1.4K。

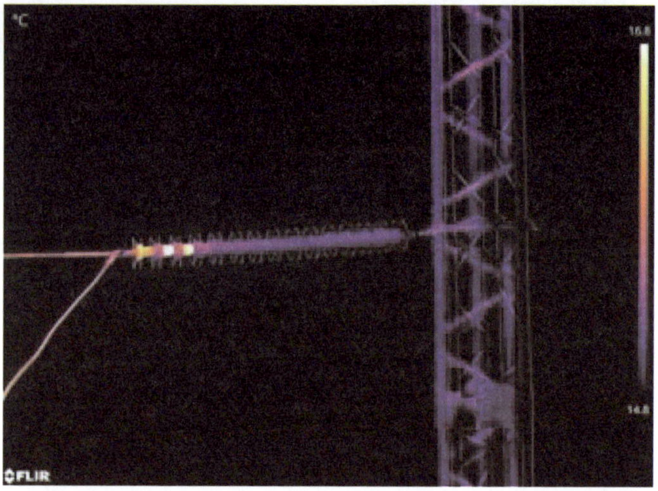

图 4－43　2011 隔离开关上方 220kV Ⅰ段母线 C 相绝缘子串红外图谱

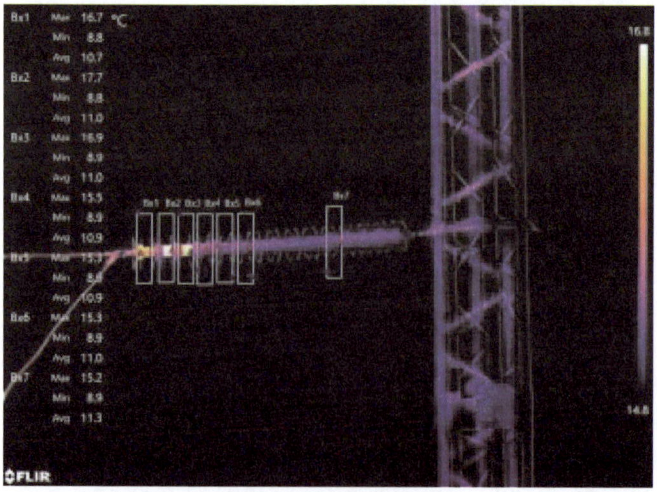

图 4－44　2011 隔离开关上方 220kV Ⅰ段母线 C 相绝缘子串温度分布

根据 DL/T 664—2016《带电设备红外诊断应用规范》，正常瓷绝缘子串的温度分布同电压分布规律，即呈现不对称马鞍型，以铁帽为中心的热像图，相邻绝缘子温差绝对值很小，低值绝缘子铁帽发热温度比正常绝缘子高，与相邻绝缘子铁帽温差大于 1K。而 2011 隔离开关上方的 220kV Ⅰ段母线 C 相绝缘子串从高压侧开始第一、二、三片绝缘子铁帽温度与相邻绝缘子铁帽温差大于 1K，疑似为低值绝缘子。

2019 年 11 月 4 日，运维单位利用停电机会对 2011 隔离开关上方的 220kV Ⅰ段母线 C 相绝缘子串进行检查，现场发现绝缘子瓷盘表面积污严重且存在闪络放电痕迹，在进行简单清洁后，测试发现从高压侧开始第二、三片绝缘子绝缘电阻均不满足要求，更换后将缺陷绝缘子带回实验室进行进一步试验。

存在缺陷的第二、三片绝缘子如图 4-45 所示，将缺陷绝缘子进行充分清洁后其外观仍能清晰看到闪络放电痕迹。对缺陷绝缘子进行绝缘电阻测试和交流耐压试验如图 4-46 所示，对其进行交流耐压及绝缘电阻试验，第一片绝缘子 60kV 交流耐压试验通过，绝缘电阻为 43000MΩ，判断为正常绝缘子；而第

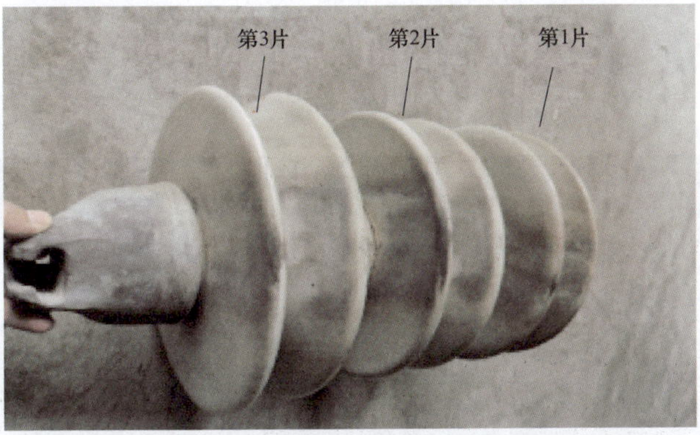

图 4-45　存在缺陷的第二、三片绝缘子

图 4-46　对缺陷绝缘子进行绝缘电阻测试和交流耐压试验

二、三片绝缘子的绝缘电阻较正常绝缘子低很多，分别为耐压试验前 160、350MΩ和耐压试验后 54、112MΩ，且在交流耐压试验中均未达到 60kV 试验电压时就击穿，击穿电压分别为 18、30kV，绝缘电阻测试和交流耐压试验均不合格，确认为低值绝缘子。

2. 220kV 变电站悬式绝缘子异常分析案例 2

2019 年 10 月 8 日，运维单位利用红外精确测温方法对某 220kV 变电站悬式绝缘子进行低值、零值绝缘子专项排查，发现 220kV××线 B 相耐张绝缘子串存在异常绝缘子。

使用 T630 红外热像仪对该变电站悬式绝缘子开展红外精确测温，220kV××线 B 相耐张绝缘子右串红外图谱、220kV××线 B 相耐张绝缘子左串红外图谱分别如图 4－47 和图 4－48 所示，发现 220kV××线 B 相耐张绝缘子串存在铁帽温度分布异常的缺陷，其中右串上串从高压侧开始第二片绝缘子铁帽温度明显高于相邻绝缘子，温差达 1.7K，铁帽温度分布异常。与之对比的是左串，从高压侧开始第一片绝缘子铁帽温度逐渐下降，与相邻绝缘子铁帽最大温差为 0.8K，铁帽温度分布正常。根据 DL/T 664—2016《带电设备红外诊断应用规范》，220kV××线 B 相耐张绝缘子串右串上串从高压侧开始第二片绝缘子以铁帽为发热中心的热像图，热点明显，与相邻绝缘子相比温差达 1.7K，判断为低值绝缘子。

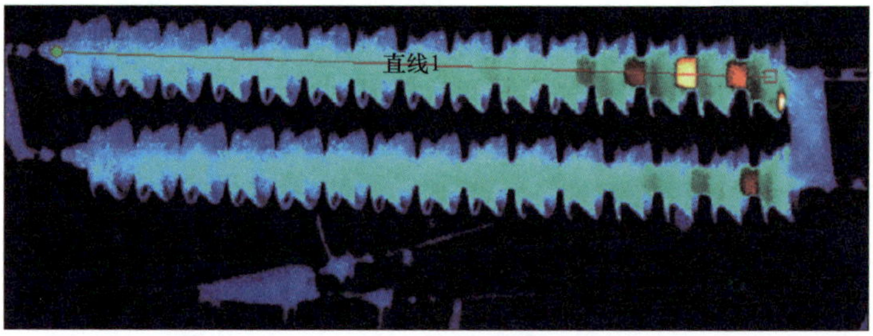

图 4－47　220kV××线 B 相耐张绝缘子右串红外图谱

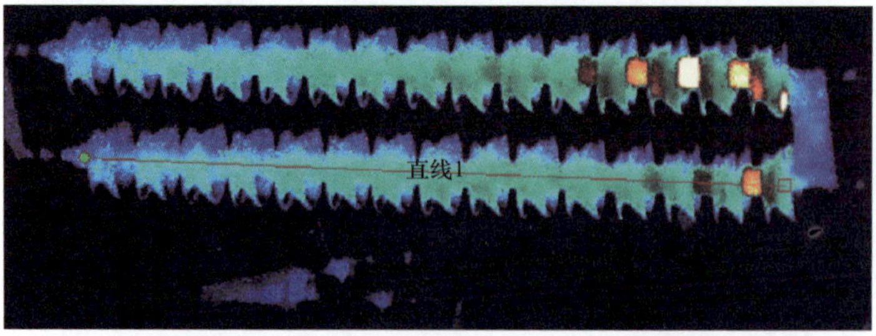

图 4－48　220kV××线 B 相耐张绝缘子左串红外图谱

使用HB－VB20型仪器对220kV××线B相耐张绝缘子串右串进行了带电电压分布法检测，220kV××线B相耐张绝缘子串右串带电电压分布法检测结果如表4－7所示（从高压侧开始对绝缘子进行编号），可见该串第二片和第五片绝缘子的分布电压明显较低，其余绝缘子未发现明显异常，第五片绝缘子在红外精确测温期间未发现铁帽温度异常，推测是因为该低值绝缘子绝缘下降到了低值绝缘子与零值绝缘子之间的检测盲区，运行期间铁帽温度与正常绝缘子相近。与之对比的是正常状态的220kV××线B相耐张绝缘子串左串带电电压分布法检测结果（如表4－8所示）。

表4－7　220kV××线B相耐张绝缘子串右串带电电压分布法检测结果

编号	分布电压	编号	分布电压	编号	分布电压	编号	分布电压
第一片	35.1kV	第五片	3.0kV	第九片	4.1kV	第十三片	4.7kV
第二片	4.8kV	第六片	9.7kV	第十片	5.6kV	第十四片	6.3kV
第三片	17.2kV	第七片	9.0kV	第十一片	4.0kV	第十五片	9.1kV
第四片	14.2kV	第八片	3.9kV	第十二片	4.7kV		

表4－8　220kV××线B相耐张绝缘子串左串带电电压分布法检测结果

编号	分布电压	编号	分布电压	编号	分布电压	编号	分布电压
第一片	31.0kV	第五片	7.0kV	第九片	5.0kV	第十三片	6.0kV
第二片	16.0kV	第六片	6.5kV	第十片	5.0kV	第十四片	8.0kV
第三片	12.5kV	第七片	5.0kV	第十一片	5.0kV		
第四片	9.0kV	第八片	5.0kV	第十二片	6.5kV		

存在低值绝缘子缺陷的220kV××线B相耐张绝缘子串右串为XWP－70型绝缘子，存在低值、零值缺陷的220kV××线B相绝缘子如图4－49所示，220kV××线停电后将B相耐张绝缘子串取下，使用KD2677G型绝缘电阻检

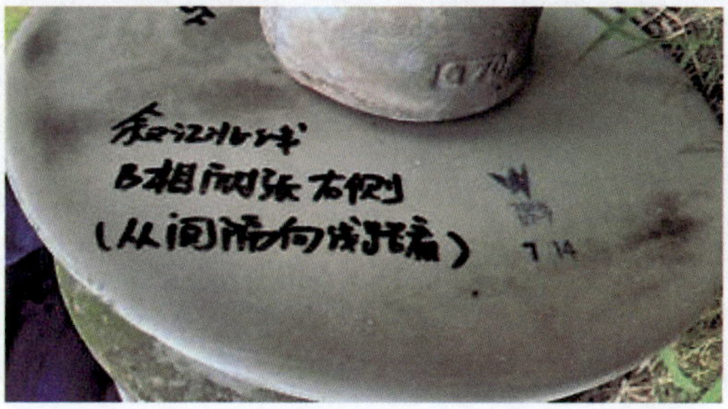

图4－49　存在低值、零值缺陷的220kV××线B相绝缘子

测仪对每片绝缘子进行绝缘电阻测试，220kV 叙江北线 B 相耐张绝缘子串右串绝缘子绝缘电阻测试结果如表 4－9 所示，第二片绝缘子绝缘电阻小于 300MΩ 为低值绝缘子，第五片绝缘子绝缘电阻小于 10MΩ为零值绝缘子。

表 4－9　220kV 叙江北线 B 相耐张绝缘子串右串绝缘子绝缘电阻测试结果

单位：MΩ

编号	分布电压	编号	分布电压	编号	分布电压	编号	分布电压
第一片	15000	第五片	4.9	第九片	20000	第十三片	17000
第二片	18.8	第六片	18000	第十片	30000	第十四片	20000
第三片	12000	第七片	16000	第十一片	18000	第十五片	30000
第四片	7000	第八片	20000	第十二片	18000		

3. 110kV 变电站悬式绝缘子异常分析

35kV××线出线 C 相绝缘子串红外测温图谱、35kV××线出线 C 相绝缘子串温度分布曲线分别如图 4－50 和图 4－51 所示，运维单位对某 110kV 变电站悬式绝缘子开展红外精确测温，红外图谱显示 35kV××出线 C 相悬式绝缘子串从高压侧开始第三片绝缘子存在以铁帽为发热中心的热像特征，与相邻绝缘子铁帽温差超过 10K。根据 DL/T 664—2016《带电设备红外诊断应用规范》，正常瓷绝缘子串的温度分布同电压分布规律，即呈现不对称马鞍型，以铁帽为中心的热像图，相邻绝缘子温差绝对值很小，低值绝缘子铁帽发热温度比正常绝缘子高，与相邻绝缘子铁帽温差大于 1K。因此，判定 35kV××线出线 C 相悬式绝缘子串从高压侧开始第三片绝缘子为低值绝缘子。

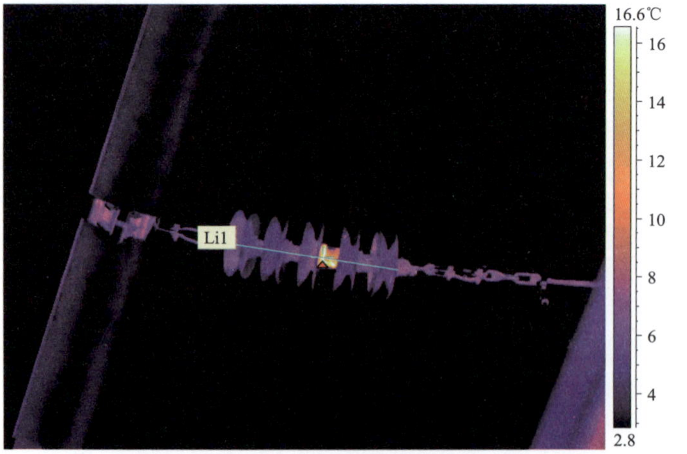

图 4－50　35kV××线出线 C 相绝缘子串红外测温图谱

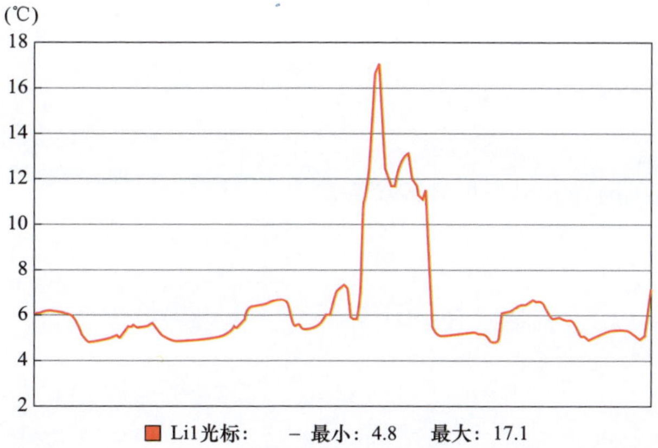

图 4–51 35kV××线出线 C 相绝缘子串温度分布曲线

4. 结论与建议

利用红外精确测温开展低值、零值绝缘子带电检测，相比传统的检测手段劳动强度小、检测效率高、安全可靠，同时也是为数不多的运行期间绝缘子状态检测手段。目前该方法标准具体、案例丰富、判据明确，运维单位应切实开展好检测工作，及时发现缺陷绝缘子，保障设备安全运行。但需要注意的是，该方法对设备性能参数、检测人员分析水平有一定要求，也存在一定的检测盲区可能导致漏判缺陷绝缘子的情况，在开展检测工作时充分考虑。